Mathematik-Vorbereitung für das Studium eines MINT-Fachs

Barbara Hugues

Mathematik-Vorbereitung für das Studium eines MINT-Fachs

Für Studieneinstieg und Studienkolleg T-Kurs

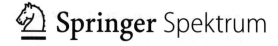 Springer Spektrum

Barbara Hugues
Studienkolleg München
München, Deutschland

ISBN 978-3-662-66936-5   ISBN 978-3-662-66937-2 (eBook)
https://doi.org/10.1007/978-3-662-66937-2

Die Deutsche Nationalbibliothek verzeichnet diese Publikation in der Deutschen Nationalbibliografie; detaillier-
te bibliografische Daten sind im Internet über http://dnb.d-nb.de abrufbar.

Springer Spektrum
Planung/Lektorat: Andreas Rüdinger
Springer Spektrum ist ein Imprint der eingetragenen Gesellschaft Springer-Verlag GmbH, DE und ist ein Teil
von Springer Nature.
Die Anschrift der Gesellschaft ist: Heidelberger Platz 3, 14197 Berlin, Germany

Vorwort und Danksagung

Im März 2020 mussten beim ersten Corona-Lockdown alle Unterrichtenden Wege suchen, den Stoff über die Distanz hin zu vermitteln.

Das ist der Ursprung dieses Buches. Im Lauf der Zeit digitalisierte ich mein Unterrichtskonzept für die Mathematik im T-Kurs der Studienkollegs.

Drei Ziele verfolgte ich dabei:

- Das Buch soll für das Selbststudium geeignet sein.
- Es soll unterschiedliches Vorwissen berücksichtigen, also einerseits die grundlegende Mathematik darstellen und andererseits über den Schulstoff hinausgehend Angebote machen, sich mathematisch weiterzubilden.
- Es soll in der Tradition der Studienkollegs nicht-muttersprachliche Studenten und Studentinnen auf ein Studium der MINT-Fächer durch vertiefte Kenntnisse vorbereiten. Insofern ist es auch für Muttersprachler nützlich, die die Lücke zwischen Gymnasium und Studium schließen möchten.

Das Buch deckt dabei auf dem Grundwissen aufbauend die Bereiche Analysis und lineare Algebra/Vektorgeometrie ab und führt darüber hinaus in die Gebiete Gruppen, lineare Abbildungen, komplexe Zahlen und Differentialgleichungen ein. Es wird durch ein Kapitel über die mathematische Behandlung von Epidemien abgeschlossen, das einerseits hilft, die Debatten während der Corona-Epidemie zu verstehen, andererseits zeigt, wie mächtig das Instrument der Differentialgleichungen ist und wie erreichbar mit relativ geringer Vorkenntnis.

Intuitiv ausgehend von bekanntem Wissen aus der Schule wird die Mathematik zunehmend axiomatisch behandelt, sodass zu Beginn beide Herangehensweisen parallel zueinander existieren. Insbesondere werden Vektoren (im Physik-Unterricht früh benötigt) und der Zahlenbereich der reellen Zahlen zunächst anschaulich eingeführt und erst später über Axiome definiert. Mit vielen Verweisen auf spätere Kapitel wird versucht, das transparent zu machen. Manchmal sind für Beweise Methoden notwendig, die erst später behandelt werden, auch dann wird darauf verwiesen; die Beweise können in diesem Fall ohne Problem erstmal übersprungen werden.

Ich wünsche Ihnen viel Spaß und viel Erfolg bei der Arbeit mit diesem Buch.

Allen am Gelingen des Buches Beteiligten möchte ich herzlich danken.

Zuvorderst ist da D. Probst, der mir für meinen ersten Unterricht im T-Kurs seine Unterlagen zur Verfügung stellte und später immer zu Diskussionen bereit war, in denen er mit Anregungen nicht sparte. Auch Dr. M. Heinrich gilt mein besonderer Dank für Tipps und informative Gespräche und dafür, dass er in meinem Kurs auch mir vorgeführt hat, wie die formale Logik bei elektronischen Schaltungen genutzt wird.

Nicht zuletzt bin den Studenten und Studentinnen meiner Kurse für ihre Kritik, Verbesserungsvorschläge und aufmerksame Fehlersuche sehr verbunden.[1]

Für Fragen der deutschen Sprache stand mir im Zweifelsfall immer umgehend K. Cortin zur Seite. Herzlichen Dank dafür!

Letztlich bedanke ich mich bei Herrn Dr. Rüdinger und Frau Groth vom Springer-Verlag für die Begleitung des Projekts.

Barbara Hugues

---

[1] Insbesondere: V. Bukhanevich, L. Janashia, I. Margvelashvili, A. Nedeoglo, A. Surikov, A. Yunus, A. Zhuzhlev, M. Zimmermann, I. Adamowich, G. Byambadorj, M. Gadzhieva, E. Goyal, M. Hrebreniuk, Y. Khomych, M. Koshova, M. Kozyrev, M. Kuchin, C. Murri, Y. Nikolayenko, O. Polatovska, B. Trehubenko, V. Volkov, M. Zare. Danke!

Mathematische Abkürzungen und Symbole

Mengen	
$\{\}, \emptyset$	Leere Menge
$\{a, b, \dots\}$	Menge bestehend aus den Elementen a, b, ...
$\{x \mid \dots\}$	Die Menge der Elemente, die die Eigenschaft ... erfüllen
$\in, \notin$	Ist Element, ist nicht Element
$\subset, \subseteq$	Ist Teilmenge (mit Strich: betont, dass die Mengen gleich sein können)
Ω	Universum
$\cap$	Schnittmenge (geschnitten mit)
$\cup$	Vereinigungsmenge (vereinigt mit)
$\setminus$	Differenzmenge (ohne)
$\overline{A}$	Komplement von A (quer)
$P(A)$	Potenzmenge von A
$A \times B$	Produktmenge, kartesisches Produkt der Mengen A und B
$|A|$	Mächtigkeit der Menge A
Formale Logik	
$\neg$	Negation, nicht
$\wedge$	Konjunktion, und
$\vee$	Disjunktion, oder
$\dot{\vee}$	Antivalenz, entweder oder
$\rightarrow$	Subjunktion, wenn, dann
$\Rightarrow$	Implikation, daraus folgt
$\leftrightarrow$	Bijunktion, genau dann, wenn
$\Leftrightarrow$	Äquivalenz, äquivalent
$\forall$	Allquantor (für alle)
$\exists, \nexists$	Existenzquantor (es existiert, es existiert nicht)

Zahlenmengen

$\mathbb{N}$	Die Menge der natürlichen Zahlen (0 nicht eingeschlossen)
$\mathbb{Z}$	Die Menge der ganzen Zahlen
$\mathbb{Q}$	Die Menge der rationalen Zahlen
$\mathbb{R}$	Die Menge der reellen Zahlen
$\mathbb{C}$	Die Menge der komplexen Zahlen

Intervalle

$[a, b]$	Abgeschlossenes Intervall von a bis b
$]a, b[$	Offenes Intervall von a bis b
$[a, b[, \,]a, b]$	(rechts bzw. links) halboffenes Intervall von a bis b

Rechenzeichen

$a + b$	Addition (plus)
$a - b$	Subtraktion (minus)
$-a$	Gegenzahl zu a (minus)
$\pm a, \mp a$	Plus oder minus a, minus oder plus a
$a \cdot b$	Multiplikation (mal)
$a : b, \, a/b, \, a \div b, \, \frac{a}{b}$	Division (geteilt durch)
$1,\overline{23} = 1{,}2323232323\ldots$	Periode einer Dezimalzahl
a^n	Potenz, a hoch n
$\sqrt[n]{a}$	n-te Wurzel aus a

Vergleichszeichen

$=, \neq$	Ist gleich, ist nicht gleich
$:=$	Ist definiert als
$\approx$	Ist ungefähr gleich
$<, >$	Ist kleiner, größer
$\leq, \geq$	Ist kleiner oder gleich, ist größer oder gleich
$\ll, \gg$	Ist viel kleiner als, ist viel größer als

Teilbarkeit

$\mid, \nmid$	Teilt, teilt nicht
$\mathrm{kgV}(a, b)$	Kleinstes gemeinsames Vielfaches von a und b
$\mathrm{ggT}(a, b)$	Größter gemeinsamer Teiler von a und b

$\sum$	Summenzeichen
$\prod$	Produktzeichen

Folgen

$\langle a_n \rangle$	Die Folge a_n
$n \mapsto a_n$	n wird abgebildet auf a_n
$\rightarrow$	Strebt gegen, konvergiert gegen

Relationen

Funktionen

$f : A \to B$	A wird auf B abgebildet
$f : x \mapsto f(x)$	x wird auf den Funktionswert f(x) abgebildet
$f\vert_{x=a}$	$f(x = a)$
$f \circ g$	Verkettung von f mit g
f^{-1}	Die Umkehrfunktion von f

Grenzwerte

$x \to a, x \to \infty, x \to -\infty$	x gegen a, x gegen Unendlich, x gegen minus Unendlich
$x \downarrow a, x \to a + 0, x \to a+, x \overset{>}{\to} a$	Rechtsseitiger Grenzübergang
$x \uparrow a, x \to a - 0, x \to a-, x \overset{<}{\to} a$	Linksseitiger Grenzübergang

Ableitungen

$f', f'', f^{(n)}, \ldots; \frac{df}{dx}, \frac{d^2f}{dx^2}, \frac{d^n f}{dx^n}$	Erste, zweite, n-te Ableitung
$\dot{f}, \ddot{f}$	Erste und zweite Ableitung nach der Zeit (Physik)
$\frac{\partial}{\partial x} f$	Partielle Ableitung nach x
df	Totales Differential

Integralrechnung

$\int f(x) dx$	Unbestimmtes Integral
$\int_a^b f(x) dx$	Bestimmtes Integral
$\int_a^x f(t) dt$	Integralfunktion

Komplexe Zahlen

$\mathrm{Re}(z)$	Realteil von z
$\mathrm{Im}(z)$	Imaginärteil von z
$\bar{z}$	Konjugiert Komplexes von z
$\vert z \vert$	Betrag von z

Mathematische Konstanten

π	Kreiszahl
e	Eulersche Zahl
i	Imaginäre Einheit

Geometrie

AB	Gerade AB
[AB	Halbgerade [AB
[AB] = a	Strecke [AB]
$\overline{AB}$ = a	Länge der Strecke [AB]
⊰(ASB)	Winkel ASB mit dem Scheitel S
g ⊥ h	g ist senkrecht zu h
g ∥ h	g ist parallel zu h
g ≡ h	g ist mit h identisch
△ABC	Dreieck ABC
□ABCD	Viereck ABCD
k(M; r)	Kreis um M mit Radius r

$F_1 \cong F_2$	F_1 und F_2 sind kongruent zueinander
$F_1 \sim F_2$	F_1 und F_2 sind ähnlich zueinander
$\overrightarrow{AB}$	Vektor AB
$|\overrightarrow{AB}|$	Betrag des Vektors AB, seine Länge
$\vec{v}_0$	Einheitsvektor zum Vektor $\vec{v}$
$\vec{u} \circ \vec{v}$	Skalarprodukt von $\vec{u}$ mit $\vec{v}$
$\vec{u} \times \vec{v}$	Vektorprodukt/Kreuzprodukt von $\vec{u}$ mit $\vec{v}$

Matrizen

A · B	Multiplikation der Matrizen A und B
A^T	Transponierte Matrix zu A
A^{-1}	Inverse Matrix zu A
det(A) = |A|	Determinante zu A
A_{ij}	Algebraisches Komplement zu a_{ij}

Abkürzungen

q.e.d., □	Wie zu beweisen war
o.B.d.A.	Ohne Beschränkung der Allgemeinheit
LGS	Lineares Gleichungssystem

Griechische Buchstaben

Kleinbuchstabe	Großbuchstabe	Aussprache	Kleinbuchstabe	Großbuchstabe	Aussprache
α	A	alpha	ν	N	nü
β	B	beta	ξ	Ξ	xi
γ	Γ	gamma	o	O	omikron
δ	Δ	delta	π, ϖ	Π	pi
ε, ϵ	E	epsilon	ρ, ϱ	P	rho
ζ	Z	zeta	σ, ς	Σ	sigma
η	H	eta	τ	T	tau
θ, ϑ	Θ	theta	υ	Υ	ypsilon
ι	I	iota	φ, ϕ	Φ	phi
$\kappa, \varkappa$	K	kappa	χ	X	chi
λ	Λ	lambda	ψ	Ψ	psi
μ	M	mü	ω	Ω	omega

Inhaltsverzeichnis

IV Komplexe Zahlen

V Differentialgleichungen

I
Mathematische Grundbegriffe

Grundrechenarten (w)

Die Grundrechenarten Addition, Subtraktion, Multiplikation, Division, Potenzen, Bruchrechnen, das Rechnen mit Dezimalzahlen und Prozentrechnen werden mitsamt ihrer Rechenregeln und Gesetze dargestellt und dabei die benötigten Begriffe erklärt. Als Stellenwertsysteme werden das Dezimalsystem, das Dualsystem und das Hexadezimalsystem vorgestellt.

1.1 Addition (w)

$a + b$		gesprochen: „a plus b"
die *Summe*		
a ist der 1. *Summand*	b ist der 2. *Summand*	Die entsprechende Anweisung lautet: „*addiere* b *zu* a!"

Es gelten die folgenden Gesetzmäßigkeiten:
$a + 0 = 0 + a = a$ (gesprochen: „a plus 0 gleich 0 plus a gleich a")
Kommutativität (w): $a + b = b + a \quad \forall\, a, b \in \mathbb{R}$
Assoziativität (w): $a + (b + c) = (a + b) + c = a + b + c \quad \forall\, a, b, c \in \mathbb{R}$

Bemerkung: $\forall$ ist ein abkürzendes Zeichen in der Mathematik (ein auf den Kopf gestelltes A) und bedeutet „für alle". $\forall\, a, b \in \mathbb{R}$ bedeutet also „für alle reellen Zahlen a und b".

Zur vereinfachenden Schreibweise von Summen mit vielen Summanden verwendet man das Summenzeichen $\sum$, welches ein großes Sigma im griechischen Alphabet ist.
Will man z. B. die Summe $1 + 2 + 3 + 4 + 5 + \ldots + 99 + 100$ bilden, so schreibt man $\sum_{k=1}^{100} k = 1 + 2 + 3 + \ldots + 100$.
Man spricht dazu: „Die Summe von k gleich 1 bis 100 über k".

© Der/die Autor(en), exklusiv lizenziert an Springer-Verlag GmbH, DE, ein Teil von Springer Nature 2023
B. Hugues, *Mathematik-Vorbereitung für das Studium eines MINT-Fachs*,
https://doi.org/10.1007/978-3-662-66937-2_1

Das Sigma steht dabei als Symbol für eine Summe. k heißt der *Laufindex*; er beginnt im Beispiel bei k = 1, endet bei k = 100 und durchläuft alle ganzen Zahlen zwischen dem Startwert 1 und dem Endwert 100. $\sum_{k=1}^{100}$ k beschreibt eine Summe mit den hundert Summanden: 1, 2, 3, ..., 100.

Oft werden die Summanden mit dem Buchstaben a abgekürzt, ihre Nummer steht als *Index* (m) klein geschrieben rechts unter dem a:
$\sum_{k=m}^{n} a_k := a_m + a_{m+1} + a_{m+2} + \ldots + a_{n-1} + a_n$. Dabei muss n ≥ m gelten.
Man spricht dazu: „Die Summe von k gleich m bis n über a_k". a_k spricht man „a ka"
Der Laufindex k durchläuft hier alle ganzen Zahlen von m bis n, m und n jeweils einge-schlossen.

Bemerkung: Der Doppelpunkt vor dem „="-Zeichen bedeutet, dass damit eine Festle-gung, eine Definition erfolgt.

Beispiel: $1 + 4 + 9 + 16 + \ldots + 361 + 400 = \sum_{k=1}^{20} k^2$.
Der k-te Summand a_k berechnet sich, indem man k quadriert: $a_k = k^2$.

Bemerkung: Handschriftlich müssen die Grenzen zusammen mit dem Laufindex unter- bzw. oberhalb des Summenzeichens stehen.

Beispiel: $\sum_{i=3}^{7} i(i-1) = 3 \cdot 2 + 4 \cdot 3 + 5 \cdot 4 + 6 \cdot 5 + 7 \cdot 6 = 110$

Bemerkung: Der Laufindex muss nicht mit dem Buchstaben k dargestellt werden. Im Allgemeinen wählt man zwischen den Buchstaben k, l, m, n, i und j.

Beispiel: $\sum_{n=1}^{4} n(n+3)(n+6) = 1 \cdot 4 \cdot 7 + 2 \cdot 5 \cdot 8 + 3 \cdot 6 \cdot 9 + 4 \cdot 7 \cdot 10 = 550$

Beispiel:
$\sum_{i=2}^{5} \frac{1}{i}\left(\frac{1}{i-1} - \frac{1}{i}\right) = \frac{1}{2}\left(\frac{1}{1} - \frac{1}{2}\right) + \frac{1}{3}\left(\frac{1}{2} - \frac{1}{3}\right) + \frac{1}{4}\left(\frac{1}{3} - \frac{1}{4}\right) + \frac{1}{5}\left(\frac{1}{4} - \frac{1}{5}\right) = \frac{1211}{3600}$

1.2 Subtraktion (w)

a − b	gesprochen: „a minus b"
die *Differenz*	
a ist der *Minuend*	b ist der *Subtrahend*	Die entsprechende Anweisung lautet: „*subtrahiere* b *von* a!"

Dabei ist a − b := a + (−b), und −b (gesprochen „minus b") die Gegenzahl zu b, d. h. die auf dem Zahlenstrahl (m) auf der entgegengesetzten Seite der Null, aber gleich weit von der Null entfernte Zahl. Für ein x < 0 ist auch die Gegenzahl −x dargestellt (Abb. 1.1).

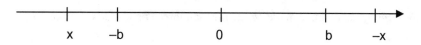

Abb. 1.1 Zahlenstrahl

Bemerkung: „+"- und „−"-Zeichen sind einerseits *Rechenzeichen* in einem Term, die die Art des Terms (Summe oder Differenz) angeben, andererseits *Vorzeichen*, die angeben, ob eine Zahl auf dem Zahlenstrahl links oder rechts von der Null dargestellt ist.

Definition: Eine Zahl x > 0 heißt *positiv*, eine Zahl x < 0 heißt *negativ*.

Bemerkung: Die Begriffe positiv und negativ schließen die Zahl 0 nicht ein. Die Null ist weder positv noch negativ.

Definition: Der Abstand einer Zahl x von der Null heißt *absoluter Betrag* (m)
$$|x| = \begin{cases} x, & \text{falls } x \geq 0 \\ -x, & \text{falls } x < 0 \end{cases}$$

Gesetzmäßigkeiten:
$2 - 3 = -1, 3 - 2 = +1 \neq -1$, also gibt es keine Kommutativität für die Subtraktion.
Aber: $a - b = -(b - a)$

$2 - (3 - 4) = 2 - (-1) = 2 + 1 = 3, (2 - 3) - 4 = -1 - 4 = -5 \neq 3$, also gibt es keine Assoziativität für die Subtraktion.
Es gelten die folgenden Regeln zum Auflösen von Klammern:
$a + (b + c) = (a + b) + c = a + b + c$
$a + (b - c) = (a + b) - c = a + b - c$
$a - (b + c) = (a - b) - c = a - b - c$
$a - (b - c) = (a - b) + c = a - b + c$
Steht ein Pluszeichen vor der Klammer, so ändern sich die Rechenzeichen in der Klammer nicht, steht ein Minuszeichen vor der Klammer, so drehen sich die Vorzeichen in der Klammer um.
Kein Vorzeichen vor einer Zahl (hier vor dem ersten Term in den Klammern), steht für ein positives Vorzeichen: $b = +b$.
Der Beweis erfolgt mit Hilfe der Distributivität und wird im Abschn. 10.2 über die Körperaxiome gezeigt.

Bemerkung: Addition und Subtraktion fasst man zum Begriff „*Strichrechnung*" (w) zusammen, da die Rechenzeichen + und − aus Strichen geformt werden.
Multiplikation und Division heißen „*Punktrechnung*" (w).

Innerhalb eines *Aggregats* (s) können die Terme mitsamt ihrer Vorzeichen umsortiert werden.

Beispiel: $a + e - c + b - d = a + e + (-1)c + b + (-1)d = a + b + (-1)c + (-1)d + e = a + b - c - d + e$

1.3 Multiplikation (w)

a · b		gesprochen: „a mal b"
das *Produkt*		
a ist der erste *Faktor*	b ist der zweite *Faktor*	Die entsprechende Anweisung lautet: „*multipliziere* a *mit* b!"

Bemerkung: Im Deutschen ist das Rechenzeichen für die Multiplikation ein Malpunkt (m) „·". Mit einem Kreuz würde ein deutscher Mathematiker immer die Variable x assoziieren (oder eine andere Verknüpfung als die normale Multiplikation reeller Zahlen). Nur in den Ingenieurswissenschaften schreibt man manchmal z. B. $4\,\text{m} \times 3\,\text{m}$ und meint damit die Fläche eines Rechtecks mit den Seitenlängen 4 m und 3 m.

Es gelten die folgenden Gesetzmäßigkeiten:
$a \cdot 1 = 1 \cdot a = a$
$a \cdot 0 = 0 \cdot a = 0$
$(-1) \cdot a = -a$
$(-1) \cdot (-1) = +1$
$-(-a) = +a$
Auch hier werden die Beweise später im Abschn. 10.2 über die Körperaxiome vorgeführt.
Kommutativität: $a \cdot b = b \cdot a \quad \forall\, a, b \in \mathbb{R}$
Assoziativität: $a \cdot (b \cdot c) = (a \cdot b) \cdot c = a \cdot b \cdot c \quad \forall\, a, b, c \in \mathbb{R}$
Distributivität (w): $a \cdot (b + c) = a \cdot b + a \cdot c \quad \forall\, a, b, c \in \mathbb{R}$

Die Anwendung des Distributivgesetzes kennt zwei Richtungen:
$a \cdot (b + c) = a \cdot b + a \cdot c$ heißt „*Ausmultiplizieren*".
$a \cdot b + a \cdot c = a \cdot (b + c)$ heißt „*Ausklammern* von a".

Wie für die Summe das Summenzeichen $\sum$ Symbol für eine Summe ist, so gibt es für ein Produkt auch ein Symbol:
$\prod_{k=m}^{n} a_k = a_m \cdot a_{m+1} \cdot a_{m+2} \cdot \ldots \cdot a_n$
Dabei ist $\prod$ der Großbuchstabe Pi (für Produkt) im griechischen Alphabet.

Beispiel: $\prod_{k=0}^{n}(2k + 1) = 1 \cdot 3 \cdot 5 \cdot \ldots \cdot (2n + 1)$

1.4 Division (w)

a : b		gesprochen: „a (geteilt) durch b"
der *Quotient*		
a ist der *Dividend*	b ist der *Divisor*	Die entsprechende Anweisung lautet: „*dividiere* a *durch* b!"

Bemerkung: Anstelle des Doppelpunkts in einem Quotienten findet man auf dem Taschenrechner „÷". Man kann den Term nämlich auch als Bruch schreiben (Bsp.: $\frac{3}{4}$ oder bei einfachen Brüchen auch 3/4)

Division ohne Rest: 12 : 4 = 3. Man sagt: 4 teilt 12 oder 4 *ist ein Teiler* von 12, und schreibt 4 | 12.
Division mit Rest: 13 : 4 = 3 Rest 1, denn 13 = 3 · 4 + 1. 4 *ist kein Teiler* von 13, oder kurz 4 ∤ 13.

Gesetzmäßigkeiten:
Die Division durch 0 ist nicht möglich. Das wird im Folgenden begründet:
Sei a : 0 = b definiert.
Ist a ≠ 0 (gesprochen: „a ungleich 0"), so ergibt sich beim Auflösen der Gleichung nach a ein Widerspruch: a = 0 · b = 0
Ist a = 0, so ist die Probe unabhängig vom Wert von b immer gültig, d. h. a : 0 wäre nicht eindeutig bestimmt.
1 : 2 ≠ 2 : 1, also ist die Division nicht kommutativ.
1 : (2 : 3) = 1 : 2/3 = 3/2 ≠ 1/6 = (1 : 2) : 3, also ist die Division nicht assoziativ.
1 : (2 + 3) = 1/5 ≠ 5/6 = 1/2 + 1/3, also gilt für die Division kein Distributivgesetz.
Allerdings gilt:
a : b = 1 : (b : a), was man sich mit Hilfe der Bruchrechnung (Abschn. 1.7) leicht plausibel macht.
a : (bc) = a : b : c
a : (b : c) = a : b · c, sodass für das Klammerauflösen bei Punktrechnung entsprechende Regeln gelten wie bei der Strichrechnung.
(a + b) : c = (a + b) · (1/c) = a(1/c) + b(1/c) = a : b + a : c.
Aber a : (b + c) lässt sich nicht umformen.

1.5 Potenz (w)

a^b		gesprochen: „a hoch b"
die *Potenz*		
a ist die *Basis*	b ist der *Exponent*	Die entsprechende Anweisung lautet: „*potenziere* a *mit* b!"

Bemerkung: Der Plural des Worts Basis ist Basen.

Die Potenzgesetze werden im Abschn. 3.1 gesondert behandelt.

1.6   Vorrangregeln (w) und Termumformungen (w)

Um Klammern zu sparen und damit Terme übersichtlich schreiben zu können, gelten die Vorrangregeln:
Klammern vor Potenz vor Punkt vor Strich.
Ansonsten rechnet man von links nach rechts.

Beispiel: $2 \cdot (5 - 4 \cdot 3^4) \overset{(1)}{=} 2 \cdot (5 - 4 \cdot 81) \overset{(2)}{=} 2 \cdot (5 - 324) \overset{(3)}{=} 2 \cdot (-319) = -638$
(1): Potenz vor Punkt, (2): Punkt vor Strich und (3): Klammer vor allem anderen

Bemerkung: $a^{b^c} := a^{(b^c)}$

Bisher wurden schon die Begriffe „Variable" und „Term" verwendet. Was ein Term ist, kann allerdings nun erst nach der Definition der Termarten Summe, Differenz, Produkt, Quotient und Potenz definiert werden.

Eine *Variable* ist eine Leerstelle (meist gekennzeichnet durch einen Buchstaben) in einem mathematischen oder logischen Ausdruck, für die Werte eingesetzt werden können:
$a + 5$ z. B. enthält die Variable a. Setzt man für a die Zahl 1 ein, so ergibt sich als Wert des Terms 6, setzt man für a die Zahl -5 ein, so ergibt sich 0.

Definition: Konstanten oder Variablen sind *Terme*.
Sinnvolle mathematische (oder logische) Ausdrücke von Termen sind wieder Terme.
Im Rahmen der Arithmetik sind also Zahlen und Variablen Terme. Summen, Differenzen, Produkte, Quotienten und Potenzen von Termen wieder Terme.

Termumformungen:
An Termumformungen haben Sie bereits gesehen: Ausklammern, Ausmultiplizieren, das Umsortieren in einem *Aggregat*.
Darüber hinaus sollen hier die *binomischen Formeln* aufgeführt werden:
$(a + b)^2 = a^2 + 2ab + b^2$ 1. binomische Formel (w)
$(a - b)^2 = a^2 - 2ab + b^2$ 2. binomische Formel
$(a + b)(a - b) = a^2 - b^2$ 3. binomische Formel

$(a + b)^3 = a^3 + 3a^2b + 3ab^2 + b^3$
$(a - b)^3 = a^3 - 3a^2b + 3ab^2 - b^3$
$(a + b)(a^2 - ab + b^2) = a^3 + b^3$
$(a - b)(a^2 + ab + b^2) = a^3 - b^3$

Auch das *Zusammenfassen* gleichartiger Terme gehört zu den Termumformungen:

Beispiel: $5ax^2 - 6ax^2 = ax^2(5 - 6) = -ax^2$

Gleichartige Terme stimmen in ihren Variablenkombinationen überein. Hier $5ax^2$ und $6ax^2$ sind gleichartig, weil die Variablenkombination beidesmal ax^2 ist.
Die Zahlen vor den Variablenkombinationen heißen *Koeffizienten*. Hier sind die Koeffizienten 5 bzw. 6.
Gleichartige Terme werden addiert bzw. subtrahiert, indem man ihre Koeffizienten addiert bzw. subtrahiert und die Variablenkombination beibehält.
Ungleichartige Terme lassen sich so nicht zusammenfassen.

Weglassen des Malpunkts: Überall dort, wo es nicht zu Missverständnissen führen kann, kann man den Malpunkt weglassen:
$2 \cdot a = 2a, a \cdot b = ab, 2 \cdot (a + b) = 2(a + b)$
Aber $2 \cdot 5 \neq 25$ und $2 \cdot \frac{1}{5} \neq 2\frac{1}{5}$, denn unter der gemischten Zahl $2\frac{1}{5}$ versteht man im Deutschen $2 + \frac{1}{5}$
(Mehr dazu im nächsten Abschn. 1.7)

1.7 Rechnen mit Brüchen und Dezimalzahlen, Stellenwertsysteme

1.7.1 Brüche

Ein Quotient lässt sich auch in Form eines *Bruchs* (m) schreiben: $\frac{\text{Zähler}}{\text{Nenner}}$, wobei *Zähler* (m) und *Nenner* (m) durch einen Bruchstrich (m) getrennt werden. Der Nenner darf nicht 0 sein.
Dabei „benennt" der Nenner die Größe eines Bruchteils z. B. die Größe von 1/4, das kleiner ist als 1/3. Der Zähler zählt ab, wie viele dieser Bruchteile gemeint sind. 3/4 sind also 3 Stücke der Größe 1/4.

Bemerkung: $\frac{1}{2}$ wird gesprochen als „ein *Halbes*", $\frac{1}{3}$ spricht man „ein *Drittel*". Bei jeder anderen Zahl im Nenner drückt man den Bruchteil dadurch aus, dass man die Silbe „tel" an die Zahl im Nenner anhängt. $\frac{1}{4}$ gesprochen „ein Viertel", allgemein $\frac{1}{n}$ gesprochen „ein n-tel".
Manchmal ergibt sich ein Fugen-s wie bei $\frac{1}{20}$ gesprochen „ein Zwanzigstel".

Nicht in jeder Kultur gibt es *gemischte Zahlen*, die ganze Zahlen und Brüche vermischen. z. B. ist $1\frac{1}{2} = 1 + \frac{1}{2} = \frac{3}{2}$ (und nicht wie möglicherweise anderswo $1 \cdot \frac{1}{2}$).

Formänderung von Brüchen:

Kürzen (s) heißt, Zähler und Nenner durch dieselbe Zahl zu dividieren. Dabei ändert sich der Wert des Bruchs nicht, da zwar die Stücke größer werden, aber gleichzeitig entsprechend weniger Stücke genommen werden.

Beispiel: $\frac{ez}{en} = \frac{z}{n}$, der Bruch $\frac{ez}{en}$ wurde mit e gekürzt.

Erweitern (s) ist die Umkehrung des Kürzens und bedeutet, Zähler und Nenner mit derselben Zahl zu multiplizieren. Auch dabei ändert sich der Wert des Bruchs nicht.

Beispiel: $\frac{z}{n} = \frac{ez}{en}$, der Bruch $\frac{z}{n}$ wurde mit e erweitert.

Addieren/Subtrahieren zweier Brüche mit gleichem Nenner: $\frac{a}{c} \pm \frac{b}{c} = \frac{a \pm b}{c}$
Da die einzelnen Stücke 1/c gleich groß sind, müssen nur ihre Anzahlen a und b addiert/subtrahiert werden.

Addieren/Subtrahieren zweier Brüche mit unterschiedlichem Nenner:
Zunächst müssen die Brüche so erweitert werden, dass ihre Nenner gleich sind. Diesen Vorgang nennt man „die Brüche *gleichnamig* machen" oder „die Brüche *auf den Hauptnenner bringen*".
Der Hauptnenner ist das *kleinste gemeinsame Vielfache* (abgekürzt kgV) der ursprünglichen Nenner.
Der Begriff „*Vielfaches*" (s) fasst das Einfache, das Doppelte, das Dreifache, das Vierfache, …, allgemein das n-Fache einer Zahl zu einem Oberbegriff zusammen, wobei n eine natürliche Zahl ist.
Findet man den Hauptnenner nicht intuitiv oder durch Hochzählen der Vielfachen eines Nenners bis der andere Nenner Teiler dieses Vielfachen ist, so kann man die Primfaktorzerlegung der Nenner zur Hilfe nehmen.

Definition: Eine *Primzahl* ist eine Zahl, die genau zwei Teiler hat.

Bemerkung: Damit ist 1 keine Primzahl, sie hat nur die 1 als Teiler. Primzahlen sind 2, 3, 5, 7, 11, 13, 17, 19 …

Eine *Primfaktorzerlegung* ist die Zerlegung einer Zahl in ein Produkt aus Primzahlen.
Das kleinste gemeinsame Vielfache setzt sich dann aus den jeweils längsten Ketten der Primzahlen in den beiden Nennern zusammen.
Sind nun nach dem Erweitern die Nenner der Brüche gleich, nämlich gleich dem Hauptnenner, so addiert/subtrahiert man Brüche mit gleichem Nenner wie oben beschrieben.

Beispiel: $\frac{5}{24} + \frac{5}{21} = \frac{35}{168} + \frac{40}{168} = \frac{75}{168} = \frac{25}{56}$

Finden des Hauptnenners: $24 = 3 \cdot 8$, $21 = 3 \cdot 7$. der Hauptnenner ist $3 \cdot 8 \cdot 7$ oder alternativ mit der Primfaktorzerlegung $24 = 2^3 \cdot 3$, $21 = 3 \cdot 7$, $\mathrm{kgV}(24, 21) = 2^3 \cdot 3 \cdot 7$

Der erste Bruch wird mit 7 erweitert, der zweite Bruch mit 8.

Am Ende wird der Bruch gekürzt.

Umwandeln von gemischten Zahlen in unechte Brüche und umgekehrt:

$3\frac{2}{5} := 3 + \frac{2}{5} = \frac{15}{5} + \frac{2}{5} = \frac{17}{5}$

$\frac{26}{3} = 8\frac{2}{3}$, da $26 = 8 \cdot 3 + 2$, also $26 : 3 = 8$ Rest 2

Bemerkung: Ein *unechter Bruch* ist einer, bei dem der Zähler größer gleich dem Nenner ist.

Multiplikation von Brüchen

$\frac{a}{b} \cdot \frac{c}{d} = \frac{ac}{bd}$

Zwei Brüche werden multipliziert, indem man Zähler mit Zähler und Nenner mit Nenner multipliziert. Wenn möglich kürzt man vorher.

Im Rechteck der Abb. 1.2 sind $\frac{2}{3}$ rot gekennzeichnet und $\frac{3}{4}$ blau.

$\frac{2}{3}$ von $\frac{3}{4} = \frac{2}{3} \cdot \frac{3}{4} = \frac{1}{2}$ und ist in Abb. 1.2 lila eingefärbt.

Insbesondere gilt: $a \cdot \frac{b}{c} = \frac{ab}{c} = \frac{a}{c} \cdot b$

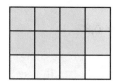

Abb. 1.2 Multiplikation von Brüchen

Division von Brüchen

$\frac{a}{b} : \frac{c}{d} = \frac{a}{b} \cdot \frac{d}{c}$

Man dividiert durch einen Bruch, indem man mit seinem *Kehrbruch* multipliziert (bei einem Kehrbruch sind gegenüber dem Bruch selbst Zähler und Nenner vertauscht).

Die Richtigkeit dieser Regel ergibt sich aus der Probe.

Den Quotienten zweier Brüche kann man auch als Doppelbruch schreiben:

$\frac{a}{b} : \frac{c}{d} = \frac{\frac{a}{b}}{\frac{c}{d}}$

1.7.2 Dezimalzahlen (w)

Unser *Dezimalsystem* benutzt die *Ziffern* 0, 1, 2, ..., 9 und ist ein *Stellenwertsystem*. Es beruht auf dem Prinzip, dass zehn Einheiten jeweils zu einer höheren Einheit zusammengefasst werden und an einer Stelle links von der alten notiert werden. Zehn Einer werden zu einem Zehner zusammengefasst und die Anzahl der Zehner als Ziffer links von den Einern notiert. Zehn Zehner werden zu einem Hunderter zusammengefasst und die Anzahl der Hunderter links von den Zehnern notiert, etc.

Führt man das gleiche Prinzip zu kleineren Einheiten hin fort, so wird ein Einer in zehn Zehntel zerlegt und rechts nach dem Komma wird die Anzahl der Zehntel notiert. Ein Zehntel wird in 10 Hundertstel zerlegt, die Anzahl der Hundertstel wird rechts neben den Zehnteln notiert.

Die Zahl 3054,19 bedeutet also: $3 \cdot 10^3 + 0 \cdot 10^2 + 5 \cdot 10^1 + 4 \cdot 10^0 + 1 \cdot 10^{-1} + 9 \cdot 10^{-2}$. Die Ziffer 5 steht für die Anzahl der Zehner, repräsentiert also durch ihre Stellung in der Zahl den Wert $5 \cdot 10$ (Ziffer mal Stellenwert). Die Basis des Dezimalsystems ist 10.

Man kann einen Bruch in eine Dezimalzahl umwandeln, indem man – falls möglich – den Nenner so erweitert, dass er eine Potenz von 10 ist.

Beispiel: $\frac{3}{40} = \frac{75}{1000} = 0{,}075$

Die folgenden Identitäten sollten Sie auswendig können:
$\frac{1}{2} = 0{,}5$, $\frac{1}{4} = 0{,}25$, $\frac{3}{4} = 0{,}75$, $\frac{1}{8} = 0{,}125$, $\frac{3}{8} = 0{,}375$, $\frac{5}{8} = 0{,}625$, $\frac{7}{8} = 0{,}875$,
$\frac{1}{5} = 0{,}2$, $\frac{2}{5} = 0{,}4$, $\frac{3}{5} = 0{,}6$, $\frac{4}{5} = 0{,}8$.

Enthält der Nenner eines Bruches andere Primfaktoren als 2 und 5, so ist es unmöglich, durch Erweitern den Nenner als Zehnerpotenz darzustellen. Die Dezimalbruchentwicklung kann dann nicht endlich sein. (Denn wäre sie endlich, könnte man sie in einen Bruch mit einer Zehnerpotenz im Nenner umwandeln.)

Die Dezimalbruchentwicklung erhält man durch explizites Dividieren. Da bei Division durch den Nenner n nur $n - 1$ verschiedene von Null verschiedene Reste existieren, muss sich die Ziffernfolge der Dezimalbruchentwicklung irgendwann wiederholen. Es ergibt sich ein *periodischer Dezimalbruch*, in dem die sich wiederholende Ziffernfolge mit einem Querstrich darüber symbolisiert wird, der *Periode* (w).

Beispiel: $\frac{17}{35} = 17 : 35 = 0{,}4857142857142857142\ldots = 0{,}4\overline{857142}$.
Man spricht: „0 Komma 4 Periode 857142".

Man wandelt eine Dezimalzahl mit *endlicher Dezimalbruchentwicklung* in einen Bruch um, indem man sie als einen Bruch mit der entsprechenden Zehnerpotenz als Nenner schreibt und kürzt.

Beispiel: $0{,}145 = \frac{145}{1000} = \frac{29}{200}$

Multipliziert man eine periodische Dezimalzahl d mit der Periodenlänge n mit 10^n und subtrahiert die Dezimalzahl selbst, so erhält man eine Dezimalzahl $\tilde{d}$ ohne Periode. Damit ergibt sich die Gleichung $(10^n - 1)d = \tilde{d}$. Auflösen nach d liefert dann den gesuchten Bruch.

Beispiel: $1{,}3\overline{45}$ soll als Bruch geschrieben werden.
Die Länge der Periode ist 2.

$$
\begin{aligned}
100 \cdot 1{,}3\overline{45} &= 132{,}4\overline{45} \\
- \quad 1 \cdot 1{,}3\overline{45} &= \quad\;\; 1{,}3\overline{45} \\
\hline
\Rightarrow \quad 99 \cdot 1{,}3\overline{45} &= 131{,}13
\end{aligned}
\qquad \Rightarrow 1{,}3\overline{45} = \frac{131{,}13}{99} = \frac{1457}{1100}
$$

1.7.3 Weitere Stellenwertsysteme

Es gibt außer dem Dezimalsystem noch weitere Stellenwertsysteme:

Beim *Dualsystem* werden Zahlen aus den Ziffern 0 und 1 gebildet, die Basis ist 2.
So ist $34_{10} = 32_{10} + 2_{10} = 1 \cdot 2^5 + 0 \cdot 2^4 + 0 \cdot 2^3 + 0 \cdot 2^2 + 1 \cdot 2^1 + 0 \cdot 2^0 = 100010_2$
Und $2{,}5_{10} = 1 \cdot 2^1 + 0 \cdot 2^0 + 1 \cdot 2^{-1} = 10{,}1_2$
In der Informatik wird oft 1 als Zustand bezeichnet, bei dem Spannung anliegt, 0 als den Zustand, bei dem keine Spannung anliegt. Die kleinste Informationseinheit aus 1 oder 0 heißt *Bit* (s).

In der Informatik wird außerdem das Hexadezimalsystem verwendet: Es besteht aus den Ziffern $0, 1, 2, \ldots, 9$ und den Buchstaben $A, B, \ldots, F$. Die Basis ist also 16.

1.8 Prozentrechnen (s)

Um Bruchteile vergleichen zu können, gibt man sie oft in Prozent an.
$1\,\% = \frac{1}{100}$
Das Wort *Prozent* steht für „von Hundert".
Bei kleinen Bruchteilen sind auch *Promille* gebräuchlich: $1\,\text{\textperthousand} = \frac{1}{1000}$, Promille steht für „von Tausend".

Begriffe: Prozentsatz von Grundwert = Prozentwert

Berechnung eines Prozentsatzes:

Beispiel: $\frac{7}{25} = \frac{28}{100} = 28\,\%$

Beispiel: $\frac{1}{3} = 0,\overline{3} = \frac{33,\overline{3}}{100} = 33,\overline{3}\,\%$

Berechnung des Prozentwerts:

Beispiel: $28\,\%$ von $70\,€ = 0,28 \cdot 70\,€ = 19,60\,€$

Berechnung des Grundwerts:
Der gegebene Prozentsatz bezieht sich bei bekanntem Prozentwert auf den unbekannten Grundwert,

Beispiel: $15\,\%$ von $x = 70\,€ \Rightarrow x = \frac{70\,€}{0,15} = 466,67\,€$

Geldbeträge werden i. A. auf Cent gerundet.

Zahlenmengen

2

Nachdem Sie die Begriffe der Grundrechenarten kennengelernt haben, wird in diesem Kapitel besprochen, aus welchen Zahlenmengen geschöpft werden kann: $\mathbb{N}$, $\mathbb{Z}$, $\mathbb{Q}$, $\mathbb{R}$, $\mathbb{A}$ und $\mathbb{C}$. Es wird bewiesen, dass $\mathbb{Q}$ abzählbar ist, $\mathbb{R}$ aber nicht. Und dass zwischen zwei rationalen Zahlen immer mindestens eine irrationale Zahl liegt und umgekehrt.

2.1 Die Menge der natürlichen Zahlen

$\mathbb{N} := \{1, 2, 3, 4, 5, 6, \ldots\}$ *die Menge der natürlichen Zahlen*
$0 \notin \mathbb{N}$ (gesprochen „0 ist nicht Element von $\mathbb{N}$"), $5 \in \mathbb{N}$ (gesprochen „5 ist Element von $\mathbb{N}$"), d. h. 0 gehört nicht zur Menge $\mathbb{N}$, 5 dagegen schon.
$\mathbb{N}_0 := \{0, 1, 2, 3, 4, 5, \ldots\}$ *die Menge der natürlichen Zahlen mit Null*
$0 \in \mathbb{N}_0$

Bemerkung: Hier wird die Notation verwendet, bei der die Null nicht zur Menge der natürlichen Zahlen gehört. Soll sie dazu gehören, handelt es sich dann um die Menge $\mathbb{N}_0$. In anderen Quellen wird eine Notation verwendet, bei der $0 \in \mathbb{N}$, dann wird die Menge der natürlichen Zahlen ohne 0 mit einem Stern gekennzeichnet: $\mathbb{N}^*$.

2.2 Die Menge der ganzen Zahlen

Die Gleichung $x + a = b$ mit $a, b \in \mathbb{N}_0$ ist in $\mathbb{N}_0$ nur lösbar für $b \geq a$. Soll die Gleichung für alle beliebigen Zahlen $a, b \in \mathbb{N}$ lösbar sein, so benötigt man eine Erweiterung der Zahlenmenge $\mathbb{N}$.
$\mathbb{Z} := \{0, \pm 1, \pm 2, \pm 3, \ldots\}$ die *Menge der ganzen Zahlen*
$\mathbb{Z}^+ := \mathbb{N}$, $\mathbb{Z}_0^+ := \mathbb{N}_0$, $\mathbb{Z}^- := \{-1, -2, -3, \ldots\} = \{x \mid x \in \mathbb{Z} \text{ und } x < 0\}^{(*)}$, $\mathbb{Z}_0^- := \{x \mid x \in \mathbb{Z} \text{ und } x \leq 0\}$
(*) man spricht: „die Menge aller $x \in \mathbb{Z}$ mit der Eigenschaft, dass x kleiner 0".

B. Hugues, *Mathematik-Vorbereitung für das Studium eines MINT-Fachs*, https://doi.org/10.1007/978-3-662-66937-2_2

Bemerkung: Das Symbol „|" steht einerseits für „ist Teiler von" und andererseits bei Mengendarstellungen für „mit der Eigenschaft".

$\{0, \pm 2, \pm 4, \pm 6, \pm 8, \ldots\} = \{2k \mid k \in \mathbb{Z}\}$ ist die Menge der *geraden Zahlen*.
$\{\pm 1, \pm 3, \pm 5, \pm 7, \ldots\} = \{2k + 1 \mid k \in \mathbb{Z}\}$ ist die Menge der *ungeraden Zahlen*.

2.3 Die Menge der rationalen Zahlen

Die Gleichung $ax = b$ mit $a \neq 0$ und $a, b \in \mathbb{Z}$ ist in $\mathbb{Z}$ nur lösbar, falls a Teiler von b ist, d. h. $a \mid b$. Soll die Gleichung für alle beliebigen Zahlen $a \neq 0$ und $a, b \in \mathbb{Z}$ gelöst werden können, so muss die Zahlenmenge erneut erweitert werden.
$\mathbb{Q} := \{x \mid x = \frac{p}{q}$ und $p \in \mathbb{Z}, q \in \mathbb{N}\}$ *die Menge der rationalen Zahlen*

Bemerkung: $\mathbb{Q}$ ist die Menge aller endlichen und unendlich periodischen Dezimalbrüche.

$\mathbb{Q}^+ = \{x \mid x \in \mathbb{Q}$ und $x > 0\}$, $\mathbb{Q}_0^+ = \{x \mid x \in \mathbb{Q}$ und $x \geq 0\}$, $\mathbb{Q}^- = \{x \mid x \in \mathbb{Q}$ und $x < 0\}$, $\mathbb{Q}_0^- = \{x \mid x \in \mathbb{Q}$ und $x \leq 0\}$

Definition: Eine Menge M mit unendlich vielen Elementen heißt *abzählbar*, wenn zu jedem $m \in M$ *eineindeutig* ein $n \in \mathbb{N}$ zugeordnet werden kann. (Eineindeutig heißt, dass jedem $m \in M$ genau ein $n \in \mathbb{N}$ zugeordnet wird und umgekehrt jedem $n \in \mathbb{N}$ genau ein $m \in M$.)
Andernfalls heißt die Menge *überabzählbar*.

Die Menge $\mathbb{N}$ ist abzählbar. Jedem $m \in \mathbb{N}$ wird $n = m \in \mathbb{N}$ zugeordnet.
Die Menge $\mathbb{Z}$ ist abzählbar. Der Zahl $m = 0$ wird $n = 1$ zugeordnet, einem $m > 0$ wird $n = 2m$ zugeordnet, einem $m < 0$ wird $n = -2m + 1$ zugeordnet. Weniger abstrakt ist damit 0 das erste Element von $\mathbb{Z}$, 1 das zweite Element, -1 das dritte Element, 2 das vierte Element, -2 das fünfte Element, u.s.w. Auf diese Weise lassen sich alle Elemente von $\mathbb{Z}$ der Reihe nach aufzählen.
Dass $\mathbb{Q}$ abzählbar ist, kann mit dem *ersten Cantorschen Diagonalverfahren* bewiesen werden:
Wie in Abb. 2.1 zu sehen, werden dabei die Brüche mit Zähler 1 der Reihe nach in die erste Zeile geschrieben, die Nenner durchlaufen dabei alle natürlichen Zahlen. In der zweiten Zeile stehen die Brüche mit Zähler 2, in der dritten Zeile stehen die Brüche mit Zähler 3, und so fort. Damit sind alle positiven Brüche erfasst.
Folgt man den Pfeilen und überspringt Brüche, die noch gekürzt werden können, so können alle positiven rationalen Zahlen in eine Reihenfolge gebracht werden, d. h. jedem positiven Bruch eindeutig eine Nummer zugeordnet werden, sie ist in Klammern hinter

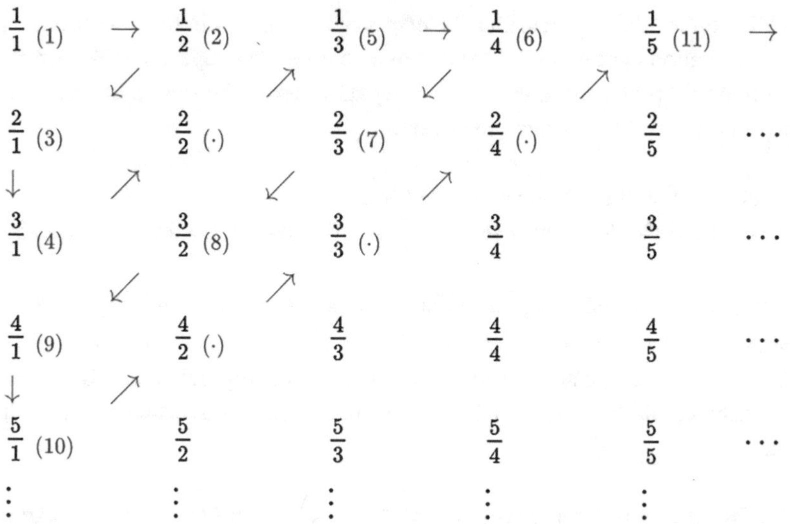

$$\frac{1}{1} \;(1) \quad \rightarrow \quad \frac{1}{2} \;(2) \quad \quad \frac{1}{3} \;(5) \quad \rightarrow \quad \frac{1}{4} \;(6) \quad \quad \frac{1}{5} \;(11) \quad \rightarrow$$

$$\frac{2}{1} \;(3) \quad \quad \frac{2}{2} \;(\cdot) \quad \quad \frac{2}{3} \;(7) \quad \quad \frac{2}{4} \;(\cdot) \quad \quad \frac{2}{5} \quad \cdots$$

$$\frac{3}{1} \;(4) \quad \quad \frac{3}{2} \;(8) \quad \quad \frac{3}{3} \;(\cdot) \quad \quad \frac{3}{4} \quad \quad \frac{3}{5} \quad \cdots$$

$$\frac{4}{1} \;(9) \quad \quad \frac{4}{2} \;(\cdot) \quad \quad \frac{4}{3} \quad \quad \frac{4}{4} \quad \quad \frac{4}{5} \quad \cdots$$

$$\frac{5}{1} \;(10) \quad \quad \frac{5}{2} \quad \quad \frac{5}{3} \quad \quad \frac{5}{4} \quad \quad \frac{5}{5} \quad \cdots$$

$$\vdots \quad\quad\quad \vdots \quad\quad\quad \vdots \quad\quad\quad \vdots \quad\quad\quad \vdots$$

Abb. 2.1 Erstes Cantorsches Diagonalverfahren (https://de.wikipedia.org/wiki/Cantors_erstes_ Diagonalargument)

dem Bruch angegeben. Wie bei den ganzen Zahlen kann man dann mit der Zahl 0 beginnend abwechselnd die positiven Brüche und die entsprechenden negativen Brüche der Reihe nach aufzählen.
Somit ist $\mathbb{Q}$ abzählbar.

Folgerung: Die Menge $\mathbb{N}$, die eine echte Teilmenge von $\mathbb{Q}$ ist, hat die gleiche Anzahl an Elementen wie $\mathbb{Q}$. Man sagt: die beiden Mengen sind „gleich mächtig".

Während der Abstand benachbarter Zahlen aus $\mathbb{N}$ bzw. $\mathbb{Z}$ immer genau 1 beträgt und jede nicht benachbarte Zahl einen größeren Abstand besitzt, gibt es einen derartigen minimalen Abstand zwischen rationalen Zahlen nicht. Denn zwischen zwei beliebig nahen rationalen Zahlen q_1 und q_2 liegt immer ihr Mittelwert $\frac{q_1+q_2}{2}$, also wieder eine rationale Zahl. Man sagt: „Die rationalen Zahlen *liegen dicht*."

2.4 Die Menge der reellen Zahlen

Die Gleichung $x^2 = a$ mit $a \in \mathbb{Q}$ ist nur in $\mathbb{Q}$ lösbar, wenn $a = \frac{p^2}{q^2}$, d. h. wenn a das Quadrat eines Bruchs ist. Damit jede Gleichung $x^2 = a$ mit $a \geq 0$ lösbar wird, muss erneut die Zahlenmenge erweitert werden.
Zunächst soll bewiesen werden, dass die Gleichung $x^2 = 2$ tatsächlich keine rationale Lösung besitzt.

Der Beweis erfolgt durch Widerspruch. Der *Widerspruchsbeweis* ist ein Beweisverfahren, bei dem man die Negation der zu beweisenden Aussage unter den gegebenen Voraussetzungen zu einem Widerspruch führt, sodass die Negation der zu beweisenden Aussage falsch sein muss und somit die Aussage selbst wahr.

Satz: Die Gleichung $x^2 = 2$ hat keine rationale Lösung.

Beweis durch Widerspruch: Annahme: sei $x = \frac{p}{q}$ ein vollständig gekürzter Bruch mit $x^2 = 2$

$\Rightarrow \frac{p^2}{q^2} = 2 \Leftrightarrow p^2 = 2q^2 \Rightarrow p^2$ ist eine gerade Zahl $\Rightarrow p$ ist eine gerade Zahl $\Rightarrow p = 2r.^{(*)}$

$\Rightarrow p^2 = 4r^2 = 2q^2 \Rightarrow q^2 = 2r^2 \Rightarrow q$ ist gerade.

Das ist im Widerspruch zur Annahme, dass $x = \frac{p}{q}$ ein vollständig gekürzter Bruch ist. Also ist die Annahme falsch, dass es einen vollständig gekürzten Bruch x gibt mit $x^2 = 2$.   q.e.d.

(*) hier wird im Beweis verwendet, dass nur eine gerade Zahl ein Quadrat haben kann, das gerade ist. Das ist leicht zu überprüfen: Sei $p = 2m + 1$ eine ungerade Zahl. Dann ist $p^2 = 4m^2 + 4m + 1 = 2(2m^2 + 2m) + 1$ auch ungerade. Dagegen ist das Quadrat einer geraden Zahl $p = 2m$ selbst gerade: $p^2 = 2 \cdot 2m^2$.

Bemerkung: Um zu zeigen, dass ein Beweis geführt ist, beendet man ihn mit „q.e.d.". Das ist die Abkürzung des lateinischen „quod erat demonstrandum", was übersetzt heißt „wie zu beweisen war". Alternativ dazu markiert man das Ende eines Beweises mit einem Quadrat □.

Folgerung: In der Menge der dicht liegenden rationalen Zahlen gibt es „Lücken", wie z. B. $\sqrt{2}$. Das ist in Abb. 2.2 am Zahlenstrahl veranschaulicht: Da zwischen zwei rationalen Zahlen immer noch mindestens eine rationale Zahl liegt, kann es keine Lücken mit einer endlichen Länge auf dem Zahlenstrahl geben, wenn man alle rationalen Zahlen markieren will. Die rationalen Zahlen sind auf dem Zahlenstrahl gelb eingezeichnet, es sind keine sichtbaren Lücken möglich.

Abb. 2.2 $\sqrt{2}$ auf dem Zahlenstrahl

Die Zahl $\sqrt{2}$ allerdings, die als eine Länge des Quadrats mit Seitenlänge 1 veranschaulicht werden kann, stellt eine „Lücke" in der Menge $\mathbb{Q}$ dar, die in Abb. 2.2 durch den kleinen roten Kreis symbolisiert wird.

Die axiomatische Definition der Menge der reellen Zahlen $\mathbb{R}$ folgt im Abschn. 14.3. Im Moment genügt es zu wissen, dass sie alle endlichen, alle unendlich periodischen und alle unendlich nicht-periodischen Dezimalbrüche enthält. In der Menge $\mathbb{R}$ gibt es dann keine „Lücken" wie die $\sqrt{2}$ mehr auf dem Zahlenstrahl.

Definition: Unter einer *irrationalen Zahl* versteht man eine Zahl aus der Menge $\mathbb{R} \setminus \mathbb{Q}$.

In der Menge der reellen Zahlen werden *Intervalle* (s) definiert:
$[a; b] := \{x \mid x \in \mathbb{R} \text{ mit } a \leq x \leq b\}$ heißt *abgeschlossenes Intervall* von a bis b.
$]a; b[:= \{x \mid x \in \mathbb{R} \text{ mit } a < x < b\}$ heißt *offenes Intervall* von a bis b
$[a; b[:= \{x \mid x \in \mathbb{R} \text{ mit } a \leq x < b\}$ und $]a; b] := \{x \mid x \in \mathbb{R} \text{ mit } a < x \leq b\}$ heißen *halboffene Intervalle*.
a und b sind jeweils aus- bzw. eingeschlossen.
$[a; \infty[:= \{x \mid x \in \mathbb{R} \text{ mit } x \geq a\}$, $]a; \infty[:= \{x \mid x \in \mathbb{R} \text{ mit } x > a\}$
$]-\infty; b] := \{x \mid x \in \mathbb{R} \text{ mit } x \leq b\}$, $]-\infty; b[:= \{x \mid x \in \mathbb{R} \text{ mit } x < b\}$

Bemerkung: „∞" ist das Symbol für „unendlich". Es steht nicht für eine konkrete Zahl und muss deshalb immer aus Intervallen ausgeschlossen werden.

Bemerkung: Für $]a; b]$ zum Beispiel ist auch die Schreibweise $(a; b]$ üblich. Runde Klammern zeigen an, dass die entsprechende Zahl nicht zum Intervall gehört.

Definition: Unter einer *Intervallschachtelung* versteht man eine Folge $I_1, I_2, I_3, \ldots$ abgeschlossener Intervalle mit den folgenden Eigenschaften:
(1) $I_{n+1} \subset I_n$ für alle $n \in \mathbb{N}$
(2) zu jedem $\varepsilon > 0$ gibt es ein Intervall I_n, dessen Länge $|I_n| < \varepsilon$ ist (Abb. 2.3).

Abb. 2.3 Intervallschachtelung

Anschaulich bedeutet das, dass jedes Intervall im vorangegangenen Intervall liegt, und dass die Länge der Intervalle immer kleiner wird, gegen Null geht, d. h. jede noch so kleine positive Zahl ε unterschreitet.

Satz: Zu jeder Intervallschachtelung in $\mathbb{R}$ gibt es genau eine reelle Zahl, die allen Intervallen angehört. Diese Zahl ist eindeutig bestimmt.

Beweis: die Eindeutigkeit der Zahl folgt aus (2). Denn wären $x < y$ zwei solcher Zahlen, so wäre $[x; y] \subset I_n \; \forall n \in \mathbb{N}$ und damit $|I_n| \geq y - x \; \forall n \in \mathbb{N}$. Das ist im Widerspruch zu (2).

Dass es überhaupt so eine Zahl gibt, folgt aus dem Axiom der Vollständigkeit der reellen Zahlen, das bei der formalen Definition von $\mathbb{R}$ später formuliert wird. $\square$

Beispiel: für die Zahl $\sqrt{2}$ lässt sich die folgende Intervallschachtelung finden:

$1 < \sqrt{2} < 2$, da $1^2 < 2 < 2^2$, $I_1 = [1; 2]$

$1{,}4 < \sqrt{2} < 1{,}5$, da $1{,}4^2 < 2 < 1{,}5^2$, $I_2 = [1{,}4; 1{,}5]$

$1{,}41 < \sqrt{2} < 1{,}42$, da $1{,}41^2 < 2 < 1{,}42^2$, $I_3 = [1{,}41; 1{,}42]$

etc.

Die Länge des n-ten Intervalls ist bei dieser Intervallschachtelung $10^{-(n-1)}$ und unterschreitet bei ausreichend großem n jede beliebig kleine Zahl $\varepsilon > 0$.

Satz: Die Menge $\mathbb{R}$ ist überabzählbar.

Beweis: Mit dem *zweiten Cantorschen Diagonalverfahren*

Zunächst soll bewiesen werden, dass jede Teilmenge M einer abzählbaren Menge K selbst abzählbar sein muss: In der Aufzählung der abzählbar vielen Elemente von K überspringt man die, die nicht zu M gehören, sodass jedem Element aus M eine Nummer n zugeordnet wird. Also ist M abzählbar.

Das bedeutet, dass eine abzählbare Menge K keine überabzählbare Teilmenge M besitzen kann.

Sei nun $M := \{x \in \mathbb{R} \mid 0 < x < 1\}$. Jede Zahl aus M lässt sich als unendliche Dezimalbruchentwicklung (ohne Periode 0) darstellen, denn entweder hat sie sowieso eine unendliche Dezimalbruchentwicklung, oder man kann diese künstlich erzeugen (Bsp.: $0{,}6 = 0{,}5\overline{9}$).

Nun soll bewiesen werden, dass M überabzählbar ist:

Annahme: die Menge M ist abzählbar. Dann nummeriert man die Elemente von M durch und schreibt sie der Reihe nach untereinander, wie in Abb. 2.4 zu sehen.

$x_1 = 0{,}x_{11}x_{12}x_{13}x_{14}....$

$x_2 = 0{,}x_{21}x_{22}x_{23}x_{24}....$

$x_3 = 0{,}x_{31}x_{32}x_{33}x_{34}....,$

Abb. 2.4 Zweites Cantorsches Diagonalverfahren zum Beweis der Überabzählbarkeit von $\mathbb{R}$

Dabei stellt x_{ij} die Ziffer der j-ten Nachkommastelle der Zahl x_i dar.

Nun erzeugt man eine neue Zahl $Z = 0{,}z_1 z_2 z_3 z_4...$, indem man als erste Ziffer z_1 eine von x_{11} verschiedene Ziffer wählt, als z_2 eine von x_{22} verschiedene, als z_3 eine von x_{33} verschiedene Ziffer, und so fort. Damit erhält man eine Zahl, die von allen Zahlen x_i verschieden ist, und zu M gehört, wenn für alle z_i gilt: $1 \leq z_i \leq 8$. Das ist im Widerspruch dazu, dass M abzählbar ist. Also ist M überabzählbar.

Da M eine Teilmenge von $\mathbb{R}$ ist, muss $\mathbb{R}$ selbst überabzählbar sein. $\square$

Satz: Zwischen zwei reellen Zahlen $x < y$ gibt es immer mindestens eine rationale Zahl q mit $x < q < y$.

Beweis: Wähle $n \in \mathbb{N}$ mit $\frac{1}{n} < y - x$ und m als maximale ganze Zahl mit $\frac{m}{n} \leq x$.

$\Rightarrow \frac{m+1}{n} > x \Rightarrow x < \frac{m+1}{n} = \frac{m}{n} + \frac{1}{n} < x + (y - x) = y$, d. h. $x < \frac{m+1}{n} < y \Rightarrow \frac{m+1}{n}$ ist die gesuchte rationale Zahl. $\square$

Folgerung: Zwischen zwei irrationalen Zahlen liegt immer eine rationale Zahl, obwohl es unendlich viel mehr irrationale Zahlen als rationale Zahlen gibt.

Satz: Zwischen zwei rationalen Zahlen p und q gibt es immer mindestens eine irrationale Zahl.

Beweis: $[p; q]$ ist ein Intervall. Die rationalen Zahlen in diesem Intervall sind abzählbar. Die reellen Zahlen in diesem Intervall sind überabzählbar.

$\Rightarrow$ es muss mindestens eine irrationale Zahl in diesem Intervall geben. $\square$

2.5 Die Menge der algebraischen Zahlen

Definition: Eine Gleichung der Form $a_n x^n + a_{n1} x^{n-1} + \ldots + a_1 x + a_0 = 0$ mit $a_i \in \mathbb{Z}$ $\forall\, i = 1, 2, \ldots n$ heißt *algebraische Gleichung*. Ihre Lösungen heißen *algebraische Zahlen*. Die algebraischen Zahlen werden in der Menge $\mathbb{A}$ zusammengefasst.

Definition: Reelle, nicht-algebraische Zahlen heißen *transzendent*.

Bemerkung: Im Abschn. 6.5 kann gezeigt werden, dass jede algebraische Gleichung abzählbar viele Lösungen hat. Die Überabzählbarkeit von $\mathbb{R}$ beruht auf tranzendenten (d. h. nicht algebraischen) Zahlen wie e oder π.

2.6 Die Menge der komplexen Zahlen

Die Gleichung $x^2 = a$ mit $a \in \mathbb{R}$ ist nur in $\mathbb{R}$ nur lösbar, falls $a \geq 0$. Damit die Gleichung für alle $a \in \mathbb{R}$ lösbar ist, ist erneut eine Erweiterung des Zahlenbereichs nötig. Dazu wird die imaginäre Einheit i definiert, für die $i^2 = -1$ gilt. Die neue Zahlenmenge ist $\mathbb{C}$, die *Menge der komplexen Zahlen*. Komplexe Zahlen werden gesondert im Teil IV des Buches behandelt. Es gilt: $\mathbb{N} \subset \mathbb{N}_0 \subset \mathbb{Z} \subset \mathbb{Q} \subset \mathbb{R} \subset \mathbb{C}$

Es ergibt sich das in Abb. 2.5 dargestellte Mengendiagramm:

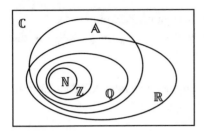

Abb. 2.5 Zahlenmengen im Überblick

Potenzen, Wurzeln und Logarithmen

3

In diesem Kapitel wird alles behandelt, was im Umfeld der Potenzrechnung eine Rolle spielt:

Die Potenzgesetze, die Monotoniegesetze für Potenzen, Wurzeln als Lösungen von Gleichungen der Form $x^n = a$ und Logarithmen als Lösungen von Gleichungen der Form $a^x = b$ mit den zugehörigen Funktionalgleichungen. Angewendet wird das Wissen auf logarithmische Zusammenhänge mit den Einheiten Bel und Neper. Außerdem wird gezeigt, welche Vorteile einfach logarithmische und doppelt logarithmische Darstellungen zum Analysieren von Daten haben können.

3.1 Potenzen, Potenzgesetze

Definition: $a^n := a \cdot a \cdot a \cdot a \cdot \ldots \cdot a$ (n Faktoren a), für $n \in \mathbb{N}$, $n > 1$ und $a \in \mathbb{R}$
$a^1 := a$ für $a \in \mathbb{R}$

Potenzgesetze (s):
1. $a^m \cdot a^n = a^{m+n}$ $\left.\begin{array}{l} \\ \\ \end{array}\right\}$ gleiche Basis
2. $a^m : a^n = a^{m-n}$, $a \neq 0$
3. $a^n \cdot b^n = (a \cdot b)^n$ $\left.\begin{array}{l} \\ \\ \end{array}\right\}$ gleicher Exponent
4. $a^n : b^n = (a : b)^n$, $b \neq 0$
5. $(a^m)^n = a^{mn}$ $\qquad$ Potenzieren von Potenzen

Das erste Potenzgesetz ergibt sich direkt aus der Definition der Potenz.

Das zweite Potenzgesetz folgt für $m > n$ aus der Definition der Potenz und dem Kürzen des Bruches

Für $m = n$ hat der Bruch den Wert 1. Damit das 2. Potenzgesetz auch für $m = n$ gilt, definiert man:

B. Hugues, *Mathematik-Vorbereitung für das Studium eines MINT-Fachs*,
https://doi.org/10.1007/978-3-662-66937-2_3

Definition: $a^0 := 1$ für $a \in \mathbb{R} \setminus \{0\}$

Für $m < n$ ergibt sich durch Kürzen $\frac{a^m}{a^n} = \frac{1}{a^{n-m}}$. Damit das 2. Potenzgesetz auch für $m < n$ gilt, wird definiert:

Definition: $a^{-n} := \frac{1}{a^n}$ für $a \in \mathbb{R} \setminus \{0\}$

Bemerkung: 0^0 ist streng genommen nicht definiert.
Es kann als Fortsetzung der Folge $5^0, 4^0, 3^0, 2^0, 1^0$ verstanden werden, dann müsste $0^0 = 1$ sein.
Es kann aber auch als Fortsetzung der Folge $0^5, 0^4, 0^3, 0^2, 0^1$ gesehen werden. Dann müsste $0^0 = 0$ sein. Betrachtet man zwei Mengen der Mächtigkeiten A und B, so ist die Anzahl der Funktionen, die A auf B abbildet B^A (jedes der A Elemente der ersten Menge kann auf B Elemente der zweiten Menge abgebildet werden). Zwischen zwei leeren Mengen gibt es nur eine Funktion. Das ist der Hintergrund, warum in der Analysis $0^0 := 1$.

Im nächsten Abschn. 3.2 über Wurzeln ergibt sich als sinnvolle Definition für eine Potenz mit rationalem Exponenten:

Definition: $a^{\frac{1}{n}} := \sqrt[n]{a}$ und entsprechend $a^{\frac{m}{n}} := \sqrt[n]{a^m}$ für $a \in \mathbb{R}_0^+$
Damit hier alle nötigen Definitionen zu Potenzen zusammengefasst sind, wird das vorweggenommen.

3.2   Wurzeln

Definition: Für $a \in \mathbb{R}_0^+$ und $n \in \mathbb{N}$ besitzt die Gleichung $x^n = a$ genau eine reelle nichtnegative Lösung. Sie wird als *n-te Wurzel* aus a bezeichnet, geschrieben $\sqrt[n]{a}$.
a heißt der *Radikand*, n der *Wurzelexponent*.

Bemerkung: Die n-te Wurzel aus a ist nicht für negative a definiert, auch wenn die meisten Taschenrechner bei ungeradem Wurzelexponenten trotzdem ein Ergebnis auswerfen.
Die Gleichung $x^3 = -8$ lässt sich formal korrekt auf die folgende Weise lösen:
$x^3 = -8 \Leftrightarrow -x^3 = 8 \Leftrightarrow (-x)^3 = 8 \Leftrightarrow -x = 2 \Leftrightarrow x = -2$

Aus der Definition folgt unmittelbar:
$\sqrt[n]{a^n} = a$ für $a \geq 0$
$\sqrt[n]{a^n} = a$ für $a \geq 0$ und $\sqrt[n]{a^n} = |a|$ für $n = 2k$ und $k \in \mathbb{N}$

Rechenregeln:

$\sqrt[n]{ab} = \sqrt[n]{a}\sqrt[n]{b}$ für $a, b \geq 0$

$\sqrt[n]{\frac{a}{b}} = \frac{\sqrt[n]{a}}{\sqrt[n]{b}}$ für $a \geq 0$ und $b > 0$.

Beweis: $(\sqrt[n]{a}\sqrt[n]{b})^n = (\sqrt[n]{a})^n(\sqrt[n]{b})^n = ab$ und damit ist $\sqrt[n]{a}\sqrt[n]{b}$ die nichtnegative Lösung der Gleichung $x^n = ab$, also $\sqrt[n]{a}\sqrt[n]{b} = \sqrt[n]{ab}$.

analog für $\frac{\sqrt[n]{a}}{\sqrt[n]{b}}$ $\square$

Radizieren ist das Umformen einer Wurzel in eine wurzelfreie Form, wie z. B. $\sqrt{16} = \sqrt{4^2} = 4$

Manchmal kann das nicht vollständig gelingen, dann *radiziert man teilweise*. Bsp.: $\sqrt{48} = \sqrt{3 \cdot 16} = 4\sqrt{3}$

Eine Wurzel im Nenner kann durch geeignetes Erweitern beseitigt werden:

Beispiel: $\frac{1}{\sqrt{a}} = \frac{\sqrt{a}}{\sqrt{a^2}} = \frac{\sqrt{a}}{a}$ für $a > 0$

Beispiel: $\frac{1}{\sqrt{a}+\sqrt{b}} = \frac{\sqrt{a}-\sqrt{b}}{(\sqrt{a}+\sqrt{b})(\sqrt{a}-\sqrt{b})} = \frac{\sqrt{a}-\sqrt{b}}{a-b}$

Am Ende einer Rechnung wird (teilweise) radiziert und die Nenner rational gemacht. Das hat historische Gründe, denn bevor es Taschenrechner gab, musste man Wurzeln in Tabellenwerken nachschlagen, in denen sie auf eine gewisse Zahl von Nachkommastellen angegeben waren. Einerseits konnte man nicht alle Zahlen tabellieren, sondern beschränkte sich auf Primzahlen, und andererseits war das Dividieren durch eine Zahl mit vielen Nachkommastellen deutlich aufwändiger als das Multiplizieren mit einer solchen Zahl.

Aus der Definition der n-ten Wurzel folgt direkt: $\sqrt[n]{a^n}$ für $a \geq 0$. Mit dem 5. Potenzgesetz gälte auch $(a^{\frac{1}{n}})^n = a$, falls der Exponent einer Potenz ein Bruch sein dürfte.

Deshalb definiert man: $a^{\frac{1}{n}} := \sqrt[n]{a}$ und entsprechend $a^{\frac{m}{n}} := \sqrt[n]{a^m}$ für $a \geq 0$.

Den Monotoniegesetzen für Potenzen im nächsten Abschn. 3.3 vorgreifend kann man dann auch a^r definieren, wenn r eine irrationale Zahl ist: a^r ergibt sich dann durch eine Intervallschachtelung aus Potenzen von a mit rationalen Exponenten, die eine Intervallschachtelung um die irrationale Zahl r bilden.

Die Potenzgesetze gelten für beliebige reelle Exponenten.

3.3 Monotoniegesetze für Potenzen

1. *Monotoniegesetz* (s) (bzgl. der Basen):
seien $a, b > 0$, $p \in \mathbb{R}^+$. Dann gilt: $a < b \Leftrightarrow a^p < b^p$

2. *Monotoniegesetz* (bzgl. der Exponenten):
seien $a > 0$, $p, q \in \mathbb{R}^+$ mit $p < q$. Dann ist $a^p < a^q$ für $a > 1$ und $a^p > a^q$ für $a < 1$

Das erste Monotoniegesetz macht man sich leicht anhand des Graphen in Abb. 3.1a der Potenzfunktion $f(x) = x^p$ klar.

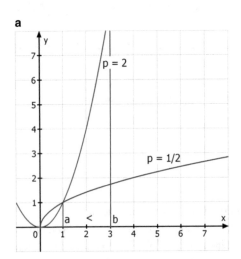
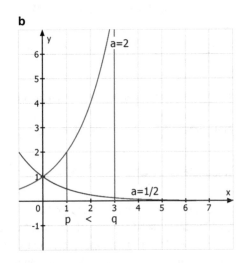

Abb. 3.1 Monotoniegesetze für Potenzen a 1. Monotoniegesetz, b 2. Monotoniegesetz

Das zweite Monotoniegesetz erkennt man gut am Graphen in Abb. 3.1b der Exponentialfunktion $f(x) = a^x$.

Beweis des 1. Monotoniegesetzes für rationale Exponenten:
Der Beweis erfolgt in drei Schritten, zunächst wird bewiesen, dass aus $a < b$ folgt $a^n < b^n$ für $n \in \mathbb{N}$. Danach wird die umgekehrte Richtung bewiesen, d. h. dass aus $a^n < b^n$ folgt, dass $a < b$. Und im dritten Schritt wird gezeigt, dass das auch für rationale Exponenten gilt.

1. Beweis durch vollständige Induktion für $a < b \Rightarrow a^n < b^n$ für $a, b > 0$, $n \in \mathbb{N}$.

  Induktionsbeginn: $a < b \,|\cdot a$ $a < b \,|\cdot b$
         $a^2 < ab$ $=$ $ab < b^2$

 d. h. $a < b \Rightarrow a^2 < b^2$

  Induktionsvoraussetzung: $a < b \Rightarrow a^n < b^n$

  Induktionsschritt: $a^n < b^n \,|\cdot a$ $a < b \,|\cdot b^n$
        $a^{n+1} < ab^n$ $=$ $ab^n < b^{n+1}$

 d. h. $a^n < b^n \Rightarrow a^{n+1} < b^{n+1}$

Damit ist bewiesen, dass gilt: $a < b \Rightarrow a^n < b^n \; \forall\, n \in \mathbb{N}$ ✓

Bemerkung: Zum Prinzip des Induktionsbeweises folgt getrennt ein eigener Abschn. 15.2

2. Beweis von $a^n < b^n \Rightarrow a < b$

$a^n < b^n \Rightarrow a^n - b^n < 0 \Rightarrow (a - b)(a^{n-1} + a^{n-2}b + a^{n-3}b^2 + \ldots + ab^{n-2} + b^{n-1})$, wie man durch Ausmultiplizieren leicht sieht. Da die zweite Klammer mit $a, b > 0$ positiv ist, muss also $a - b$ negativ sein, d. h. $a < b$. ✓

Mit 1. und 2. ist nun gezeigt, dass gilt: $a < b \Leftrightarrow a^n < b^n \; \forall n \in \mathbb{N}$

3. Ersetzt man a durch $\sqrt[n]{a}$ und b durch $\sqrt[n]{b}$ folgt also: $a < b \Leftrightarrow a^{\frac{1}{n}} < b^{\frac{1}{n}}$ und ersetzt man jetzt a durch a^m und b durch b^m, ergibt sich $a^{\frac{m}{n}} < b^{\frac{m}{n}} \Leftrightarrow a < b$. ✓
Somit ist das 1. Monotoniegesetz für positive rationale Exponenten gezeigt. Die Verallgemeinerung auf positive reelle Exponenten folgt nach dem Beweis für das 2. Monotoniegesetz. □

Beweis des 2. Monotoniegesetzes:
Seien $a > 1$ und $p, q \in \mathbb{Q}^+$ mit $p < q$
$a > 1 \overset{(*)}{\Rightarrow} a^{q-p} > 1^{q-p} = 1 \Rightarrow a^q > a^p$
$0 < a < 1 \overset{(*)}{\Rightarrow} a^{q-p} < 1^{q-p} = 1 \Rightarrow a^q < a^p$
$(*)$ wegen der Gültigkeit des 1. Monotoniegesetzes

Sind p und q irrationale Zahlen, so lassen sie sich jeweils mit Hilfe von Intervallschachtelungen definieren, wobei die Intervalle um q und p für hinreichend kleine Längen nicht überlappen, und so die Ungleichungen für die Potenzen von a für die Grenzen der Intervalle im Exponenten gelten. Damit gilt das 2. Monotoniegesetz auch für positive reelle Exponenten. □

Beweis des 1. Monotoniegesetzes für irrationale Exponenten:
Im 1. Monotoniegesetz lässt sich nun ein positiver reeller Exponent durch eine Intervallschachtelung eingrenzen, mit dem 2. Monotoniegesetz lässt sich diese Intervallschachtelung auch auf die Potenzen von a und b übertragen. Somit ist das 1. Monotoniegesetz auch für positive reelle Exponenten gezeigt. □

3.4 Logarithmen

Die transzendente (d. h. nicht-algebraische) Gleichung $2^x = 8$ lässt sich lösen, wenn man die Potenzen von 2 kennt: $x = 3$.
Anders sieht es aus bei der Gleichung $2^x = 5$.

Definition: Für $a \in \mathbb{R}^+ \setminus \{1\}$ und $b \in \mathbb{R}^+$ heißt die Lösung der Gleichung $a^x = b$ der *Logarithmus von b zur Basis a*, kurz: $\log_a b$.

In Worten: $\log_a b$ ist die Antwort auf die Frage „a hoch wieviel ergibt b".

Aus der Definition folgt direkt: $a^{\log_a b} = b$ und $\log_a a^b = b$

Die Funktionalgleichungen des Logarithmus:
Seien $u, v, a, b \in \mathbb{R}^+$ und $a, b \neq 1, r \in \mathbb{R}$, dann gilt:
(1) $\log_a(uv) = \log_a u + \log_a v$
(2) $\log_a(u : v) = \log_a u - \log_a v$
(3) $\log_a u^r = r \log_a u$
(4) $\log_a u = \frac{\log_b u}{\log_b a}$. Mit dieser Funktionalgleichung kann die Basis gewechselt werden.
Beweis: Sei $x := \log_a u$ und $y := \log_a v$, dann ist $a^x = u$ und $a^y = v$.
$\Rightarrow \log_a(uv) = \log_a(a^x a^y) = \log_a(a^{x+y}) = x + y = \log_a u + \log_a v \Rightarrow (1)$. Analog für (2).
$\Rightarrow \log_a u^r = \log_a(a^x)^r = \log_a(a^{rx}) = rx = r \log_a u \Rightarrow (3)$
Logarithmiert man die Gleichung $a^x = u$, so erhält man: $\log_b a^x = \log_b u$ und mit der
dritten Funktionalgleichung $x \log_b a = \log_b u$ und mit $x = \log_a u$ folgt (4) $\square$

Spezielle Logarithmen:
$\operatorname{ld} x := \log_2 x$ *Logarithmus dualis*
$\lg x := \log_{10} x$ *dekadischer Logarithmus*
$\ln x := \log_e x$ *Logarithmus naturalis*

Bemerkung: Auf den Tasten der meisten Taschenrechner steht „log" geschrieben, womit „lg" gemeint wird.

Bemerkung: e ist die Eulersche Zahl, für die gilt, dass die Ableitung der Exponential-funktion zur Basis e mit ihrer Ableitung übereinstimmt. e wird im Abschn. 16.1.5 definiert und diese Eigenschaft für die Ableitung der e-Funktion im Abschn. 18.5 bewiesen.

3.5   Anwendungen des Logarithmus

3.5.1   Bel, Dezibel, Neper

Das Weber-Fechner-Gesetz $E = \lg x$ B gibt den Zusammenhang zwischen der relativen Schallstärke x und der Phonzahl E, die das Lautstärkenempfinden beschreibt. B steht für Bel. Mit $1\,\mathrm{dB} = 0,1\,\mathrm{B}$ folgt: $E = 10 \lg x$ dB. *Dezibel* ist die übliche Einheit zur Bezeichnung einer Lautstärke. Dabei bezieht sich die relative Schallstärke x auf die Hörschwelle, d. h. die Lautstärke, bei der ein Mensch gerade noch hört: $x = 1$, falls ein Geräusch gerade noch gehört werden kann.

Die entsprechende Phonzahl $E(x = 1) = 0$.

Erhöhen der relativen Schallstärke x um den Faktor 10 bedeutet, dass die Phonzahl um 10 dB ansteigt: $E(10x) = \lg(10x)\,B = 1\,B + \lg x\,B = 10\,dB + 10\lg x\,dB.$ ✓

Dieses Prinzip kann auf andere Größen übertragen werden.

Für einen Leistungspegel L gilt: $L := 10\lg\frac{P}{P_0}\,dB$, wobei P die betrachtete Größe (nicht unbedingt eine Leistung) ist, und P_0 die Referenzgröße, auf die man sich bezieht. Bei der Referenzleistung von 1 W bezeichnet man die Einheit als dBW, bei der Referenzleistung 1 mW, verwendet man als Einheit dBm.

D. h. $L = 10\lg\frac{P}{1\,W}\,dBW = 10\lg\frac{P}{1\,mW}\,dBm.$

In der Elektrotechnik spricht man von *Neper* (Np). Dabei wird der dekadische Logarithmus durch den natürlichen Logarithmus ersetzt:

$L = \ln\frac{F}{F_0}\,Np$, wobei F die gemessene Feldgröße ist und F_0 ihre Referenz.

3.5.2 Einfach-Logarithmische Diagramme

Vermutet man zwischen zwei Messgrößen x und y einen exponentiellen Zusammenhang, d. h. $y = ae^{bx}$ (Abschn. 18.5, hier in Abb. 3.2a gezeigt), so lässt sich der Zusammenhang in einer *einfach logarithmischen Darstellung* besser überprüfen und analysieren, indem man y logarithmiert, wie im Folgenden gezeigt werden soll.

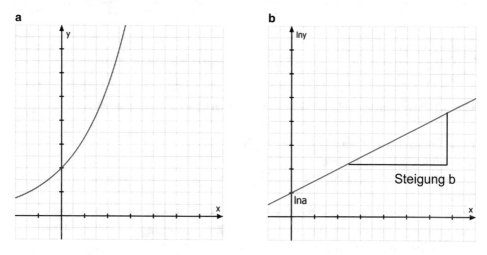

Abb. 3.2 Exponentielle Abhängigkeit zweier Größen x und y. **a** Linear skaliert, **b** in einfach logarithmischer Darstellung

Logarithmieren der Gleichung $y = ae^{bx}$ ergibt:

$\ln y = \ln ae^{bx} = \ln a + bx$.

Handelt es sich tatsächlich um einen exponentiellen Zusammenhang, so ergibt sich eine Gerade mit dem y-Achsenabschnitt $\ln a$ und der Steigung b, wenn man in einem Diagramm $\ln y$ gegen x aufträgt (vgl. Abb. 3.2b). So kann man leicht a und b bestimmen.

Ergibt sich keine Gerade, so hat es sich nicht um einen exponentiellen Zusammenhang gehandelt.

3.5.3 Doppelt logarithmische Diagramme

Vermutet man eine Potenzfunktion $y = ax^b$ (hier in Abb. 3.3a dargestellt) als Zusammenhang zwischen x und y, so bietet sich die *doppelt logarithmische Darstellung* an:

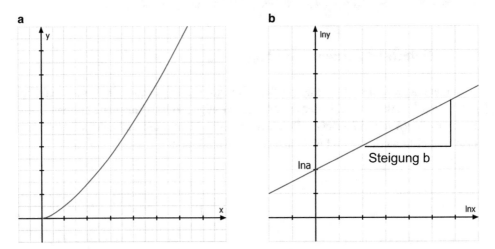

Abb. 3.3 Potenzfunktion. **a** Linear skaliert, **b** in doppelt logarithmischer Darstellung

Logarithmieren der Gleichung $y = ax^b$ ergibt:

$\ln y = \ln(ax^b) = \ln a + b \ln x$.

Nun ergibt sich eine Gerade, falls man $\ln y$ gegen $\ln x$ aufträgt, also beide Größen logarithmiert.

Der y-Achsenabschnitt dieser Gerade ist $\ln a$, ihre Steigung ist b (vgl. Abb. 3.3b).

Und wieder handelt es sich eben nicht um den Zusammenhang $y = ax^b$, wenn im Diagramm keine Gerade erkennbar ist.

3.5.4 Normalverteilung (w)

Bei stochastischen Prozessen (d. h. bei Vorgängen, die zufällige Ergebnisse liefern) ergibt sich manchmal eine Gaußsche Glockenkurve (vgl. Abb. 3.4a).
$y = ae^{-bx^2}$ mit $b > 0$.

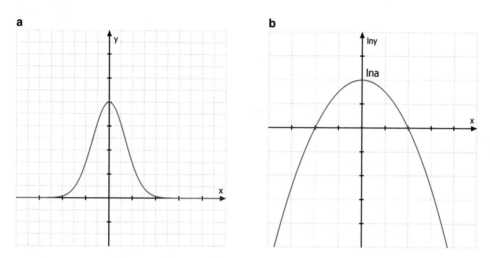

Abb. 3.4 Gauß-Glocke. **a** Linear skaliert, **b** in einfach logarithmischer Darstellung

Logarithmieren dieser Gleichung ergibt:
$\ln y = \ln(ae^{-bx^2}) = \ln a - bx^2$
Es ergibt sich eine Parabel bei einfach logarithmischer Darstellung, wie sie in Abb. 3.4b gezeigt ist.

Aussagen und Aussageformen

4

Viele Probleme in den Natur- und Ingenieurswissenschaften führen auf Gleichungen oder Ungleichungen. In diesem Kapitel wird gezeigt, wie sie gelöst werden können. Gleichungen und Ungleichungen sind Beispiele für Aussageformen, für die die Begriffe Definitionsmenge und Lösungsmenge definiert werden. Außerdem wird erklärt, wann eine Bedingung für eine Behauptung hinreichend, notwendig oder beides ist.

4.1 Definition und Beispiele

Definition: Eine Aussage ist ein Satz, dessen Inhalt entweder eindeutig wahr oder eindeutig falsch ist.

Beispiel: $\sqrt{9} = 4$ ist eine (falsche) Aussage.

Beispiel: $6 = 2 \cdot 3$ ist eine (wahre) Aussage.

Beispiel: „Heute ist es heiß." ist keine Aussage im mathematischen Sinn, weil Menschen unterschiedliches Temperaturempfinden besitzen, und nicht eindeutig festgestellt werden kann, ob die Aussage wahr ist.

Definition: Ein Satz mit Leerstellen/Variablen, der durch erlaubte Einsetzungen zu einer Aussage wird, heißt *Aussageform* (w).

Bemerkung: Der Begriff „*Einsetzen*" meint, die Leerstelle bzw. Variable durch eine konkrete Zahl (oder ein anderes sinnvolles mathematisches Objekt) zu ersetzen. Einsetzen von $x = 1$ in die Gleichung $x + 1 = 2$ ergibt $1 + 1 = 2$ und ist eine wahre Aussage; Einsetzen von $x = 2$ in die Gleichung $x + 1 = 2$ ergibt $2 + 1 = 2$ und ist eine falsche Aussage.

B. Hugues, *Mathematik-Vorbereitung für das Studium eines MINT-Fachs*, https://doi.org/10.1007/978-3-662-66937-2_4

Beispiel: Student ... hat die Prüfung bestanden.
Diese Aussage ist für einen bestimmten Studenten wahr, für einen anderen Studenten falsch. Da offen gelassen wird, von welchem Studenten gesprochen wird, stellt dieser Satz eine Aussageform dar.

Beispiel: $\sqrt{x} = 4$ ist eine Aussageform, sie ist für $x = 3$ falsch, für $x = 16$ wahr.

Beispiel: $\frac{1}{z} < 2$ ist eine Aussageform, sie ist für $z = 5$ wahr, für $z = 0{,}1$ falsch.

Beispiel: $x^2 \geq 0$ ist eine Aussageform, sie ist für alle reelle Zahlen x wahr. Lässt man aber auch komplexe Zahlen zu, so muss die Aussage nicht wahr sein, z. B. ist $i^2 = -1 < 0$.

Definition: Die Menge aller Elemente, die für die Einsetzung vorgesehen sind, heißt *Grundmenge* (w) G der Aussageform.
Die Menge aller Elemente aus G, deren Einsetzung mathematisch definiert ist, heißt *Definitionsmenge* (w) D der Aussageform.
Die Menge aller Elemente aus D, deren Einsetzung die Aussageform zu einer wahren Aussage macht, heißt Lösungsmenge (w) L der Aussageform.

Bemerkung: Sollte keine Grundmenge explizit vorgegeben sein, ist i. A. die Menge der reellen Zahlen gemeint.

Bemerkung: Der Begriff der Grundmenge ist in bayerischen Gymnasien gebräuchlich, ist aber kein allgemein verwendeter Begriff. Man kann ohne ihn auskommen, wenn man eventuelle Bedingungen direkt in der Definitionsmenge berücksichtigt.

Beispiel: Student ... hat die Prüfung bestanden.
Grundmenge G könnte die Menge der Studenten eines bestimmten Kurses am Studienkolleg sein.
Definitionsmenge D könnte die Menge der Studenten aus G sein, die zur Prüfung zugelassen waren. Lösungsmenge wäre dann die Menge der Studenten aus D, die die Prüfung bestanden haben.

Beispiel: $\sqrt{x} = 4$ Für $G = \mathbb{R}$ ist $D = \mathbb{R}_0^+$ und $L = \{16\}$

Aufgabe: Geben Sie für die Ungleichung $\frac{1}{z} < 2$ Definitions- und Lösungsmenge an, wenn
a. $G = \mathbb{R}$, bzw. b. $G = \mathbb{Z}$ ist!
Lösung: a. $D = \mathbb{R} \setminus \{0\}$, $L = \{z \in \mathbb{R} \setminus \{0\} \mid z > 0{,}5\}$
b. $D = \mathbb{Z} \setminus \{0\}$, $L = D$.

Aufgabe: Geben Sie für die Ungleichung $x^{6n} \geq 0$ mit $n \in \mathbb{N}$ Definitions- und Lösungsmenge an, wenn $G = \mathbb{R}$ ist.

Lösung: $D = \mathbb{R}, L = \mathbb{R}$

Definition: Eine Aussageform, die für alle Einsetzungen aus G wahr ist, heißt in G *allgemeingültig*.

Eine Aussageform, für die es in G keine Einsetzung gibt, die zu einer wahren Aussage führt, heißt in G *unerfüllbar*.

4.2   Verknüpfung von Aussageformen

Seien A und B Aussageformen

$A \Rightarrow B$ bedeutet: Wenn A wahr ist, dann ist auch B wahr. Kurz: „wenn A, dann B", „A impliziert B", „Aus A folgt B".

A heißt dann *Voraussetzung* (w) oder *Bedingung* (w), B heißt *Behauptung* (w) oder *Folgerung* (w).

A ist *hinreichend* für B, d. h. es reicht zu wissen, dass A wahr ist, um sicher sein zu können, dass auch B wahr ist.

B ist *notwendig* für A, denn wenn B nicht wahr wäre, könnte A auch nicht wahr sein, weil die Richtigkeit von A ja die Richtigkeit von B nach sich zöge.

$A \Leftrightarrow B$ bedeutet: $A \Rightarrow B$ und $B \Rightarrow A$. A ist *äquivalent* zu B, A ist *genau dann* wahr, wenn auch B wahr ist, kurz: A genau dann wenn B.

A ist hinreichend und notwendig für B und umgekehrt.

Beispiel: $a = 0 \Rightarrow ab = 0$

Beispiel: $ab = 0 \Leftrightarrow a = 0$ oder $b = 0$.

Bemerkung: Eine formale Behandlung der Verknüpfung von Aussageformen folgt im Abschn. 5.2 über Aussagenlogik.

4.3   Lösen von Gleichungen

Eine *Gleichung* verbindet zwei Terme zu einer Aussage(form), indem sie die Gleichheit der beiden Terme fordert.

Beispiel: $5x - 3 = 2 - x$

Zum Lösen von Gleichungen sind folgende *Äquivalenzumformungen* möglich (das Anwenden von Äquivalenzumformungen ändert die Lösungsmenge nicht):

- Addieren derselben Zahl/desselben Terms auf beiden Seiten der Gleichung
- Subtrahieren derselben Zahl/desselben Terms auf beiden Seiten der Gleichung
- Multiplikation beider Seiten der Gleichung mit derselben von 0 verschiedenen Zahl/ demselben von 0 verschiedenen Term
- Dividieren beider Seiten der Gleichung durch dieselbe von 0 verschiedene Zahl/denselben von 0 verschiedenen Term
- Das Anwenden einer injektiven Funktion auf beiden Seiten der Gleichung (der Begriff der Injektivität wird im Abschn. 6.2.3 über Funktionen und Relationen erklärt.)

Beispiel: $5x - 4 = 2 - x \mid + x, + 4$
$6x = 6 \mid : 6$
$x = 1 \Rightarrow L = \{1\}$

Bemerkung: Die Äquivalenzumformung kann man nach einem senkrechten Strich angeben, ist dazu aber nicht verpflichtet.

Bemerkung: Die einzelnen Zeilen sind eigentlich durch Äquivalenzpfeile „⇔" verknüpft, die aber bei Äquivalenzumformungen von Gleichungen weggelassen werden dürfen.

Bemerkung: Bei einfachen Problemen, bei deren Lösung am Ende für die Variable eine Zahl steht, muss die Lösungsmenge nicht explizit angegeben werden. Es genügt im oberen Beispiel in der letzten Zeile anzugeben, dass $x = 1$ ist.

Bemerkung: Das Quadrieren einer Gleichung ist keine Äquivalenzumformung, wie das folgende Beispiel zeigt. Muss man die Gleichung quadrieren, um auf die Lösung zu kommen, so muss im Nachhinein für jede Lösung die Probe gemacht werden, indem sie in die ursprüngliche Gleichung eingesetzt wird.

Beispiel: $x = 4$ hat die Lösungsmenge $L = \{4\}$ aber für $x^2 = 16$ ist $L = \{+4, -4\}$

Beispiel: $\sqrt{x + 5} - \sqrt{2x + 3} = 1; D = [-5; \infty[$
$\sqrt{x + 5} = 1 + \sqrt{2x + 3}$
$x + 5 = 1 + 2\sqrt{2x + 3} + 2x + 3$
$-x + 1 = 2\sqrt{2x + 3}$
$x^2 - 2x + 1 = 4(2x + 3)$
$x^2 - 10x - 11 = 0$, also $x_1 = 11, x_2 = -1$
Probe: $\sqrt{11 + 5} - \sqrt{2 \cdot 11 + 3} = 4 - 5 = -1 \neq 1$, 11 ist also keine Lösung der Gleichung
$\sqrt{-1 + 5} - \sqrt{2 \cdot (-1) + 3} = 2 - 1 = 1; -1 \in D \checkmark$
$\Rightarrow L = \{-1\}$

4.4 Lösen quadratischer Gleichungen

Weil quadratische Gleichungen so wichtig sind, werden sie bereits hier behandelt, auch wenn die Herleitung der quadratischen Lösungsformel erst im Abschn. 6.4 über quadratische Funktionen vorgeführt wird.

Eine *quadratische Gleichung* hat die Form $ax^2 + bx + c = 0$ mit $a \neq 0, a, b, c \in \mathbb{R}$
- Sonderfall der reinquadratischen Gleichung: $b = 0$
  $ax^2 + c = 0 \Rightarrow x_{1/2} = \pm \sqrt{\frac{-c}{a}}$, falls $\frac{-c}{a} \geq 0$; $L = \{\}$, falls $\frac{-c}{a} < 0$
- Sonderfall $c = 0$:
  $ax^2 + bx = 0 \Leftrightarrow x(ax + b) = 0 \Rightarrow x_1 = 0, x_2 = -\frac{b}{a}$ (ein Produkt ist genau dann 0, wenn einer der Faktoren 0 ist.)
- allgemeiner Fall:
  $ax^2 + bx + c = 0$
  $\Rightarrow x_{1/2} = \frac{-b \pm \sqrt{b^2 - 4ac}}{2a}$ (quadratische Lösungsformel),
  falls für die *Diskriminante* $D = b^2 - 4ac$ gilt: $D \geq 0$
  $L = \{\}$, falls $D < 0$

Satz von Vieta:
Findet man für die quadratische Gleichung $x^2 + bx + c = 0$ zwei Zahlen p und q mit $c = pq$ und $b = p + q$, dann lässt sich $x^2 + bx + c = 0$ schreiben als $(x + p)(x + q) = 0$ und die Lösungen sind $x_1 = -p$ und $x_2 = -q$.

Beispiel: In $x^2 + 5x + 6 = 0$ ist $6 = 2 \cdot 3$ und $5 = 2 + 3$.
Also lässt sich die quadratische Gleichung umformen zu $(x + 2)(x + 3) = 0$ und die Lösungen sind
$x_1 = -2, x_2 = -3$.

Biquadratische Gleichungen:
$ax^4 + bx^2 + c = 0$ lässt sich schreiben als $a(x^2)^2 + bx^2 + c = 0$ und mit der *Substitution* $z = x^2$ ergibt sich $az^2 + bz + c = 0$.
Diese Gleichung in z lässt sich lösen und durch Rücksubstitution lassen sich daraus die Lösungen von x bestimmen.

Beispiel: $x^4 + 3x^2 - 4 = 0$ ergibt mit der Substitution $z = x^2$: $z^2 + 3z - 4 = 0$ und hat die Lösungen $z_1 = 1$ und $z_2 = -4$.
Mit der Rücksubstitution erhält man $x^2 = 1$ d. h. $x_1 = 1$ und $x_2 = -1$ und $x^2 = -4$, was zu keinen weiteren Lösungen führt.
$L = \{\pm 1\}$

Diese Methode lässt sich natürlich auch auf formgleiche Gleichungen mit anderen Exponenten verallgemeinern, wenn der Exponent im Term mit der höchsten Potenz von x doppelt so groß ist wie im Term mit der niedrigeren Potenz von x.

4.5   Lösen von Ungleichungen

Definition: Eine *Ungleichung* verbindet zwei Terme mit Hilfe eines der Ungleichheitszeichen $<$, $>$, $\leq$ oder $\geq$ zu einer Aussage(form).

Beispiel: $5x - 4 > 2 - x$

Die Äquivalenzumformungen unterscheiden sich nur in zwei Punkten von denen für Gleichungen:

Bei Multiplikation mit bzw. Division durch eine negative Zahl, einen negativen Term muss das Ungleichheitszeichen umgekehrt werden, d. h. aus einem „$>$" wird ein „$<$" und umgekehrt, aus einem $\leq$ ein $\geq$ und umgekehrt. Gegebenenfalls muss man mit einer Fallunterscheidung unterscheiden, ob der Term positiv oder negativ ist.

Außerdem müssen Funktionen, die man auf beiden Seiten der Ungleichung anwendet, streng monoton sein. Bei streng monoton steigenden Funktionen bleibt das Ungleichheitszeichen erhalten, bei streng monoton fallenden Funktionen muss das Ungleichheitszeichen umgedreht werden.

Bemerkung: Der Begriff der Monotonie wird im Abschn. 6.2.4 eingeführt.

Beispiel: $5x - 4 > 2 - x \mid + 4, + x$
$6x > 6 \mid : 6$
$x > 1$

Bemerkung: Der Beweis, dass Äquivalenzumformungen die Lösungsmenge einer Gleichung bzw. Ungleichung nicht ändern, wird im Abschn. 10.2 über Körper geführt.

Beispiel: $\frac{2x+4}{x-1} \geq 1$ $D = \mathbb{R} \setminus \{1\}$
Methode 1: Fallunterscheidung
1. Fall: $x - 1 > 0$, d. h. $x > 1$
$\qquad 2x + 4 \geq 1 \cdot (x - 1)$

$\qquad\quad x \geq -5$
    Elemente der Lösungsmenge dieses Falls müssen sowohl die Bedingung $x > 1$ als auch die Bedingung $x \geq -5$ erfüllen.
    $\Rightarrow L_1 = \{x \mid x > 1\} = \,]1; \infty[$
2. Fall: $x - 1 < 1$, d. h. $x < 1$
$\qquad 2x + 4 \leq 1 \cdot (x - 1)$

$\qquad\quad x \leq -5$
    Wieder müssen beide Bedingungen $x < 1$ und $x \leq -5$ erfüllt sein.
    $\Rightarrow L_1 = \{x \mid x \leq -5\} = \,]-\infty; -5]$
x-Werte gehören entweder zum ersten Fall oder zum zweiten Fall. Also ist die Gesamtlösungsmenge die Vereinigungsmenge von L_1 und L_2.
$L = L_1 \cup L_2 = \{x \mid x > 1 \text{ oder } x \leq -5\} = \,]-\infty; -5] \cup \,]1; \infty[$

Methode 2: Vorzeichentabelle

$\frac{2x+4}{x-1} \geq 1$ $D = \mathbb{R} \setminus \{1\}$

Die Ungleichung lässt sich umformen zu $\frac{2x+4}{x-1} - 1 \geq 0$, d. h. $\frac{x+5}{x-1} \geq 0$

Das Vorzeichen des Bruches hängt vom Vorzeichen von Zähler und Nenner ab. Man unterteilt den Zahlenstrahl in die Bereiche $x < -5$, $-5 < x < 1$ und $x > 1$ und stellt in Form einer Tabelle fest, welches Vorzeichen in den verschiedenen Bereichen Zähler und Nenner besitzen. Daraus ermittelt man das Gesamtvorzeichen des Bruches. Zum Schluss stellt man dann fest, ob die Bedingung, dass der Bruch positiv oder 0 sein muss, in den verschiedenen Bereichen erfüllt ist.

	-5	1	
$x+5$	$-$	$+$	$+$
$x-1$	$-$	$-$	$+$
$\frac{x+5}{x-1}$	$+$	$-$	$+$

Für $x \in\,]-\infty; -5[$ oder $x \in\,]1; \infty[$ ergibt sich das richtige Vorzeichen des Terms $\frac{x+5}{x-1}$.

Die Grenzen der Bereiche, d. h. -5 und 1 müssen getrennt betrachtet werden:

$1 \notin D$, also muss 1 aus der Lösungsmenge ausgeschlossen sein.

Bei Einsetzung von -5 ergibt sich 0 als Wert des Terms, und da $\frac{x+5}{x-1} \geq 0$ gehört -5 zur Lösungsmenge.

$\Rightarrow L = \{x \mid x > 1 \text{ oder } x \leq -5\}$

Mengenlehre und Aussagenlogik

Grundbegriffe der Mengenlehre und ihre Darstellung in Venn- und Karnaugh-Diagrammen und Zugehörigkeitstabellen sowie die mengenalgebraischen Gesetze sind Thema dieses Kapitels.

Darüber hinaus werden Verknüpfungen in der Aussagenlogik und der enge Zusammenhang zwischen mengen- und aussagenalgebraischen Gesetzen dargestellt. Anhand von Wahrheitstabellen können logische Strukturen auf ihre Richtigkeit überprüft werden, die dann Grundlage für Beweisverfahren in der Mathematik sind. Am Ende steht ein Beispiel, an dem man sieht, dass diese Strukturen in der Elektronik eine bedeutende Rolle spielen.

5.1 Mengenlehre

5.1.1 Grundbegriffe der Mengenlehre

Definition: Unter einer *Menge* versteht man die Zusammenfassung unterscheidbarer Objekte. Für die Anzahl n dieser Objekte gilt: $n \geq 0$; es ist auch möglich, dass die Menge unendlich viele Objekte enthält. Objekte, die zu einer Menge gehören, werden Elemente dieser Menge genannt.

Ist $n = 0$, d. h. die Menge enthält keine Elemente, so spricht man von einer *leeren Menge* $\{\}$ bzw. $\emptyset$.

Bemerkung: Die Reihenfolge der Aufzählung einer Menge spielt keine Rolle. $\{1, 2, 3\} = \{3, 1, 2\}$

Z. B. besteht das deutsche Alphabet aus den Großbuchstaben A, B, C, D, E, F, G, H, I, J, K, L, M, N, O, P, Q, R, S, T, U, V, W, X, Y, Z und den Kleinbuchstaben a, b, c, d, e, f, g, h, i, j, k, l, m, n, o, p, q, r, s, t, u, v, w, x, y, z. Die Umlaute und das Eszett werden hier weggelassen.

© Der/die Autor(en), exklusiv lizenziert an Springer-Verlag GmbH, DE, ein Teil von Springer Nature 2023
B. Hugues, *Mathematik-Vorbereitung für das Studium eines MINT-Fachs*,
https://doi.org/10.1007/978-3-662-66937-2_5

Die Vokale sind A, E, I, O, U, a, e, i, o, u. Die Nicht-Vokale heißen Konsonanten.
M = {A, B, C, D, E, F, G, H, I, J, K, L, M, N, O, P, Q, R, S, T, U, V, W, X, Y, Z, a, b, c, d, e, f, g, h, i, j, k, l, m, n, o, p, q, r, s, t, u, v, w, x, y, z} ist diese Menge in *aufzählender Form*. Die aufgezählten Elemente müssen immer in geschweiften Klammern „{" „}" stehen.
M = {x | x gehört zum deutschen Alphabet.} ist die *beschreibende Form* der gleichen Menge. Gesprochen: „Die Menge aller x mit der Eigenschaft, dass x zum deutschen Alphabet gehört".

$V = \{A, E, I, O, U, a, e, i, o, u\} = \{x \mid x$ ist ein Vokal des deutschen Alphabets$\}$
$G = \{A, B, C, D, E, F, G, H, I, J, K, L, M, N, O, P, Q, R, S, T, U, V, W, X, Y, Z\} = \{x \mid x$ ist Großbuchstabe des deutschen Alphabets$\}$

x gehört zur Menge M: $x \in M$, gesprochen „x ist Element von M"
α gehört nicht zu M: $\alpha \notin M$ „α ist nicht Element von M"

Definition: *Gleichheit zweier Mengen*
$A = B :\Longleftrightarrow [(x \in A \Rightarrow x \in B)$ und $(x \in B \Rightarrow x \in A)]$, d. h. ein Element, das zu A gehört, muss auch zu B gehören, und umgekehrt muss ein Element, das zu B gehört, auch zu A gehören.
Kürzer: $A = B :\Longleftrightarrow (x \in A \Longleftrightarrow x \in B)$

Definition: *Teilmenge*
$A \subset B :\Longleftrightarrow (x \in A \Rightarrow x \in B)$, gesprochen „A ist Teilmenge von B" (Abb. 5.1)

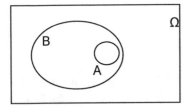

Abb. 5.1 Teilmenge

Beispiel: $V \subset M$

Bemerkung: $A \subset \{\} \Rightarrow A = \{\}$.

Definition: *Schnittmenge*
$A \cap B := \{x \mid x \in A$ und $x \in B\}$, gesprochen „A geschnitten mit B" oder „die Schnittmenge von A und B"
Zur Schnittmenge von A und B gehören all die Elemente, die sowohl zu A als auch zu B gehören (Abb. 5.2).

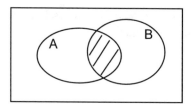

Abb. 5.2 Schnittmenge

Beispiel: G ∩ V = {x | x ein großgeschriebener Vokal des deutschen Alphabets} = {A, E, I, O, U}

Definition: *Vereinigungsmenge*
A ∪ B := {x | x ∈ A oder x ∈ B}, gesprochen „A vereinigt mit B" oder „die Vereinigungs-menge von A und B"
Zur Vereinigungsmenge von A und B gehören all die Elemente, die zu A oder zu B oder gleichzeitig zu A und B gehören (Abb. 5.3)

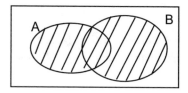

Abb. 5.3 Vereinigungsmenge

Beispiel: G ∪ V = {A, B, C, D, E, F, G, H, I, J, K, L, M, N, O, P, Q, R, S, T, U, V, W, X, Y, Z, a, e, i, o, u}

Beispiel: Sei A die Menge der Primzahlen kleiner als 10, d. h. A = {2, 3, 5, 7}, und sei B die Menge der geraden Zahlen kleiner als 10, d. h. B = {2, 4, 6, 8}
⇒ A ∪ B = {2, 3, 4, 5, 6, 7, 8} = die Menge der Zahlen kleiner als 10, die Primzahlen sind, gerade sind oder beides.

Definition: *Differenzmenge*
A \ B := {x | x ∈ A und x ∉ B}, gesprochen „A ohne B" (Abb. 5.4)

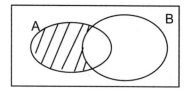

Abb. 5.4 Differenzmenge

Bemerkung: Der Strich muss tatsächlich von links oben nach rechts unten geschrieben sein. Ein Minuszeichen ist in der deutschen Mathematik nicht üblich.

Beispiel: $V \setminus G = \{a, e, i, o, u\}$

Definition: *Komplementmenge*
$\overline{A} := \{x \mid x \notin A\}$, gesprochen „A quer"
$\overline{A} = \Omega \setminus A$, wenn Ω das „*Universum*" ist, d. h. die Menge aller vorstellbaren Elemente (Abb. 5.5)

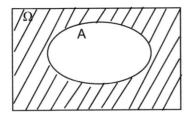

Abb. 5.5 Komplementmenge

Beispiel: In Bezug auf das Universum M des deutschen Alphabets ist $\overline{G} = \{a, b, c, d, e, f, g, h, i, j, k, l, m, n, o, p, q, r, s, t, u, v, w, x, y, z\}$ das Komplement zu $G = \{x \mid x$ ist Großbuchstabe des deutschen Alphabets$\}$

Definition: Sei A eine Menge, dann ist ihre *Potenzmenge* $P(A) = \{M \mid M \subset A\}$. Die Potenzmenge von A ist die Menge aller Teilmengen von A.

Beispiel: $A = \{1, 2, 3\} \Rightarrow P(A) = \{\{\}, \{1\}, \{2\}, \{3\}, \{1, 2\}, \{1, 3\}, \{2, 3\}, \{1, 2, 3\}\}$

Bemerkung: $P(\{\}) = \{\{\}\}$

Definition: Unter der *Mächtigkeit* $|A|$ einer Menge A versteht man die Anzahl der Elemente der Menge A.

Bemerkung: $|\{\}| = 0$.

Beispiel: $|G| = |\{a, b, c, d, e\}| = 5$

Satz: $|P(M)| = 2^{|M|}$, falls $|M|$ endlich ist. Dieser Satz wird im Abschn. 15.4 bewiesen.

Beispiel: $A = \{1, 2, 3\}$ mit $|A| = 3$
$\Rightarrow |P(A)| = |\{\{\}, \{1\}, \{2\}, \{3\}, \{1, 2\}, \{1, 3\}, \{2, 3\}, \{1, 2, 3\}\}| = 8 = 2^3$ ✓

Definition: *Produktmenge/kartesisches Produkt*

$A \times B := \{(a, b) \mid a \in A \text{ und } b \in B\}$, gesprochen „A kreuz B"

$A \times B$ ist die Menge der *geordneten* Paare, deren erste Koordinate Element von A und deren zweite Koordinate Element von B ist.

Ist $A = B$, so schreibt man $A \times B = A \times A = A^2$

Beispiel: $A = \{1, 2\}, B = \{a, b, c\}$,

dann ist $A \times B = \{(1, a), (1, b), (1, c), (2, a), (2, b), (2, c)\}$

Bemerkung: Im Allgemeinen ist $A \times B \neq B \times A$

Es gilt: $|A \times B| = |A| \cdot |B|$, falls $|A|$ und $|B|$ endlich sind.

Bemerkung: Ein n-Tupel ist ein Element des *n-fachen kartesischen Produkts* A^n, d. h. eine Anordnung von n Elementen aus A: $(a_1, a_2, \ldots, a_n)$ mit $a_i \in A$ für $i = 1, 2, \ldots, n$.

Bemerkung: $\{\} \times A = \{\}$ für jede Menge A.

5.1.2 Beweise in der Mengenlehre

Es soll bewiesen werden, dass $A \cap (B \cup C) = (A \cap B) \cup (A \cap C)$. Dazu werden verschiedene Methoden vorgeführt.

Venn-Diagramme

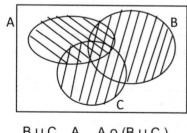

BᴜC   A   A∩(BᴜC)

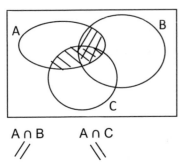

A ∩ B   A ∩ C
//   \\

überhaupt schraffiert: (A ∩ B) ∪ (A ∩ C)

Die Schraffuren in den beiden Venn-Diagrammen zeigen, dass A ∩ (B ∪ C) = (A ∩ B) ∪ (A ∩ C)

Karnaugh-Diagramme

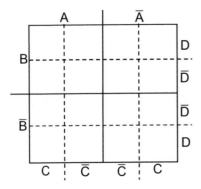

Karnaugh-Diagramme sind so ähnlich wie Venn-Diagramme, nur dass sie in Rechtecken angeordnet sind und zu einer Menge auch immer die Komplementmenge explizit dargestellt ist. Sie werden u. a. in der Elektrotechnik angewendet.

Mit dem vertikalen durchgezogenen Strich unterteilt man Ω in A und $\overline{A}$, mit dem durchgezogenen horizontalen Strich in B und $\overline{B}$, wie oben gezeigt.

Gibt es mehr als zwei Mengen A und B, so unterteilt man A in einen Teil für C und einen für $\overline{C}$, um alle Kombinationen von Mengen und ihren Komplementen möglich zu machen; genauso auch $\overline{A}$. C setzt sich dann aus zwei voneinander getrennten senkrechten Streifen zusammen: C = (A ∩ C) ∪ ($\overline{A}$ ∩ C). Analog für $\overline{C}$. Für eine weitere Menge D, unterteilt man B und $\overline{B}$ durch horizontale Striche in Bereiche für D und für $\overline{D}$.

Um den Beweis für A ∩ (B ∪ C) = (A ∩ B) ∪ (A ∩ C) mit Hilfe von Karnaugh-Diagrammen zu führen, schraffiert man nun die entsprechenden Bereiche. Die linke Seite der Gleichung in einem Diagramm, die rechte in einem anderen.

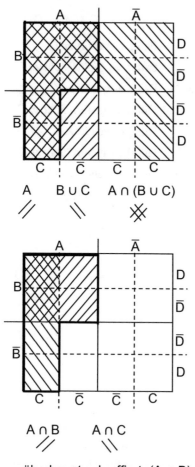

überhaupt schraffiert: $(A \cap B) \cup (A \cap C)$

Die beiden Karnaugh-Diagramme zeigen, dass das gleiche Gebiet markiert ist, die beiden Mengen sind also gleich: $A \cap (B \cup C) = (A \cap B) \cup (A \cap C)$

Bemerkung: Durch Spiegelung der Tabelle und geeignete Unterteilung kann man Karnaugh-Diagramme auch für mehr als vier Mengen bilden.

Zugehörigkeitstafeln

Eine weitere Art des Beweises in der Mengenlehre sind die Zugehörigkeitstafeln. Dazu stellt man alle Möglichkeiten zusammen, ob ein Element zu A, zu B zu C gehört oder auch nicht.

Das heißt:

1. Fall: ein Element	Fall a: es gehört zu B	Fall i. es gehört zu C
gehört zu A		Fall ii. es gehört nicht zu C
	Fall b: es gehört nicht zu B	Fall i. es gehört zu C
		Fall ii. es gehört nicht zu C
2. Fall: ein Element	Fall a: es gehört zu B	Fall i. es gehört zu C
gehört nicht zu A		Fall ii. es gehört nicht zu C
	Fall b: es gehört nicht zu B	Fall i. es gehört zu C
		Fall ii. es gehört nicht zu C

In Tabellenform:

A	B	C
$\in$	$\in$	$\in$
$\in$	$\in$	$\notin$
$\in$	$\notin$	$\in$
$\in$	$\notin$	$\notin$
$\notin$	$\in$	$\in$
$\notin$	$\in$	$\notin$
$\notin$	$\notin$	$\in$
$\notin$	$\notin$	$\notin$

Dann gibt man für jeden der acht Fälle an, ob ein solches Element dann zu A, zu B $\cup$ C und deshalb zu A $\cap$ (B $\cup$ C) gehört. Und dann, ob es zu A $\cap$ B, ob es zu A $\cap$ C und deshalb zu (A $\cap$ B) $\cup$ (A $\cap$ C) gehört. Stimmen die Spalten zur rechten bzw. linken Seite einer Gleichung überein, so ist die Gleichheit gezeigt. Stimmen die Ergebnisse in einer einzigen Zeile nicht überein, ist gezeigt, dass die Mengenterme nicht gleich sind.

A	B	C	B $\cup$ C	A $\cap$ (B $\cup$ C)	A $\cap$ B	A $\cap$ C	(A $\cap$ B) $\cup$ (A $\cap$ C)
$\in$	$\in$	$\in$	$\in$	$\in$	$\in$	$\in$	$\in$
$\in$	$\in$	$\notin$	$\in$	$\in$	$\in$	$\notin$	$\in$
$\in$	$\notin$	$\in$	$\in$	$\in$	$\notin$	$\in$	$\in$
$\in$	$\notin$	$\notin$	$\notin$	$\notin$	$\notin$	$\notin$	$\notin$
$\notin$	$\in$	$\in$	$\in$	$\notin$	$\notin$	$\notin$	$\notin$
$\notin$	$\in$	$\notin$	$\in$	$\notin$	$\notin$	$\notin$	$\notin$
$\notin$	$\notin$	$\in$	$\in$	$\notin$	$\notin$	$\notin$	$\notin$
$\notin$	$\notin$	$\notin$	$\notin$	$\notin$	$\notin$	$\notin$	$\notin$

Mengenalgebra

Die letzte hier vorgeführte Beweisform nutzt die algebraischen Gesetze der Mengenlehre. Wie bei algebraischen Umformung von Termen lassen sich damit auch mengenalgebraische Umformungen durchführen.

$A \cup B = B \cup A$ $A \cap B = B \cap A$	Kommutativität
$A \cup (B \cup C) = (A \cup B) \cup C$ $A \cap (B \cap C) = (A \cap B) \cap C$	Assoziativität
$A \cup A = A$ $A \cap A = A$	Idempotenz
$A \cap (B \cup C) = (A \cap B) \cup (A \cap C)$ $A \cup (B \cap C) = (A \cup B) \cap (A \cup C)$	Distributivität
$A \subseteq A$	Reflexivität
$A \subseteq B$ und $B \subseteq A \Rightarrow A = B$	Antisymmetrie
$A \subseteq B$ und $B \subseteq C \Rightarrow A \subseteq C$	Transitivität
$A \cup \{\} = A = A \cap \Omega$	Neutrale Elemente
$A \cap \{\} = \{\}, A \cup \Omega = \Omega$	Dominante Elemente
$A \cap \overline{A} = \{\}$ $A \cup \overline{A} = \Omega$	Komplementäre Elemente
$\overline{\overline{A}} = A$	Doppeltes Komplement
$\overline{\Omega} = \{\}, \overline{\{\}} = \Omega$	Komplemente von $\{\}$ und von Ω
$\overline{A \cup B} = \overline{A} \cap \overline{B}$ $\overline{A \cap B} = \overline{A} \cup \overline{B}$	De Morgansche Gesetze
$A \cup (A \cap B) = A$ $A \cap (A \cup B) = A$	Absorptionsgesetz

Beispiel: $A \cap \overline{(\overline{A} \cap B)} \overset{(1)}{=} A \cap (\overline{\overline{A}} \cup \overline{B}) \overset{(2)}{=} (A \cap \overline{\overline{A}}) \cup (A \cap \overline{B}) \overset{(3)}{=} \{\} \cup (A \cap \overline{B}) \overset{(4)}{=} A \cap \overline{B}$
(1) de Morgansche Gesetze, (2) Distributivität, (3) Komplementäre Elemente, (4) neutrales Element $\{\}$ bzgl. $\cup$

5.2 Aussagenlogik

Die *Aussagenlogik* beschäftigt sich mit der Verknüpfung von Aussagen. Im Folgenden werden wahre Aussagen mit w gekennzeichnet, falsche Aussagen mit f. w und f bezeichnet man als *Wahrheitswert*. Alternativ ist es aber auch möglich, wahren Aussagen den Wahrheitswert 1, falschen Aussagen den Wahrheitswert 0 zuzuordnen.

5.2.1 Negation

Ist p eine Aussage, so ist ¬p (gesprochen „nicht p" oder „not p") ihre *Negation*.

Beispiel: p: 4 = 5. Also ist ¬p: 4 ≠ 5. p ist falsch (f), ¬p ist wahr (w).

Beispiel: p: 4 < 5. Also ist ¬p: 4 ≥ 5. p ist wahr (w), ¬p ist falsch (f).

Für die *Wahrheitstabelle* ergibt sich:

p	¬p
w	f
f	w

Die Entsprechung zur Negation ist in der Mengenlehre die Komplementmenge $\overline{A}$ zu A: Die Menge aller Objekte, für die die Aussage falsch ist, ist die Komplementmenge zu der Menge an Objekten, für die die Aussage wahr ist.

Beispiel: p: *Alle* Dreiecke haben eine Winkelsumme von 180°. Dann bedeutet ¬p: Es gibt (es *existieren*) Dreiecke, deren Winkelsumme nicht 180° beträgt.

Allgemein gilt: Aus einer „*Allaussage*" wird durch Negation eine „*Existenzaussage*".

Beispiel: p: es gibt ebene, rechtwinklige Dreiecke, die gleichseitig sind. Dann bedeutet ¬p: alle ebenen rechtwinkligen Dreiecke sind nicht gleichseitig.

Allgemein gilt: Aus einer Existenzaussage wird durch Negation eine Allaussage.

Für eine doppelte Negation ergibt sich die folgende Wahrheitstabelle:

p	¬p	¬(¬p)
w	f	w
f	w	f

p und ¬(¬p) haben immer dieselben Wahrheitswerte.

5.2.2 Konjunktion

Die Wahrheitstafel einer *Konjuktion* p ∧ q, (gesprochen: „p und q"), alternativ p and q zweier Aussagen p und q ist:

p	q	p ∧ q
w	w	w
w	f	f
f	w	f
f	f	f

p ∧ q ist genau dann wahr, wenn sowohl p als auch q wahr sind.

Die Entsprechung zur Konjunktion in der Mengenlehre ist die Schnittmenge A ∩ B zweier Mengen A und B.

Beispiel: p: 25 ist durch 5 teilbar. q: 6 ist ein Vielfaches von 5.
p ist wahr, q ist falsch, also ist p ∧ q falsch.

Beispiel: p: $8 = 2^3$. q: $7 = 2 + 5$
p ist wahr, q ist wahr, also ist p ∧ q wahr.

Beispiel: p: eine Woche besteht aus acht Tagen. q: jeder Monat besteht aus 30 Tagen. p und q sind beide falsch, also ist p ∧ q falsch.

p ∧ ¬p := p ∧ (¬p) hat immer den Wahrheitswert falsch.

Definition: Eine Aussage, die immer den Wahrheitswert falsch besitzt, heißt *Kontradiktion* (w).

5.2.3 Disjunktion

Die Wahrheitstafel einer *Disjunktion* p ∨ q (gesprochen: „p oder q"), alternativ p or q, zweier Aussagen p und q ist:

p	q	p ∨ q
w	w	w
w	f	w
f	w	w
f	f	f

p ∨ q ist genau dann wahr, wenn p wahr ist oder q wahr ist (oder beide Aussagen wahr sind. Denn das mathematische „oder" schließt den Fall, dass beide Aussagen wahr sind mit ein.). Anders formuliert: p ∨ q ist genau dann wahr, wenn mindestens eine der beiden Aussagen p und q wahr ist.

Die Entsprechung zur Disjunktion in der Mengenlehre ist die Vereinigungsmenge $A \cup B$ der Mengen A und B.

Beispiel: p: 25 ist durch 5 teilbar. q: 6 ist ein Vielfaches von 5.
p ist wahr, q ist falsch, also ist p ∨ q wahr.

Beispiel: p: $8 = 2^3$. q: $7 = 2 + 5$
p ist wahr, q ist wahr, also ist p ∨ q wahr.

Beispiel: p: eine Woche besteht aus acht Tagen. q: jeder Monat besteht aus 30 Tagen.
p und q sind beide falsch, also ist p ∨ q falsch.

Definition: Eine Aussage, die immer den Wahrheitswert wahr besitzt, heißt *Tautologie*. Sie ist *allgemeingültig*.

Satz   vom ausgeschlossenen Dritten: p ∨ ¬p :⇔ p ∨ (¬p) ist eine Tautologie.

Beweis: mit Hilfe der Wahrheitstafel.

Bemerkung: Der Satz heißt so, weil es keine dritte Möglichkeit außer wahr und falsch gibt. Eine Aussage p kann nur wahr oder falsch sein, ist p wahr, so ist ¬p falsch und umgekehrt. p ∨ ¬p ist also immer wahr.

5.2.4   Antivalenz

Die Wahrheitstafel einer *Antivalenz* p ∨̇ q (gesprochen: „entweder p oder q"), alternativ p xor q zweier Aussagen p und q ist:

p	q	p ∨̇ q
w	w	f
w	f	w
f	w	w
f	f	f

Eine Antivalenz zweier Aussagen ist genau dann wahr, wenn genau eine der beiden Aussagen wahr ist. Es handelt sich dabei um ein ausschließendes (exklusives) Oder.

In der Mengenlehre entspricht das der Menge $(A \cup B) \setminus (A \cap B)$ für die Mengen A und B.

5.2.5 Subjunktion und Implikation

Die Wahrheitstafel einer *Subjunktion* $p \to q$ (gesprochen: „wenn p dann q" als Kurzform für „wenn p wahr ist, dann ist q wahr.") zweier Aussagen p und q ist:

p	q	$p \to q$
w	w	w
w	f	f
f	w	w
f	f	w

Die Entsprechung zur Subjunktion in der Mengenlehre ist die Teilmenge $B \subset A$ für die Mengen A und B.

Beispiel: p: 4 ist eine Quadratzahl, q: $4 > 0$
$p \to q$: wenn 4 eine Quadratzahl ist, dann ist $4 > 0$.
p ist wahr, q ist wahr. Also ist $p \to q$ wahr.

Beispiel: p: 4 ist eine Quadratzahl, q: $3 < 0$.
$p \to q$: wenn 4 eine Quadratzahl ist, dann ist $3 < 0$.
p ist wahr, q ist falsch. Also ist $p \to q$ falsch.

Beispiel: p: 4 ist eine Primzahl, q: $3 = 2 + 2$.
$p \to q$: wenn 4 eine Primzahl ist, dann ist $3 = 2 + 2$.
p ist falsch, q ist falsch. Also ist $p \to q$ wahr.

Das letzte Beispiel wirkt erst einmal absurd. Der Sinn dieser Definition einer Subjunktion wird später erkennbar, wenn es um Implikationen geht.
Die letzten zwei Zeilen der Wahrheitstabelle für eine Subjunktion werden in dem lateinischen Satz „ex falso quod libet" zusammengefasst, was bedeutet, dass man aus einer falschen Aussage alles folgern kann.

Beispiel: $(p \wedge q) \to (p \vee q)$
Die Wahrheitstafel lautet:

p	q	$p \wedge q$	$p \vee q$	$(p \wedge q) \to (p \vee q)$
w	w	w	w	w
w	f	f	w	w
f	w	f	w	w
f	f	f	f	w

Definition: Sind p und q Aussagen, so heißt jede Tautologie von der Form p → q *Implikation*. Man schreibt dann: p ⇒ q. (gesprochen: „p impliziert q")

Bemerkung: Die Aussage „p impliziert q" ist gleichbedeutend mit „p ist hinreichende Voraussetzung für q" bzw. „q ist notwendige Voraussetzung für p".

Beispiel: (p ∧ q) → (p ∨ q) ist eine Tautologie, also impliziert p ∧ q, dass p ∨ q, kurz: p ∧ q ⇒ p ∨ q

Bemerkung: Nun soll plausibel gemacht werden, warum für die Subjunktion der Satz „ex falso quod libet" sinnvoll ist. Dazu betrachten wir die Aussageformen p: n ist gerade. und q: n^2 ist gerade. Für uns ist selbstverständlich, dass gilt: p ⇒ q. Dabei fragen wir uns nicht, ob q zutrifft, wenn p nicht zutrifft. Wir stellen nur fest, dass q immer gilt, wenn p wahr ist. Das begründet im Nachhinein die Definition der Subjunktion, sodass jede Subjunktion, die eine Tautologie ist, eine Implikation darstellt.

Beispiel: [p ∧ (p → q)] ⇒ q
Die Wahrheitstafel ist:

p	q	p → q	p ∧ (p → q)	[p ∧ (p → q)] → q
w	w	w	w	w
w	f	f	f	w
f	w	w	f	w
f	f	w	f	w

[p ∧ (p → q)] → q ist eine Tautologie, also gilt: [p ∧ (p → q)] ⇒ q

Beispiel: [(p → q) ∧ ¬q] ⇒ ¬p

p	q	p → q	(p → q) ∧ ¬q	[(p → q) ∧ ¬q] → ¬p
w	w	w	f	w
w	f	f	f	w
f	w	w	f	w
f	f	w	w	w

Beispiel: $[(p \to q) \land (q \to r)] \Rightarrow (p \to r)$

p	q	r	p → q	q → r	(p → q) ∧ (q → r)	p → r	[(p → q) ∧ (q → r)] → (p → r)
w	w	w	w	w	w	w	w
w	w	f	w	f	f	f	w
w	f	w	f	w	f	w	w
w	f	f	f	w	f	f	w
f	w	w	w	w	w	w	w
f	w	f	w	f	f	w	w
f	f	w	w	w	w	w	w
f	f	f	w	w	w	w	w

$[(p \to q) \land (q \to r)] \to (p \to r)$ ist eine Tautologie, also gilt: $[(p \to q) \land (q \to r)] \Rightarrow (p \to r)$
Viele Beweise stützen sich auf diese Implikation.

Nun kann mit Hilfe der Aussagenlogik bewiesen werden, dass die Aussage $\{\} \subset M$ für alle Mengen M gültig ist:
Sei p: $x \in \{\}$, dann ist p für jedes x falsch. Sei außerdem q: $x \in M$, dann kann q wahr oder auch falsch sein. Die Wahrheitstafel lautet:

p	q	p → q
f	w	w
f	f	w

$p \to q$ ist eine Tautologie. Also gilt: $x \in \{\} \Rightarrow x \in M$. Demnach ist $\{\} \subset M$.

5.2.6 Bijunktion und Äquivalenzverknüpfung

Die Wahrheitstafel einer Bijunktion $p \leftrightarrow q$ (gesprochen: „p genau dann wenn q" als Kurzform für „p ist genau dann wahr, wenn q wahr ist.") zweier Aussagen p und q ist:

p	q	p ↔ q
w	w	w
w	f	f
f	w	f
f	f	w

In der Mengenlehre entspricht das dem Fall $A = B$ für die Mengen A und B.

Beispiel: $(p \rightarrow q) \leftrightarrow (\neg p \vee q)$

p	q	$p \rightarrow q$	$\neg p \vee q$	$(p \rightarrow q) \leftrightarrow (\neg p \vee q)$
w	w	w	w	w
w	f	f	f	w
f	w	w	w	w
f	f	w	w	w

$(p \rightarrow q) \leftrightarrow (\neg p \vee q)$ ist eine Tautologie.

Definition: Sind p und q Aussagen, so heißt jede Tautologie der Form $p \leftrightarrow q$ Äquivalenz. Man schreibt dann: $p \Leftrightarrow q$ (gesprochen: „p äquivalent q")

Bemerkung: Dann ist p notwendige und hinreichende Bedingung für q und umgekehrt.

Beispiel: $\neg(\neg p) \Leftrightarrow p$

p	$\neg p$	$\neg(\neg p)$	$\neg(\neg p) \leftrightarrow p$
w	f	w	w
f	w	f	w

Beispiel: $[(p \rightarrow q) \wedge (q \rightarrow p)] \Leftrightarrow (p \leftrightarrow q)$

p	q	$p \rightarrow q$	$q \rightarrow p$	$[(p \rightarrow q) \wedge (q \rightarrow p)]$	$p \leftrightarrow q$	$[(p \rightarrow q) \wedge (q \rightarrow p)]$ $\leftrightarrow (p \leftrightarrow q)$
w	w	w	w	w	w	w
w	f	f	w	f	f	w
f	w	w	f	f	f	w
f	f	w	w	w	w	w

Beispiel: $(p \rightarrow q) \Leftrightarrow (\neg q \rightarrow \neg p)$

p	q	$p \rightarrow q$	$\neg q \rightarrow \neg p$	$(p \rightarrow q) \leftrightarrow (\neg q \rightarrow \neg p)$
w	w	w	w	w
w	f	f	f	w
f	w	w	w	w
f	f	w	w	w

Diese Äquivalenz wird in *Widerspruchsbeweisen* genutzt.

5.2.7 Aussagenlogische Gesetze

Mit den Wahrheitstafeln lässt sich leicht zeigen, dass die de Morganschen Gesetze wie in der Mengenalgebra gelten:

$[\neg(p \vee q)] \Leftrightarrow [\neg p \wedge \neg q]$ und $[\neg(p \wedge q)] \Leftrightarrow [\neg p \vee \neg q]$.

Dabei heißt die Verknüpfung $\neg(p \vee q)$ „nor" und die Verknüpfung $\neg(p \wedge q)$ „nand".

Alle aussagenlogischen Gesetze sind mit ihren Entsprechungen in der Mengenalgebra in der folgenden Tabelle zusammengefasst:

A, B, C Mengen Ω das Universum {} die leere Menge			p, q, r Aussagen W die Tautologie F die Kontradiktion
$A \cup B = B \cup A$ $A \cap B = B \cap A$	Kommutativität		$p \vee q \Leftrightarrow q \vee p$ $p \wedge q \Leftrightarrow q \wedge p$
$A \cup (B \cup C) = (A \cup B) \cup C$ $A \cap (B \cap C) = (A \cap B) \cap C$	Assoziativität		$p \vee (q \vee r) \Leftrightarrow (p \vee q) \vee r$ $p \wedge (q \wedge r) \Leftrightarrow (p \wedge q) \wedge r$
$A \cup A = A$ $A \cap A = A$	Idempotenz		$p \vee p \Leftrightarrow p$ $p \wedge p \Leftrightarrow p$
$A \cap (B \cup C)$ $= (A \cap B) \cup (A \cap C)$ $A \cup (B \cap C)$ $= (A \cup B) \cap (A \cup C)$	Distributivität		$p \wedge (q \vee r)$ $\Leftrightarrow (p \wedge q) \vee (p \wedge r)$ $p \vee (q \wedge r)$ $\Leftrightarrow (p \vee q) \wedge (p \vee r)$
$A \subseteq A$	Reflexivität		$p \rightarrow p$
$A \subseteq B \wedge B \subseteq A \Rightarrow A = B$	Antisymmetrie		$p \rightarrow q \wedge q \rightarrow p \Rightarrow p \leftrightarrow q$
$A \subseteq B \wedge B \subseteq C \Rightarrow A \subseteq C$	Transitivität		$p \rightarrow q \wedge q \rightarrow r \Rightarrow p \rightarrow r$
$A \cup \{\} = A = A \cap \Omega$ $A \cap \{\} = \{\}, A \cup \Omega = \Omega$	Neutrale Elemente Dominante Elemente		$p \wedge W \Leftrightarrow p, p \vee F \Leftrightarrow p$ $p \wedge F \Leftrightarrow F, p \vee W \Leftrightarrow W$
$A \cap \overline{A} = \{\}$ $A \cup \overline{A} = \Omega$	Komplementäre Elemente	Satz vom Widerspruch Satz vom ausgeschlossenen Dritten	$p \wedge \neg p \Leftrightarrow F$ $p \vee \neg p \Leftrightarrow W$
$\overline{\overline{A}} = A$	Doppeltes Komplement	Doppelte Negation	$\neg(\neg p) \Leftrightarrow p$
$\overline{\Omega} = \{\}, \overline{\{\}} = \Omega$			$\neg W \Leftrightarrow F, \neg F \Leftrightarrow W$
$\overline{A \cup B} = \overline{A} \cap \overline{B}$ $\overline{A \cap B} = \overline{A} \cup \overline{B}$	De Morgansche Gesetze		$\neg(p \vee q) \Leftrightarrow \neg p \wedge \neg q$ $\neg(p \wedge q) \Leftrightarrow \neg p \vee \neg q$
$A \cup (A \cap B) = A$ $A \cap (A \cup B) = A$	Absorptionsgesetz		$p \vee (p \wedge q) \Leftrightarrow p$ $p \wedge (p \vee q) \Leftrightarrow p$

5.2.8 Beispiel aus der Elektronik[1]

Zum Schluss soll noch gezeigt werden, wie mit Hilfe der formalen Logik eine Schaltung konzipiert werden kann, mit der die Elemente einer 7-Segment-Anzeige (z. B. bei einem Aufzug in einem siebenstöckigen Gebäude) angesteuert werden können, wie sie in Abb. 5.6 dargestellt ist.

Abb. 5.6 7-Segment-Anzeige

Exemplarisch soll das mittlere Segment betrachtet werden, in der Abbildung rot gekennzeichnet.

Aufgabe: Ermitteln Sie, für welche der Ziffern 0, 1, ..., 7 dieses mittlere Segment aufleuchtet! Geben Sie diese Zahlen im Binärsystem an!
Falls p, q bzw. r wahr sind, wenn die Potenzen 2^2, 2^1 bzw. 2^0 in der Binärzahl vorkommen, geben Sie einen logischen Ausdruck in Abhängigkeit von p, q, und r an, der den Wahrheitswert wahr besitzt, falls das mittlere Segment leuchtet! Vereinfachen Sie diesen logischen Ausdruck mit Hilfe eines Karnaugh-Diagramms!
Die in Abb. 5.7 dargestellten elektronischen Bauteile realisieren die Verknüpfungen and, not und or:

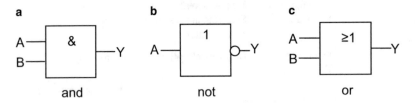

Abb. 5.7 elektronische Bauteile zur Realisierung der Verknüpfungen von a and, b not und c or

Zeichnen Sie ein Schaltbild für eine elektronische Schaltung, die das Problem löst!

Lösung: Das mittlere Element leuchtet auf, wenn die Ziffern 2, 3, 4, 5 oder 6 angezeigt werden.
Im Binärsystem: $2 = 10_2, 3 = 11_2, 4 = 100_2, 5 = 101_2, 6 = 110_2$

---

[1] Nach Dr. Matthias Heinrich.

Der logische Ausdruck $(\neg p \wedge q \wedge \neg r) \vee (\neg p \wedge q \wedge r) \vee (p \wedge \neg q \wedge \neg r) \vee (p \wedge \neg q \wedge r) \vee (p \wedge q \wedge \neg r)$

Eine mögliche Vereinfachung: $(\neg q \wedge p) \vee [q \wedge (\neg p \vee (p \wedge \neg r))]$

Eine mögliche Schaltung sehen Sie in Abb. 5.8:

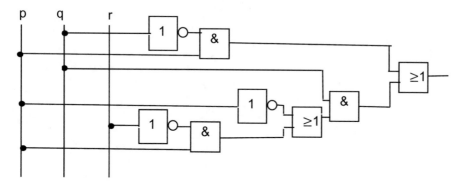

Abb. 5.8 Elektronische Schaltung für das mittlere Segment der 7-Segment-Anzeige

Relationen und Funktionen

6

Funktionen als Spezialfälle von Relationen spielen eine essentielle Rolle in der Mathematik und den Natur- und Ingenieurswissenschaften. Die nötigen Begriffe werden erklärt und Eigenschaften von Funktionen wie Injektivität, Surjektivität, Bijektivität, Monotonie, Umkehrbarkeit und Symmetrien dargestellt.

Anschließend werden die Grundfunktionen (lineare, quadratische, ganzrationale, gebrochen rationale, trigonometrische) mit ihren Eigenschaften und spezielle Funktionen wie Vorzeichenfunktion, Auf- und Abrundungsfunktion und Betragsfunktion behandelt.

6.1 Relationen: Definition und Beispiele

Es werde kurz das Beispiel eines Tanzkurses betrachtet, an dem zwei Männer m_a und m_b und drei Frauen w_c, w_d und w_e teilnehmen. Jeder der Teilnehmer hat seine Vorlieben: m_a will nur mit w_e tanzen, w_c lehnt es ab, mit m_b zu tanzen. Welche Paare sind prinzipiell möglich, wenn ein Paar immer aus einem Mann und einer Frau besteht? $\{(m_a|w_e), (m_b|w_d), (m_b|w_e)\}$

In der Mathematik bezeichnet man diese Zuordnung als Relation.

Definition: Jede nichtleere Teilmenge R der Produktmenge $A \times B$ der Mengen A und B heißt *Relation* (w) zwischen A und B.

Kurzform: $R \subset A \times B$, $R \neq \{\}$, dann heißt R *Relation zwischen A und B*.

Ist $A = B$, so spricht man von einer *Relation in A*.

Die Menge $\{(x; y) \in R\}$ heißt Graph der Relation (m).

Graphen von Relationen können in kartesischen Koordinatensystemen dargestellt werden. Ein *kartesisches Koordinatensystem* (s) ist ein Koordinatensystem, bei dem die Achsen aufeinander senkrecht stehen und gleiche Einheit besitzen.

Das Paar (a; b) ∈ R wird dabei als Punkt eingezeichnet, dessen erste Koordinate in horizontaler Richtung entlang der x-Achse, die zweite in vertikaler Richtung entlang der y-Achse aufgetragen wird.

Der Punkt (0|0) heißt *Nullpunkt* (m) oder *Ursprung* (m).

Ein kartesisches Koordinatensystem unterteilt die Ebene, in der es liegt, in vier Quadranten, wie Abb. 6.1 zeigt.

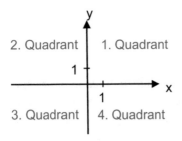

Abb. 6.1 Die vier Quadranten im kartesischen Koordinatensystem

Bsp: $A = \{0, 1, 2\}$, $B = \{0, 2, 4\}$
$R_1 = \{(1, 2), (1, 4), (2, 4), (0, 2), (0, 4)\}$ (Abb. 6.2)

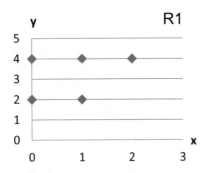

Abb. 6.2 Graph der Relation R_1

Aufgabe: Zeichnen Sie die Graphen der folgenden Relationen!
$R_2 = \{(0, 2), (1, 2), (2, 4)\}$, $R_3 = \{(x, y) \in A \times B \mid x < y\}$,
$R_4 = \{(x, y) \in \mathbb{R}^2 \mid x^2 + y^2 = 1\}$, dabei ist $\mathbb{R}^2 = \mathbb{R} \times \mathbb{R}$,
$R_5 = \{(x, y) \in \mathbb{R}^2 \mid |x| < |y| \leq 3\}$, $R_6 = \{(x, y) \in \mathbb{R}^2 \mid y^2 = x\}$, $R_7 = \{(x, y) \in \mathbb{R}^2 \mid y = x^2\}$
Lösungen in den Abb. 6.3–6.8

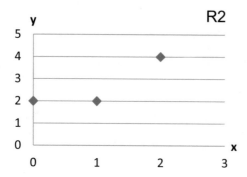

Abb. 6.3 Graph der Relation R_2

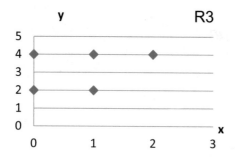

Abb. 6.4 Graph der Relation R_3

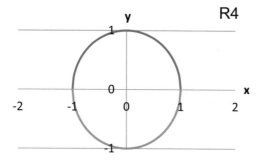

Abb. 6.5 Graph der Relation R_4

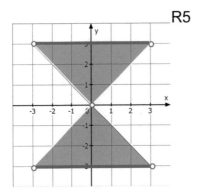

Abb. 6.6 Graph der Relation R$_5$

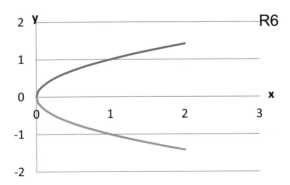

Abb. 6.7 Graph der Relation R$_6$

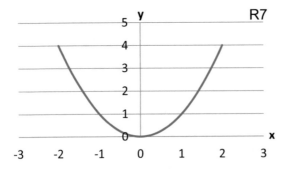

Abb. 6.8 Graph der Relation R$_7$

Der Vergleich von R$_6$ mit R$_7$ führt auf den Funktionsbegriff. Bei R$_6$ können einem x-Wert zwei y-Werte zugeordnet sein, bei R$_7$ ist jedem x-Wert genau ein y-Wert zugeordnet.

6.2 Funktion

6.2.1 Definition und Begriffe

Definition: Eine Relation $f \subset A \times B$ heißt Funktion (w) f von A nach B, wenn es zu jedem $x \in A$ *genau ein* $y \in B$ gibt, sodass $(x, y) \in f$.

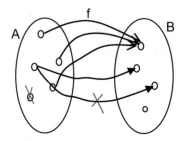

Abb. 6.9 Zuordnungsdiagramm für eine Funktion

Wie in Abb. 6.9 dargestellt, muss von jedem Element in A genau ein Pfeil zu einem Element in B gehen (d. h. nicht weniger aber auch nicht mehr als ein Pfeil). An einem Element in B dürfen mehrere Pfeile enden, die von verschiedenen Elementen in A ausgehen. Es darf Elemente in B geben, zu denen kein Pfeil führt.

Schreibweisen:

Statt $(x, y) \in f$ schreibt man $y = f(x)$, $f(x)$ heißt *Funktionsterm* (m), $y = f(x)$ heißt *Funktionsgleichung* (w).

Man versteht dann eine Funktion als Abbildung:

$f : A \to B; x \mapsto y = f(x)$ „f bildet A auf B entsprechend der *Abbildungsvorschrift* (w) $y = f(x)$ ab"

Begriffe:

A heißt *Definitionsmenge* (w) (oder *Definitionsbereich* (m)) von f, kurz D_f

B heißt *Zielmenge* (w) von f.

Die Menge $f(A) := \{y \in B \mid \exists x \in A \text{ mit } y = f(x)\}$ heißt *Wertemenge* (w) von f, kurz W_f.

Die Menge $\{(x; y) \in A \times B \mid f(x) = y\}$ heißt *Funktionsgraph* (m). Sie können ihn in einem Koordinatensystem veranschaulichen.

Die unabhängige Variable in einem Funktionsterm heißt *Argument der Funktion*.

Bemerkung: „$\exists$" (ein an der Längsseite des Buchstabens gespiegeltes E) wird abkürzend verwendet für „es existiert".

Beispiel: In $f(x) = \sin x$ ist x das Argument der Sinusfunktion.

Bemerkung: Ist nichts anderes angegeben, so wird automatisch $f : \mathbb{R} \to \mathbb{R}, x \mapsto y = f(x)$ vorausgesetzt und nur kurz geschrieben: $f(x) = \ldots$ (es folgt der Funktionsterm von f)

6.2.2 Nullstellen von Funktionen

Definition: Sei $f : D_f \to \mathbb{R}$ eine Funktion. Jede Stelle $x_N \in D_f$ mit $f(x_N) = 0$ heißt *Nullstelle* (w) der Funktion.

Bemerkung: Der Punkt $(x_N | 0)$ liegt auf der x-Achse.

Beispiel: $f : \mathbb{R} \to \mathbb{R}, x \mapsto f(x) = x^2 - x - 2$
Für $x_{N,1} = 2$ ist $f(x_{N,1}) = 0$ und für $x_{N,2} = -1$ ist $f(x_{N,2}) = 0$. $x_{N,1}$ und $x_{N,2}$ sind Nullstellen von f. Dort schneidet der Graph von f die x-Achse (Abb. 6.10).

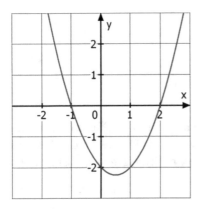

Abb. 6.10 Graph der Funktion $f(x) = x^2 - x - 2$ mit den Nullstellen -1 und 2

6.2.3 Injektivität, Surjektivität, Bijektivität

Definition: Eine Funktion $f : A \to B$ heißt genau dann *injektiv*, falls $\forall\, x_1, x_2 \in A$ gilt: $f(x_1) = f(x_2) \Rightarrow x_1 = x_2$ (Abb. 6.11)

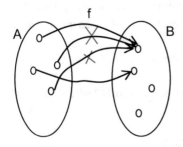

Abb. 6.11 Zuordnungsdiagramm für eine injektive Funktion

D. h. eine Funktion ist injektiv, wenn es zu jedem y aus der Zielmenge *höchstens ein x* aus der Definitionsmenge gibt mit $f(x) = y$.

Beispiel: $f : \mathbb{R} \to \mathbb{R}, f(x) = 0{,}5x - 1$

$f(x_1) = f(x_2) \Rightarrow 0{,}5x_1 - 1 = 0{,}5x_2 - 1 \Rightarrow 0{,}5x_1 = 0{,}5x_2 \Rightarrow x_1 = x_2$. Also ist f injektiv. Anschaulich: Ein horizontaler Pfeil, der in einem beliebigen Punkt auf der y-Achse beginnt, trifft an *einer* Stelle x auf den Graphen. Für jedes $y \in \mathbb{R}$ gibt es *nur ein* $x \in \mathbb{R}$, für das $f(x) = y$ (Abb. 6.12).

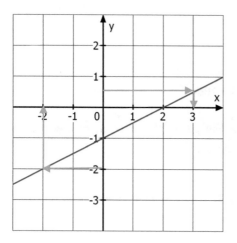

Abb. 6.12 Graph der injektiven Funktion $f(x) = 0{,}5x - 1$

Beispiel: $f : \mathbb{R} \to \mathbb{R}, f(x) = x^2$

$f(x_1) = f(x_2) \Rightarrow x_1^2 = x_2^2 \Rightarrow |x_1| = |x_2|$, aber nicht unbedingt $x_1 = x_2$.

Für $y = 4$ zum Beispiel ist $4 = (-2)^2 = 2^2$, es gibt also zwei verschiedene x-Werte, nämlich $x_1 = 2$ und $x_2 = -2$, die zum selben y-Wert 4 führen, in Abb. 6.13 grün dargestellt. f ist nicht injektiv (Abb. 6.13).

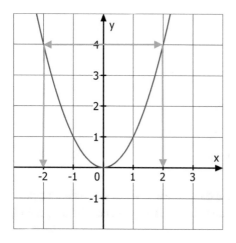

Abb. 6.13 Graph der nicht injektiven Funktion $f(x) = x^2$

Definition: Eine Funktion f : A → B heißt genau dann *surjektiv*, falls ∀ y ∈ B gilt: ∃ x ∈ A mit f(x) = y (Abb. 6.14).

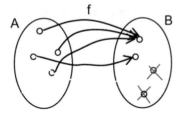

Abb. 6.14 Abbildungsdiagramm einer surjektiven Funktion

D. h. eine Funktion ist surjektiv, wenn es zu jedem y aus der Zielmenge *mindestens ein* Element x aus der Definitionsmenge gibt mit f(x) = y.

Beispiel: f : $\mathbb{R} \to \mathbb{R}$, f(x) = 0,5x − 1
Sei y ∈ $\mathbb{R}$ beliebig. y = 0,5x − 1 ⇒ x = 2(y + 1) ∈ $\mathbb{R}$. Diese Funktion ist also surjektiv.

Beispiel: f : $\mathbb{R} \to \mathbb{R}$, f(x) = x^2
Für y = −1 gibt es kein x ∈ $\mathbb{R}$ mit f(x) = y = −1, wie in Abb. 6.15 grün dargestellt ist. Also ist f nicht surjektiv.

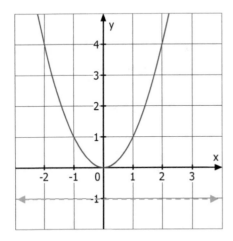

Abb. 6.15 Graph der nicht surjektiven Funktion f(x) = x^2

Definition: Eine Funktion f : A → B heißt genau dann *bijektiv*, wenn sie sowohl injektiv als auch surjektiv ist. Dann wird jedem x ∈ A genau ein y ∈ B zugeordnet und umgekehrt (Abb. 6.16).

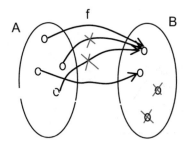

Abb. 6.16 Zuordnungsdiagramm einer bijektiven Funktion

D. h. eine Funktion ist bijektiv, wenn es zu jedem y aus der Zielmenge *genau ein* Element x aus der Definitionsmenge gibt mit $f(x) = y$ und umgekehrt.

Aufgabe: Prüfen Sie die folgenden Funktionen auf Injektivität, Surjektivität und Bijektivität!

$f_1 : \mathbb{R} \to \mathbb{R}^+, f(x) = x^2, f_2 : \mathbb{R}_0^+ \to \mathbb{R}, f(x) = x^2, f_3 : \mathbb{R}_0^+ \to \mathbb{R}_0^+, f(x) = x^2$

Lösung:

f_1 ist nicht injektiv, da aus $f_1(x_1) = f_1(x_2)$ nur folgt $|x_1| = |x_2|$, aber nicht $x_1 = x_2$; f_1 ist surjektiv, da zu jedem $y \in \mathbb{R}^+$ mindestens ein $x \in \mathbb{R}$ existiert mit $f_1(x) = y$, nämlich $x_1 = +\sqrt{y}$ und $x_2 = -\sqrt{y}$; f_1 ist nicht bijektiv, weil nicht injektiv.

f_2 ist injektiv, da aus $f_2(x_1) = f_2(x_2)$ nun folgt $x_1 = x_2$; f_2 ist nicht surjektiv, da für $y < 0$ $\nexists x \in \mathbb{R}_0^+$ mit $x^2 = y$; f_2 ist nicht bijektiv, da es nicht surjektiv ist.

f_3 ist injektiv, da aus $f_3(x_1) = f_3(x_2)$ folgt $x_1 = x_2$; f_3 ist surjektiv, da $\forall y \in \mathbb{R}_0^+ \exists x \in \mathbb{R}_0^+$ mit $y = x^2$, nämlich $x = \sqrt{y}$; f_3 ist bijektiv, weil sowohl injektiv als auch surjektiv.

6.2.4 Monotonie (w)

Definition: Eine Funktion $f : D_f \to \mathbb{R}$ heißt im Intervall I *streng monoton*
- *zunehmend*, falls $\forall x_1, x_2 \in I$ mit $x_1 < x_2$ gilt: $f(x_1) < f(x_2)$ (Abb. 6.17a).
- *abnehmend*, falls $\forall x_1, x_2 \in I$ mit $x_1 < x_2$ gilt: $f(x_1) > f(x_2)$ (Abb. 6.17b).

Für den Begriff der Monotonie (unter Weglassung des Wortes „streng"), muss entsprechend gelten
- $f(x_1) \leq f(x_2) \; \forall x_1, x_2 \in I$ mit $x_1 < x_2$ für monoton zunehmende Funktionen, und
- $f(x_1) \geq f(x_2) \; \forall x_1, x_2 \in I$ mit $x_1 < x_2$ für monoton abnehmende Funktionen.

Bemerkung: Synonym spricht man auch von steigenden bzw. fallenden Funktionen.

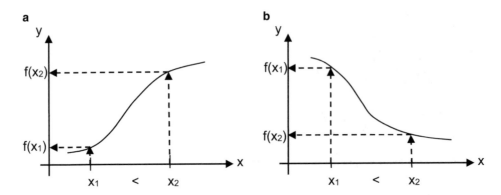

Abb. 6.17 Graphen streng monotoner Funktionen **a** streng monoton zunehmend, **b** streng monoton abnehmend

6.2.5   Umkehrbarkeit

Definition: Ist $f : A \to B, x \mapsto y = f(x)$ eine bijektive Funktion, so heißt f *umkehrbar*. $f^{-1} : B \to A. y \mapsto x = f^{-1}(y)$ heißt dann *Umkehrfunktion* zu f. x mit $f(x) = y$ heißt dann das *Urbild* (s) zu y.

Bemerkung: Man benennt dann im Allgemeinen x und y um, damit die frei gewählte Variable wieder x und die ihr zugeordnete Variable y heißt.

Bemerkung: In der Praxis schränkt man die Zielmenge auf W_f ein, damit eine Funktion umkehrbar wird (z. B. bei $f(x) = 2^x$ schränkt man die Zielmenge auf $\mathbb{R}^+$ ein, dann ist $f(x) = 2^x$ umkehrbar. Die Umkehrfunktion ist $f^{-1}(y) = \log_2 x = \operatorname{ld} x$).

Satz: Die Umkehrfunktion einer streng monoton zunehmenden (bzw. abnehmenden) Funktion ist selbst wieder streng monoton zunehmend (bzw. abnehmend).
Beweis: Sei f streng monoton zunehmend $\Rightarrow \forall x_1 < x_2$ gilt $f(x_1) < f(x_2)$
Annahme: es existiert $x_1 < x_2$ mit $f^{-1}(x_1) \geq f^{-1}(x_2) \Rightarrow f(f^{-1}(x_1)) \geq f(f^{-1}(x_2)) \Rightarrow x_1 \geq x_2$
Das führt auf einen Widerspruch. Also gilt für alle $x_1 < x_2$, dass $f^{-1}(x_1) < f^{-1}(x_2)$.
Analog für streng monoton abnehmende Funktionen   □

Bemerkung: Auf Umkehrfunktionen wird noch ausführlich im Abschn. 18.4 eingegangen.

6.2.6   Symmetrien

a

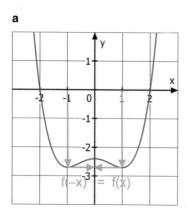

b

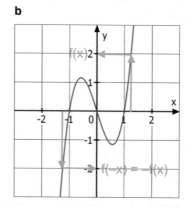

Abb. 6.18 Zum Koordinatensystem symmetrische Graphen von Funktionen **a** Symmetrie zur y-Achse, **b** Symmetrie zum Ursprung

Ist $f(-x) = f(x)\ \forall\, x \in D_f$, so ist der Graph der Funktion f symmetrisch zur y-Achse (Abb. 6.18a)

Ist $f(-x) = -f(x)\ \forall\, x \in D_f$, so ist der Graph der Funktion f punktsymmetrisch zum Ursprung (Abb. 6.18b).

Bemerkung: Symmetrie der Definitionsmenge D_f zum Ursprung ist hier vorausgesetzt.

6.3   Lineare Funktion

Definition: Eine Funktion $f : \mathbb{R} \to \mathbb{R}$, $y = f(x) = mx + t$ mit $m, t \in \mathbb{R}$ heißt *lineare Funktion*. Ihr Graph ist eine Gerade.

$g : y = mx + t$ heißt *Geradengleichung*.

Bemerkung: Je nach Quelle verwendet man andere Buchstaben, z. B.: $y = ax + b$ oder $y = ux + v$

Bemerkung: Eigentlich heißen diese Funktionen *affine Funktionen*, werden aber oft als (im Gegensatz zu quadratischen Funktionen oder ganzrationalen Funktionen höheren Grades) lineare Funktionen bezeichnet.

Streng genommen erfüllen lineare Funktionen in der Mathematik die Bedingung: $f(\alpha x) = \alpha f(x)$. Für affine Funktionen gilt: $f(\alpha x) = m \cdot \alpha x + t,\ \alpha \cdot f(x) = \alpha(mx + t) = \alpha mx + \alpha t \neq f(\alpha x)$ für $t \neq 0$. D. h. für $t \neq 0$ sind affine Funktionen nicht linear, werden aber schlampigerweise trotzdem so genannt.

Ein Maß für die Steigung der Gerade, die durch g : y = mx + t beschrieben wird, ist $\frac{\Delta y}{\Delta x}$.
Je mehr man für eine Einheit in x-Richtung nach oben (oder unten) in y-Richtung gehen
muss, desto steiler ist die Gerade.

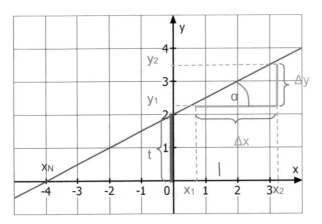

Abb. 6.19 Graph einer linearen Funktion mit Steigungsdreieck, y-Achsenabschnitt und Nullstelle

$\frac{\Delta y}{\Delta x} = \frac{(mx_2 + t) - (mx_1 + t)}{x_2 - x_1} = \frac{m(x_2 - x_1)}{x_2 - x_1} = m.$

In der Gleichung y = mx + t ist m also die Steigung der Gerade. Sie ist in der Abb. 6.19
im sogenannten Steigungsdreieck mit den Katheten Δx und Δy in grüner Farbe veranschaulicht.

f(0) = m · 0 + t = t, also ist der Punkt (0|t) ein Punkt der Geraden g. Er liegt auf der
y-Achse. t heißt deshalb y-Achsenabschnitt von g und ist in Abb. 6.19 in orange einge-
zeichnet. Der Punkt (0|t) ist der Schnittpunkt der Gerade mit der y-Achse.

Für die Nullstellen der Funktion gilt $f(x_N) = 0$.
Für $m \neq 0$ ist $x_N = -\frac{t}{m}$.
Für m = 0 sind zwei Fälle zu unterscheiden:
Ist auch t = 0, so ist die Gerade die x-Achse: y = 0, die Funktion besitzt unendlich viele
Nullstellen.
Ist $t \neq 0$, so ist die Gerade echt parallel zur x-Achse und hat mit dieser keinen gemeinsa-
men Punkt.

Die Koordinaten x_S und y_S des *Schnittpunkts zweier Geraden* $g_1 : y = m_1 x + t_1$ und
$g_2 : y = m_2 x + t_2$ erfüllen gleichzeitig beide Geradengleichungen
$y_S = m_1 x_S + t_1$ und
$y_S = m_2 x_S + t_2.$
Um den Schnittpunkt rechnerisch zu finden, muss also ein lineares Gleichungssystem von
2 Gleichungen mit 2 Variablen gelöst werden. Dazu gibt es mehrere Verfahren, die ausführlich im Kap. 7 besprochen werden. Weil es später aber auch für andere als lineare

Funktionen wichtig wird, die Schnittpunkte ihrer Graphen zu bestimmen, ist es sinnvoll, schon jetzt das *Gleichsetzungsverfahren* zu wählen. Dabei werden die Funktionsterme der beiden Funktionen gleichgesetzt:

$m_1 x_S + t_1 = m_2 x_S + t_2$.

Diese Gleichung wird nach x_S aufgelöst, Einsetzen in g_1 oder g_2 (oder beides zur Probe) liefert dann y_S.

Aufgabe: Bestimmen Sie den Schnittpunkt der beiden Geraden $g_1 : y = -\frac{1}{2}x + \frac{3}{2}$ und $g_2 : y = -x + 3$

Lösung:

$g_1 \cap g_2 : -\frac{1}{2}x + \frac{3}{2} = -x + 3 \Leftrightarrow \frac{1}{2}x = +\frac{3}{2} \Leftrightarrow x_S = 3$.

in g_2: $y_S = -3 + 3 = 0$.

Der Schnittpunkt ist $S(3|0)$ (Abb. 6.20).

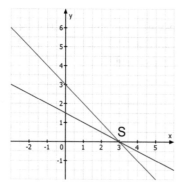

Abb. 6.20 Graphen der Geraden g_1 und g_2 mit ihrem Schnittpunkt S

Zueinander *echt parallele* Geraden haben dieselbe Steigung, aber unterschiedliche y-Achsenabschnitte (vgl. Abb. 6.21).

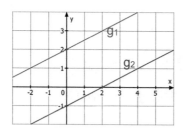

Abb. 6.21 Graph zweier zueinander echt paralleler Geraden

Bemerkung: Echt parallel meint im Gegensatz zu parallel, dass die Geraden nicht identisch sind. Identisch sind zwei Geraden, wenn sie sowohl in ihrer Steigung als auch in ihrem y-Achsenabschnitt übereinstimmen.

Definition: Der *Neigungswinkel* α einer Gerade ist ihr Winkel zur x-Achse.

Er ist in Abb. 6.22 dargestellt.
Es gilt: $\tan \alpha = m$.

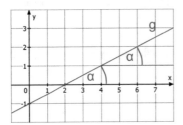

Abb. 6.22 Neigungswinkel einer Geraden

Satz: Zwei Geraden $g_1 : y = m_1 x + t_1$ und $g_2 : y = m_2 x + t_2$ mit $m_1, m_2 \neq 0$ stehen genau dann aufeinander senkrecht, wenn $m_1 m_2 = -1$ (vgl. Abb. 6.23) (für $m_1 = 0$, d. h. $g_1 : y = t_1$, stehen alle Geraden der Gleichung $g_2 : x = c$ auf g_1 senkrecht).

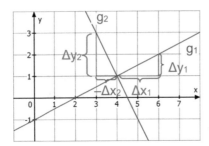

Abb. 6.23 aufeinander senkrecht stehende Geraden mit ihren Steigungsdreiecken

Beweis:
„⇒": Ohne Beschränkung der Allgemeinheit sei $\alpha_1 > 0$.

$m_2 = \tan \alpha_2 = \tan(-(90° - \alpha_1))$, da $g_2 \perp g_1$.

$\Rightarrow m_2 = -\tan(90° - \alpha_1) = -\frac{\sin(90° - \alpha_1)}{\cos(90° - \alpha_1)} = -\frac{\cos \alpha_1}{\sin \alpha_1} = -\frac{1}{\tan \alpha_1} = -\frac{1}{m_1}$

„⇐": $m_1 m_2 = -1$

$\Rightarrow m_2 = -\frac{1}{m_1} \Rightarrow \tan \alpha_2 = -\frac{1}{\tan \alpha_1} = -\frac{\cos \alpha_1}{\sin \alpha_1} = -\frac{\sin(90° - \alpha_1)}{\cos(90° - \alpha_1)} = -\tan(90° - \alpha_1)$

$\Rightarrow \alpha_2 = -(90° - \alpha_1) \Rightarrow g_2 \perp g_1$ $\square$

Definition: Eine Gerade, die auf einer anderen senkrecht steht, heißt Lot (s) zu dieser Gerade.
$g_1 \perp g_2 \Leftrightarrow g_1$ ist Lot zu g_2 und umgekehrt.
Der Schnittpunkt des Lots einer Gerade mit der Gerade selbst heißt Lotfußpunkt (m).

Schnittwinkel zwischen zwei Geraden:

Sei α_1 der Neigungswinkel der Gerade g_1 und α_2 der Neigungswinkel von g_2, dann ist der Schnittwinkel der Geraden g_1 und g_2: $\varphi = |\alpha_2 - \alpha_1|$ (Abb. 6.24).

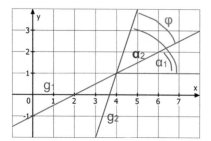

Abb. 6.24 Schnittwinkel φ zweier Geraden

Definition: Eine *Kurvenschar* ist eine Zusammenfassung von Funktionen mit denselben Eigenschaften.

Beispiel: g_m: $y = mx + 2$ mit $m \in \mathbb{R}$ ist die Geradenschar aller Geraden, die durch lineare Funktionen beschrieben werden, deren y-Achsenabschnitt $t = 2$ ist. Der *Parameter* m gibt die verschiedenen Steigungen all dieser Geraden an. In Abb. 6.25 sind einige Geraden dieser Schar dargestellt.

Die Gerade $x = 0$ geht auch durch den Punkt $(0|2)$, wird allerdings durch keine Funktion beschrieben.

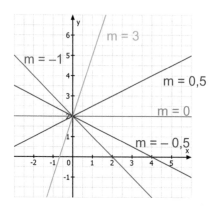

Abb. 6.25 Schar der Geraden $y = mx + 2$

Aufgabe: Bestimmen Sie die gemeinsame Eigenschaft aller Kurven der Schar g_a: $y = \frac{1}{2}x + a$ und zeichnen Sie die Graphen für verschiedene Parameter a in ein gemeinsames Koordinatensystem!

Lösung: Der Parameter a gibt nun den y-Achsenabschnitt aller Geraden dieser Schar an, die die Steigung m $= \frac{1}{2}$ gemeinsam haben. Einige davon sind in Abb. 6.26 dargestellt.

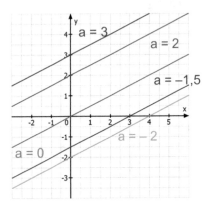

Abb. 6.26 Geradenschar $y = \frac{1}{2}x + a$

6.4 Quadratische Funktion

Definition: Eine Funktion $f : \mathbb{R} \to \mathbb{R}$, $y = f(x) = ax^2 + bx + c$ mit $a \in \mathbb{R} \setminus \{0\}$ und $b, c \in \mathbb{R}$ heißt *quadratische Funktion*. Ihr Graph heißt Parabel (w).
Sonderfall: $a = 1$, $b = c = 0$, d. h. $f(x) = x^2$; der Graph heißt *Normalparabel*, sie ist in Abb. 6.27 zu sehen.

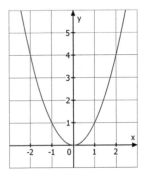

Abb. 6.27 Normalparabel

Abb. 6.28 zeigt die Graphen der Funktionen $f(x) = ax^2 + bx + c$ für verschiedene Parameter a:
$|a| > 1$: die Parabel ist schmaler als die Normalparabel (blauer Graph).
$|a| < 1$: die Parabel ist weiter als die Normalparabel (grüner Graph).
$a > 0$: die Parabel ist nach oben geöffnet (blauer und grüner Graph).
$a < 0$: die Parabel ist nach unten geöffnet (roter Graph).

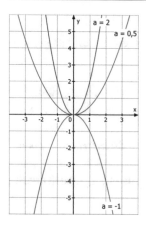

Abb. 6.28 Parabeln für verschiedene Koeffizienten vor x^2

Definition: Der tiefste bzw. höchste Punkt einer Parabel heißt *Scheitelpunkt*.
Für die Funktion $y = -\frac{1}{2}(x + 2)^2 - 1$ ist die Parabel mit ihrem Scheitelpunkt $S(-2|-1)$
in Abb. 6.29 zu sehen.

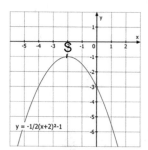

Abb. 6.29 Parabel der Funktion $y = -\frac{1}{2}(x + 2)^2 - 1$ mit ihrem Scheitelpunkt S

Scheitelpunktsform einer Parabel: $y = a(x - s)^2 + r$
Die Parameter a, s und r verändern Lage und Form der Parabel: a streckt die Parabel in
y-Richtung. s verschiebt die gestreckte Parabel in x-Richtung, r verschiebt die gestreckte
Parabel in y-Richtung. Der Scheitelpunkt dieser Parabel ist dann $S(s|r)$.
Das kann man sich leicht klarmachen, indem man Wertetabellen für $y = (x - s)^2$, für
$y = x^2 + r$, für $y = a(x - s)^2$ und für $y = ax^2 + r$ und zum Schluss für $y = a(x - s)^2 + r$
mit verschiedenen Parametern a, s und r anfertigt.
Von der *Normalform* $y = ax^2 + bx + c$ kann man zur Scheitelpunktsform durch quadratische Ergänzung gelangen:

$$y = ax^2 + bx + c = a(x^2 + \tfrac{b}{a}x) + c \overset{(*)}{=} a(x^2 + 2\tfrac{b}{2a}x + (\tfrac{b}{2a})^2 - (\tfrac{b}{2a})^2) + c = a[(x + \tfrac{b}{2a})^2 - \tfrac{b^2}{4a^2}] + c$$

(*) wäre $x^2 + \tfrac{b}{a}x$ der Anfang einer binomische Formel, so käme das gemischte Glied in
der Mitte mit dem Faktor 2 vor $((a + b)^2 = a^2 + 2ab + b^2)$. Da $\tfrac{b}{a} = 2 \cdot \tfrac{b}{2a}$, ergänzt man
das quadratische Glied $(\tfrac{b}{2a})^2$ und subtrahiert es sofort wieder. Diesen Vorgang nennt man
quadratische Ergänzung.

Also ist $S(-\frac{b}{2a} \mid -\frac{b^2-4ac}{4a})$

Von der Scheitelpunktsform zur Normalform kommt man durch einfaches Ausmultiplizieren.

Satz: Die Nullstellen einer quadratischen Funktion $y = f(x) = ax^2 + bx + c$ sind:

$x_{1/2} = \frac{-b \pm \sqrt{b^2-4ac}}{2a}$, falls die Diskriminante $D = b^2 - 4ac > 0$. Dann existieren *zwei Nullstellen* (rote Kurve in Abb. 6.30).

$x_{1/2} = -\frac{b}{2a}$, falls die Diskriminante $D = b^2 - 4ac = 0$. Dann existiert *eine (doppelte) Nullstelle* (blaue Kurve in Abb. 6.30).

Ist die Diskriminante $D = b^2 - 4ac < 0$, so gibt es keine Nullstelle (grüne Kurve in Abb. 6.30).

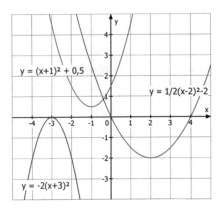

Abb. 6.30   Parabeln mit unterschiedlich vielen Nullstellen

Beweis: $ax^2 + bx + c \overset{(*)}{=} a[(x + \frac{b}{2a})^2 - \frac{b^2}{4a^2}] + c \overset{!}{=} 0 \Leftrightarrow (x + \frac{b}{2a})^2 = \frac{b^2}{4a^2} - \frac{4ac}{4a^2}$

(*) quadratische Ergänzung

Für $D = b^2 - 4ac < 0$ gibt es keine Lösung, für $D = b^2 - 4ac \geq 0$ ergeben sich die Lösungen wie oben angegeben. □

Besitzt eine quadratische Funktion eine oder zwei Nullstellen, so lässt sie sich in faktorisierter Form darstellen:

Satz: Seien x_{N1} und x_{N2} die Nullstellen der quadratischen Funktion $f(x) = ax^2 + bx + c$, so ist $f(x) = ax^2 + bx + c = a(x - x_{N1})(x - x_{N2})$

Beweis: durch Einsetzen der Lösungen der quadratischen Gleichung $ax^2 + bx + c = 0$.

Seien x_{N1}, x_{N2} die Nullstellen der Parabel $y = ax^2 + bx + c$.

$\Leftrightarrow x_{N1} = \frac{-b+\sqrt{b^2-4ac}}{2a}$ und $x_{N2} = \frac{-b-\sqrt{b^2-4ac}}{2a}$

$\Leftrightarrow a(x - x_{N1})(x - x_{N2}) = a(x - \frac{-b+\sqrt{b^2-4ac}}{2a})(x - \frac{-b-\sqrt{b^2-4ac}}{2a})$

$= a(x + \frac{b}{2a} - \frac{\sqrt{b^2-4ac}}{2a})(x + \frac{b}{2a} + \frac{\sqrt{b^2-4ac}}{2a}) = a[(x + \frac{b}{2a})^2 - (\frac{\sqrt{b^2-4ac}}{2a})^2]$

$= a(x^2 + \frac{b}{a}x + \frac{b^2}{4a^2} - \frac{b^2-4ac}{4a^2}) = a(x^2 + \frac{b}{a}x + \frac{c}{a}) = ax^2 + bx + c$

Im Fall $x_{N,1} = x_{N,2}$, d. h. $D = 0$ ist $x_{N,1} = x_{N,2} = -\frac{b}{2a}$ und $y = a(x + \frac{b}{2a})^2$ □

Satz: Ist die Diskriminante kleiner als 0, so lässt sich die quadratische Funktion (in $\mathbb{R}$) nicht faktorisieren.

Beweis durch Widerspruch: Sei $f(x) = a(x - x_1)(x - x_2)$ eine Faktorisierung von $f(x) = ax^2 + bx + c$, dann wären x_1 und x_2 Nullstellen der quadratischen Funktion, was im Widerspruch zu $D < 0$ ist. $\square$

Ist eine quadratische Ungleichung in die Form $ax^2 + bx + c > 0$, $ax^2 + bx + c < 0$, $ax^2 + bx + c \geq 0$ oder $ax^2 + bx + c \leq 0$ überführt worden, so gibt es zwei Möglichkeiten, sie zu lösen.

Entweder führt man mit Hilfe der Nullstellen eine Faktorisierung der Funktion durch und ermittelt dann mit der Vorzeichentabelle die Lösung der Ungleichung.

Oder man liest anhand der Skizze des Funktionsgraphen von $f(x) = ax^2 + bx + c$ (Parabel nach oben oder unten geöffnet, wo sind die Nullstellen?) die Lösung der Ungleichung am Diagramm ab.

Aufgabe: Lösen Sie die Ungleichung $-0{,}5x^2 - x + 4 < 0$ auf zwei verschiedene Arten!
Lösung:

1. Mit Hilfe der Vorzeichentabelle:

Faktorisieren von f mit Hilfe der Nullstellen $f(x) = -0{,}5x^2 - x + 4 = -0{,}5(x - 2)(x + 4)$

	-4		2	
$-0{,}5$	$-$	$-$		$-$
$(x - 2)$	$-$	$-$		$+$
$(x + 4)$	$-$	$+$		$+$
$f(x)$	$-$	$+$		$-$

Also ist $L = {]{-}\infty; -4[} \cup {]2; \infty[}$

2. Mit Hilfe des Funktionsgraphen:

Skizzieren einer nach unten geöffneten Parabel mit den Nullstellen $x_{N1} = 2$, $x_{N2} = -4$, Ablesen des Bereichs, für den der Graph unterhalb der x-Achse verläuft, führt zum gleichen Ergebnis (Abb. 6.31).

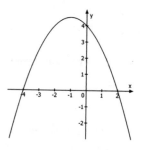

Abb. 6.31 Skizze einer nach unten geöffneten Parabel mit Nullstellen 2 und -4

6.5   Ganzrationale Funktion

Definition: $f(x) = a_n x^n + a_{n-1} x^{n-1} + a_{n-2} x^{n-2} + \ldots + a_1 x + a_0$ mit $a_i \in \mathbb{R}$, für i =
$0, 1, 2, \ldots, n$ und $a_n \neq 0$ heißt *ganzrationale Funktion n-ten Grades* oder *Polynomfunktion*,
der Funktionsterm heißt *Polynom*.

Beispiel: $f(x) = x^3 - 5x^2 + 5x + 3$ ist eine ganzrationale Funktion 3. Grades.
$a_3 = 1, a_{3-1} = a_2 = -5, a_{3-2} = a_1 = 5$ und $a_0 = 3$

Bemerkung: Bei quadratischen Funktionen werden die Koeffizienten im Allgemeinen
mit den ersten Buchstaben des Alphabets bezeichnet $(ax^2 + bx + c)$. Da der Grad einer
ganzrationalen Funktion aber höher sein kann als es geeignete Buchstaben im Alphabet
gibt, benutzt man für die Koeffizienten den Buchstaben a und nummeriert mit Indices
durch, sodass der Index immer dem Exponenten der Potenz von x entspricht.

Symmetrien ganzrationaler Funktionen:

Sind alle Potenzen von x in $f(x) = a_n x^n + a_{n-1} x^{n-1} + a_{n-2} x^{n-2} + \ldots + a_1 x + a_0$ geradzahlig
(d. h. $a_k = 0$ für k ungerade), so ist $f(-x) = f(x)$ und der Graph der Funktion symmetrisch
zur y-Achse.

Sind alle Potenzen von x in $f(x) = a_n x^n + a_{n-1} x^{n-1} + a_{n-2} x^{n-2} + \ldots + a_1 x + a_0$ unge-
radzahlig (d. h. $a_k = 0$ für k gerade), so ist $f(-x) = -f(x)$ und der Graph der Funktion ist
symmetrisch zum Ursprung.

Bemerkung: Verallgemeinernd nennt man Funktionen *gerade*, deren Graph symmetrisch zur y-Achse und *ungerade* solche Funktionen, deren Graph symmetrisch zum Ursprung ist.

Zusätzlich zur Untersuchung auf Symmetrie ist ein weiteres Hilfsmittel, um einen schnel-
len Überblick über den Verlauf einer ganzrationalen Funktion zu bekommen, die Nullstel-
len zu bestimmen; mit einer Vorzeichentabelle kann man dann die Bereiche ermitteln, in
denen der Graph der Funktion oberhalb bzw. unterhalb der x-Achse verläuft. Dann sind
Details (wo ist der höchste/der tiefste Wert der Funktion, ...) nicht geklärt, aber der grobe
Verlauf des Graphen lässt sich bereits skizzieren.
Deshalb beschäftigen sich die folgenden Sätze mit der Nullstellensuche bei ganzrationalen
Funktionen.

Teilersatz:
Besitzt die Gleichung $a_n x^n + a_{n-1} x^{n-1} + a_{n-2} x^{n-2} + \ldots + a_1 x + a_0 = 0$ ($a_i \in \mathbb{R}$, für i =
$0, 1, 2, \ldots, n$ und $a_n \neq 0$) nur ganzzahlige Koeffizienten a_i, so ist jede ganzzahlige Lösung
ein Teiler von a_0.

Beweis: sei b eine ganzzahlige Lösung der Gleichung $a_n x^n + a_{n-1} x^{n-1} + a_{n-2} x^{n-2} + \ldots + a_1 x + a_0 = 0$.

Dann ist: $a_n b^n + a_{n-1} b^{n-1} + a_{n-2} b^{n-2} + \ldots + a_1 b + a_0 = 0$.

$\Rightarrow b(a_n b^{n-1} + a_{n-1} b^{n-2} + a_{n-2} b^{n-3} + \ldots + a_1) = -a_0$. Da die a_i und b nach Voraussetzung ganzzahlig sind, ist der Term in der Klammer auch ganzzahlig. Sein Produkt mit b ist also auch ganzzahlig. Deshalb muss b ein Teiler von a_0 sein. $\square$

Im oberen Beispiel $f(x) = x^3 - 5x^2 + 5x + 3$ sind die Koeffizienten 1, -5, $+5$, und 3 alles ganze Zahlen und der Teilersatz ist daher anwendbar. Er sagt, dass als *ganzzahlige* Nullstellen der Funktion nur Teiler von $a_0 = 3$ in Frage kommen, also die Zahlen -3, -1, 1, 3.

Bemerkung: es ist durchaus möglich, dass es in diesem Beispiel Brüche oder Wurzeln als Nullstellen gibt. Aber *ganzzahlige* Nullstellen müssen Teiler der Zahl 3 sein.

Einsetzen von ± 1 und ± 3 in $f(x) = x^3 - 5x^2 + 5x + 3$ ergibt: $+3$ ist Nullstelle von $f(x) = x^3 - 5x^2 + 5x + 3$

Faktorsatz:

Ist b eine Nullstelle des Polynoms p(x) vom Grad n, dann lässt sich p(x) als Produkt aus dem Linearfaktor $(x - b)$ und einem Polynom q(x) vom Grad $n - 1$ schreiben: $p(x) = (x - b) \cdot q(x)$.

Beweis durch Widerspruch:

Annahme: p(x) lässt sich *nicht* als Produkt $(x - b) \cdot q(x)$ schreiben. Dann ist $p(x) = (x - b)q(x) + r$ mit $r \neq 0$. Einsetzen von b: $p(b) = 0 = 0 \cdot q(b) + r$, also $r = 0$: Das ist im Widerspruch zur Annahme. Also ist $p(x) = (x - b)q(x)$. $\square$

Bemerkung: Bei quadratischen Funktionen (das sind ja ganzrationale Funktionen vom Grad 2) wurde die Faktorisierung mit Hilfe der Nullstellen schon gezeigt: $ax^2 + bx + c = a(x - x_1)(x - x_2)$, wenn x_1, x_2 Nullstellen des Polynoms $ax^2 + bx + c$ sind. Der Faktorsatz ist damit die Verallgemeinerung auf Polynome vom Grad n.

Bemerkung: Kann man das Polynom q(x) finden, so sind die weiteren Nullstellen von p(x) die Nullstellen von q(x). Damit hat man das Problem, eine algebraische Gleichung vom Grad n zu lösen, um einen Grad reduziert.

Das Polynom q(x) erhält man durch *Polynom-Division* $p(x) : (x - b)$, die im Folgenden erklärt wird.

Dazu wird zunächst die schriftliche Division von $156 : 12$ untersucht, sie ist in Abb. 6.32a gezeigt.

a $156 : 12 = 13$

$\underline{12}\downarrow$

   36

b $(1\cdot10^2 + 5\cdot10^1 + 6) : (1\cdot10^1 + 3) = 1\cdot10\ + 2$

$\underline{1\cdot10^2 + 3\cdot10^1}\quad\downarrow$

$\qquad\quad 2\cdot10^1 +\ 6$

$\qquad\quad \underline{2\cdot10^1 +\ 6}$

$\qquad\qquad\quad 0$

c $(1\cdot x^2 + 5\cdot x^1 + 6) : (1\cdot x^1 + 3) = 1\cdot x\ + 2$

$\underline{1\cdot x^2 + 3\cdot x^1}\quad\downarrow$

$\qquad\quad 2\cdot x^1 +\ 6$

$\qquad\quad \underline{2\cdot x^1 +\ 6}$

$\qquad\qquad\quad 0$

Abb. 6.32 a schriftliche Division, **b** schriftliche Division mit expliziten Zehnerpotenzen, **c** Polynomdivision ohne Rest

Da 12 größer als 1 aber kleiner als 15 ist, beginnt man mit der Division aus 15 und 12. Das Ergebnis 1 wird hinter dem Gleichheitszeichen notiert (rot). Mit dieser 1 multipliziert man 12 und subtrahiert das Produkt (blau) von 15 (gelb). Dann holt man die nächste Stelle im Dividenden nach unten (grün) und der Vorgang beginnt von vorne.

Um dieses Verfahren auf ganzrationale Funktionen übertragen zu können, muss man sich des Stellenwertsystems bewusst sein: $156 = 1 \cdot 10^2 + 5 \cdot 10^1 + 6$, $13 = 1 \cdot 10^1 + 3$.

Dann sieht die Division wie in Abb. 6.32b aus.

Zunächst werden die Terme mit den höchsten Zehnerpotenzen durcheinander dividiert und das Ergebnis neben dem Gleichheitszeichen notiert (rot), dann multipliziert man das Ergebnis mit dem Divisor und schreibt das Produkt unter den Dividenden (blau) und subtrahiert es vom ihm (gelb). Der Term mit der nächsthöheren Zehnerpotenz wird heruntergeholt (grün) und der Vorgang beginnt von vorn.

Der Algorithmus endet, wenn als Rest eine kleinere Zahl als der Divisor erscheint.

Ist der Rest 0 ($156 : 13 = 12$ Rest 0), so ist die Division aufgegangen, ist er von 0 verschieden ($157 : 13 = 12$ Rest 1), so muss auch er noch durch den Divisor dividiert werden: $157 : 12 = 156 : 12 + 1 : 12 = 13 + \frac{1}{12}$

Nun muss man nur noch die Potenzen von 10 durch Potenzen von x ersetzen, wie es Abb. 6.32c zeigt.

Die Division von $(x^2 + 5x + 6) : (x + 3)$ geht auf: $(x^2 + 5x + 6) : (x + 3) = x + 2$

Aber: $(x^2 + 5x + 7) : (x + 3) = x + 2 + \frac{1}{x+3}$

Bemerkung: Aus dem Faktorsatz folgt, dass die Division der ganzrationalen Funktion durch einen Linearfaktor $(x - x_N)$ ohne Rest aufgehen muss, falls x_N eine Nullstelle des Polynoms ist.

Aus dem Faktorsatz ergibt sich unmittelbar der sehr wichtige

Zerlegungssatz:
Ein Polynom n-ten Grades kann höchstens in n Linearfaktoren zerlegt werden.

Im Beispiel $f(x) = x^3 - 5x^2 + 5x + 3$ ist eine Nullstelle $x_N = 3$.
Polynomdivision ergibt: $(x^3 - 5x^2 + 5x + 3) : (x - 3) = x^2 - 2x - 1 = q(x)$, also ein Polynom zweiten Grades, dessen weitere Nullstellen man durch die quadratische Lösungsformel erhält:
$x^2 - 2x - 1 = 0$ hat die Lösungen $x_{1/2} = 1 \pm \sqrt{2}$
Also ist $f(x) = x^3 - 5x^2 + 5x + 3 = (x - 3)[x - (1 + \sqrt{2})][x - (1 - \sqrt{2})]$
Mit einer Vorzeichentabelle können die Bereiche festgestellt werden, in denen $f(x) > 0$ ist, und die Bereiche, in denen $f(x) < 0$ ist.
Alleine mit Hilfe der Vorzeichen kann eine grobe Skizze (Abb. 6.33) des Graphen angefertigt werden.

	$1 - \sqrt{2}$	$1 + \sqrt{2}$	3	
$x - 3$	$-$	$-$	$-$	$+$
$x - (1 + \sqrt{2})$	$-$	$-$	$+$	$+$
$x - (1 - \sqrt{2})$	$-$	$+$	$+$	$+$
$f(x)$	$-$	$+$	$-$	$+$

$f(x) < 0$ in $]-\infty; 1 - \sqrt{2}[\cup]1 + \sqrt{2}; 3[$, dort verläuft der Graph unterhalb der x-Achse.
$f(x) > 0$ in $]1 - \sqrt{2}; 1 + \sqrt{2}[\cup]3; \infty[$, dort verläuft der Graph oberhalb der x-Achse.

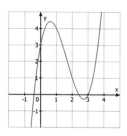

Abb. 6.33 Graph der Funktion $f(x) = x^3 - 5x^2 + 5x + 3$

Bemerkung: Nullstellen können auch mehrfach auftreten.
Zum Beispiel: $x^3 - x^2 - x + 1 = (x - 1)^2(x + 1)$. Dann wird die Nullstelle 1 als doppelte Nullstelle gezählt (Exponent 2 des Linearfaktors).

Definition: Der Exponent eines Linearfaktors in der Zerlegung eines Polynoms in Linearfaktoren heißt Vielfachheit (w) der Nullstelle.

Bemerkung: Die Vielfachheit einer Nullstelle gibt Auskunft darüber, ob an dieser Nullstelle die Funktion das Vorzeichen wechselt. Ist die Vielfachheit gerade, so wechselt die Funktion das Vorzeichen an dieser Nullstelle nicht, ist sie ungerade, so findet ein Vorzeichenwechsel statt, wie an der Vorzeichentabelle der faktorisierten Form des Polynoms abgelesen werden kann.

Bemerkung: In $\mathbb{R}$ lässt sich ein Polynom nicht immer vollständig in Linearfaktoren zerlegen.
Beispiel: $x^3 - x^2 + 2x - 2 = (x - 1)(x^2 + 2)$. $\Rightarrow q(x) = x^2 + 2$ und $q(x)$ hat in $\mathbb{R}$ keine Nullstellen. Eine weitere Zerlegung in Linearfaktoren ist in $\mathbb{R}$ nicht möglich.

Mit dem Zerlegungssatz untrennbar verbunden ist der extrem wichtige

Fundamentalsatz der Algebra:
Ein Polynom vom Grad $n \geq 1$ hat höchstens n Nullstellen in $\mathbb{R}$.

Folgerung: Eine algebraische Gleichung vom Grad n kann also höchstens n reelle Lösungen besitzen.

Bemerkung: In der Menge der komplexen Zahlen $\mathbb{C}$ hat ein Polynom vom Grad n genau n Nullstellen. Diese wichtige Erkenntnis ist im Hauptsatz der Algebra formuliert, der hier aber nicht bewiesen werden kann.

Ein wichtiges Instrument im Bereich der ganzrationalen Funktionen ist der *Koeffizientenvergleich*:
Dafür benötigen wir den folgenden

Satz: *Eindeutigkeit der Nullfunktion*:
Sei $f(x) = a_n x^n + a_{n-1} x^{n-1} + a_{n-2} x^{n-2} + \ldots + a_1 x + a_0$ mit $f(x) = 0 \; \forall \, x \in \mathbb{R}$, dann gilt:
$a_i = 0$ für $i = 0, 1, 2, \ldots, n$
Beweis: Zunächst folgt aus $f(x) = 0 \; \forall \, x \in \mathbb{R}$, dass $f(0) = 0$, also $a_0 = 0$.
Jetzt wird auf das Kap. 18 vorgegriffen und die Ableitung verwendet:
$f(x) = 0 \; \forall \, x \in \mathbb{R} \Rightarrow f'(x) = 0 \; \forall \, x \in \mathbb{R}$
$\Rightarrow n a_n x^{n-1} + (n - 1) a_{n-1} x^{n-2} + \ldots + 2 a_2 x + a_1 = 0 \; \forall \, x \in \mathbb{R}$
$\Rightarrow f'(0) = 0 \; \forall \, x \in \mathbb{R} \Rightarrow a_1 = 0$
Ein zweites Mal Ableiten führt dann zu $a_2 = 0$, etc. $\square$

Satz: *Koeffizientenvergleich*:

Seien $f(x) = a_n x^n + a_{n-1} x^{n-1} + a_{n-2} x^{n-2} + \ldots + a_1 x + a_0$ und $g(x) = b_n x^n + b_{n-1} x^{n-1} + b_{n-2} x^{n-2} + \ldots + b_1 x + b_0$ zwei ganzrationale Funktionen (auf den gleichen Grad gebracht), so gilt:

$f(x) = g(x) \; \forall \, x \in \mathbb{R} \Rightarrow a_i = b_i$ für $i = 0, 1, 2, \ldots, n$

Beweis: Definiere

$h(x) := f(x) - g(x) = (a_n - b_n) x^n + (a_{n-1} - b_{n-1}) x^{n-1} + \ldots + (a_1 - b_1) x + (a_0 - b_0) = 0$

$\forall \, x \in \mathbb{R}$. Dann ist wegen der Eindeutigkeit der Nullfunktion $a_i - b_i = 0$ für $i = 0, 1, 2, \ldots, n$.

Also gilt $a_i = b_i$ für $i = 0, 1, 2, \ldots, n$ $\quad \square$

6.6 Gebrochen rationale Funktionen

Definition: Eine Funktion $f(x) = \frac{g(x)}{h(x)}$, wobei $g(x) = a_n x^n + a_{n-1} x^{n-1} + \ldots + a_1 x + a_0$ eine ganzrationale Funktion n-ten Grades und $h(x) = b_m x^m + b_{m-1} x^{m-1} + \ldots + b_1 x + b_0$ eine ganzrationale Funktion m-ten Grades ist, heißt *gebrochen rationale Funktion*.

Ist N die Menge aller Nullstellen von $h(x)$, so ist $\mathbb{R} \setminus N$ die maximale Definitionsmenge von f.

Die Nullstellen einer gebrochen rationalen Funktion sind diejenigen Nullstellen des Zählers $g(x)$, die in der Definitionsmenge von f liegen.

Sind $g(x)$ und $h(x)$ beide gerade bzw. beide ungerade, dann ist $f(x)$ gerade. Ist von $g(x)$ und $h(x)$ ein Polynom gerade und das andere ungerade, so ist $f(x)$ ungerade. In jedem anderen Fall liegt keine Symmetrie zum Koordinatensystem vor.

Das Verhalten gebrochen rationaler Funktionen im Unendlichen und an den Definitionslücken wird in den Abschn. 17.1.1 und 17.1.2 behandelt.

6.7 Trigonometrische Funktionen

Im rechtwinkligen Dreieck sind die trigonometrischen Funktionen wie folgt definiert (Kap. 8):

$$\sin \alpha = \frac{\text{Gegenkathete}}{\text{Hypotenuse}}, \; \cos \alpha = \frac{\text{Ankathete}}{\text{Hypotenuse}}, \; \tan \alpha = \frac{\text{Gegenkathete}}{\text{Ankathete}}$$

Wählt man die Hypotenuse mit der Länge 1, so kann man im *Einheitskreis*, einem Kreis mit Radius 1, Sinus, Kosinus und Tangens des Winkels α ablesen, wie in der Abb. 6.34 gezeigt: in rot $\sin \alpha$, in grün $\cos \alpha$, und in violett $\tan \alpha$.

Dort ist dann möglich, Sinus, Kosinus und Tangens auch für Winkel $\alpha > 90°$ zu definieren. $\cos \alpha$ bleibt dabei der Abschnitt auf der x-Achse, $\sin \alpha$ der Abschnitt auf der y-Achse und $\tan \alpha$ der Abschnitt auf der im Punkt $(1|0)$ gezeichneten Tangente an den Einheitskreis.

Immer gilt: $|\sin \alpha| \leq 1$ und $|\cos \alpha| \leq 1$

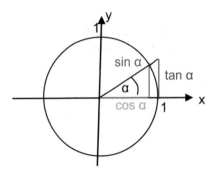

Abb. 6.34 Sinus, Kosinus und Tangens im Einheitskreis

Betrachtet man $\sin x$, $\cos x$ und $\tan x$ als Funktionen von x (im Bogenmaß, Kap. 8), so ergeben sich die trigonometrischen Funktionen, deren Graphen in den Abb. 6.35a, b und c dargestellt sind.

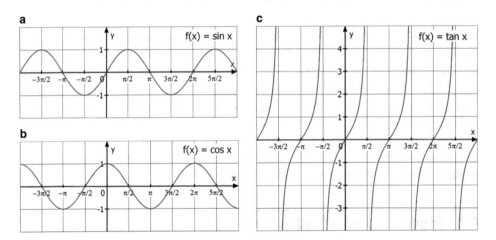

Abb. 6.35 Graphen der trigonometrischen Funktionen. **a** Graph der Sinus-Funktion, **b** Graph der Kosinus-Funktion, **c** Graph der Tangens-Funktion

Dann gilt: $\sin(-x) = -\sin x$, $\cos(-x) = \cos x$ und deshalb $\tan(-x) = -\tan x$.
Die Funktionen $f(x) = \sin x$ und $f(x) = \tan x$ sind ungerade Funktionen, ihr Graph ist symmetrisch zum Ursprung, die Funktion $f(x) = \cos x$ ist eine gerade Funktion, ihr Graph symmetrisch zur y-Achse.

Für $f(x) = \tan x$ ist zu beachten, dass die Definitionsmenge $D = \mathbb{R} \setminus \{\frac{2k+1}{2}\pi, k \in \mathbb{Z}\}$ ist.

2π-Periodizität (w) von Sinus- und Kosinusfunktion:

$\sin(x + k \cdot 2\pi) = \sin x \;\forall\, x \in \mathbb{R}, k \in \mathbb{Z},\; \cos(x + k \cdot 2\pi) = \cos x \;\forall\, x \in \mathbb{R}, k \in \mathbb{Z}$

π-Periodizität der Tangensfunktion:

$\tan(x + k \cdot \pi) = \tan x \;\forall\, x \in \mathbb{R}, k \in \mathbb{Z}$

Bemerkung: Die Additionstheoreme für Sinus und Kosinus werden im Abschn. 9.5.5 über das Skalarprodukt von Vektoren hergeleitet.

Insbesondere für die Physik sind die Modellierungen der trigonometrischen Funktionen wichtig: *Amplitude*, Periode und evtl. eine Phasenverschiebung müssen modelliert werden können. Dazu dienen Funktionen der Form $f(x) = a\sin(b(x - c)) + d$. $|a|$ gibt die Amplitude an, $\frac{2\pi}{b}$ die Periode, c und d sind die Verschiebungen des Graphen der Funktion entlang der x-Achse bzw. y-Achse.

Die Umkehrfunktionen von Sinus-, Kosinus- und Tangensfunktion werden im Abschn. 18.4 über die Ableitung der Umkehrfunktion betrachtet.

6.8   Spezielle Funktionen

Die identische Abbildung (Abb. 6.36):

$\mathrm{id} : \mathbb{R} \to \mathbb{R}, \mathrm{id}(x) = x$

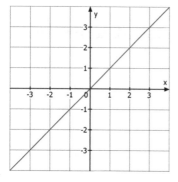

Abb. 6.36 Graph der identischen Abbildung

die Vorzeichenfunktion/Signumfunktion (Abb. 6.37):

$$\text{sgn} : \mathbb{R} \to \{0, +1, -1\}, \text{sgn}(x) = \begin{cases} 1, & \text{für } x > 0 \\ 0, & \text{für } x = 0 \\ -1, & \text{für } x < 0 \end{cases}$$

sgn(x) gibt das Vorzeichen von x an.

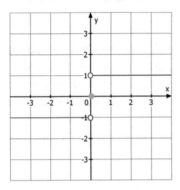

Abb. 6.37 Graph der Signumfunktion

Im Graphen gehört der durch einen grünen Punkt symbolisierte Punkt dazu, die durch Kreise symbolisierten Punkte allerdings nicht.

Die Abrundungsfunktion (Abb. 6.38):
$\lfloor x \rfloor : \mathbb{R} \to \mathbb{Z}, \lfloor x \rfloor = \max\{k \in \mathbb{Z} \mid k \le x\}$ (die maximale ganze Zahl, die kleiner gleich x ist.)
$\lfloor \ \rfloor$ heißt *untere Gaußklammer.*

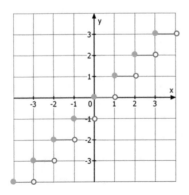

Abb. 6.38 Graph der Abrundungsfunktion

Die Aufrundungsfunktion (Abb. 6.39):

$\lceil x \rceil : \mathbb{R} \to \mathbb{Z}$, $\lceil x \rceil = \min\{k \in \mathbb{Z} \mid k \geq x\}$ (die minimale ganze Zahl, die größer gleich x ist.)

$\lceil\ \rceil$ heißt *obere Gaußklammer*

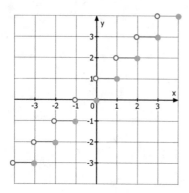

Abb. 6.39 Graph der Aufrundungsfunktion

Die *Betragsfunktion* (Abb. 6.40):

$$|x| : \mathbb{R} \to \mathbb{R}_0^+,\ |x| = \begin{cases} x, & \text{für } x \geq 0 \\ -x, & \text{für } x < 0 \end{cases}$$

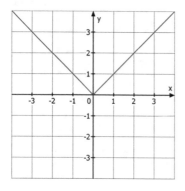

Abb. 6.40 Graph der Betragsfunktion

II

Lineare Algebra und Analytische Geometrie

7 Verfahren zum Lösen linearer Gleichungssysteme

Insbesondere als Vorbereitung auf die Lineare Algebra und Vektorgeometrie werden in diesem Kapitel Lösungsverfahren für lineare Gleichungssysteme gezeigt: Gaußsches Eliminationsverfahren, Gauß-Jordan-Verfahren, Laplacescher Entwicklungssatz und Sätze über Determinanten, Cramersche Regel.

7.1 Definition linearer Gleichungssysteme

Definition: Ein *lineares Gleichungssystem* (s) von m Gleichungen mit n Unbekannten $x_1, x_2, \ldots, x_n$ lässt sich immer auf die folgende Form bringen:

$$a_{11}x_1 + a_{12}x_2 + a_{13}x_3 + \ldots + a_{1n}x_n = b_1$$
$$a_{21}x_1 + a_{22}x_2 + a_{23}x_3 + \ldots + a_{2n}x_n = b_2$$
$$a_{31}x_1 + a_{32}x_2 + a_{33}x_3 + \ldots + a_{3n}x_n = b_3$$
$$\vdots$$
$$a_{m1}x_1 + a_{m2}x_2 + a_{m3}x_3 + \ldots + a_{mn}x_n = b_m$$

Die a_{ij} heißen die Koeffizienten des Gleichungssystems, die b_i die rechten Seiten der Gleichungen.

Ein n-Tupel $(x_1, x_2, \ldots, x_n) \in \mathbb{R}^n$ (s), das alle m Gleichungen erfüllt, heißt Lösung des Gleichungssystems.

Bemerkung: *LGS* ist eine übliche Abkürzung für lineare Gleichungssysteme.

B. Hugues, *Mathematik-Vorbereitung für das Studium eines MINT-Fachs*, https://doi.org/10.1007/978-3-662-66937-2_7

Definition: die im rechteckigen Schema angeordneten Koeffizienten des linearen Gleichungssystems nennt man *Koeffizientenmatrix* (w).

$$A = \begin{pmatrix} a_{11} & a_{12} & a_{13} & \cdots & a_{1n} \\ a_{21} & a_{22} & a_{23} & \cdots & a_{2n} \\ a_{31} & a_{32} & a_{33} & \cdots & a_{3n} \\ \vdots & \vdots & \vdots & \ddots & \vdots \\ a_{m1} & a_{m2} & a_{m3} & \cdots & a_{mn} \end{pmatrix}$$

Dabei gibt der erste Index jeweils die Nummer der Gleichung (Zeile), der zweite Index die Nummer der Variable (Spalte) an.

7.2 Gaußsches Eliminationsverfahren, Verfahren nach Gauß-Jordan

Das *Gaußsche Eliminationsverfahren* nutzt das *Additionsverfahren* zum Lösen von linearen Gleichungssystemen und formalisiert es. Es soll an einem Beispiel (hier an einem 3×3 LGS) vorgeführt und erklärt werden:

$$\begin{aligned} \text{I} \quad & x_1 + 2x_2 - x_3 = 2 \\ \text{II} \quad & x_1 + x_2 + 2x_3 = 9 \\ \text{III} \quad & 2x_1 + 3x_2 - 3x_3 = -1 \end{aligned}$$

Zunächst kann man das mühsame Schreiben der Variablen mit ihren Indizes einsparen, wenn man sich darauf einigt, dass x_1 immer in der ersten Spalte, x_2 immer in der 2. Spalte und x_3 immer in der dritten Spalte steht. Dann ersetzt der Ort des Koeffizienten die (nicht mehr notierte) Variable. Das Gleichheitszeichen wird durch einen senkrechten Strich ersetzt, sodass die Ergebnisspalte von der Koeffizientenmatrix abgetrennt ist. Das Ganze nennt man erweiterte Koeffizientenmatrix. Damit wird aus dem Gleichungssystem das folgende Schema in Abb. 7.1a:

a

$$\begin{array}{ccc|c} 1 & 2 & -1 & 2 \\ 1 & 1 & 2 & 9 \\ 2 & 3 & -3 & -1 \end{array} \xrightarrow{\text{I}-\text{II},\ 2\text{I}-\text{III}} \begin{array}{ccc|c} 1 & 2 & -1 & 2 \\ 0 & 1 & -3 & -7 \\ 0 & 1 & 1 & 5 \end{array} \xrightarrow{-\text{II}+\text{III}} \begin{array}{ccc|c} 1 & 2 & -1 & 2 \\ 0 & 1 & -3 & -7 \\ 0 & 0 & 4 & 12 \end{array}$$

b

$$\begin{array}{ccc|c} 1 & 2 & -1 & 2 \\ 0 & 1 & -3 & -7 \\ 0 & 0 & 4 & 12 \end{array} \xrightarrow{\text{III}/4} \begin{array}{ccc|c} 1 & 2 & -1 & 2 \\ 0 & 1 & -3 & -7 \\ 0 & 0 & 1 & 3 \end{array} \xrightarrow{\text{I}+\text{III},\ \text{II}+3\text{III}} \begin{array}{ccc|c} 1 & 2 & 0 & 5 \\ 0 & 1 & 0 & 2 \\ 0 & 0 & 1 & 3 \end{array} \xrightarrow{\text{I}-2\text{II}} \begin{array}{ccc|c} 1 & 0 & 0 & 1 \\ 0 & 1 & 0 & 2 \\ 0 & 0 & 1 & 3 \end{array}$$

Abb. 7.1 a Erzeugen einer oberen Dreiecksmatrix mit Hilfe des Gaußschen Eliminationsverfahrens, **b** Erzeugen einer Diagonalmatrix mit Hilfe des Algorithmus nach Gauß-Jordan

Im ersten Schritt wird mit Hilfe des Koeffizienten vor x_1 in der ersten Zeile (hier die grün gekennzeichnete 1 im ersten Schema), die Variable x_1 in der zweiten und dritten Gleichung eliminiert, indem die Gleichung II von Gleichung I subtrahiert wird (und das Ergebnis in die zweite Zeile des neuen Schemas geschrieben wird) und Gleichung III vom Doppelten der Gleichung I subtrahiert wird (und das Ergebnis in die dritte Zeile des neuen Schemas geschrieben wird, die erste Zeile bleibt unverändert.). Dort entstehen also die im zweiten Schema rot gekennzeichneten Nullen. Über bzw. unter dem Pfeil zwischen erstem und zweitem Schema werden die entsprechend benötigten Zeilenumformungen I − II und 2I − III notiert.

Im zweiten Schritt wird mit Hilfe des Koeffizienten vor x_2 in der zweiten Gleichung (hier die grün gekennzeichnete 1 im zweiten Schema) die Variable x_2 in der dritten Gleichung eliminiert, sodass dort die rot gekennzeichnete Null im dritten Schema entsteht.

Ziel war es, dass im unteren linken Dreieck der Matrix (im hellblauen Dreieck) nur Nullen stehen.

Jetzt kann man die dritte Gleichung nach x_3 auflösen ($x_3 = 12/4 = 3$), das Ergebnis in die zweite Gleichung einsetzen und nach x_2 auflösen ($x_2 - 3 \cdot 3 = -7$, also ist $x_2 = 2$) und zuletzt die Werte für x_2 und x_3 in die erste Gleichung einsetzen, um nun x_1 zu erhalten ($x_1 + 2 \cdot 2 - 3 = 2$, also ist $x_1 = 1$).

Das Gleichungssystem ist damit gelöst.

Alternativ kann man aber statt die x-Werte sukzessive einzusetzen auch dem *Algorithmus nach Gauß-Jordan* (m) folgen, bei dem nun auch im oberen Dreieck der Koeffizientenmatrix Nullen erzeugt werden, wie in Abb. 7.1b gezeigt.

Nun stehen nur noch von Null verschiedene Zahlen in der Diagonale (hier blau geschrieben), die leicht in Einser umgewandelt werden können (durch Division jeder Gleichung durch den dort übriggebliebenen Koeffizienten, das ist hier aber nicht nötig, weil in der Diagonale bereits zufällig lauter Einser stehen). In der Ergebnisspalte lässt sich nun die Lösung des Gleichungssystems ablesen: $L = \{(1|2|3)\}$.

Folgende Zeilenumformungen sind zulässig:

- Vertauschen kompletter Zeilen
- Addieren eines geeigneten Vielfachen einer Zeile zu einer anderen Zeile
- Multiplikation einer kompletten Zeile mit einer von Null verschiedenen Zahl.

Überbestimmte Gleichungssysteme: es gibt mehr Gleichungen als Unbekannte

Beispiel:
$$\begin{array}{cc|c} 2 & 1 & 4 \\ 1 & -1 & 1 \\ -1 & a & 3 \end{array} \xrightarrow{\text{I}-2\text{II},\text{I}+2\text{III}} \begin{array}{cc|c} 2 & 1 & 4 \\ 0 & 3 & 2 \\ 0 & 1+2a & 10 \end{array}$$

Für $1 + 2a = 15$ ist die dritte Gleichung das 5-Fache der zweiten und kann weggelassen werden. Dann ist $x_2 = 2/3$ und $x_1 = 5/3$. $L = \{(5/3|2/3)\}$

Für $1 + 2a \neq 15$ sind die zweite und dritte Gleichung im Widerspruch, das Gleichungssystem hat keine Lösung. $L = \{\}$

Unterbestimmte Gleichungssysteme: es gibt mehr Unbekannte als Gleichungen

Beispiel:
$$\begin{array}{cc|c} 2 & 1 & 5 & 3 \\ 1 & 2 & 1 & -1 \end{array}$$

Da es mehr Unbekannte als Gleichungen gibt, kann man eine Unbekannte als Parameter frei wählen und die anderen beiden Unbekannten in Abhängigkeit dieses Parameters bestimmen. Im aktuellen Beispiel wird $x_3 = \lambda$ gesetzt und auf die andere Seite gebracht:

$$
\begin{array}{cc|cc}
 & \lambda & & \\
2 & 1 & 3 & -5 \\
1 & 2 & -1 & -1
\end{array}
\xrightarrow{\text{I}-2\text{II}}
\begin{array}{cc|cc}
 & \lambda & & \\
2 & 1 & 3 & -5 \\
0 & -3 & 5 & -3
\end{array}
\xrightarrow{3\text{I}+\text{II}}
\begin{array}{cc|cc}
 & \lambda & & \\
6 & 0 & 14 & -18 \\
0 & -3 & 5 & -3
\end{array}
$$

$$L = \{(7/3 - 3\lambda | -5/3 + \lambda | \lambda), \lambda \in \mathbb{R}\}$$

7.3   Determinanten, Laplacescher Entwicklungssatz

Definition: unter der *Determinante* (w) einer n × n-Matrix A versteht man

$$D = \det(A) = \begin{vmatrix} a_{11} & a_{12} & a_{13} & \cdots & a_{1n} \\ a_{21} & a_{22} & a_{23} & \cdots & a_{2n} \\ a_{31} & a_{32} & a_{33} & \cdots & a_{3n} \\ \vdots & \vdots & \vdots & \ddots & \vdots \\ a_{n1} & a_{n2} & a_{n3} & \cdots & a_{nn} \end{vmatrix} := \sum_{i=1}^{n}(-1)^{i+1} a_{i1} \det(U_{i1})$$

(Entwicklung nach der ersten Spalte),

wobei U_{i1} die $(n-1) \times (n-1)$-Matrix ist, die aus der Matrix A durch Streichen der i-ten Zeile und der ersten Spalte entsteht.

$\det(U_{1j})$ heißt *Unterdeterminante*.

$A_{1j} := (-1)^{i+1} \det(U_{1j})$ heißt das *algebraische Komplement* zu a_{1j}.

Die Determinante einer 1 × 1-Matrix ist $\det(A) = \det(a) := a$.

Die Determinante zu einer n × n-Matrix heißt *n-reihig*.

Beispiel: $A = \begin{pmatrix} a_{11} & a_{12} & a_{13} & \cdots & a_{1n} \\ a_{21} & a_{22} & a_{23} & \cdots & a_{2n} \\ a_{31} & a_{32} & a_{33} & \cdots & a_{3n} \\ \vdots & \vdots & \vdots & \ddots & \vdots \\ a_{n1} & a_{n2} & a_{n3} & \cdots & a_{nn} \end{pmatrix}$ $U_{31} = \begin{pmatrix} a_{12} & a_{13} & \cdots & a_{1n} \\ a_{22} & a_{23} & \cdots & a_{2n} \\ a_{42} & a_{43} & \cdots & a_{4n} \\ \vdots & \vdots & \ddots & \vdots \\ a_{n2} & a_{n3} & \cdots & a_{nn} \end{pmatrix}$

Abb. 7.2 zeigt, wie man U_{31} durch Streichen der ersten Spalte und der 3. Zeile erzeugt.

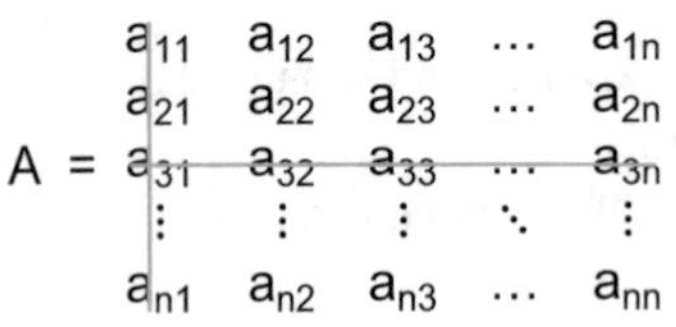

$$A = \begin{matrix} a_{11} & a_{12} & a_{13} & \cdots & a_{1n} \\ a_{21} & a_{22} & a_{23} & \cdots & a_{2n} \\ \cancel{a_{31}} & \cancel{a_{32}} & \cancel{a_{33}} & \cdots & \cancel{a_{3n}} \\ \vdots & \vdots & \vdots & \ddots & \vdots \\ a_{n1} & a_{n2} & a_{n3} & \cdots & a_{nn} \end{matrix}$$

Abb. 7.2 Erzeugen der Unterdeterminante U_{31} durch Streichen der 3. Zeile und der ersten Spalte

Das algebraische Komplement zu a_{31} ist $A_{31} = (-1)^{3+1} \det(U_{31}) = \det(U_{31})$

Bemerkung: Bei der Definition der n-reihigen Determinante handelt es sich um eine *rekursive* Definition, sie greift auf $(n-1)$-reihige Determinanten zurück, für die man ihrerseits $(n-2)$-reihige Determinanten benötigt, etc.

Bemerkung: Die Vorzeichen $(-1)^{i+1}$ der algebraischen Komplemente werden entsprechend eines Schachbrettmusters vergeben:

$$\begin{pmatrix} + & - & + & - & \ldots \\ - & + & - & + & \ldots \\ + & - & + & - & \ldots \\ - & + & - & + & \ldots \\ \vdots & \vdots & \vdots & \vdots & \ddots \end{pmatrix}$$

Bemerkung: Verkürzend spricht man bei den Unterdeterminanten selbst auch vom Streichen einer Spalte oder Zeile, meint dabei das Streichen aus der zugehörigen Matrix.

Laplacescher Entwicklungssatz:

Die Determinante einer $n \times n$-Matrix A lässt sich nach einer beliebigen Zeile oder Spalte entwickeln:

$$D = \det(A) = \begin{vmatrix} a_{11} & a_{12} & a_{13} & \ldots & a_{1n} \\ a_{21} & a_{22} & a_{23} & \ldots & a_{2n} \\ a_{31} & a_{32} & a_{33} & \ldots & a_{3n} \\ \vdots & \vdots & \vdots & \ddots & \vdots \\ a_{n1} & a_{n2} & a_{n3} & \ldots & a_{nn} \end{vmatrix}$$

$$= \sum_{i=1}^{n} (-1)^{i+j} a_{ij} \det(U_{ij}) \quad \text{(Entwicklung nach der j-ten Spalte)}$$

$$= \sum_{j=1}^{n} (-1)^{i+j} a_{ij} \det(U_{ij}) \quad \text{(Entwicklung nach der i-ten Zeile),}$$

wobei U_{ij} die $(n-1) \times (n-1)$-Matrix ist, die aus der Matrix A durch Streichen der i-ten Zeile und j-ten Spalte entsteht.

$A_{ij} = (-1)^{i+j} \det(U_{ij})$ ist das algebraische Komplement zu a_{ij}.

Bemerkung: Der Laplacesche Entwicklungssatz sagt, dass eine Determinante nicht nur nach der ersten Spalte entwickelt werden kann, sondern nach jeder beliebigen Spalte oder Zeile.

Bemerkung: Der Beweis des Laplaceschen Entwicklungssatzes wird hier nicht geführt.

Sätze über Determinanten

1. Matrix und *transponierte Matrix* haben dieselbe Determinante. $\det(A) = \det(A^T)$
   Dabei sind in der transponierten Matrix Zeilen und Spalten vertauscht. (die i-te Zeile von A wird zur i-ten Spalte von A^T und umgekehrt)

Beweis durch vollständige Induktion nach n:

Induktionsanfang: $n = 1$: $\det(A) = \det(A^T)$ da $A = A^T = a$

Induktionsvoraussetzung: für $n \times n$-Matrizen gilt: $\det(A) = \det(A^T)$

Induktionsschritt: Sei A eine $(n + 1) \times (n + 1)$-Matrix.

Entwicklung von $\det(A)$ nach der ersten Zeile ergibt:

$\det(A) = \sum_{j=1}^{n}(-1)^{1+j}a_{1j}\det(U_{1j})$

Entwicklung von $\det(A^T)$ nach der ersten Spalte ergibt:

$\det(A^T) = \sum_{i=1}^{n}(-1)^{i+1}a^T_{i1}\det(U^T_{i1})$

$= \sum_{i=1}^{n}(-1)^{i+1}a_{1i}\det(U^T_{i1})$

$= \sum_{j=1}^{n}(-1)^{j+1}a_{1j}\det(U^T_{j1})$

(Umbenennung von i in j)

Zu vergleichen sind also $\det(U_{1j})$ und $\det(U^T_{j1})$:

Bei U_{1j} wurde die 1. Zeile und j-te Spalte der Matrix gestrichen.

Bei U^T_{j1} wurde die j-te Zeile und 1. Spalte der transponierten Matrix gestrichen. $\Rightarrow U^T_{j1} = (U_{1j})^T$, die Matrizen sind transponiert zueinander.

Da U_{1j} und U^T_{j1} $n \times n$-Matrizen sind, gilt nach Induktionsvoraussetzung

$\det(U_{1j}) = \det(U^T_{j1})$ und folglich ist $\det(A^T) = \det(A)$ □

Bemerkung: Das Verfahren des Induktionsbeweises wird im Abschn. 15.2 behandelt. Die hier vorgeführten Induktionsbeweise können übersprungen werden und nach Abschn. 15.2 darauf zurückgekommen werden.

Bemerkung: Alle Aussagen, die für Determinanten über Spalten getroffen werden, gelten also genauso für Zeilen. In den folgenden Sätzen werden nur die entsprechenden Aussagen über Spalten gezeigt, und können für Zeilen verallgemeinert werden.

Bemerkung: Die i-te Spalte wird mit a_i abgekürzt.

2. Eine Determinante, bei welcher eine Zeile oder eine Spalte nur Nullen enthält, hat den Wert Null.

   $\det(\ldots, a_i, \ldots, 0, \ldots) = 0$

   (Beweisidee: Entwicklung der Determinante nach der entsprechenden Zeile oder Spalte)

3. Linearität der Determinante: ist die i-te Spalte (oder Zeile) eine Summe aus $a_i + b_i$, so lässt sich die Determinante als die Summe zweier Determinanten schreiben:

   $\det(\ldots, a_i + b_i, \ldots) = \det(\ldots, a_i, \ldots) + \det(\ldots, b_i, \ldots)$

   (Beweisidee: Entwicklung der Determinante nach der i-ten Spalte)

4. Multipliziert man eine Zeile oder eine Spalte einer Determinante mit einer Zahl k, so wird der Wert der Determinante mit k multipliziert.

$\det(\dots, k \cdot a_i, \dots) = k \cdot \det(\dots, a_i, \dots)$

(Beweisidee: Entwicklung nach der entsprechenden Zeile oder Spalte)

5. Eine Determinante, bei der eine Spalte bzw. Zeile ein Vielfaches einer anderen Spalte bzw. Zeile ist, hat den Wert Null.

$\det(\dots, a_i, \dots, ka_i, \dots) = 0$

Beweis durch vollständige Induktion nach n für Matrizen, für die die Voraussetzung für die Spalten gilt:

Induktionsanfang: $\quad n = 2: \begin{vmatrix} a_{11} & ka_{11} \\ a_{21} & ka_{21} \end{vmatrix} = a_{11}ka_{21} - a_{21}ka_{11} = 0 \checkmark$

Induktionsvoraussetzung: eine n-reihige Determinante ist Null, falls eine Spalte bzw. Zeile das k-fache einer anderen Spalte bzw. Zeile ist.

Induktionsschritt: sei B eine $(n+1) \times (n+1)$-Matrix mit zwei gleichen Spalten.

1. Fall: alle Spalten von B sind gleich, die Entwicklung nach der ersten Spalte liefert Summen aus $a_{i1}A_{i1}$, wobei die $A_{i1} = 0$, weil für die entsprechenden $(n \times n)$-Untermatrizen lauter gleiche Spalten besitzen und für sie die Induktionsvoraussetzung gilt.

2. Fall: Es gibt in B eine von den gleichen Spalten verschiedene Spalte.

Die in der Entwicklung nach dieser Spalte auftretenden $(n \times n)$-Unterdeterminanten haben alle zwei gleiche Spalten, sind also nach der Induktionsvoraussetzung Null, und damit ist $\det(B) = 0$.

Ist nun eine Spalte das k-fache einer anderen Spalte, so ist nach Satz 4 über Determinanten die Determinante das k-fache einer Determinante, in der zwei Spalten übereinstimmen. Diese ist Null, also auch ihr k-faches. $\square$

6. Vertauscht man zwei Spalten bzw. zwei Zeilen einer Determinante, so ändert die Determinante das Vorzeichen.

$\det(\dots, a_i, \dots, a_j, \dots) = -\det(\dots, a_j, \dots, a_i, \dots)$

Beweis: $\det(\dots, a_i, \dots, a_j, \dots) + \det(\dots, a_j, \dots, a_i, \dots)$

$= \det(\dots, a_i + a_j, \dots, a_i + a_j, \dots) \overset{(5)}{=} 0 \quad \square$

7. Wird zu einer Spalte bzw. zu einer Zeile einer Determinante das k-fache einer anderen Spalte bzw. Zeile addiert, so ändert die Determinante ihren Wert nicht.

$\det(\dots, a_i, \dots) = \det(\dots, a_i + ka_j, \dots)$

Beweis: $\det(\dots, a_i + ka_j, \dots) \overset{(3),(4)}{=} \det(\dots, a_i, \dots) + k\det(\dots, a_j, \dots)$

$= \det(\dots, a_i, \dots) + 0$, denn die Determinante $\det(\dots, a_j, \dots)$ enthält zweimal die Spalte a_j. $\square$

8. Werden die Elemente a_{ij} einer Spalte bzw. Zeile einer Determinante mit den entsprechenden algebraischen Komplementen einer anderen Spalte bzw. Zeile multipliziert und die Produkte addiert, so ergibt sich stets Null.

Beweis: o. B. d. A. Entwicklung nach der $(n-1)$-ten Spalte, Komplemente der n-ten Spalte

Man betrachtet die Matrix A, bei der die letzte Spalte durch die vorletzte ersetzt wurde.

$$\det(A) \stackrel{(4)}{=} \begin{vmatrix} a_{11} & a_{12} & \cdots & a_{1,n-1} & a_{1,n-1} \\ a_{21} & a_{22} & \cdots & a_{2,n-1} & a_{2,n-1} \\ a_{31} & a_{32} & \cdots & a_{3,n-1} & a_{3,n-1} \\ \vdots & \vdots & \ddots & \vdots & \vdots \\ a_{n1} & a_{n2} & \cdots & a_{n,n-1} & a_{n,n-1} \end{vmatrix} = 0, \text{ da zwei Spalten gleich sind.}$$

$= \pm \sum_{i=1}^{n} (-1)^{i+1} a_{i,n-1} \det U_{i,n}$ Entwicklung nach der n-ten Spalte; Vorzeichen je nachdem, ob n gerade oder ungerade ist. □

7.4 Cramersche Regel

Nun werde ein $n \times n$ LGS betrachtet:

$a_{11}x_1 + a_{12}x_2 + a_{13}x_3 + \ldots + a_{1n}x_n = b_1$

$a_{21}x_1 + a_{22}x_2 + a_{23}x_3 + \ldots + a_{2n}x_n = b_2$

$a_{31}x_1 + a_{32}x_2 + a_{33}x_3 + \ldots + a_{3n}x_n = b_3$

$$\vdots$$

$a_{n1}x_1 + a_{n2}x_2 + a_{n3}x_3 + \ldots + a_{nn}x_n = b_n$

Cramersche Regel (w):

Ist $D = \det(A) = \begin{vmatrix} a_{11} & a_{12} & a_{13} & \cdots & a_{1n} \\ a_{21} & a_{22} & a_{23} & \cdots & a_{2n} \\ a_{31} & a_{32} & a_{33} & \cdots & a_{3n} \\ \vdots & \vdots & \vdots & \ddots & \vdots \\ a_{n1} & a_{n2} & a_{n3} & \cdots & a_{nn} \end{vmatrix} \neq 0$

so ist $x_i = \frac{D_i}{D}$ für $i = 1, 2, \ldots, n$, wobei D_i die Determinante der Matrix ist, die aus der Koeffizientenmatrix A entsteht, indem man die i-te Spalte durch die Ergebnisspalte $\begin{pmatrix} b_1 \\ b_2 \\ b_3 \\ \vdots \\ b_n \end{pmatrix}$ ersetzt.

Beweis:

$$a_{11}x_1 + a_{12}x_2 + a_{13}x_3 + \ldots + a_{1n}x_n = b_1 \quad |A_{11}$$

$$+ a_{21}x_1 + a_{22}x_2 + a_{23}x_3 + \ldots + a_{2n}x_n = b_2 \quad |A_{21}$$

$$+ a_{31}x_1 + a_{32}x_2 + a_{33}x_3 + \ldots + a_{3n}x_n = b_3 \quad |A_{31}$$

$$\vdots$$

$$+ a_{n1}x_1 + a_{n2}x_2 + a_{n3}x_3 + \ldots + a_{nn}x_n = b_1 \quad |A_{n1}$$

$$x_1 \sum_{i=1}^n a_{i1}A_{i1} + x_2 \sum_{i=1}^n a_{i2}A_{i1} + x_3 \sum_{i=1}^n a_{i3}A_{i1} + \ldots + x_n \sum_{i=1}^n a_{in}A_{i1} = \sum_{i=1}^n b_i A_{i1}$$

Da $\sum_{i=1}^n a_{ik}A_{i1} \overset{(8)}{=} 0$ für $k \neq 1$, ist $x_1 \sum_{i=1}^n a_{i1}A_{i1} = \sum_{i=1}^n b_i A_{i1}$ und damit $Dx_1 = D_1$
Analog für alle weiteren Variablen x_i, sodass sich eine System von n Gleichungen $Dx_i = D_i$
für $i = 1, 2, \ldots, n$ ergibt.
Für $D \neq 0$ ist also $x_i = \frac{D_i}{D}$ für $i = 1, 2, \ldots, n$ □

Bemerkung: Wie man auf diese Umformung kommt, wird am Ende des Kapitels für 2×2 und 3×3 LGS gezeigt.

7.4.1 2×2 Lineare Gleichungssysteme

I $a_{11}x_1 + a_{12}x_2 = b_1$

II $a_{21}x_1 + a_{22}x_2 = b_2$

$$D = \begin{vmatrix} a_{11} & a_{12} \\ a_{21} & a_{22} \end{vmatrix} = +a_{11}\det(U_{11}) - a_{21}\det(U_{21}) = a_{11}a_{22} - a_{21}a_{12}$$

Abb. 7.3a zeigt, wie man die Determinante dadurch bildet, dass man vom Produkt entlang der Hauptdiagonale (rot) das Produkt entlang der Nebendiagonale (grün) subtrahiert.

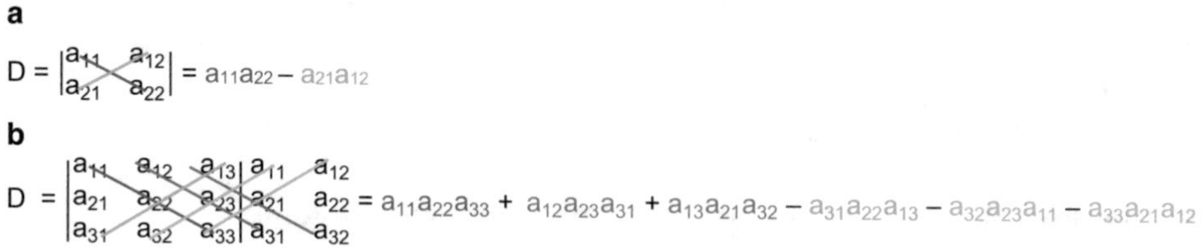

a

$$D = \begin{vmatrix} a_{11} & a_{12} \\ a_{21} & a_{22} \end{vmatrix} = a_{11}a_{22} - a_{21}a_{12}$$

b

$$D = \begin{vmatrix} a_{11} & a_{12} & a_{13} \\ a_{21} & a_{22} & a_{23} \\ a_{31} & a_{32} & a_{33} \end{vmatrix} \begin{matrix} a_{11} & a_{12} \\ a_{21} & a_{22} \\ a_{31} & a_{32} \end{matrix} = a_{11}a_{22}a_{33} + a_{12}a_{23}a_{31} + a_{13}a_{21}a_{32} - a_{31}a_{22}a_{13} - a_{32}a_{23}a_{11} - a_{33}a_{21}a_{12}$$

Abb. 7.3 Berechnung von Determinanten. **a** zweireihige Determinante, **b** dreireihige Determinante nach der Regel von Sarrus

Analog ergibt sich $D_1 = \begin{vmatrix} b_1 & a_{12} \\ b_2 & a_{22} \end{vmatrix} = a_{22}b_1 - a_{12}b_2$, $D_2 = \begin{vmatrix} a_{11} & b_1 \\ a_{21} & b_2 \end{vmatrix} = a_{11}b_2 - a_{21}b_2$

Für $D \neq 0$ gilt die Cramersche Regel, $x_i = \frac{D_i}{D}$ mit $i = 1, 2$, die Lösung ist $L = \{(\frac{D_1}{D} | \frac{D_2}{D})\}$. Es gibt genau eine Lösung.

Für $D = 0$ hängt die Lösung des Gleichungssystems von D_1 und D_2 ab:

Für $D_1 \neq 0 \lor D_2 \neq 0$ führt die Gleichung $Dx_i = 0x_i = D_i \neq 0$ für $i = 1$ oder $i = 2$ zu einem Widerspruch, $L = \{\}$, es gibt keine Lösung.

Für $D_1 = D_2 = 0$ ist das Gleichungssystem $Dx_i = 0x_i = D_i$ $(i = 1, 2)$ unterbestimmt. $L = \{(x_1 | x_2) \,|\, a_{11}x_1 + a_{12}x_2 = b_1\}$, es gibt unendlich viele Lösungen.

Da die linearen Gleichungen I und II Gleichungen von Geraden darstellen, lassen sich die drei Fälle einfach anschaulich interpretieren:

$D \neq 0$ ist der Fall zweier sich schneidender Geraden.

$D = 0 \land (D_1 \neq 0 \lor D_2 \neq 0)$ ist der Fall zweier echt paralleler Geraden.

$D = D_1 = D_2 = 0$ ist der Fall zweier identischer Geraden.

7.4.2 3 × 3 Lineare Gleichungssysteme

I $a_{11}x_1 + a_{12}x_2 + a_{13}x_3 = b_1$

II $a_{21}x_1 + a_{22}x_2 + a_{23}x_3 = b_2$

III $a_{31}x_1 + a_{32}x_2 + a_{33}x_3 = b_3$

$$D = \begin{vmatrix} a_{11} & a_{12} & a_{13} \\ a_{21} & a_{22} & a_{23} \\ a_{31} & a_{32} & a_{33} \end{vmatrix} = a_{11}\begin{vmatrix} a_{22} & a_{23} \\ a_{32} & a_{33} \end{vmatrix} - a_{21}\begin{vmatrix} a_{12} & a_{13} \\ a_{32} & a_{33} \end{vmatrix} + a_{31}\begin{vmatrix} a_{12} & a_{13} \\ a_{22} & a_{23} \end{vmatrix}$$

$$= a_{11}(a_{22}a_{33} - a_{32}a_{23}) - a_{21}(a_{12}a_{33} - a_{32}a_{13}) + a_{31}(a_{12}a_{23} - a_{22}a_{13})$$

$$= a_{11}a_{22}a_{33} + a_{12}a_{23}a_{31} + a_{13}a_{21}a_{32} - a_{31}a_{22}a_{13} - a_{32}a_{23}a_{11} - a_{33}a_{21}a_{12}$$

Dieser Term lässt sich mit der *Regel von Sarrus* (w) gut einprägen, wie in Abb. 7.3b gezeigt

$$D = \begin{vmatrix} a_{11} & a_{12} & a_{13} \\ a_{21} & a_{22} & a_{23} \\ a_{31} & a_{32} & a_{33} \end{vmatrix} \begin{matrix} a_{11} & a_{12} \\ a_{21} & a_{22} \\ a_{31} & a_{32} \end{matrix}$$

$$= a_{11}a_{22}a_{33} + a_{12}a_{23}a_{31} + a_{13}a_{21}a_{32} - a_{31}a_{22}a_{13} - a_{32}a_{23}a_{11} - a_{33}a_{21}a_{12}$$

Das lineare Gleichungssystem ist äquivalent zu

$Dx_1 = D_1$

$Dx_2 = D_2$

$Dx_3 = D_3$

Im Fall $D \neq 0$ ist die Cramersche Regel anwendbar, $x_i = \frac{D_i}{D}$ mit $i = 1, 2, 3$, d. h.
$L = \{(\frac{D_1}{D} | \frac{D_2}{D} | \frac{D_3}{D})\}$,
es gibt genau eine Lösung.

Im Fall $D = 0$ hängt die Lösung von D_1, D_2 und D_3 ab:

Für $D_1 \neq 0 \lor D_2 \neq 0 \lor D_3 \neq 0$ führt das Gleichungssystem auf einen Widerspruch, $L = \{\}$.
Es gibt keine Lösung.

Für $D_1 = D_2 = D_3 = 0$ gibt es (im Gegensatz zum 2×2 LGS) zwei Möglichkeiten:
das LGS besitzt keine Lösung oder es besitzt unendlich viele Lösungen.

Die geometrische Interpretation dieser verschiedenen Fälle wird klar, wenn die lineare Unabhängigkeit dreier Vektoren im Abschn. 11.3 untersucht wird. Im Moment soll es genügen, die Fälle anhand einiger Beispiele zu demonstrieren.

Beispiel:
$$x_1 + 3x_2 + 2x_3 = 0$$
$$-x_1 - x_2 + x_3 = 3$$
$$5x_2 - x_3 = -1$$

$$D = \begin{vmatrix} 1 & 3 & 2 \\ -1 & -1 & 1 \\ 0 & 5 & -1 \end{vmatrix} = -17 \neq 0 \text{ Die Cramersche Regel ist also anwendbar.}$$

$$D_1 = \begin{vmatrix} 0 & 3 & 2 \\ 3 & -1 & 1 \\ -1 & 5 & -1 \end{vmatrix} = 34, \, x_1 = \frac{D_1}{D} = -2$$

$$D_2 = \begin{vmatrix} 1 & 0 & 2 \\ -1 & 3 & 1 \\ 0 & -1 & -1 \end{vmatrix} = 0, \, x_2 = \frac{D_2}{D} = 0$$

$$D_3 = \begin{vmatrix} 1 & 3 & 0 \\ -1 & -1 & 3 \\ 0 & 5 & -1 \end{vmatrix} = -17, \, x_3 = \frac{D_3}{D} = 1$$

$$\Rightarrow L = \{(-2|0|1)\}$$

Beispiel:
$$x_1 + x_2 + x_3 = 3$$
$$2x_1 - x_2 + 3x_3 = 5$$
$$-x_1 + 2x_2 - 2x_3 = -1$$

$$D = \begin{vmatrix} 1 & 1 & 1 \\ 2 & -1 & 3 \\ -1 & 2 & -2 \end{vmatrix} = 0$$

$$D_1 = \begin{vmatrix} 3 & 1 & 1 \\ 5 & -1 & 3 \\ -1 & 2 & -2 \end{vmatrix} = 4 \neq 0$$

$$\Rightarrow L = \{\}$$

Beispiel: $x_1 + x_2 - x_3 = -1$

$\ -x_1 + x_2 - x_3 = -1$

$\ x_1 - 3x_2 + 3x_3 = 3$

$$D = \begin{vmatrix} 1 & 1 & -1 \\ -1 & 1 & -1 \\ 1 & -3 & 3 \end{vmatrix} = 0$$

$$D_1 = \begin{vmatrix} -1 & 1 & -1 \\ -1 & 1 & -1 \\ 3 & -3 & 3 \end{vmatrix} = 0,\ D_2 = \begin{vmatrix} 1 & -1 & -1 \\ -1 & -1 & -1 \\ 1 & 3 & 3 \end{vmatrix} = 0,\ D_3 = \begin{vmatrix} 1 & 1 & -1 \\ -1 & 1 & -1 \\ 1 & -3 & 3 \end{vmatrix} = 0$$

Nun muss man das LGS ohne Determinanten lösen:

I − II: $2x_1 = 0 \Rightarrow x_1 = 0$

in II: $x_2 - x_3 = -1$

in III: $-3x_2 + 3x_3 = 3$ (das (-3)-fache der anderen Gleichung).

$\Rightarrow L = \{(0|-1+x_3|x_3), x_3 \in \mathbb{R}\}$

Beispiel: $x_1 - x_2 + 2x_3 = 1$

$\ -2x_1 + 2x_2 - 4x_3 = 2$

$\ 2x_1 - 2x_2 + 4x_3 = 2$

Es sind $D = D_1 = D_2 = D_3 = 0$.

Offensichtlich widerspricht die zweite Gleichung der ersten.

$\Rightarrow L = \{\}$

Nun zurück zur Frage, wie man auf die Beweisidee zur Cramerschen Regel kommen kann: Zunächst für ein 2×2 LGS:

I $a_{11}x_1 + a_{12}x_2 = b_1$

II $a_{21}x_1 + a_{22}x_2 = b_2$

Um dieses LGS zu lösen, werden die zwei Gleichungen so multipliziert, dass einmal x_1 und dann x_2 eliminiert werden:

$$a_{22}\text{I} - a_{12}\text{II} \Leftrightarrow \text{I}^*(a_{11}a_{22} - a_{12}a_{21})x_1 = a_{22}b_1 - a_{12}b_2$$

$$-a_{21}\text{I} + a_{11}\text{II} \Leftrightarrow \text{II}^*(a_{11}a_{22} - a_{12}a_{21})x_2 = a_{11}b_2 - a_{21}b_1$$

Der Term $(a_{11}a_{22} - a_{12}a_{21})$, der dann beide Male als Koeffizient vor der Variablen entsteht, ist die zweireihige Determinante D der Koeffizientenmatrix A. Auf der rechten Seite der Gleichungen I* und II* stehen die Determinanten D_1 und D_2.

Mit Hilfe dieser Determinanten lauten die Gleichungen I* und II* nun:

I* $Dx_1 = D_1$

II* $Dx_2 = D_2$,

woraus sich für $D \neq 0$ die Cramersche Regel ergibt.

Für ein 3×3 LGS

I $a_{11}x_1 + a_{12}x_2 + a_{13}x_3 = b_1 \quad | \cdot v_1$

II $a_{21}x_1 + a_{22}x_2 + a_{23}x_3 = b_2 \quad | \cdot v_2$

III $a_{31}x_1 + a_{32}x_2 + a_{33}x_3 = b_3 \quad | \cdot v_3$

werden die drei Gleichungen so multipliziert, dass bei Addition die Variablen x_2 und x_3 eliminiert werden. Ziel ist es nun, die Faktoren v_1, v_2 und v_3 zu bestimmen, um dann x_1 berechnen zu können.

Bei Elimination von x_2 und x_3 ist dann

(*) $(a_{11} \cdot v_1 + a_{21} \cdot v_2 + a_{31} \cdot v_3)x_1 = b_1 \cdot v_1 + b_2 \cdot v_2 + b_3 \cdot v_3$,

wozu die folgenden Bedingungen erfüllt sein müssen:

I* $a_{12} \cdot v_1 + a_{22} \cdot v_2 + a_{32} \cdot v_3 = 0$ \quad (Elimination von x_2)

II* $a_{13} \cdot v_1 + a_{23} \cdot v_2 + a_{33} \cdot v_3 = 0$ \quad (Elimination von x_3)

Das LGS mit den Gleichungen I* und II* zur Bestimmung der Faktoren v_1, v_2 und v_3 ist unterbestimmt (2 Gleichungen für 3 Variablen). Bei Festlegung von v_3 als Parameter ergibt sich:

I'* $a_{12} \cdot v_1 + a_{22} \cdot v_2 = -a_{32} \cdot v_3$

II'* $a_{13} \cdot v_1 + a_{23} \cdot v_2 = -a_{33} \cdot v_3$

Mit Hilfe der Cramerschen Regel zum Lösen dieses 2×2 LGS ergibt sich für die Determinante der Koeffizientenmatrix $B = \begin{vmatrix} a_{12} & a_{22} \\ a_{13} & a_{23} \end{vmatrix} \overset{(1)}{=} \begin{vmatrix} a_{12} & a_{13} \\ a_{22} & a_{23} \end{vmatrix}$ und im Fall $B \neq 0$ folgt:

$$v_1 = \frac{1}{B} \begin{vmatrix} -a_{32}v_3 & a_{22} \\ -a_{33}v_3 & a_{23} \end{vmatrix} \overset{(4)}{=} \frac{-v_3}{B} \begin{vmatrix} a_{32} & a_{22} \\ a_{33} & a_{23} \end{vmatrix} \overset{(6)}{=} \frac{+v_3}{B} \begin{vmatrix} a_{22} & a_{32} \\ a_{23} & a_{33} \end{vmatrix} \overset{(1)}{=} \frac{+v_3}{B} \begin{vmatrix} a_{22} & a_{23} \\ a_{32} & a_{33} \end{vmatrix}$$

Und analog $v_2 = \frac{-v_3}{B} \begin{vmatrix} a_{12} & a_{13} \\ a_{32} & a_{33} \end{vmatrix}$

v_3 ist ein frei wählbarer Parameter; vorteilhaft ist $v_3 = B$.

Dann ergibt sich bei Einsetzung in Gleichung (*):

$$\left(a_{11} \begin{vmatrix} a_{22} & a_{23} \\ a_{32} & a_{33} \end{vmatrix} - a_{21} \begin{vmatrix} a_{12} & a_{13} \\ a_{32} & a_{33} \end{vmatrix} + a_{31} \begin{vmatrix} a_{12} & a_{13} \\ a_{22} & a_{23} \end{vmatrix} \right) x_1$$

$$= b_1 \begin{vmatrix} a_{22} & a_{23} \\ a_{32} & a_{33} \end{vmatrix} - b_2 \begin{vmatrix} a_{12} & a_{13} \\ a_{32} & a_{33} \end{vmatrix} + b_3 \begin{vmatrix} a_{12} & a_{13} \\ a_{22} & a_{23} \end{vmatrix},$$

d. h. $Dx_1 = D_1$, und analog für die anderen Variablen $Dx_2 = D_2$ und $Dx_3 = D_3$.

Bemerkung: Ein weiteres Verfahren zum Lösen linearer Gleichungssysteme wird im Abschn. 13.5 über inverse Matrizen gezeigt.

7.5　Homogene lineare Gleichungssysteme

Definition:　$a_{11}x_1 + a_{12}x_2 + a_{13}x_3 + \ldots + a_{1n}x_n = 0$

$\qquad\quad a_{21}x_1 + a_{22}x_2 + a_{23}x_3 + \ldots + a_{2n}x_n = 0$

$\qquad\quad a_{31}x_1 + a_{32}x_2 + a_{33}x_3 + \ldots + a_{3n}x_n = 0$

$$\vdots$$

$\qquad\quad a_{m1}x_1 + a_{m2}x_2 + a_{m3}x_3 + \ldots + a_{mn}x_n = 0$

heißt *homogenes lineares Gleichungssystem*.

Satz:　Sei $m = n$, dann ist für $D \neq 0$ die Lösungsmenge $L = \{(0|0|0|\ldots|0)\}$

Beweis: Ein homogenes lineares Gleichungssystem besitzt immer die *triviale Lösung* $(0|0|0|\ldots|0)$.

Für $D \neq 0$ besitzt das LGS genau eine Lösung, also die triviale Lösung.　$\square$

Bemerkung:　Für $D = 0$ hat ein homogenes lineares Gleichungssystem außer der trivialen Lösung noch unendlich viele weitere Lösungen, die sich mit mindestens einem Parameter darstellen lassen.

Bemerkung:　Homogene lineare Gleichungssysteme werden wichtig, wenn Vektoren auf lineare Unabhängigkeit (Abschn. 11.3) untersucht werden sollen.

Elementargeometrische Grundlagen

8

In diesem Kapitel werden die Begriffe der Elementargeometrie eingeführt: Punkt, Strecke, Gerade, Kreis, Winkel, Dreiecke, Vierecke, räumliche Figuren wie Würfel, Quader, Prisma, Pyramide, Zylinder, Kegel, Kugel. Die wichtigsten Sätze aus der Elementargeometrie werden genannt.

8.1 Punkt, Strecke, Gerade, Halbgerade

Objekte in der Geometrie sind Strecken, Geraden, Kreise. Das sind alles Punktmengen.
In unserer Anschauung ist ein *Punkt* (m) ein Objekt ohne Ausdehnung (Euklid sagte: nicht teilbar). Formal gesehen ist der Begriff „Punkt" so elementar, dass er sich nicht definieren lässt. Er unterliegt lediglich den Axiomen der Geometrie.
Punkte werden mit Großbuchstaben bezeichnet, wie in Abb. 8.1 gezeigt.

Abb. 8.1 Darstellung eines Punktes

Die *Strecke* ist durch zwei Punkte definiert. a = [AB] bezeichnet dabei die Menge der Punkte auf der geradlinigen Verbindungsstrecke von A nach B. a = $\overline{AB}$ gibt die *Länge der Strecke* an. Der Kleinbuchstabe kann also gleichzeitig die Punktmenge und die Länge der Strecke bezeichnen. Es muss aus dem Zusammenhang hervorgehen, was gemeint ist. Da A und B zur Punktmenge der Strecke gehören, gilt A ∈ [AB], B ∈ [AB] (Abb. 8.2)

Abb. 8.2 Darstellung einer Strecke [AB] mit Länge $\overline{AB}$

Wird die Strecke über einen Punkt hinaus ins Unendliche verlängert, so erhält man eine *Halbgerade*: z. B. [AB, falls über den Punkt B hinaus verlängert wird (Abb. 8.3).

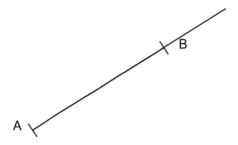

Abb. 8.3 Halbgerade [AB

Verlängern über beide Punkte hinaus führt zu einer *Gerade* g = AB (Abb. 8.4).

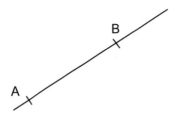

Abb. 8.4 Gerade AB

8.2 Kreis

Ein *Kreis* (m) ist die Menge aller Punkte, die von einem Punkt, dem Mittelpunkt, gleichen Abstand haben.

k(M; r) = {P | $\overline{PM}$ = r}. Man spricht: „der Kreis um M mit *Radius* (m) r" (Abb. 8.5).

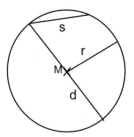

Abb. 8.5 Kreis k(M;r) mit Sehne, Radius und Durchmesser

Eine Strecke von einem Punkt des Kreises zu einem anderen Punkt des Kreises heißt *Sehne* s (w). Enthält eine Sehne den Mittelpunkt des Kreises, so nennt man sie *Durchmesser* d (m) des Kreises.

Es gilt: d = 2r.

Der *Umfang* eines Kreises ist U = 2πr, sein Flächeninhalt (m) A = πr²

Eine Gerade, die den Kreis in einem Punkt *berührt*, heißt *Tangente* (w), in Abb. 8.6 mit t bezeichnet. Die Tangente steht auf dem Radius [MB] zum Berührpunkt B senkrecht.

Eine Gerade, die den Kreis in zwei Punkten *schneidet*, nennt man *Sekante* (w), in Abb. 8.6 s genannt.

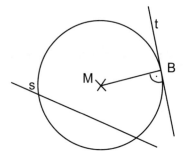

Abb. 8.6 Kreis mit Tangente t und Sekante s

8.3 Winkel

Zwei Halbgeraden [SA und [SB bilden den *Winkel* ⊰(ASB) (m) (Abb. 8.7). Die beiden Halbgeraden heißen die *Schenkel* (m), ihr gemeinsamer Punkt S der Scheitelpunkt des Winkels. Dabei ist ein Winkel positiv, wenn der erste Schenkel [SA gegen den Uhrzeigersinn (m) zum zweiten Schenkel [SB gedreht wird. Winkel werden auch mit kleinen griechischen Buchstaben bezeichet: α, β, γ, δ, φ, ω, etc. Im Gradmaß beträgt der *Vollwinkel* 360°.

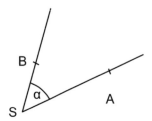

Abb. 8.7 Winkel ⊲(ASB) = α

Ein Winkel schneidet aus einem Kreis um den Scheitelpunkt des Winkels einen *Kreisbogen* b (m) aus, dessen Länge um so größer ist, um so größer der Radius und der Winkel selbst sind (Abb. 8.8). Für den Einheitskreis (r = 1) hängt die Länge des Kreisbogens nur noch von der Größe des Winkels ab, dann spricht man vom *Bogenmaß* x (s). Dem Vollwinkel entspricht ein Bogenmaß von 2π (dem Umfang des Kreises mit Radius r = 1). Der Anteil des Winkels φ am Vollwinkel ist $\frac{\varphi}{360°}$, also beträgt der Winkel im Bogenmaß: $x = \frac{\varphi}{360°} 2\pi$.

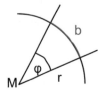

Abb. 8.8 Bogen b, der durch den Winkel φ aus dem Kreis um M mit Radius r ausgeschnitten wird

Je nach Größe bezeichnet man Winkel unterschiedlich:

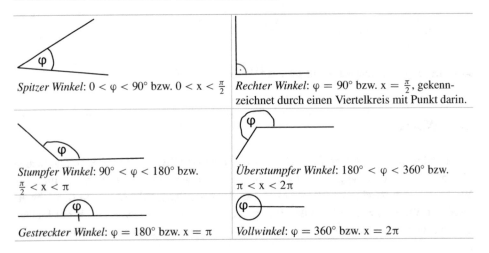

Spitzer Winkel: $0 < \varphi < 90°$ bzw. $0 < x < \frac{\pi}{2}$	*Rechter Winkel*: $\varphi = 90°$ bzw. $x = \frac{\pi}{2}$, gekennzeichnet durch einen Viertelkreis mit Punkt darin.
Stumpfer Winkel: $90° < \varphi < 180°$ bzw. $\frac{\pi}{2} < x < \pi$	*Überstumpfer Winkel*: $180° < \varphi < 360°$ bzw. $\pi < x < 2\pi$
Gestreckter Winkel: $\varphi = 180°$ bzw. $x = \pi$	*Vollwinkel*: $\varphi = 360°$ bzw. $x = 2\pi$

8.4 Lagebeziehung von Geraden

Zwei Geraden g und h können sich in einem Punkt schneiden: $g \cap h = \{S\}$ (Abb. 8.9).

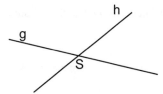

Abb. 8.9 sich schneidende Geraden g und h

Schneiden sie sich unter 90°, so stehen sie aufeinander senkrecht. $g \perp h$ (gesprochen „g senkrecht h") (Abb. 8.10).

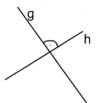

Abb. 8.10 sich senkrecht schneidende Geraden

Dann ist g das *Lot* auf h und umgekehrt. Beim Konstruktionsvorgang spricht man von *„ein Lot fällen"*, wenn von einem Punkt außerhalb der Geraden ein Lot auf die Gerade konstruiert wird. Liegt der Punkt, in dem das Lot auf die Gerade gezeichnet wird, auf der Geraden, so sagt man *„ein Lot errichten"*.

Wenn zwei in einer Ebene liegende Geraden sich nicht schneiden, so sind sie *parallel*: $g \parallel h$.(gesprochen: „g parallel h") (Abb. 8.11). In der Zeichnung kennzeichnet man das mit den jeweils gleich geneigten parallelen Strichchen auf beiden Geraden.

Abb. 8.11 parallele Geraden

Haben zwei parallele Geraden g und h einen gemeinsamen Punkt, so stimmen sie in allen Punkten überein, sie sind identisch: $g \equiv h$.

Bemerkung: Der Begriff „parallel" schließt die Möglichkeit ein, dass die Geraden identisch sind. Um die Begriffe scharf abtrennen zu können, spricht man von „echt parallel", wenn die Geraden parallel, aber nicht identisch sind.

Bemerkung: Hier wird nur die ebene Geometrie behandelt. Im dreidimensionalen Raum können Geraden auch windschief sein (Abschn. 12.1.2).

8.5   Winkel an Geradenkreuzungen

An einer *einfachen Geradenkreuzung* (w) aus zwei sich schneidenden Geraden entstehen die vier Winkel α, β, γ und δ (Abb. 8.12).
Die sich gegenüberliegenden Winkel α und γ bzw. β und δ heißen *Scheitelwinkel*. Scheitelwinkel sind gleich groß, d. h. $\alpha = \gamma$ und $\beta = \delta$.
Die Winkel α und β (bzw. β und γ bzw. γ und δ bzw. δ und α) heißen *Nebenwinkel*. Nebenwinkel ergänzen sich zu 180°, d. h. $\alpha + \beta = 180°$ und $\beta + \gamma = 180°$, etc.

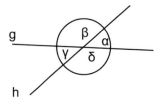

Abb. 8.12   Winkel an einer einfachen Geradenkreuzung

An einer *Doppelkreuzung* aus zwei parallelen Geraden g und h mit einer sie schneidenden Gerade k sind
α' und α *Stufenwinkel* und gleich groß: $\alpha' = \alpha$
α' und γ *Wechselwinkel* und gleich groß: $\alpha' = \gamma$
α' und δ *Nachbarwinkel* und ergänzen sich zu 180°: $\alpha' + \delta = 180°$ (Abb. 8.13)

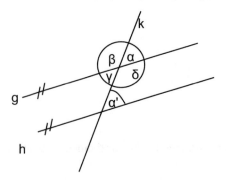

Abb. 8.13   Winkel an einer Doppelkreuzung mit parallelen Geraden

8.6 Dreiecke

Dreiecke (s) sind geradlinig begrenzte geometrische Figuren mit drei *Ecken* (w), die oft A, B und C genannt werden (Abb. 8.14).

Die den Ecken gegenüberliegenden Seiten (w) werden wie die Ecken (aber mit Kleinbuchstaben), hier a, b, und c benannt.

Die Winkel bezeichnet man nach den Ecken α, β und γ.

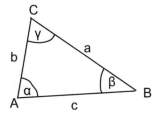

Abb. 8.14 Ecken, Seiten und Winkel in einem Dreieck

Spezielle Linien im Dreieck:

Die *Höhe* geht von einer Ecke zur gegenüberliegenden Seite oder ihrer Verlängerung, auf der sie senkrecht steht (h_c ist in Abb. 8.15a bzw. Abb. 8.15b rot eingezeichnet).

Die *Mittelsenkrechte* geht durch den Mittelpunkt einer Seite und steht auf dieser Seite senkrecht (in Abb. 8.15a ist die Mittelsenkrechte m_c in türkis dargestellt).

Die *Seitenhalbierende* geht von einer Ecke zur Mitte der gegenüberliegenden Seite (in der Zeichnung ist s_c in orange zu sehen).

Die *Winkelhalbierende* halbiert einen Winkel und geht von der entsprechenden Ecke zur gegenüberliegenden Seite (in Abb. 8.15a ist die Winkelhalbierende w_γ grün dargestellt).

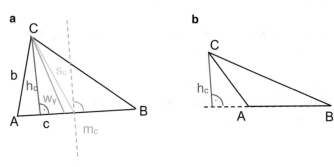

Abb. 8.15 a Höhe, Mittelsenkrechte, Seitenhalbierende und Winkelhalbierende in einem Dreieck, **b** Höhe in einem stumpfwinkligen Dreieck

Für die Fläche eines Dreiecks gilt: $A = \frac{1}{2}c \cdot h_c$.

Hier wurde c als *Grundlinie* (w) verwendet, das Gleiche gilt natürlich entsprechend auch für die anderen Seiten a und b des Dreiecks.

Für die Winkelsumme gilt: $\alpha + \beta + \gamma = 180°$.

Besondere Dreiecke:

In einem *gleichschenkligen Dreieck* sind zwei Seiten gleich lang, i. A. a = b (Abb. 8.16). Diese Seiten heißen *Schenkel* (m), die andere Seite, hier also c, heißt *Basis* (w). Dann gilt: die *Basiswinkel* (m) sind gleich groß, hier also α = β.

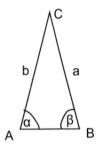

Abb. 8.16 Gleichschenkliges Dreieck mit Schenkeln a = b und Basiswinkeln α = β

In einem *gleichseitigen Dreieck* sind alle Seiten gleich lang: a = b = c und alle Winkel gleich groß, also α = β = γ = 60° (Abb. 8.17).

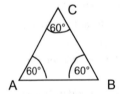

Abb. 8.17 Gleichseitiges Dreieck

Bei *spitzwinkligen Dreiecken* sind alle Winkel kleiner als 90°, bei stumpfwinkligen Dreiecken ist ein Winkel größer als 90°.

Rechtwinklige Dreiecke besitzen einen rechten Winkel (Abb. 8.18).
Die dem rechten Winkel gegenüberliegende Seite heißt *Hypotenuse* (w), die am rechten Winkel anliegenden Seiten sind die *Katheten* (w).

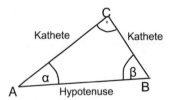

Abb. 8.18 Bei C rechtwinkliges Dreieck

Für rechtwinklige Dreiecke gilt der *Satz von Pythagoras*: $a^2 + b^2 = c^2$: Die Summe der Flächen der Kathetenquadrate ist gleich der Fläche des Quadrats über der Hypotenuse.
Die Fläche eines rechtwinkligen Dreiecks lässt sich mit den Längen der Katheten a und b berechnen:
$A = \frac{1}{2}a \cdot b$.

Die Summe der nicht-rechten Winkel im rechtwinkligen Dreieck beträgt $90°$: $\alpha + \beta = 90°$.

8.7 Vierecke

Im Gegensatz zum Dreieck kann bei einem Viereck (s) nicht die einem Punkt gegenüberliegende Seite nach diesem benannt werden (davon gibt es zwei), deshalb werden die Seiten wie die Punkte gegen den Uhrzeigersinn bezeichnet (Abb. 8.19).
Die Winkelsumme im Viereck beträgt $\alpha + \beta + \gamma + \delta = 360°$ (das Viereck lässt sich aus zwei Dreiecken zusammensetzen).

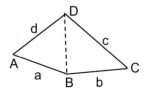

Abb. 8.19 Viereck ABCD mit Diagonale [BD]

Eine *Diagonale* (w) geht von einer Ecke zu einer anderen, ohne selbst Seite des Vierecks zu sein. (In Abb. 8.19 ist die Diagonale [BD] eingezeichnet.)

Besondere Vierecke:
Im Folgenden sind die wichtigsten Sonderfälle von Vierecken aufgeführt. Rot sind immer die Symmetrie-Achsen dargestellt.

Quadrat (s): $a = b = c = d$ $\alpha = \beta = \gamma = \delta = 90°$	*Raute* (w) $a = b = c = d$	*Rechteck* (s) $\alpha = \beta = \gamma = \delta = 90°$

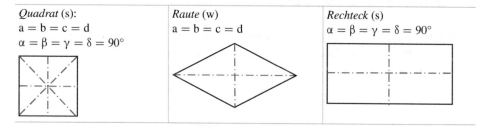

Für Quadrate, Rauten und Recktecke gilt: Die Diagonalen halbieren sich gegenseitig; für Rauten und Quadrate gilt zusätzlich, dass die Diagonalen aufeinander senkrecht stehen. Gegenüberliegende Seiten sind zueinander parallel.

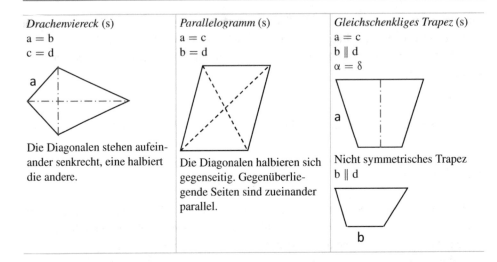

Drachenviereck (s)	Parallelogramm (s)	Gleichschenkliges Trapez (s)
a = b c = d	a = c b = d	a = c b ∥ d α = δ
Die Diagonalen stehen aufeinander senkrecht, eine halbiert die andere.	Die Diagonalen halbieren sich gegenseitig. Gegenüberliegende Seiten sind zueinander parallel.	Nicht symmetrisches Trapez b ∥ d

8.8   Reguläre Vielecke

Unter regulären Vielecken (s) versteht man Vielecke, bei denen alle Seiten gleich lang und alle Winkel gleich groß sind.

Abb. 8.20   reguläre Vielecke

In Abb. 8.20 sind als Beispiele für reguläre Vielecke ein gleichseitiges Dreieck, ein Quadrat, ein reguläres Fünfeck und ein reguläres Sechseck dargestellt.

8.9   Kongruenz von Figuren

In der Geometrie sind zwei Figuren zueinander *kongruent*, wenn sie durch Kongruenzabbildungen oder ihre Verknüpfungen (Hintereinanderausführungen) aufeinander abgebildet werden können.

Kongruenzabbildungen (w) sind:

Verschiebung (w) um den Vektor $\vec{v}$:	*Drehung* (w) um den Winkel α:	*Spiegelung* (w) an der Achse a:
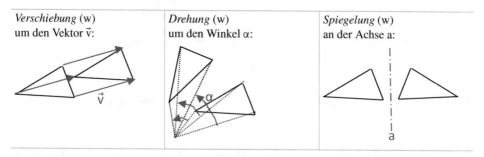		

Sind zwei Figuren (w) F_1 und F_2 kongruent zueinander, so schreibt man: $F_1 \cong F_2$ (und spricht: F_1 kongruent zu F_2.)

8.10 Ähnlichkeit von Figuren

Zwei Figuren sind zueinander ähnlich, wenn sie durch Ähnlichkeitsabbildungen oder ihre Verknüpfungen aufeinander abgebildet werden können.
Bei Ähnlichkeitsabbildungen werden Kongruenzabbildungen mit einer zentrischen Streckung verknüpft.
Zentrische Streckung (w) am *Zentrum* Z (s) mit dem Streckfaktor k (m):
Dann ist $A' \in ZA$ und $\overline{ZA'} = k\overline{ZA}$ (Abb. 8.21)

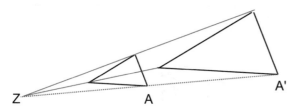

Abb. 8.21 Zentrische Streckung mit Zentrum Z

Für zwei ähnliche Figuren F_1 und F_2 schreibt man: $F_1 \sim F_2$ (und spricht: F_1 ist ähnlich zu F_2)

8.11 Strahlensatz

Werden zwei sich schneidende Geraden durch zwei parallele Geraden geschnitten, so verhalten sich entsprechende Strecken gleich.

$$\frac{\overline{ZA'}}{\overline{ZA}} = \frac{\overline{ZB'}}{\overline{ZB}} = \frac{\overline{A'B'}}{\overline{AB}} \text{ (Abb. 8.22a und b)}$$

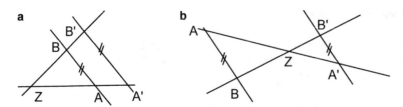

Abb. 8.22 a Strahlensatz (zentrische Streckung mit k > 0), **b** Strahlensatz (zentrische Streckung mit k < 0)

In rechtwinkligen Dreiecken mit gleichem Winkel $\alpha \neq 90°$ verhalten sich deshalb entsprechende Seiten gleich (Abb. 8.23). Sie hängen ausschließlich von diesem Winkel ab. Man definiert deshalb:

$$\sin \alpha = \frac{\text{Gegenkathete}}{\text{Hypotenuse}}, \cos \alpha = \frac{\text{Ankathete}}{\text{Hypotenuse}}, \tan \alpha = \frac{\text{Gegenkathete}}{\text{Ankathete}}$$

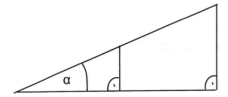

Abb. 8.23 Seitenverhältnisse in rechtwinkligen Dreiecken mit gleichem Winkel α

8.12 Dreidimensionale Figuren

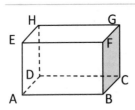

Quader (m)
Ecken: A, B, C, D, E, F, G, H
Grundfläche ABCD (w)
Deckfläche EFGH (w)
Kanten (w) [AB] = a, [BC] = b, [AE] = c
$a \perp b, a \perp c, b \perp c$
Volumen (s) V = abc

Würfel (m)
Quader mit a = b = c

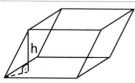

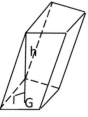

Parallelepiped (s) oder *Spat* (m)
Alle Begrenzungsflächen sind Parallelogramme
Grundfläche G
Höhe h
Volumen V = Gh

Prisma (s)
Grundfläche G und Deckfläche sind kongruent,
entsprechende Seiten in Grund- und Deckfläche
sind zueinander parallel.
Höhe h
Volumen: V = Gh
Gerades Prisma: h ist eine Kante

Pyramide (w)
Grundfläche G
Spitze S mit Abstand h von G
Höhe h
$V = \frac{1}{3}Gh$

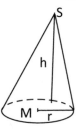

Kegel (m)
Grundfläche ein Kreis k(M; r)
Spitze S
Höhe h
Volumen $V = \frac{1}{3}\pi r^2 h$
Gerader Kegel: [SM] = h

Zylinder (m)
Grundfläche und Deckfläche sind zwei Kreise
mit selbem Radius
Höhe h
Volumen $V = \pi r^2 h$

Kugel (w)
Radius r, Mittelpunkt M
Volumen $V = \frac{4}{3}\pi r^3$
Oberfläche $S = 4\pi r^2$

Vektoralgebra

9

Ausgehend von einem intuitiven Begriff von Vektoren als verschiebbaren Pfeilen werden die Gesetze der Vektoraddition und S-Multiplikation begründet, Skalar- und Vektorprodukt eingeführt und die Anwendungen dargestellt.

9.1 Vektoren des $\mathbb{R}^2$ und $\mathbb{R}^3$

Vektoren werden also als Objekt des Anschauungsraums betrachtet, man stellt sie sich als Pfeile vor, die die Verschiebung eines Punkts A zu einem anderen Punkt B darstellen (Abb. 9.1a), oder in der Physik z. B. eine Kraft oder eine Geschwindigkeit (Abb. 9.1b), deren Richtung eine Rolle spielt.

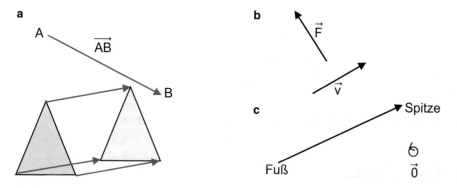

Abb. 9.1 Vektoren **a** Verschiebungsvektoren **b** Kraft-, Geschwindigkeitspfeil **c** Fuß, Spitze, Darstellung des Nullvektors

Mit derartigen Pfeilen kann eine ganze Figur, z. B. ein Dreieck verschoben werden (Abb. 9.1a). Dann müssen gleiche Verschiebungspfeile an allen drei Punkten des ursprünglichen Dreiecks ansetzen.

Die Menge aller gleich langen, parallelen und gleich gerichteten Pfeile heißt ein *Vektor (m)*. Ein einzelner Pfeil heißt *Repräsentant (m) des Vektors*. $|\vec{v}|$ ist die Länge des Vektors $\vec{v}$. Der Vektor beginnt bei seinem Fuß (m) und endet bei seiner Spitze (w) (Abb. 9.1c). Ist der Vektor durch zwei Punkte A und B bestimmt, schreibt man für den Vektor von A nach B auch $\overrightarrow{AB}$ (Abb. 9.1a). Ist B = A, so spricht man vom *Nullvektor*: $\overrightarrow{AA} = \vec{0}$, dargestellt als kleiner Kreis mit Pfeil (Abb. 9.1c).

Vektoren sind gleich, wenn sie parallel, gleich gerichtet und gleich lang sind.

Bemerkung: $|\vec{v}| = |\vec{w}| \not\Rightarrow \vec{v} = \vec{w}$ (zwei Vektoren können gleich lang sein, aber durchaus verschieden gerichtet sein.)

Bemerkung: $|\vec{v}| = |\vec{w}|$ und $\vec{v} \parallel \vec{w} \not\Rightarrow \vec{v} = \vec{w}$ (die Vektoren können immer noch entgegengesetzt gerichtet sein.)

Bemerkung: Oft wird die abkürzende Schreibweise $v = |\vec{v}|$ verwendet.

Vektoren, die parallel zueinander sind, heißen *kollinear*. Dazu müssen sie nicht gleich gerichtet sein, und auch nicht die gleiche Länge haben (Abb. 9.2a).

Vektoren, die sich in eine Ebene legen lassen ohne kollinear zu sein, heißen *komplanar* (Abb. 9.2b).

a   **b**

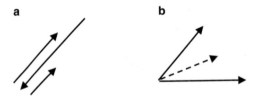

Abb. 9.2 a kollineare Vektoren, **b** komplanare Vektoren (alle in einer Ebene)

9.2 Vektoraddition

Verschiebt man einen Punkt A zuerst zum Punkt B und danach von B nach C, so hat man ihn insgesamt von A nach C verschoben (Abb. 9.3).

Man schreibt: $\overrightarrow{AB} + \overrightarrow{BC} = \overrightarrow{AC}$

Ergänzt man die Figur zu einem Parallelogramm, so erkennt man, was in der Physik unter dem Namen „Kräfteparallelogramm" bekannt ist.

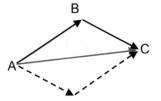

Abb. 9.3 Vektoraddition

Eigenschaften der Vektoraddition:

Abgeschlossenheit: die Summe zweier Vektoren ist wieder ein Vektor.

Kommutativität: $\vec{u} + \vec{v} = \vec{v} + \vec{u}$ (Vergleich Abb. 9.3)

Assoziativität: $\vec{u} + (\vec{v} + \vec{w}) = (\vec{u} + \vec{v}) + \vec{w}$ (Abb. 9.4)

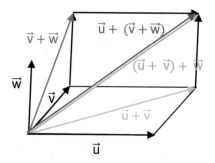

Abb. 9.4 Assoziativität der Vektoraddition

Neutrales Element: $\vec{u} + \vec{0} = \vec{0} + \vec{u} = \vec{u}$

$-\vec{u}$ ist das *inverse Element* zum Vektor $\vec{u}$, denn es ist: $\vec{u} + (-\vec{u}) = (-\vec{u}) + \vec{u} = \vec{0}$. Dabei ist $-\vec{u}$ der Vektor mit umgekehrter Richtung und gleicher Länge wie $\vec{u}$ (Abb. 9.5).

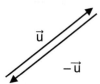

Abb. 9.5 Das zu $\vec{u}$ inverse Element $-\vec{u}$

Es gilt: $\overrightarrow{BA} = -\overrightarrow{AB}$

Definition der Subtraktion von Vektoren: $\vec{u} - \vec{v} := \vec{u} + (-\vec{v})$

Das sind die gleichen Regeln, die auch beim Rechnen mit Zahlen aus $\mathbb{R}$ gelten: Deshalb kann man in Bezug auf die Addition und Subtraktion mit Vektoren so rechnen wie mit Zahlen auch.

Beispiel: $\vec{u} + \vec{x} = \vec{v} \Leftrightarrow \vec{x} = \vec{v} - \vec{u}$

9.3   S-Multiplikation

Anschaulich lässt sich sofort einsehen, dass $\vec{u} + \vec{u} =: 2\vec{u}$ ein Vektor ist, der parallel und gleichgerichtet wie $\vec{u}$ ist mit doppelter Länge (Abb. 9.6a).

Abb. 9.6   **a** Das Doppelte, **b** die Hälfte eines Vektors

Nun sei $2\vec{x} = \vec{x} + \vec{x} = \vec{u}$. dann ist $\vec{x} = \frac{1}{2}\vec{u}$ ein Vektor, gleichgerichtet und parallel wie $\vec{u}$ mit halber Länge (Abb. 9.6b).

Definition für die Multiplikation eines Vektors mit einem Skalar, kurz *S-Multiplikation* (w):
Die Multiplikation eines Vektors $\vec{v}$ mit einer reellen Zahl s, die man dann *Skalar* (s) nennt, ergibt einen Vektor $s\vec{v}$ mit folgenden Eigenschaften:
(1) $s\vec{v} \parallel \vec{v}$
(2) $|s\vec{v}| = |s|\,|\vec{v}|$
(3) für $s > 0$ sind $s\vec{v}$ und $\vec{v}$ gleichgerichtet, für $s < 0$ sind $s\vec{v}$ und $\vec{v}$ entgegengesetzt gerichtet und für $s = 0$ ist $s\vec{v} = \vec{0}$

Es gelten folgende Gesetze:
Assoziativität: $r(s\vec{v}) = (rs)\vec{v}$ (das folgt direkt aus der Definition)
Distributivität:
1. Bezüglich des Vektors: $s(\vec{u} + \vec{v}) = s\vec{u} + s\vec{v}$ (das folgt aus dem Strahlensatz) (Abb. 9.7)

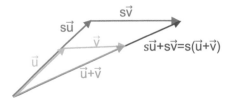

Abb. 9.7   Distributivität der S-Multiplikation bezüglich des Vektors

2. Bezüglich des Skalars: $(s + t)\vec{u} = s\vec{u} + t\vec{u}$
   Begründung: 1. Fall: s und t besitzen dasselbe Vorzeichen vz.
                dann ist $(s + t)\vec{u}$ ein Vektor mit $(s + t)$-facher Länge wie $\vec{u}$, für vz $= 1$ gleichgerichtet zu $\vec{u}$, für vz $= -1$ entgegengesetzt gerichtet zu $\vec{u}$.

2. Fall: s und t besitzen verschiedenes Vorzeichen.

O. B. d. A. (ohne Beschränkung der Allgemeinheit) sei $s > 0$, $t < 0$. Sei außerdem $|s| > |t|$.

Dann ist $s + t > 0$ und $(s + t)\vec{u}$ ein zu $\vec{u}$ gleichgerichteter Vektor mit $(|s| - |t|)$-facher Länge. $s\vec{u}$ ist ein gleichgerichteter Vektor s-facher Länge, $t\vec{u}$ ein entgegengesetzter Vektor t-facher Länge, die Summe ist eine Vektor $(|s| - |t|)$-facher Länge in Richtung von $\vec{u}$. Analog für $|s| < |t|$. ✓

Unitäres Gesetz: $1 \cdot \vec{u} = \vec{u}$

9.4 Koordinatendarstellung von Vektoren

Zunächst wird der zweidimensionale Fall betrachtet:

Entlang der Achsen eines kartesischen Koordinatensystems werden Einheitsvektoren (d. h. Vektoren der Länge 1) gelegt. Dann ist $\vec{v} = \vec{v}_1 + \vec{v}_2 = v_1\vec{e}_1 + v_2\vec{e}_2 =: \begin{pmatrix} v_1 \\ v_2 \end{pmatrix}$, wobei $\vec{v}_1$ und $\vec{v}_2$ die senkrechten Projektionen von $\vec{v}$ auf die Koordinatenachsen sind (Abb. 9.8).

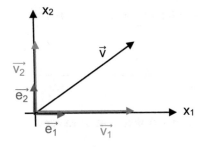

Abb. 9.8 Darstellung eines Vektors in kartesischen Koordinaten

In diesem Sinn sind $\vec{e}_1 = \begin{pmatrix} 1 \\ 0 \end{pmatrix}$ und $\vec{e}_2 = \begin{pmatrix} 0 \\ 1 \end{pmatrix}$.

Die Vektoraddition lässt sich dann so schreiben:

$\vec{u} + \vec{v} = u_1\vec{e}_1 + u_2\vec{e}_2 + v_1\vec{e}_1 + v_2\vec{e}_2 = (u_1 + v_1)\vec{e}_1 + (u_2 + v_2)\vec{e}_2$,

kürzer: $\vec{u} + \vec{v} = \begin{pmatrix} u_1 \\ u_2 \end{pmatrix} + \begin{pmatrix} v_1 \\ v_2 \end{pmatrix} = \begin{pmatrix} u_1 + v_1 \\ u_2 + v_2 \end{pmatrix}$

Und für die S-Multiplikation ergibt sich:

$s\vec{u} = s(u_1\vec{e}_1 + u_2\vec{e}_2) = su_1\vec{e}_1 + su_2\vec{e}_2$, kürzer: $s\vec{u} = s\begin{pmatrix} u_1 \\ u_2 \end{pmatrix} = \begin{pmatrix} su_1 \\ su_2 \end{pmatrix}$

Analog für den dreidimensionalen Raum, analog auch für den n-dimensionalen Raum.

Berechnung des Verbindungsvektors zweier Punkte im dreidimensionalen kartesischen Koordinatensystem:

Seien $A(a_1|a_2|a_3)$ und $B(b_1|b_2|b_3)$, dann ist $\overrightarrow{AB} = -\vec{a} + \vec{b} = \vec{b} - \vec{a} = \begin{pmatrix} b_1 - a_1 \\ b_2 - a_2 \\ b_3 - a_3 \end{pmatrix}$ (Abb. 9.9)

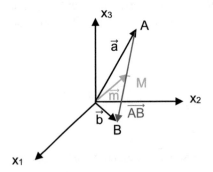

Abb. 9.9 Verbindungsvektor zweier Punkte im dreidimensionalen Koordinatensystem und ihr Mittelpunkt M

Für den *Mittelpunkt* M von A und B gilt dann $\vec{m} = \frac{1}{2}(\vec{a} + \vec{b})$, denn $\vec{m} = \vec{a} + \frac{1}{2}\overrightarrow{AB} = \vec{a} + \frac{1}{2}(\vec{b} - \vec{a}) = \frac{1}{2}(\vec{a} + \vec{b})$

9.5 Skalarprodukt von Vektoren

9.5.1 Definition und Eigenschaften des Skalarprodukts von Vektoren

In der Physik ist die Arbeit als $W = F \cdot s$ definiert, solange Kraft F und Weg s parallel zueinander sind (Abb. 9.10a).

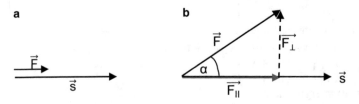

Abb. 9.10 Skalarprodukt **a** $F \cdot s$ für zwei parallele Vektoren $\vec{F}$ und $\vec{s}$, **b** $Fs\cos\alpha$ für zwei nichtparallele Vektoren $\vec{F}$ und $\vec{s}$

Ist der Winkel zwischen Kraft und Weg allerdings nicht 0°, so wählt man zur Berechnung der Arbeit den zum Weg parallelen Anteil der Kraft (Kräftezerlegung), der zum Weg senkrechte Anteil der Kraft trägt zur Arbeit nicht bei.

Dann gilt: $W = F_{\parallel} s = F \cdot s \cdot \cos\alpha =: \vec{F} \circ \vec{s}$ (Abb. 9.10b)

Definition des *Skalarprodukts* (s): $\vec{u} \circ \vec{v} = |\vec{u}| \cdot |\vec{v}| \cdot \cos\alpha$ (gesprochen „u skalar v"), wobei $\alpha := \sphericalangle(\vec{u}; \vec{v}) \in [0°; 180°]$

Ist α ein spitzer Winkel, so ist $\vec{u} \circ \vec{v} > 0$; ist α stumpf, so ist $\vec{u} \circ \vec{v} < 0$

Insbesondere gilt: $\vec{u}^2 := \vec{u} \circ \vec{u} = |\vec{u}| |\vec{u}| \cos 0° = |\vec{u}|^2$, d. h. $\vec{u}^2 = |\vec{u}|^2 = u^2$

Bemerkung: Das Ergebnis des Skalarprodukts ist ein Skalar (kein Vektor), daher der Name.

Rechengesetze:

Kommutativität ✓, sie ergibt sich aus der Definition und der Tatsache, dass $\cos(-\alpha) = \cos\alpha$

Assoziativität: $(\vec{u} \circ \vec{v})\vec{w} \neq \vec{u}(\vec{v} \circ \vec{w})$ im Allgemeinen, denn $(\vec{u} \circ \vec{v})\vec{w}$ ist parallel zu $\vec{w}$, da $\vec{u} \circ \vec{v}$ ein Skalar ist, dagegen ist $\vec{u}(\vec{v} \circ \vec{w})$ ein Vektor parallel zu $\vec{u}$

gemischte Assoziativität: $s(\vec{u} \circ \vec{v}) = (s\vec{u}) \circ \vec{v} = \vec{u} \circ (s\vec{v})$

Beweis:

(1) $s = 0$ ✓

$s > 0$: $s(\vec{u} \circ \vec{v}) = suv \cos\varphi$ und $(s\vec{u}) \circ \vec{v} = |s|uv \cos\varphi = suv \cos\varphi$, denn $s\vec{u}$ und $\vec{u}$ sind gleichgerichtet, die Länge von $s\vec{u}$ ist $|s|$-fach so groß wie die von $\vec{u}$ ✓

$s < 0$: $s(\vec{u} \circ \vec{v}) = suv \cos\varphi = -|s|uv \cos\varphi$ und $(s\vec{u}) \circ \vec{v} = |s|uv \cos(180° - \varphi) = -|s|uv \cos\varphi$ (Abb. 9.11)

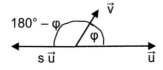

Abb. 9.11 $(s\vec{u}) \circ \vec{v}$ für $s < 0$

(2) $s(\vec{u} \circ \vec{v}) = s(\vec{v} \circ \vec{u}) = (s\vec{v}) \circ \vec{u} = \vec{u} \circ (s\vec{v})$ □

Distributivität: $\vec{u} \circ (\vec{v} + \vec{w}) = \vec{u} \circ \vec{v} + \vec{u} \circ \vec{w}$

denn: $\vec{u} \circ \vec{v} + \vec{u} \circ \vec{w} = uv \cos\alpha + uw \cos\beta = u(v \cos\alpha + w \cos\beta) = \vec{u} \circ (\vec{v} + \vec{w})$ (Abb. 9.12)

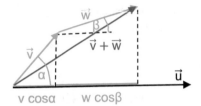

Abb. 9.12 Distributivität des Skalarprodukts

Ist das Skalarprodukt umkehrbar, d. h. ist es möglich, $\vec{x}$ aus der Gleichung $\vec{x} \circ \vec{v} = a$ eindeutig zu bestimmen?

Antwort gibt die Abb. 9.13: Alle Vektoren $\vec{x}_1, \ldots, \vec{x}_4$ haben mit $\vec{v}$ das gleiche Skalarprodukt, weil ihre senkrechte Projektion auf $\vec{v}$ die gleiche ist (in Abb. 9.13 rot dargestellt).

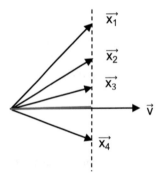

Abb. 9.13 Unumkehrbarkeit des Skalarprodukts

Also gibt es mit einer Lösung der Gleichung $\vec{x} \circ \vec{v} = a$ unendlich viele weitere Vektoren, die diese Gleichung erfüllen. Das Skalarprodukt ist keine umkehrbare Operation.

9.5.2   Winkel zwischen Vektoren

Aus $\vec{u} \circ \vec{v} = |\vec{u}| \cdot |\vec{v}| \cdot \cos \alpha$ mit $\vec{u}, \vec{v} \neq \vec{0}$ folgt: $\cos \alpha = \frac{\vec{u} \circ \vec{v}}{|\vec{u}| \cdot |\vec{v}|}$.

Daraus lässt sich der Winkel α mit $0° < \alpha < 180°$ bestimmen.

Insbesondere gilt für $\vec{u}, \vec{v} \neq \vec{0}$: $\vec{u} \circ \vec{v} = 0 \Leftrightarrow \vec{u} \perp \vec{v}$

Beweis:

„$\Leftarrow$": $\vec{u} \perp \vec{v} \Rightarrow \alpha = 90° \Rightarrow \cos \alpha = 0 \Rightarrow \vec{u} \circ \vec{v} = 0$ ✓

„$\Rightarrow$": $\vec{u} \circ \vec{v} = 0 \Rightarrow uv \cos \alpha = 0 \Rightarrow \cos \alpha = 0$, da mit $\vec{u}, \vec{v} \neq \vec{0}$ auch $u, v \neq 0$

$\Rightarrow \alpha = 90°$ ✓ $\square$

9.5.3   Anwendung des Skalarprodukts für Beweise in der Geometrie

Satz des Pythagoras:

Ein Dreieck ABC ist genau dann bei C rechtwinklig, wenn gilt: $c^2 = a^2 + b^2$

Beweis:

„$\Leftarrow$": Im bei C rechtwinkligen Dreieck ist $\vec{b} \perp \vec{a}$ (Abb. 9.14)

$\qquad \vec{c} = \vec{a} + \vec{b} \Rightarrow \vec{c}^2 = (\vec{a} + \vec{b})^2 \Rightarrow \vec{c}^2 = \vec{a}^2 + 2\vec{a} \circ \vec{b} + \vec{b}^2 = a^2 + b^2$, da mit $\vec{b} \perp \vec{a}$ gilt,

$\qquad$ dass $\vec{a} \circ \vec{b} = 0$ ✓

„$\Rightarrow$": $c^2 = a^2 + b^2$ und $\vec{c}^2 = \vec{a}^2 + 2\vec{a} \circ \vec{b} + \vec{b}^2 \Rightarrow \vec{a} \circ \vec{b} = 0 \Rightarrow \vec{b} \perp \vec{a}$ ✓   □

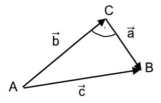

Abb. 9.14 Beweis des Satzes von Pythagoras

Kosinussatz:

In einem Dreieck mit den Seitenlängen a, b und c ist $c^2 = a^2 + b^2 - 2ab \cos \gamma$, wobei γ der Winkel zwischen den Seiten a und b ist.

Beweis: $\vec{c} = \vec{a} + \vec{b} \Rightarrow \vec{c}^2 = (\vec{a} + \vec{b})^2 = a^2 + b^2 + 2ab \cos \varphi$

$\overset{\text{Abb. 9.15}}{=} a^2 + b^2 + 2ab \cos(180° - \gamma) = a^2 + b^2 - 2ab \cos \gamma$

Analog für die anderen Seiten: $a^2 = b^2 + c^2 - 2bc \cos \alpha$ und $b^2 = a^2 + c^2 - 2ac \cos \beta$ □

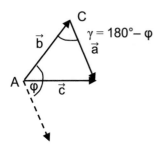

Abb. 9.15 Beweis des Kosinussatzes

Sinussatz:

In jedem Dreieck mit den Seiten a, b und c und den Winkeln α, β und γ verhalten sich die Sinuswerte der Winkel wie die entsprechenden Seiten.

Beweis: $\vec{c} = \vec{b} - \vec{a}$, der Vektor $\vec{d}$ in Abb. 9.16 soll auf $\vec{c}$ senkrecht stehen.

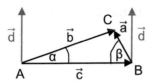

Abb. 9.16 Beweis des Sinussatzes

Dann ist $0 = \vec{c} \circ \vec{d} = (\vec{b} - \vec{a}) \circ \vec{d} = \vec{b} \circ \vec{d} - \vec{a} \circ \vec{d} = bd \cos(90° - \alpha) - ad \cos(90° - \beta) =$
$bd \sin\alpha - ad \sin\beta \Rightarrow \frac{a}{b} = \frac{\sin\alpha}{\sin\beta}$

Analog für die anderen Seiten: $\frac{a}{c} = \frac{\sin\alpha}{\sin\gamma}$ und $\frac{b}{c} = \frac{\sin\beta}{\sin\gamma}$ $\square$

Satz von Thales:

Ein Dreieck ist genau dann bei C rechtwinklig, wenn C auf einem Halbkreis über der gegenüberliegenden Seite c liegt.

Beweis:

„$\Leftarrow$": Sei $|\vec{u}| = |\vec{v}|$, d. h. C liege auf dem Halbkreis über [AB] (Abb. 9.17)
$$\vec{b} = \vec{v} + \vec{u}, \vec{a} = -\vec{u} + \vec{v} \Rightarrow \vec{a} \circ \vec{b} = (-\vec{u} + \vec{v}) \circ (\vec{v} + \vec{u}) = v^2 - u^2 = 0 \Rightarrow \vec{a} \perp \vec{b} \checkmark$$

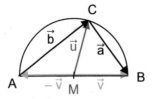

Abb. 9.17 Beweis des Satzes von Thales

„$\Rightarrow$": Sei $\vec{a} \perp \vec{b} \Rightarrow \vec{a} \circ \vec{b} = 0 \Rightarrow (-\vec{u} + \vec{v}) \circ (\vec{v} + \vec{u}) = 0 \Rightarrow v^2 - u^2 = 0$
$$\Rightarrow |\vec{u}| = |\vec{v}| \checkmark   \square$$

9.5.4 Skalarprodukt in Koordinatendarstellung

$$\vec{u} = \begin{pmatrix} u_1 \\ u_2 \\ u_3 \end{pmatrix} = u_1\vec{e}_1 + u_2\vec{e}_2 + u_3\vec{e}_3, \vec{v} = \begin{pmatrix} v_1 \\ v_2 \\ v_3 \end{pmatrix} = v_1\vec{e}_1 + v_2\vec{e}_2 + v_3\vec{e}_3$$

$$\Rightarrow \vec{u} \circ \vec{v} = \begin{pmatrix} u_1 \\ u_2 \\ u_3 \end{pmatrix} \circ \begin{pmatrix} v_1 \\ v_2 \\ v_3 \end{pmatrix} = (u_1\vec{e}_1 + u_2\vec{e}_2 + u_3\vec{e}_3) \circ (v_1\vec{e}_1 + v_2\vec{e}_2 + v_3\vec{e}_3) = u_1v_1 + u_2v_2 + u_3v_3,$$

da für alle beim Ausmultiplizieren entstehenden Terme gilt: $\vec{e}_i \circ \vec{e}_j = 0$ für $i \neq j$, und
$\vec{e}_i \circ \vec{e}_j = 1$ für $i = j$.

9.5.5 Betrag eines Vektors und Einheitsvektor

Zunächst kann man mit Hilfe des Satzes von Pythagoras die Länge der Projektion des Vektors $\vec{v}$ (in Abb. 9.18 rot gekennzeichneter Vektor) in die x_1x_2-Ebene berechnen (grün gezeichneter Vektor):

$$v_{12}^2 = v_1^2 + v_2^2$$

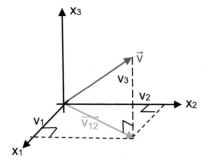

Abb. 9.18 Betrag eines Vektors im $\mathbb{R}^3$

Damit lässt sich dann der Betrag von $\vec{v}$ ermitteln, da wieder ein rechtwinkliges Dreieck entsteht:

$$v^2 = v_{12}^2 + v_3^2 = v_1^2 + v_2^2 + v_3^2$$

Für den *Betrag eines Vektors* (m) $\vec{v}$ gilt also: $|\vec{v}| = \left| \begin{pmatrix} v_1 \\ v_2 \\ v_3 \end{pmatrix} \right| = \sqrt{v_1^2 + v_2^2 + v_3^2}$

Definition: Unter dem *Einheitsvektor* $\vec{v}_0$ zu einem Vektor $\vec{v}$ versteht man den Vektor der Länge 1, der gleichgerichtet ist wie $\vec{v}$.

Dividiert man den Vektor $\vec{v}$ durch seine eigene Länge, erhält man genau diesen Einheitsvektor.

$$\Rightarrow \vec{v}_0 = \frac{1}{|\vec{v}|}\vec{v} = \frac{1}{\sqrt{v_1^2 + v_2^2 + v_3^2}} \begin{pmatrix} v_1 \\ v_2 \\ v_3 \end{pmatrix} \text{ ist der Einheitsvektor } \vec{v}_0 \text{ (m) zu } \vec{v}.$$

Der Einheitsvektor wird u. a. gebraucht, um Abstände zu bestimmen, z. B. eines Punktes von einer Ebene (Abschn. 12.3.1).

Herleitung der *Additionstheoreme* für Sinus und Kosinus:

Betrachtet werden die Vektoren $\vec{a} = \begin{pmatrix} \cos\alpha \\ \sin\alpha \end{pmatrix}$ und $\vec{b} = \begin{pmatrix} \cos\beta \\ \sin\beta \end{pmatrix}$, die vom Ursprung des Koordinatensystems zu einem Punkt des Einheitskreises um den Nullpunkt gehen, denn es ist $|\vec{a}| = \sqrt{\sin^2\alpha + \cos^2\alpha} = 1 = |\vec{b}|$ (Abb. 9.19).

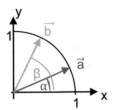

Abb. 9.19 die Vektoren $\vec{a} = \begin{pmatrix} \cos\alpha \\ \sin\alpha \end{pmatrix}$ und $\vec{b} = \begin{pmatrix} \cos\beta \\ \sin\beta \end{pmatrix}$ im Einheitskreis

$\vec{a} \circ \vec{b} = ab\cos(\alpha - \beta) = \cos(\alpha - \beta)$ und $\vec{a} \circ \vec{b} = \begin{pmatrix} \cos\alpha \\ \sin\alpha \end{pmatrix} \circ \begin{pmatrix} \cos\beta \\ \sin\beta \end{pmatrix} = \cos\alpha\cos\beta + \sin\alpha\sin\beta$

$\Rightarrow \cos(\alpha - \beta) = \cos\alpha\cos\beta + \sin\alpha\sin\beta$

und durch Einsetzen von $-\beta$ statt β: $\cos(\alpha + \beta) = \cos\alpha\cos\beta - \sin\alpha\sin\beta$

$\Rightarrow \sin(\alpha + \beta) = \cos(90° - (\alpha + \beta)) = \cos((90° - \alpha) - \beta)$

$= \cos(90° - \alpha)\cos\beta + \sin(90° - \alpha)\sin\beta = \sin\alpha\cos\beta + \cos\alpha\sin\beta$

und durch Einsetzen von $-\beta$ statt β: $\sin(\alpha - \beta) = \sin\alpha\cos\beta - \cos\alpha\sin\beta$

Mit $\alpha = \beta$ folgt: $\sin 2\alpha = 2\sin\alpha\cos\alpha$ und $\cos 2\alpha = \cos^2\alpha - \sin^2\alpha$

$\Rightarrow \sin(x + y) + \sin(x - y) = 2\sin x\cos y$, $\sin(x + y) - \sin(x - y) = 2\cos x\sin y$ und

$\cos(x + y) + \cos(x - y) = 2\cos x\cos y$ und $\cos(x + y) - \cos(x - y) = -2\sin x\sin y$

und mit der Substitution $x = \frac{\alpha + \beta}{2}$ und $y = \frac{\alpha - \beta}{2}$ folgt dann:

$\sin\alpha + \sin\beta = 2\sin\frac{\alpha+\beta}{2}\cos\frac{\alpha-\beta}{2}$, $\sin\alpha - \sin\beta = 2\cos\frac{\alpha+\beta}{2}\sin\frac{\alpha-\beta}{2}$ und

$\cos\alpha + \cos\beta = 2\cos\frac{\alpha+\beta}{2}\cos\frac{\alpha-\beta}{2}$, $\cos\alpha - \cos\beta = -2\sin\frac{\alpha+\beta}{2}\sin\frac{\alpha-\beta}{2}$

9.5.6   Cauchy-Schwarzsche Ungleichung und Dreiecksungleichung

Cauchy-Schwarzsche Ungleichung: Es ist $|\vec{u} \circ \vec{v}| \leq |\vec{u}|\,|\vec{v}|$ $\forall\, \vec{u}, \vec{v} \in \mathbb{R}^3$

Beweis: Ist einer der beiden Vektoren der Nullvektor, so ist die Ungleichung erfüllt.

Nun sei $\vec{u}, \vec{v} \neq \vec{0}$. Betrachtet werde der Vektor $\vec{u} - \frac{\vec{u}\circ\vec{v}}{\vec{v}^2}\vec{v}$, dessen Skalarprodukt mit sich

selbst nicht negativ sein kann:

$0 \leq \left(\vec{u} - \frac{\vec{u}\circ\vec{v}}{\vec{v}^2}\vec{v}\right) \circ \left(\vec{u} - \frac{\vec{u}\circ\vec{v}}{\vec{v}^2}\vec{v}\right) = \vec{u}^2 - 2\frac{\vec{u}\circ\vec{v}}{\vec{v}^2}\vec{u}\circ\vec{v} + \left(\frac{\vec{u}\circ\vec{v}}{\vec{v}^2}\right)^2\vec{v}^2 = \vec{u}^2 - \frac{(\vec{u}\circ\vec{v})^2}{\vec{v}^2}$

$\Rightarrow \frac{(\vec{u}\circ\vec{v})^2}{\vec{v}^2} \leq \vec{u}^2 \Rightarrow (\vec{u}\circ\vec{v})^2 \leq \vec{u}^2\vec{v}^2 \Rightarrow |\vec{u} \circ \vec{v}| \leq |\vec{u}|\,|\vec{v}|$ □

Bemerkung: Diese Herleitung des Cauchy-Schwarzschen Ungleichung ist für Skalarprodukte aller Vektorräume gültig. Im $\mathbb{R}^3$ folgt sie aus der Definition des Skalarprodukts $\vec{u} \circ \vec{v} = |\vec{u}| \cdot |\vec{v}| \cdot \cos\alpha$ mit $\alpha := \sphericalangle(\vec{u}; \vec{v})$

Dreiecksungleichung: $\big||\vec{u}| - |\vec{v}|\big| \leq |\vec{u} + \vec{v}| \leq |\vec{u}| + |\vec{v}|$ $\forall\, \vec{u}, \vec{v} \in \mathbb{R}^3$

Beweis: $|\vec{u} + \vec{v}|^2 = (\vec{u} + \vec{v}) \circ (\vec{u} + \vec{v}) = \vec{u}^2 + 2\vec{u}\circ\vec{v} + \vec{v}^2 \leq |\vec{u}|^2 + 2|\vec{u}|\,|\vec{v}| + |\vec{v}|^2 = (|\vec{u}| + |\vec{v}|)^2$

$\Rightarrow |\vec{u} + \vec{v}| \leq |\vec{u}| + |\vec{v}|$

Aus $|\vec{a} + \vec{b}| \leq |\vec{a}| + |\vec{b}|$ folgt $|\vec{a} + \vec{b}| - |\vec{b}| \leq |\vec{a}|$ und mit der Substitution $\vec{a} := \vec{u} + \vec{v}$ und $\vec{b} := -\vec{v}$ ergibt sich: $|\vec{u} + \vec{v} + (-\vec{v})| - |-\vec{v}| \leq |\vec{u} + \vec{v}| \Rightarrow |\vec{u}| - |\vec{v}| \leq |\vec{u} + \vec{v}|$

Mit der Substitution $\vec{a} := \vec{u} + \vec{v}$ und $\vec{b} := -\vec{u}$ folgt: $|\vec{u} + \vec{v} + (-\vec{u})| - |-\vec{u}| \leq |\vec{u} + \vec{v}| \Rightarrow |\vec{v}| - |\vec{u}| \leq |\vec{u} + \vec{v}|$

Deshalb ist $\big||\vec{u}| - |\vec{v}|\big| \leq |\vec{u} + \vec{v}| \leq |\vec{u}| + |\vec{v}|$ $\square$

9.6 Vektorprodukt/Kreuzprodukt

Drückt man auf eine Türklinke, um die Tür zu öffnen, so ist die Wirkung der ausgeübten Kraft einerseits abhängig von der Größe der Kraft (in Abb. 9.20 Situation 2 (orange) im Vergleich zu Situation 1 (dunkelrot)): die größere Kraft erleichtert das Herunterdrücken der Türklinke. Andererseits ist die Wirkung auch abhängig vom Angriffspunkt der Kraft: lässt man die Kraft ganz nah an der Drehachse D angreifen, so wird man mit der Muskelkraft nicht erreichen, dass sich die Klinke dreht (Situation 3 (violett) im Vergleich zu Situation 1). Je größer der sogenannte Hebelarm, desto größer die Wirkung der Kraft.

Und letztlich hängt die Wirkung der Kraft auch vom Winkel zwischen der Kraft und dem Vektor vom Drehpunkt zum Angriffspunkt der Kraft ab (Situation 4 (schwarz) im Vergleich zu Situation 1).

Um all das zu beschreiben, benötigt man das Vektorprodukt.

Vektor- und Kreuzprodukt sind Synonyme.

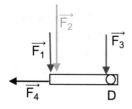

Abb. 9.20 Wirkung einer Kraft an einer Türklinke abhängig von ihrer Größe, ihrer Richtung und ihrem Angriffspunkt

Definition: Unter dem *Kreuzprodukt* (s) oder *Vektorprodukt* (s) $\vec{u} \times \vec{v}$ zweier Vektoren $\vec{u}$ und $\vec{v}$ versteht man:

$$\vec{u} \times \vec{v} = \begin{pmatrix} u_1 \\ u_2 \\ u_3 \end{pmatrix} \times \begin{pmatrix} v_1 \\ v_2 \\ v_3 \end{pmatrix} := \begin{pmatrix} u_2 v_3 - u_3 v_2 \\ u_3 v_1 - u_1 v_3 \\ u_1 v_2 - u_2 v_1 \end{pmatrix} \text{ (gesprochen: „u kreuz v")}$$

Es entsteht dabei wieder ein Vektor, was den Namen Vektorprodukt erklärt.

In Abb. 9.21 erkennt man, warum das Produkt auch Kreuzprodukt heißt. So lässt sich die etwas komplizierte Berechnung gut einprägen: Beginnend mit u_2 bildet man die Produkte entlang der überkreuzten Linien und subtrahiert sie voneinander, das Ergebnis notiert man in der ersten Zeile. Dann das Gleiche eine Zeile tiefer, etc.

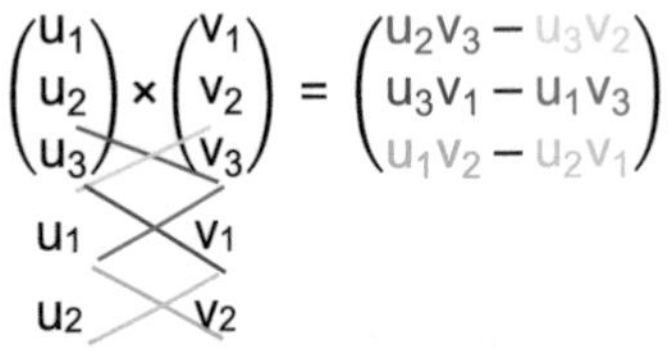

$$\begin{pmatrix} u_1 \\ u_2 \\ u_3 \end{pmatrix} \times \begin{pmatrix} v_1 \\ v_2 \\ v_3 \end{pmatrix} = \begin{pmatrix} u_2 v_3 - u_3 v_2 \\ u_3 v_1 - u_1 v_3 \\ u_1 v_2 - u_2 v_1 \end{pmatrix}$$

$$\begin{matrix} u_1 & & v_1 \\ & \times & \\ u_2 & & v_2 \end{matrix}$$

Abb. 9.21 Kreuzprodukt

Satz: $\vec{u} \times \vec{v} \perp \vec{u}$ und $\vec{u} \times \vec{v} \perp \vec{v}$

Beweis: $(\vec{u} \times \vec{v}) \circ \vec{u} = \left[\begin{pmatrix} u_1 \\ u_2 \\ u_3 \end{pmatrix} \times \begin{pmatrix} v_1 \\ v_2 \\ v_3 \end{pmatrix} \right] \circ \begin{pmatrix} u_1 \\ u_2 \\ u_3 \end{pmatrix} = \begin{pmatrix} u_2 v_3 - u_3 v_2 \\ u_3 v_1 - u_1 v_3 \\ u_1 v_2 - u_2 v_1 \end{pmatrix} \circ \begin{pmatrix} u_1 \\ u_2 \\ u_3 \end{pmatrix}$

$= u_1 u_2 v_3 - u_1 u_3 v_2 + u_2 u_3 v_1 - u_1 u_2 v_3 + u_1 u_3 v_2 - u_2 u_3 v_1 = 0 \Rightarrow (\vec{u} \times \vec{v}) \perp \vec{u}$

analog für $(\vec{u} \times \vec{v}) \perp \vec{v}$ $\square$

Satz: $\vec{u} \times \vec{u} = \vec{0}$.

Beweis: das ergibt sich sofort aus der Definition des Vektorprodukts.

Die Vektoren $\vec{u}$, $\vec{v}$ und $\vec{u} \times \vec{v}$ bilden ein Rechtssystem. D. h. wenn man den Daumen der rechten Hand in Richtung von $\vec{u}$, den Zeigefinger der rechten Hand in Richtung der zu $\vec{u}$ senkrechten Komponente von $\vec{v}$ hält, dann hat $\vec{u} \times \vec{v}$ die Richtung des Mittelfingers der rechten Hand, wenn man die Finger wie in der nebenstehenden Zeichnung dargestellt ausstreckt (vgl. Abb. 9.22).

Dazu am Ende des Kapitels noch eine formale Erklärung.

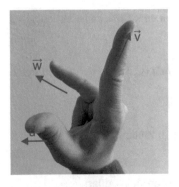

Abb. 9.22 Rechtssystem, Dreifingerregel der rechten Hand

Seien $\vec{e}_1$, $\vec{e}_2$ und $\vec{e}_3$ die Einheitsvektoren entlang der Koordinatenachsen im kartesischen Koordinatensystem, so ist

$\overrightarrow{e_i} \times \overrightarrow{e_i} = \vec{0}$ für $i = 1, 2, 3$

$\vec{e}_1 \times \vec{e}_2 = \vec{e}_3$, bei $\vec{e}_1$, $\vec{e}_2$ und $\vec{e}_3$ handelt es sich also um ein Rechtssystem.

Außerdem gilt: $\vec{e}_2 \times \vec{e}_3 = \vec{e}_1$ und $\vec{e}_3 \times \vec{e}_1 = \vec{e}_2$

Satz: $|\vec{u} \times \vec{v}| = |\vec{u}|\,|\vec{v}| \sin\alpha$ mit $\alpha = \sphericalangle(\vec{u}; \vec{v}) \in [0°, 180°]$

Beweis: $(\vec{u} \times \vec{v})^2 = (\vec{u} \times \vec{v}) \circ (\vec{u} \times \vec{v}) = (u_2v_3 - u_3v_2)^2 + (u_3v_1 - u_1v_3)^2 + (u_1v_2 - u_2v_1)^2$

$= u_2^2v_3^2 - 2u_2u_3v_2v_3 + u_3^2v_3^2 + u_3^2v_1^2 - 2u_1u_3v_1v_3 + u_1^2v_3^2 + u_1^2v_2^2 - 2u_1u_2v_1v_2 + u_2^2v_1^2$

$= \ldots = (u_1^2 + u_2^2 + u_3^2)(v_1^2 + v_2^2 + v_3^2) - (u_1v_1 + u_2v_2 + u_3v_3)^2 = |\vec{u}|^2|\vec{v}|^2 - (\vec{u} \circ \vec{v})^2$

$= |\vec{u}|^2|\vec{v}|^2 - |\vec{u}|^2|\vec{v}|^2 \cos^2\alpha = |\vec{u}|^2|\vec{v}|^2(1 - \cos^2\alpha) = |\vec{u}|^2|\vec{v}|^2 \sin^2\alpha$.

Mit $\alpha \in [0°, 180°]$ ist $\sin\alpha \geq 0 \Rightarrow |\vec{u} \times \vec{v}| = |\vec{u}|\,|\vec{v}| \sin\alpha$ $\square$

Bei der Situation mit der Türklinke würde man als ersten Vektor den Vektor $\vec{r}$ von der Drehachse bis zum Angriffspunkt der Kraft wählen, und den zweiten als Kraft $\vec{F}$ (Abb. 9.23a).

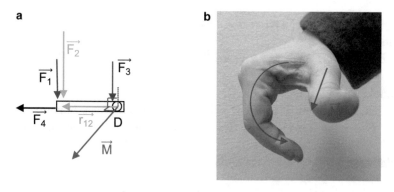

Abb. 9.23 a Das Drehmoment als Kreuzprodukt $\vec{r} \times \vec{F}$, **b** Rechte Faustregel: Die Richtung des Drehmoments und die Richtung der dadurch verursachten Drehung

Das Kreuzprodukt $\vec{r} \times \vec{F}$ ist dann betragsmäßig um so größer, je größer die Beträge von $\vec{r}$ und $\vec{F}$ sind. Der Sinus des Zwischenwinkels sorgt dafür, dass das der Betrag von $\vec{r} \times \vec{F} = 0$ ist, falls $\vec{F} \parallel \vec{r}$, und maximal ist für $\vec{F} \perp \vec{r}$.

Das Produkt $\vec{M} = \vec{r} \times \vec{F}$ nennt man in der Physik Drehmoment, es ist das Analogon zur Kraft bei linearen Bewegungen. $\vec{M}$ steht sowohl auf $\vec{r}$ als auch auf $\vec{F}$ senkrecht, seine Richtung gibt mit Hilfe der sogenannten Faustregel die Drehrichtung der beschleunigten Rotationsbewegung an: der Daumen der rechten Hand zeigt in Richtung $\vec{M}$, die gekrümmten Finger geben die Drehrichtung an (Abb. 9.23b).

Das Kreuzprodukt findet sich auch in der Elektrodynamik bei der Lorentzkraft, die Kraft auf eine bewegte Ladung q im Magnetfeld $\vec{B}$: $\vec{F} = q\,\vec{v} \times \vec{B}$.

Folgerung: $A = |\vec{u} \times \vec{v}| = |\vec{u}|\,|\vec{v}| \sin \alpha$ ist die Fläche des von $\vec{u}$ und $\vec{v}$ aufgespannten Parallelogramms. $\vec{u} \times \vec{v}$ ist dabei ein Vektor, der auf der durch das Parallelogramm aufgespannten Ebene senkrecht steht (Abb. 9.24). Diese Tatsache spielt u. a. in der Elektrodynamik eine große Rolle.

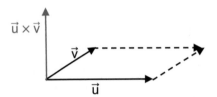

Abb. 9.24 Richtung des Flächenvektors $\vec{u} \times \vec{v}$ eines von $\vec{u}$ und $\vec{v}$ aufgespannten Parallelogramms

Folgerung: $A_\triangle = \frac{1}{2}|\vec{u} \times \vec{v}|$ ist die Fläche des von $\vec{u}$ und $\vec{v}$ aufgespannten Dreiecks.

Folgerung: Für $\vec{u}, \vec{v} \neq \vec{0}$ gilt: $\vec{u} \times \vec{v} = \vec{0} \Leftrightarrow \vec{u} = k\vec{v}$, d. h. $\vec{u}$ und $\vec{v}$ sind kollinear.
Beweis:
„$\Rightarrow$": für $|\vec{u}|, |\vec{v}| \neq 0$ gilt: $|\vec{u} \times \vec{v}| = |\vec{u}|\,|\vec{v}| \sin \alpha = 0 \Rightarrow \sin \alpha = 0 \Rightarrow \alpha = 0°$ oder $\alpha = 180°$,
    d. h. $\vec{u}, \vec{v}$ sind kollinear.
„$\Leftarrow$": $\vec{u} = k\vec{v} \Rightarrow \vec{u} \times \vec{v} = (k\vec{v}) \times \vec{v} = k(\vec{v} \times \vec{v}) = k\vec{0} \Rightarrow |\vec{u} \times \vec{v}| = 0$ □

Für das Kreuzprodukt gelten folgende Regeln:
keine Kommutativität, statt dessen: $\vec{u} \times \vec{v} = -\vec{v} \times \vec{u}$ (einfaches Nachrechnen genügt.)
Distributivität: $\vec{u} \times (\vec{v} + \vec{w}) = \vec{u} \times \vec{v} + \vec{u} \times \vec{w}$ (Nachrechnen, nicht ganz so einfach. Oder geometrisch)
gemischte Assoziativität: $\vec{u} \times (k\vec{v}) = k(\vec{u} \times \vec{v})$ (einfaches Nachrechnen)

Aufgabe: Berechnen Sie $\left[\begin{pmatrix} 1 \\ 0 \\ 0 \end{pmatrix} \times \begin{pmatrix} 2 \\ 0 \\ 0 \end{pmatrix} \right] \times \begin{pmatrix} 0 \\ 0 \\ 1 \end{pmatrix}$ und $\begin{pmatrix} 1 \\ 0 \\ 0 \end{pmatrix} \times \left[\begin{pmatrix} 2 \\ 0 \\ 0 \end{pmatrix} \times \begin{pmatrix} 0 \\ 0 \\ 1 \end{pmatrix} \right]$ und vergleichen Sie!

Lösung: $\left[\begin{pmatrix} 1 \\ 0 \\ 0 \end{pmatrix} \times \begin{pmatrix} 2 \\ 0 \\ 0 \end{pmatrix} \right] \times \begin{pmatrix} 0 \\ 0 \\ 1 \end{pmatrix} = \begin{pmatrix} 0 \\ 0 \\ 0 \end{pmatrix} \neq \begin{pmatrix} 1 \\ 0 \\ 0 \end{pmatrix} \times \left[\begin{pmatrix} 2 \\ 0 \\ 0 \end{pmatrix} \times \begin{pmatrix} 0 \\ 0 \\ 1 \end{pmatrix} \right] = \begin{pmatrix} 0 \\ 0 \\ -2 \end{pmatrix}$

Es gilt also keine Assoziativität: denn ein Gegenbeispiel genügt, um zu zeigen, dass das Assoziativgesetz für das Kreuzprodukt nicht gültig ist

Wie schon beim Skalarprodukt stellt sich die Frage, ob das Vektorprodukt umkehrbar ist. D. h. ist durch die Gleichung $\vec{u} \times \vec{x} = \vec{w}$ eindeutig ein Vektor $\vec{x}$ bestimmt?
Antwort gibt die Abb. 9.25: liegen alle Vektoren $\vec{v}_i$ mit $i = 1, 2, 3$ in derselben Ebene und haben die gleiche zu $\vec{u}$ senkrechte Komponente (in der Abb. rot dargestellt), so ist

ihr Kreuzprodukt mit $\vec{u}$ ein Vektor senkrecht zur Zeichenebene jeweils mit dem gleichen Betrag. Also ist die Operation des Kreuzprodukts nicht umkehrbar.

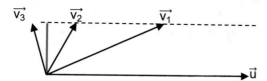

Abb. 9.25 Unumkehrbarkeit des Kreuzprodukts

9.7 Spatprodukt

Ein Spat sei durch die Vektoren $\vec{u}$, $\vec{v}$ und $\vec{w}$ aufgespannt (Abb. 9.26).
Das Volumen ergibt sich aus der Grundfläche G des durch $\vec{u}$ und $\vec{v}$ aufgespannten Parallelogramms und der Höhe h.
$\vec{G} = \vec{u} \times \vec{v}$ ist ein Vektor senkrecht zur Grundfläche, sein Betrag ist die Grundfläche.
h ist die senkrechte Projektion von $\vec{w}$ auf $\vec{G}$.
$\Rightarrow V = |(\vec{u} \times \vec{v}) \circ \vec{w}|$ ist das Volumen des Spats.
Die Operation $(\vec{u} \times \vec{v}) \circ \vec{w}$ heißt deshalb Spatprodukt.

Definition: $(\vec{u} \times \vec{v}) \circ \vec{w} = \left(\begin{pmatrix} u_1 \\ u_2 \\ u_3 \end{pmatrix} \times \begin{pmatrix} v_1 \\ v_2 \\ v_3 \end{pmatrix} \right) \circ \begin{pmatrix} w_1 \\ w_2 \\ w_3 \end{pmatrix}$ heißt *Spatprodukt* (s) von $\vec{u}$, $\vec{v}$ und $\vec{w}$.

Das Spatprodukt liefert als Skalarprodukt ein Skalar.

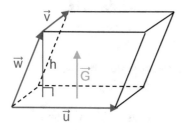

Abb. 9.26 Volumen eines Spats

Für das Volumen eines Spats gilt:

$$V = |(\vec{u} \times \vec{v}) \circ \vec{w}| = \left| \left(\begin{pmatrix} u_1 \\ u_2 \\ u_3 \end{pmatrix} \times \begin{pmatrix} v_1 \\ v_2 \\ v_3 \end{pmatrix} \right) \circ \begin{pmatrix} w_1 \\ w_2 \\ w_3 \end{pmatrix} \right|$$

$$= \ldots = |u_2 v_3 w_1 - u_3 v_2 w_1 + u_3 v_1 w_2 - u_1 v_3 w_2 u_1 v_2 w_3 - u_2 v_1 w_3| = \det(\vec{u}, \vec{v}, \vec{w})$$

Es gilt: $(\vec{u} \times \vec{v}) \circ \vec{w} = \det(\vec{u}, \vec{v}, \vec{w})$

Folgerung: das Volumen eines Tetraeders (= dreiseitige Pyramide) ist
$V = \frac{1}{6}|(\vec{u} \times \vec{v}) \circ \vec{w}| = \frac{1}{6}|\det(\vec{u}, \vec{v}, \vec{w})|$,
denn die Grundfläche ist ein Dreieck und hat nur den halben Flächeninhalt des entsprechenden Parallelogramms (Abb. 9.27).

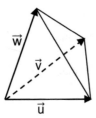

Abb. 9.27   Durch $\vec{u}, \vec{v}$ und $\vec{w}$ aufgespanntes Tetraeder

Am Ende des Kapitels soll nochmals auf die Frage des Rechtssystems zurückgekommen werden.

Allgemein definiert man ein Rechtssystem über das Vorzeichen der Determinante, deren Spalten die Vektoren $\vec{v}_1, \vec{v}_2, \ldots, \vec{v}_n$ sind. Ist das Vorzeichen positiv, so handelt es sich um ein Rechtssystem, ist es negativ, so um ein Linkssystem.

Im Anschauungsraum gilt für die orthonormalen Einheitsvektoren $\vec{e}_1, \vec{e}_2$ und $\vec{e}_3$

$$\det(\vec{e}_1, \vec{e}_2, \vec{e}_3) = \begin{vmatrix} 1 & 0 & 0 \\ 0 & 1 & 0 \\ 0 & 0 & 1 \end{vmatrix} = 1 > 0.$$

Für diese Vektoren lässt sich sofort erkennen, dass sie ein Rechtssystem bilden.

Für zwei Vektoren $\vec{u}$ und $\vec{v}$ des Anschauungsraums mit $\vec{u}, \vec{v} \neq \vec{0}$ und $\vec{u} \nparallel \vec{v}$ ist

$$\det(\vec{u}, \vec{v}, \vec{u} \times \vec{v}) = \begin{vmatrix} u_1 & v_1 & u_2 v_3 - u_3 v_2 \\ u_2 & v_2 & u_3 v_1 - u_1 v_3 \\ u_3 & v_3 & u_1 v_3 - u_3 v_1 \end{vmatrix} = \ldots = |\vec{u} \times \vec{v}|^2 > 0, \text{ also bilden } \vec{u}, \vec{v} \text{ und } \vec{u} \times \vec{v}$$

ein Rechtssystem.

Algebraische Strukturen

10

Gruppen (auch Restklassen und Permutationsgruppen), Körper und Vektorräume und deren Unterräume werden eingeführt, ihre Gesetzmäßigkeiten dargestellt und alle Rechenregeln aus den Axiomen hergeleitet.

10.1 Gruppen

10.1.1 Definition einer Gruppe

Symmetrien im gleichseitigen Dreieck

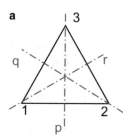 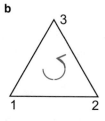

Abb. 10.1 Symmetrieabbildungen für gleichseitige Dreiecke **a** Spiegelungen an den Achsen p, q und r, **b** Drehungen um 120°, um 240° und um 360°

Ein gleichseitiges Dreieck mit den Ecken 1, 2 und 3 lässt sich jeweils durch Spiegelung an den Geraden p, q und r (Abb. 10.1a) und durch Drehung um 120°, um 240° und um 360° (Abb. 10.1b) auf sich selbst abbilden.

Die zugehörigen Abbildungen werden hier P, Q, R, S, T und I genannt, und sind die einzigen Symmetrieabbildungen für gleichseitige Dreiecke, wenn man Drehungen um $\alpha + 360°$ nicht als neue Abbildungen gegenüber der Drehung um α versteht. Diese Abbildungen las-

B. Hugues, *Mathematik-Vorbereitung für das Studium eines MINT-Fachs*, https://doi.org/10.1007/978-3-662-66937-2_10

sen sich miteinander verknüpfen. Dabei soll X ∘ Y bedeuten, dass zuerst die Abbildung Y
und danach an deren Bild die Abbildung X vorgenommen wird.

Zum Beispiel kann zuerst die Abbildung P (also die Spiegelung an der Geraden p) und
danach die Abbildung S (d. h. die Drehung um 120°) ausgeführt werden.(Abb. 10.2a)

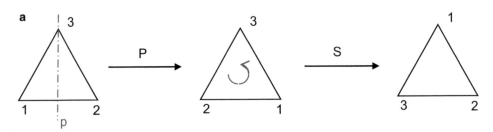

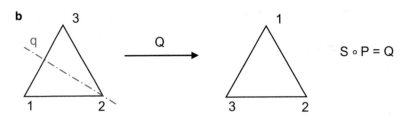

Abb. 10.2 Identität der Abbildung S ∘ P (**a**) mit der Abbildung Q (**b**)

Man erkennt, dass die Verknüpfung S ∘ P zum gleichen Ergebnis führt wie die Abbildung
Q: S ∘ P = Q (Abb. 10.2b)

Aufgabe: Betrachten Sie jede mögliche Hintereinanderausführung zweier Abbildungen
aus der Menge {P, Q, R, S, T, I} und stellen Sie Ihre Ergebnisse in einer Tabelle zusammen.

Lösung: Die nachfolgende Tabelle zeigt die Verknüpfungstabelle für die Symmetrieabbildungen gleichseitiger Dreiecke.

Für die Verknüpfung S ∘ P steht das Ergebnis Q in der Zeile für S und der Spalte für P.

∘	I	**P**	Q	R	S	T
I	*I*	P	Q	R	S	T
P	P	*I*	T	S	R	Q
Q	Q	S	*I*	T	P	R
R	R	T	S	*I*	Q	P
S	S	**Q**	R	P	T	*I*
T	T	R	P	Q	*I*	S

Diese *Verknüpfungstafel* soll nun untersucht werden, sodass Eigenschaften der Verknüpfung festgestellt werden können.

Aufgabe: Beantworten Sie anhand der Verknüpfungstafel die folgenden Fragen:
- Ist die Verknüpfung zweier Symmetrieabbildungen wieder eine Symmetrieabbildung?
- Gibt es ein Element E, mit $E \circ X = X \circ E = X \; \forall \, X \in \{P, Q, R, S, T, I\}$? Wenn ja, welches Element ist E?
- Gibt es für jedes Element $X \in \{P, Q, R, S, T, I\}$ ein Element $X^{-1} \in \{P, Q, R, S, T, I\}$ mit $X \circ X^{-1} = X^{-1} \circ X = E$? Ist es jeweils das einzige solche Element? Welches sind diese Elemente für P, Q, R, S, T und I?
- Ist die Verknüpfung $\circ$ auf $\{P, Q, R, S, T, I\}$ assoziativ? Prüfen Sie ein paar Beispiele!
- Ist die Verknüpfung $\circ$ auf $\{P, Q, R, S, T, I\}$ kommutativ?

Lösung:
- Ja, jede Verknüpfung zweier Symmetrieabbildungen ist wieder eine Symmetrieabbildung. Diese Eigenschaft nennt man Abgeschlossenheit der Verknüpfung $\circ$ auf $\{P, Q, R, S, T, I\}$.
- Das gesuchte Element E ist I: Eine Drehung um $360°$ bildet jede Ecke auf sich selbst ab. So ein Element heißt neutrales Element der Verknüpfung.
- I steht in jeder Zeile genau einmal. Die Zellen der Tabelle, in denen I steht, sind symmetrisch zur Diagonale der Tabelle (kursiv hervorgehoben). Also gibt es für jede Verknüpfung $X \in \{P, Q, R, S, T, I\}$ genau eine Abbildung $X^{-1} \in \{P, Q, R, S, T, I\}$ mit $X \circ X^{-1} = X^{-1} \circ X = E$. X^{-1} heißt inverses Element zu X. Es sind: $I^{-1} = I$, $P^{-1} = P$, $Q^{-1} = Q$, $R^{-1} = R$, $S^{-1} = T$ und $T^{-1} = S$.
- Die Abbildung ist assoziativ. Z. B. ist $(P \circ Q) \circ S = T \circ S = I$ und $P \circ (Q \circ S) = P \circ P = I$
- Die Abbildung ist nicht kommutativ, denn z. B. ist $P \circ Q = T \neq S = Q \circ P$

Definition: Eine Menge G, zwischen deren Elementen eine Verknüpfung $\circ$ definiert ist, nennt man eine *Gruppe* (w), wenn folgende Bedingungen erfüllt sind:
1. Abgeschlossenheit (w): Die Verknüpfung $a \circ b$ zweier Elemente a und b von G ergibt stets wieder ein Element von G. Die Menge G ist bezüglich der Verknüpfung $\circ$ abgeschlossen.
2. Assoziativität: Für beliebige Elemente $a, b, c \in G$ gilt: $a \circ (b \circ c) = (a \circ b) \circ c$
3. *Existenz des neutralen Elements*: Es gibt ein Element $e \in G$, so dass $e \circ a = a \circ e = a$ $\forall \, a \in G$
4. *Existenz der inversen Elemente*: zu jedem Element $a \in G$ gibt es ein Element $a^{-1} \in G$, mit $a \circ a^{-1} = a^{-1} \circ a = e$.

Ist die Verknüpfung außerdem kommutativ, d. h. $a \circ b = b \circ a \; \forall \, a, b \in G$, so heißt die Gruppe *abelsch*.

Ist die Mächtigkeit von G endlich, so heißt $|G|$ die Ordnung der Gruppe.

Beispiel: Die Menge der Symmetrieabbildungen $\{I, P, Q, R, S, T\}$ für ein gleichseitiges Dreieck ist zusammen mit der Verknüpfung $\circ$ der Hintereinanderausführung der Symmetrieabbildungen eine nicht-abelsche Gruppe. Sie heißt Dïeder-Gruppe D_3 (gesprochen Di-eder).

Aufgabe: Beweisen Sie, dass die folgenden Sätze für Gruppen zutreffen:
- Es gibt genau ein neutrales Element e.
- Für dieses neutrale Element ist $e^{-1} = e$.
- Ist $x \circ x = x$, dann ist $x = e$.
- Zu jedem Element $a \in G$ ist das inverse Element $a^{-1} \in G$ eindeutig.

Lösung:
- Seien e_1 und e_2 zwei verschiedene neutrale Elemente.
  Da e_1 ein neutrales Element ist, gilt $e_1 \circ e_2 = e_2$, da e_2 ein neutrales Element ist, gilt
  $e_1 \circ e_2 = e_1$
  $\Rightarrow e_1 = e_2$ ✓
- e^{-1} ist inverses Element zu e, also ist $e^{-1} \circ e = e$.
  e ist neutrales Element, also ist $e^{-1} \circ e = e^{-1}$
  $\Rightarrow e^{-1} = e$ ✓
- $x \circ x = x$
  Verknüpfung von links mit $x^{-1} \Rightarrow x^{-1} \circ (x \circ x) = x^{-1} \circ x$
  und wegen der Assoziativität: $(x^{-1} \circ x) \circ x = x^{-1} \circ x$ und damit $e \circ x = e$, also $x = e$ ✓
- Seien $(a^{-1})_1$ und $(a^{-1})_2$ zwei inverse Elemente zu a. Dann ist $(a^{-1})_1 \circ a = e = (a^{-1})_2 \circ a$
  Verknüpfung von rechts mit $(a^{-1})_1$ ergibt: $[(a^{-1})_1 \circ a] \circ (a^{-1})_1 = [(a^{-1})_2 \circ a] \circ (a^{-1})_1$
  Wegen der Assoziativität ist dann $(a^{-1})_1 \circ [a \circ (a^{-1})_1] = (a^{-1})_2 \circ [a \circ (a^{-1})_1]$
  Mit $a \circ (a^{-1})_1 = e$ folgt dann $(a^{-1})_1 = (a^{-1})_2$ ✓   □

Aufgabe: Beweisen Sie, dass die folgenden Sätze für Gruppen zutreffen:
- $a \circ b = a \circ c \Leftrightarrow b = c$.
- $b \circ a = c \circ a \Leftrightarrow b = c$

Lösung:
- „$\Leftarrow$": evident
  „$\Rightarrow$": Verknüpfung der Gleichung $a \circ b = a \circ c$ von links mit a^{-1} und Assoziativität $\Rightarrow$
  $b = c$
- „$\Leftarrow$": evident
  „$\Rightarrow$": Verknüpfung der Gleichung $b \circ a = c \circ a$ von rechts mit a^{-1} und Assoziativität
  $\Rightarrow b = c$ □

Bemerkung: Diese Tatsache ist Grundlage dafür, dass die Äquivalenzumformungen bei Gleichungen die Lösungsmenge nicht ändern.

Bemerkung: Daraus folgt, dass in jeder Zeile der Verknüpfungstabelle ein Element höchstens einmal vorkommen kann.
Weil es bei einer Gruppe der Ordnung n auch n Spalten gibt, muss also jedes Element der Gruppe genau einmal in jeder Zeile stehen.
Analog: jedes Element der Gruppe steht genau einmal in jeder Spalte.

Das erinnert an die Regeln für das normale Sudoku, bei dem in jeder Zeile und jeder Spalte jede Ziffer genau einmal vorkommen muss.

Aufgabe: Erstellen Sie eine Verknüpfungstafel der Ordnung 2 und 3!

Lösung: Da an erster Stelle jeweils die Verknüpfung mit e steht, lassen sich die erste Zeile und die erste Spalte sofort ausfüllen. Es fehlt nur noch das Element in der zweiten Zeile und zweiten Spalte. Weil in jeder Zeile und in jeder Spalte jedes Element nur genau einmal vorkommen kann, ergibt sich für a ∘ a = e.

∘	e	a
e	e	a
a	a	e

Für die Verknüpfungstafel einer Gruppe der Ordnung 3 findet man:

Da e das neutrale Element ist, lassen sich die erste Zeile und die erste Spalte wieder sofort ausfüllen.

Da in der dritten Spalte bereits b und in der zweiten Zeile bereits a vorkommen, bleibt in dieser Zelle für a ∘ b der Tabelle nur e. Analog für die dritte Zeile und zweite Spalte. Dann lassen sich die restlichen zwei Zellen leicht ausfüllen.

∘	e	a	b
e	e	a	b
a	a	b	e
b	b	e	a

Für die Verknüpfungstafel einer Gruppe der Ordnung 4 gibt es zwei verschiedene Verknüpfungstafeln:

∘	e	a	b	c
e	e	a	b	c
a	a	e	c	b
b	b	c	e	a
c	c	b	a	e

Das ist die Verknüpfungstafel einer sogenannten Kleinschen Vierergruppe und

∘	e	a	b	c
e	e	a	b	c
a	a	b	c	e
b	b	c	e	a
c	c	e	a	b

Dabei handelt es sich um die Verknüpfungstafel einer zyklischen Gruppe.

10.1.2   Restklassen

Betrachtet werde nun ein Kreis in Abb. 10.3, an den die Zahlen 0, 1, 2 und 3 in regelmä-
ßigen Abständen markiert sind.

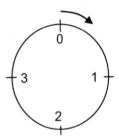

Abb. 10.3 Kreis zum Ablesen der Restklassen modulo 4

Man geht von 0 ausgehend in Pfeilrichtung n Schritte und notiert, bei welcher Zahl man
stehenbleibt. Für n = 1 ist es die Zahl 1, gleichermaßen für n = 2, 3 die Zahlen 2, 3. Geht
man 4 Schritte, so landet man bei der 0. Bei 5 Schritten erreicht man die 1.
Man erkennt: die Zahl ergibt sich als Rest bei Division durch 4.
Diese Zahl bezeichnet man als n mod 4, gesprochen: „n modulo 4".

Beispiel: $13 \bmod 4 = 1$, denn $13 = 3 \cdot 4 + 1$.

Die *Restklasse* 1 modulo 4 besteht aus den Zahlen 1, 5, 9, 13, 17, 21, . . . , nämlich aus all
den natürlichen Zahlen, bei denen sich 1 als Rest bei Division durch 4 ergibt. Im Beispiel
hier wird dafür $\overline{1}$ geschrieben.

Definition: Sei m eine Zahl aus $\mathbb{N}$, a eine natürliche Zahl mit $a \leq m$.
Dann ist die *Restklasse* a + km mit $k \in \mathbb{N}$ (oder auch $a + m\mathbb{N}$) die Menge aller natürlicher
Zahlen, die bei Division durch m denselben Rest haben wie a.

Folgende Rechnung zeigt, was man unter der Addition $\oplus$ zweier Restklassen modulo 4
versteht:
$(4m + 2) \bmod 4 + (4n + 3) \bmod 4 = [(4m + 2) + (4n + 3)] \bmod 4$
$= [(m + n) \cdot 4 + 2 + 3] \bmod 4 = 5 \bmod 4 = 1$
$\Rightarrow \overline{2} \oplus \overline{3} = \overline{2 + 3} = \overline{5} = \overline{1}.$

Aufgabe: Stellen Sie die Verknüpfungstafel für die Restklasse modulo 4 zusammen mit
der Addition auf! Vergleichen Sie mit der Verknüpfungstafel der zyklischen Gruppe der
Ordnung 4!

Lösung: Die Verknüpfungstabelle der Restklassen $R_4 = \{\bar{0}, \bar{1}, \bar{2}, \bar{3}\}$ zusammen mit der Addition $\oplus$ ist in Abb. 10.4a dargestellt.

Man erkennt: Die Menge R_4 der Restklassen modulo 4 bildet zusammen mit der Addition eine abelsche Gruppe.

a

$\oplus$	$\bar{0}$	$\bar{1}$	$\bar{2}$	$\bar{3}$
$\bar{0}$	$\bar{0}$	$\bar{1}$	$\bar{2}$	$\bar{3}$
$\bar{1}$	$\bar{1}$	$\bar{2}$	$\bar{3}$	$\bar{0}$
$\bar{2}$	$\bar{2}$	$\bar{3}$	$\bar{0}$	$\bar{1}$
$\bar{3}$	$\bar{3}$	$\bar{0}$	$\bar{1}$	$\bar{2}$

b

$\circ$	e	a	b	c
e	e	a	b	c
a	a	b	c	e
b	b	c	e	a
c	c	e	a	b

Abb. 10.4 Die Verknüpfungstafel **a** der Gruppe der Restklassen modulo 4 zusammen mit der Addition im Vergleich zu **b** der einer zyklischen Gruppe der Ordnung 4

Zum Vergleich ist nochmals die Verknüpfungstafel einer zyklischen Gruppe der Ordnung 4 in Abb. 10.4b gezeigt. Die Elemente sind in beiden Tabellen jeweils mit verschiedenen Farben hinterlegt. Man sieht, dass die farbige Hinterlegung bei beiden Verknüpfungstafeln dieselbe ist.

10.1.3 Gruppen-Homomorphismus

Definition: Gegeben seien zwei Gruppen $(G; \circ)$ und $(H; *)$.
Dann heißt eine Abbildung $\varphi : G \to H$ *Gruppen-Homomorphismus* (m), falls
$\varphi(a \circ b) = \varphi(a) * \varphi(b) \; \forall \, a, b \in G$.

Bemerkung: Bei einem Gruppen-Homomorphismus spielt es keine Rolle, ob zuerst zwei Elemente von G verknüpft und dann das Ergebnis mit φ abgebildet wird, oder ob die durch die Abbildung φ erzeugten Bilder verknüpft werden.

Satz: Das neutrale Element e_G von G wird durch den *Gruppen-Homomorphismus* φ auf das neutrale Element von H abgebildet.
Für alle Elemente $a \in G$ gilt: Der Homomorphismus φ bildet das inverse Element a^{-1} zu a auf das inverse Element $[\varphi(a)]^{-1}$ von $\varphi(a) \in H$ ab.
Beweis: zu zeigen: $\varphi(e_G) = e_H$
$\forall \, a \in G$ gilt: $\varphi(a) = \varphi(a \circ e_G) = \varphi(a) * \varphi(e_G) \Rightarrow \varphi(e_G) = e_H$, das neutrale Element von H. ✓
zu zeigen: $\varphi(a^{-1}) = [\varphi(a)]^{-1}$
$\forall \, a \in G$ gilt: $e_H = \varphi(a \circ a^{-1}) = \varphi(a) * \varphi(a^{-1}) \Rightarrow [\varphi(a)]^{-1} = \varphi(a^{-1})$ ✓ □

Im Beispiel der Restklassen modulo 4 von oben ist der Homomorphismus φ definiert durch die Abbildung der einzelnen Elemente: $\varphi : \overline{0} \to e, \overline{1} \to a, \overline{2} \to b, \overline{3} \to c$
Da in diesem Beispiel die Abbildung bijektiv ist, nennt man φ *Isomorphismus*.

Bemerkung: Der Übersichtlichkeit halber wurden hier die Elemente der beiden Gruppen in den Verknüpfungstafeln gleich angeordnet. Die Reihenfolge der Elemente und ihrer Bilder muss in den Verknüpfungstafeln allerdings nicht dieselbe sein.

10.1.4 Permutationsgruppen

Die Zahlen 1, 2 und drei können in 6 verschiedenen Reihenfolgen geschrieben werden: 123, 132, 213, 231, 312 und 321.

Definition: Eine *Permutation* über der Menge $M = \{1, 2, 3, \ldots, n\}$ ist eine Funktion, welche jeder Zahl aus M eineindeutig eine Zahl derselben Menge M zuordnet.
$\begin{pmatrix} 1 & 2 & 3 & \cdots & n \\ z_1 & z_2 & z_3 & \cdots & z_n \end{pmatrix}$ mit $M = \{z_1, z_2, z_3, \ldots, z_n\}$ definiert dann eine Permutation.

Satz: Die Gesamtheit aller Permutationen der Menge M zusammen mit der Verknüpfung Hintereinanderausführung ist eine nicht-abelsche Gruppe, sie heißt volle Permutationsgruppe über der Menge M.

Beweis: Für die Permutationsgruppe mit $n = 3$ sind die Permutationen: $\begin{pmatrix} 1 & 2 & 3 \\ 1 & 2 & 3 \end{pmatrix}$,

$\begin{pmatrix} 1 & 2 & 3 \\ 1 & 3 & 2 \end{pmatrix}$, $\begin{pmatrix} 1 & 2 & 3 \\ 2 & 1 & 3 \end{pmatrix}$, $\begin{pmatrix} 1 & 2 & 3 \\ 2 & 3 & 1 \end{pmatrix}$, $\begin{pmatrix} 1 & 2 & 3 \\ 3 & 1 & 2 \end{pmatrix}$ und $\begin{pmatrix} 1 & 2 & 3 \\ 3 & 2 & 1 \end{pmatrix}$.

Es ist leicht zu erkennen, dass diese Permutationen als die Symmetrieabbildungen I, R, P, S, T und Q (in dieser Reihenfolge) im gleichseitigen Dreieck interpretiert werden können: in der oberen Zeile stehen die Ecken 1, 2 und 3. In der unteren die Zahlen, die nach der Abbildung an der jeweiligen Ecke gelandet sind. Damit gibt es eine bijektive Abbildung φ, die die Symmetrieabbildungen I, P, Q, R, S und T auf die Permutationen der Menge $\{1, 2, 3\}$ abbildet. Die Symmetrieabbildungen zusammen mit der Verknüpfung der Hintereinanderausführung bilden die nicht-kommutative Dieder-Gruppe D_3. Die Menge der Permutationen zusammen mit der Verknüpfung der Hintereinanderausführung bildet also eine nicht-kommutative Gruppe. Sie heißt S_3. □

10.2 Körper

Definition: Eine algebraische Struktur $(K; +; \cdot)$, die aus einer Menge K (mit $|K| \geq 2$) zusammen mit zwei Verknüpfungen $+$ und $\cdot$ besteht, heißt genau dann Körper (m), wenn folgende Axiome erfüllt sind:

1. $(K; +)$ ist eine abelsche Gruppe. Ihr neutrales Element heißt Nullelement 0.
2. $(K \setminus \{0\}; \cdot)$ ist eine abelsche Gruppe. Ihr neutrales Element heißt Einselement 1.
3. Distributivität: $a \cdot (b + c) = a \cdot b + a \cdot c \ \forall\, a, b, c \in K$

Das inverse Element zu $a \in K$ bei der Verknüpfung $+$ heißt $-a$.
Das inverse Element zu $a \in K \setminus \{0\}$ bei der Verknüpfung $\cdot$ heißt a^{-1}.
Die Subtraktion wird wie folgt definiert: $a - b := a + (-b)$
Die Division wird wie folgt definiert: $a : b := a \cdot b^{-1}$

Bemerkung: Eine algebraische Struktur ist eine Menge zusammen mit Verknüpfungen auf dieser Menge. Gruppen verbinden eine Menge mit nur einer Verknüpfung, beim Körper sind es zwei Verknüpfungen.

Aufgabe: Überprüfen Sie, ob $(\mathbb{Q}; +; \cdot)$ ein Körper ist!
Lösung: $(\mathbb{Q}; +)$ ist eine abelsche Gruppe:
Abgeschlossenheit: die Summe zweier Brüche ist ein Bruch
Assoziativität der Addition ✓
Neutrales Element: 0
Inverses Element zu $q = \frac{m}{n}$: $-q = \frac{-m}{n}$
Kommutativität der Addition ✓.
$(\mathbb{Q} \setminus \{0\}; \cdot)$ ist eine abelsche Gruppe:
Abgeschlossenheit: Das Produkt zweier von Null verschiedener Brüche ist ein von Null verschiedener Bruch.
Assoziativität der Mulitplikation ✓
Neutrales Element: 1
Inverses Element: $q^{-1} = \left(\frac{m}{n}\right)^{-1} = \frac{n}{m}$ für $q \neq 0$
Kommutativität der Multiplikation ✓
Distributivität: ✓
Also ist $(\mathbb{Q}; +; \cdot)$ ein Körper.

Bemerkung: $(\mathbb{R}; +; \cdot)$ ist ein Körper. Die Begründung erfolgt wie für $(\mathbb{Q}; +; \cdot)$.

In einem Körper rechnet man, wie Sie das Rechnen gewohnt sind. Alle diese Rechenregeln werden im Folgenden aus den Körperaxiomen hergeleitet.

In Körpern gelten die **Kürzungsregeln**:
Seien $a, b, x \in K$, $c, d, y \in K \setminus \{0\} =: K^*$.
Dann gilt: $a + x = b + x \Rightarrow a = b$ und $cy = dy \Rightarrow c = d$
Beweis: für $a + x = b + x \Rightarrow a = b$
$a \overset{(1)}{=} a + 0 \overset{(2)}{=} a + (x + (-x)) \overset{(3)}{=} (a + x) + (-x)$
$\overset{(4)}{=} (b + x) + (-x) \overset{(3)}{=} b + (x + (-x)) \overset{(2)}{=} b + 0 \overset{(1)}{=} b$ ✓
(1) neutrales Element, (2) inverses Element, (3) Assoziativität, (4) Voraussetzung, dass $a + x = b + x$
Analog für die Multiplikation ✓   □

Des weiteren gilt für einen Körper $(K; +; \cdot)$:

Seien $a, b \in K, c \in K^*$ beliebig.

Dann gilt: $0 \cdot a = 0$, $-(-a) = a$, $(c^{-1})^{-1} = c$, $a \cdot (-b) = (-a)b = -ab$ und $(-a)(-b) = ab$

Aufgabe: Führen Sie den Beweis für diese Aussagen!

Lösung: Der Einfachheit halber sind die Begründungen für jeden einzelnen Schritt (über dem Gleichheitszeichen) weggelassen, fügen Sie sie selbst ein!

$0 \cdot a + 0 = 0 \cdot a = (0 + 0) \cdot a = 0 \cdot a + 0 \cdot a \Rightarrow 0 = 0 \cdot a$ ✓

$(-a) + a = a + (-a) = 0 = (-a) + -(-a) \Rightarrow a = -(-a)$ ✓

$(c^{-1}) \cdot c = c \cdot c^{-1} = 1 = c^{-1} \cdot (c^{-1})^{-1} \Rightarrow c = (c^{-1})^{-1}$ ✓

$a \cdot (-b) + ab = a((-b) + b) = a \cdot 0 = 0 \cdot a = 0 \Rightarrow a(-b) = -(ab)$ ✓

$(-a)b + ab = (-a + a) \cdot b = 0 \cdot b = b \cdot 0 = 0 \Rightarrow (-a)b = -(ab) = -ab$ ✓

$(-a)(-b) + (-a)b = (-a)(-b + b) = (-a) \cdot 0 = 0 \Rightarrow (-a)(-b) = -(-ab) = ab$ ✓ $\square$

Klammerregeln:

$a + (b + c) = (a + b) + c = a + b + c$ (Assoziativität der Addition)

$a + (b - c) = a + (b + (-1)c))$

$\qquad\qquad = a + b + (-1)c = a + b - c$ $(-x = (-1)x)$

$a - (b + c) = a + (-1) \cdot (b + c)$

$\qquad\qquad = a + (-1) \cdot b + (-1) \cdot c = a - b - c$ (Distributivität)

$a - (b - c) = a + (-1) \cdot (b + (-1) \cdot c)$

$\qquad\qquad = a + (-1) \cdot b + (-1) \cdot (-1) \cdot c = a - b + c.$ $((-1)(-1) = +1)$

Des weiteren gilt der sehr wichtige **Satz**:

Ein Produkt ist genau dann Null, wenn mindestens einer der Faktoren Null ist.

D. h. $a \neq 0$ und $b \neq 0 \Rightarrow a \cdot b \neq 0$ und $a \cdot b = 0 \Rightarrow a = 0$ oder $b = 0$

Beweis:

„$\Rightarrow$": Beweis durch Widerspruch

    Annahme: $a \neq 0$ und $b \neq 0$ und $a \cdot b = 0$

    $0 = a^{-1} \cdot 0 = a^{-1}(ab) = (a^{-1}a)b = 1 \cdot b = b \neq 0$ Widerspruch.

    also ist $a \neq 0$ und $b \neq 0 \Rightarrow a \cdot b \neq 0$ deshalb ist: $ab = 0 \Rightarrow a = 0$ oder $b = 0$ ✓

    (denn wäre $a \neq 0$ und $b \neq 0$, dann würde daraus folgen $a \cdot b \neq 0$)

    Alternativ: Ist $(K; +; \cdot)$ ein Körper, so ist $(K \setminus 0; \cdot)$ eine abelsche Gruppe also abgeschlossen. ✓

„$\Leftarrow$": $a = b = 0 \Rightarrow ab = 0$, denn $0a = 0 \; \forall \, a \in K$ ✓ $\square$

Anordnungseigenschaft von Körpern: Sie kennen von natürlichen Zahlen, ganzen Zahlen, rationalen Zahlen und auch von reellen Zahlen, dass man sie auf dem Zahlenstrahl anordnen kann. D. h. dass für zwei Zahlen, die nicht gleich sind, eine die größere und die andere die kleinere Zahl ist.

Das ist nicht bei allen Körpern der Fall. In den Abschn. 21.4 und 21.5 wird gezeigt, dass die Menge der komplexen Zahlen zusammen mit der auf ihr definierten Addition und Multiplikation einen Körper bildet, die komplexen Zahlen aber nicht über die Anordnungseigenschaft verfügen.

Anordnungsaxiome (s)

Definition: Ein Körper $(K; +; \cdot)$ (m) heißt angeordnet, wenn es eine Teilmenge $P \subset K$ mit $0 \notin P$ gibt, sodass gilt:

A1. $\forall\, a \in K$ gilt genau eine der drei Aussagen: $a \in P$, $-a \in P$ oder $a = 0$

A2. $\forall\, a, b \in P$ gilt: $a + b \in P$ und $a \cdot b \in P$.

P heißt dann der Positivbereich des Körpers K.

Für einen angeordneten Körper definiert man:

$a > 0 :\Leftrightarrow a \in P$

$a > b :\Leftrightarrow a - b > 0$

$a \geq b :\Leftrightarrow a - b > 0$ oder $a - b = 0$

$a < b :\Leftrightarrow b - a > 0$

$a \leq b :\Leftrightarrow b - a > 0$ oder $b - a = 0$

Formulieren Sie die Anordnungsaxiome so um, dass Sie das „>"-Zeichen benutzen. Dann werden die Axiome anschaulicher.

Folgerungen

Wie schon bei den Körperaxiomen die Rechenregeln, so lassen sich aus den Anordnungsaxiomen alle Regeln zum Rechnen mit Ungleichungen herleiten:

1. Für beliebige $a, b \in K$ gilt genau eine der Aussagen: $a > b$, $a < b$ oder $a = b$.
   Beweis: $a, b \in K \Rightarrow a + (-b) \in K \Rightarrow$ genau eine der folgenden Aussagen trifft zu:
   $$a - b > 0 \text{ oder } a - b = 0 \text{ oder } a - b < 0.$$
   $$\Rightarrow a > b \text{ oder } a < b \text{ oder } a = b. \quad \square$$

2. Transitivität: aus $a > b$ und $b > c$ folgt $a > c$.
   Beweis: $a > b \Rightarrow a - b > 0$ und $b > c \Rightarrow b - c > 0$
   $$\Rightarrow (a - b) + (b - c) > 0 \Rightarrow a - c > 0 \Rightarrow a > c \quad \square$$

3. $a > b \Rightarrow \begin{cases} \frac{1}{a} < \frac{1}{b} & \text{falls } b > 0 \\ a + c > b + c & \text{immer} \\ a \cdot c > b \cdot c & \text{falls } c > 0 \\ a \cdot c < b \cdot c & \text{falls } c < 0 \end{cases}$

   Beweis: $a > b \Rightarrow a - b > 0 \Rightarrow (a + c) - (b + c) > 0 \Rightarrow a + c > b + c$ (zweite Zeile) ✓

   $a > b \Rightarrow a - b > 0$ sei außerdem $c > 0$, dann gilt nach Axiom A2.

   $(a - b) \cdot c > 0 \Rightarrow ac - bc > 0 \Rightarrow ac > bc$ (dritte Zeile) ✓

$a > b \Rightarrow a - b > 0$ sei außerdem $c < 0$, d. h. $-c > 0$, dann gilt nach Axiom A2:

$(a - b)(-c) > 0 \Rightarrow -ac + bc > 0 \Rightarrow ac < bc$ (vierte Zeile) ✓

$a > b$ Annahme: dann gelte $\frac{1}{a} > \frac{1}{b}$ falls $b > 0$

mit $a > b > 0$ folgt: $a > 0$, also auch $ab > 0$

$\Rightarrow \frac{1}{a}ab > \frac{1}{b}ab \Rightarrow b > a$, Widerspruch zu $a > b$

Annahme: dann gelte $\frac{1}{a} = \frac{1}{b}$ falls $b > 0$

$\Rightarrow \frac{1}{a}ab = \frac{1}{b}ab \Rightarrow b = a$, Widerspruch zu $a > b$

Also ist $\frac{1}{a} < \frac{1}{b}$ (erste Zeile) ✓   □

Bemerkung: Aus $a > b \Rightarrow a + c > b + c$ folgt, dass $a + c > b + c \Rightarrow a > b$

Also gilt $a > b \Leftrightarrow a + c > b + c$, d. h. bei einer Ungleichung ändert die Addition bzw. Subtraktion einer Zahl oder eines Terms die Lösungsmenge nicht.

Analog für $a > b \Rightarrow a \cdot c > b \cdot c$ falls $c > 0$ bzw. $a \cdot c < b \cdot c$ falls $c < 0$, sodas die Multiplikation beider Seiten einer Ungleichung mit einer positiven Zahl/einem positiven Term die Lösungsmenge der Ungleichung nicht ändert, bzw. bei Multiplikation mit einer negativen Zahl/einem negativen Term die Lösungsmenge sich nicht ändert, wenn das Ungleichheitszeichen umgedreht wird.

4. $a > b$ und $\alpha > \beta \Rightarrow \begin{cases} a + \alpha > b + \beta & \text{immer} \\ a \cdot \alpha > b \cdot \beta & \text{falls } b, \beta > 0 \end{cases}$

   Beweis: $a > b \Rightarrow a + \alpha > b + \alpha$

   $\alpha > \beta \Rightarrow \alpha + b > \beta + b$

   also $a + \alpha > b + \alpha > b + \beta$ (erste Zeile) ✓

   $\alpha > \beta$ und $\beta > 0 \Rightarrow \alpha > 0$

   $a > b$ und $\alpha > 0 \Rightarrow a\alpha > b\alpha$

   $\alpha > \beta$ und $b > 0 \Rightarrow \alpha b > \beta b$

   also $a\alpha > b\alpha > \beta b$ (zweite Zeile) ✓   □

5. Aus $a > b > 0$ folgt $a^n > b^n$ für $n \in \mathbb{N}$

   Beweis: durch vollständige Induktion.

   Induktionsbeginn: $n = 1$: $a^1 > b^1$, da $a > b$ ✓

   Induktionsvoraussetzung: $a^n > b^n$

   Induktionsschritt: $a^n > b^n$ und $a > b \Rightarrow a^n a > b^n b$ (wegen Folgerung 4, zweite Zeile) $\Rightarrow a^{n+1} > b^{n+1}$ ✓   □

   Das war bereits als 1. Monotoniegesetz für Potenzen im Abschn. 3.3 gezeigt worden.

Bemerkung: Das Verfahren des Induktionsbeweises wird im Abschn. 15.2 besprochen.

6. $a \neq 0 \Rightarrow a^2 > 0$

   Beweis: 1. Fall: $a > 0 \Rightarrow a^2 > 0^2 = 0$ (mit Folgerung 5)

   2. Fall: $a < 0 \Rightarrow -a > 0 \Rightarrow (-a)^2 = a^2 > 0$ (mit Folgerung 5).   □

7. $1 > 0$

Beweis: $1 = 1 \cdot 1 = 1^2 > 0$ (erster Schritt: 1 ist das neutrale Element der Multiplikation, zweiter Schritt: Folgerung 6.) $\square$

Uns ist so vertraut, dass $1 > 0$ ist. Wir stellen uns das automatisch am Zahlenstrahl vor, an dem wir das ganz einfach ablesen können. Nun ist aber bewiesen, dass in jedem angeordneten Körper das neutrale Element der Multiplikation größer als das neutrale Element der Addition ist.

8. $a > 0 \Rightarrow a^{-1} > 0$.

Beweis: Annahme: $a^{-1} \leq 0 \Rightarrow aa^{-1} \leq 0 \Rightarrow 1 \leq 0$ Widerspruch zu 7. Also ist $a^{-1} > 0$ für $a > 0$ $\square$

Alle diese Gesetze kennen Sie vom Rechnen mit reellen Zahlen.
Ab jetzt rechnen Sie so, wie Sie schon immer gerechnet haben. Nun aber mit guter Begründung!

10.3 Vektorräume

10.3.1 Definition und Beispiele

Definition: Seien V eine Menge, $(K, +, \cdot)$ ein Körper mit den neutralen Elementen 0 für die Addition und 1 für die Multiplikation,
$\oplus$ eine Verknüpfung $V \times V \to V$ (Vektoraddition) und
$\odot$ eine Verknüpfung $K \times V \to V$ (S-Multiplikation)
Dann heißt $(V; \oplus; \odot)$ *Vektorraum* (m) über dem Körper K oder K-Vektorraum, wenn gilt:
- $(V, \oplus)$ ist eine abelsche Gruppe und
- $(rs) \odot \vec{a} = r(s \odot \vec{a})$ $\quad \forall r, s \in K$ und $\vec{a} \in V$ $\qquad$ (Assoziativität)

$r \odot (\vec{a} \oplus \vec{b}) = r \odot \vec{a} \oplus r \odot \vec{b}$ $\quad \forall r \in K$ und $\vec{a}, \vec{b} \in V$ $\quad$ (Distributivität (1))

$(r + s) \odot \vec{a} = r \odot \vec{a} \oplus s \odot \vec{a}$ $\quad \forall r, s \in K$ und $\vec{a} \in V$ $\quad$ (Distributivität (2))

$1 \odot \vec{a} = \vec{a}$ $\qquad\qquad\qquad\qquad\qquad$ (unitäres Gesetz)

$\vec{0}$ heißt Nullvektor, für ihn gilt: $\vec{0} \oplus \vec{a} = \vec{a} \oplus \vec{0} = \vec{a}$
$-\vec{a}$ heißt Gegenvektor zu $\vec{a}$, für ihn gilt: $(-\vec{a}) \oplus \vec{a} = \vec{a} \oplus (-\vec{a}) = \vec{0}$
Die Subtraktion von Vektoren ist wie folgt definiert: $\vec{a} \ominus \vec{b} := \vec{a} \oplus (-\vec{b})$

Aufgabe: Beweisen Sie: ist 0 das neutrale Element des Körpers K, so ist $0 \odot \vec{a} = \vec{0} \ \forall \vec{a} \in V$ der Nullvektor.
Lösung: $\vec{a} = (1 + 0) \odot \vec{a} = 1 \odot \vec{a} \oplus 0 \odot \vec{a} = \vec{a} \oplus 0 \odot \vec{a} \Rightarrow 0 \odot \vec{a} = \vec{0}$ $\square$

Bemerkung: Die hier verwendete Kürzungsregel lässt sich so beweisen, wie die Kürzungsregel für Körper bewiesen worden ist.

Für den arithmetischen Vektorraum $\mathbb{R}^3$ (dem 3-fachen kartesischen Produkt über der Menge $\mathbb{R}$, das wir bisher intuitiv als Vektoren mit 3 Koordinaten verstanden haben) zusammen mit der Vektoraddition und S-Multiplikation wurden bereits ausgehend von Kenntnissen aus der Elementargeometrie die Eigenschaften eines Vektorraums gezeigt.
Selbstverständlich gilt das auch für den $\mathbb{R}^n$.

Aufgabe: Die Menge P der Polynome vom Grad höchstens n, deren Koeffizienten $a_0, a_1, \ldots, a_n$ reell sind, bildet zusammen mit der gewöhnlichen Addition und der gewöhnlichen Multiplikation mit einer reellen Zahl einen Vektorraum.
Lösung: $(P, +)$ ist eine abelsche Gruppe, denn
die Summe von Polynomen vom Grad $\leq$ n ist wieder ein Polynom vom Grad $\leq$ n
es gelten die Assoziativität und Kommutativität, da sie für das Rechnen in $\mathbb{R}$ gelten
das neutrale Element ist ein Polynom mit den Koeffizienten $a_0 = a_1 = \ldots = a_n = 0$
das inverse Element zu einem Polynom mit den Koeffizienten $a_0, a_1, \ldots, a_n$ ist ein Polynom mit den Koeffizienten $-a_0, -a_1, \ldots, -a_n$ und damit wieder ein Polynom vom Grad $\leq$ n.
$(rs)p(x) = r(sp(x)) \; \forall \, r, s \in \mathbb{R}$ und $p(x) \in P$
$r(p(x) + q(x)) = rp(x) + rq(x) \; \forall \, r \in \mathbb{R}$ und $p(x), q(x) \in P$
$(r + s)p(x) = rp(x) + sp(x) \; \forall \, r, s \in \mathbb{R}$ und $p(x) \in P$
$1 \cdot p(x) = p(x)$
da die entsprechenden Rechenregeln in $\mathbb{R}$ gelten. $\square$

Bemerkung: Auch die Polynome von unbegrenztem Grad bilden einen Vektorraum.

10.3.2   Untervektorräume

Definition: Es sei V ein Vektorraum über einem Körper K, U sei eine Teilmenge von V. Ist U bezüglich der auf V definierten Verknüpfungen, der Vektoraddition und der S-Multiplikation, selbst ein Vektorraum über K, so heißt U ein *Untervektorraum* (kurz: Unterraum) (m) von V.

Satz: Sei $U \subset V$, dann ist U genau dann Unterraum von V, wenn gilt:
1. $U \neq \{\}$ und
2. $\vec{u}_1 + \vec{u}_2 \in U \; \forall \, \vec{u}_1, \vec{u}_2 \in U$ und
3. $k\vec{u} \in U \; \forall \, k \in K$ und $\vec{u} \in U$
Beweis:
„$\Leftarrow$": U ist Unterraum von V $\Rightarrow$ U ist ein Vektorraum $\Rightarrow$ U $\neq \{\}$, U ist abgeschlossen
     bzgl. der Addition, U ist abgeschlossen bzgl. der S-Multiplikation. $\checkmark$
„$\Rightarrow$": Abgeschlossenheit bzgl. der Addition $\checkmark$ (2.)
     Assoziativität der Addition $\checkmark$, weil sie in ganz V gegeben ist.
     Kommutativität der Addition $\checkmark$, weil sie in ganz V gegeben ist.

$\vec{u} \in U \Rightarrow (-1)\vec{u} \in U$ (wegen 3.) $\Rightarrow \forall \vec{u} \in U \, \exists -\vec{u} \in U$ das inverse Element zu $\vec{u}$. ✓

$\Rightarrow \forall \vec{u} \in U$ ist $\vec{u} + (-\vec{u}) = \vec{0} \in U$ (wegen 2.) das neutrale Element. ✓

$\Rightarrow (U, +)$ ist eine abelsche Gruppe.

Die anderen Eigenschaften des Vektorraums V sind auf U übertragbar.

$\Rightarrow (U, +, \cdot)$ ist ein Vektorraum. $\square$

Beispiel: $U = \left\{ \begin{pmatrix} u_1 \\ u_2 \end{pmatrix} \middle| u_1 + u_2 = 0, \, u_1, u_2 \in \mathbb{R} \right\}$ ist Untervektorraum des $\mathbb{R}^2$.

Beweis: sei $\vec{u} = \begin{pmatrix} u_1 \\ u_2 \end{pmatrix} \in U$ und $\vec{v} = \begin{pmatrix} v_1 \\ v_2 \end{pmatrix} \in U$,

dann ist $u_1 + u_2 = 0$ und $v_1 + v_2 = 0 \Rightarrow (u_1 + u_2) + (v_1 + v_2) = 0 \Rightarrow \vec{u} + \vec{v} \in U$ ✓

dann ist $ru_1 + ru_2 = r(u_1 + u_2) = 0 \, \forall r \in \mathbb{R} \Rightarrow r\vec{u} \in U$ ✓

$\Rightarrow U$ ist Untervektorraum des $\mathbb{R}^2$.

Beispiel: $U = \left\{ \begin{pmatrix} u_1 \\ u_2 \end{pmatrix} \middle| u_1 - u_1 = 0, \, u_1, u_1 \in \mathbb{R} \right\}$ ist Untervektorraum des $\mathbb{R}^2$.

Beweis analog zum oberen Beispiel.

Satz: Die Schnittmenge $U' \cap U'' \neq \{\}$ zweier Untervektorräume eines K-Vektorraums V ist wieder ein Untervektorraum von V.

Beweis: $U' \cap U'' \neq \{\}$

$\vec{u} + \vec{v} \in U' \, \forall \vec{u}, \vec{v} \in U' \wedge \vec{u} + \vec{v} \in U'' \, \forall \vec{u}, \vec{v} \in U''$ (U' und U'' sind Vektorräume und damit abgeschlossen bezüglich der Addition)

$\Rightarrow \vec{u} + \vec{v} \in U' \cap U'' \, \forall \vec{u}, \vec{v} \in U' \cap U''$

$r\vec{u} \in U' \, \forall \vec{u} \in U', r \in K \wedge r\vec{u} \in U'' \, \forall \vec{u} \in U'', r \in K$ (U' und U'' sind Vektorräume und damit abgeschlossen bezüglich der S-Multiplikation)

$\Rightarrow r\vec{u} \in U' \cap U'' \, \forall \vec{u} \in U' \cap U'', r \in K$

$\Rightarrow U' \cap U''$ ist wieder ein Untervektorraum von V.

Bemerkung: Für die Vereinigungsmenge $U' \cup U'' \neq \{\}$ gilt kein derartiger Satz. Gegenbeispiel:

$U' = \left\{ \begin{pmatrix} u_1 \\ u_2 \end{pmatrix} \middle| u_1 + u_2 = 0, \, u_1, u_2 \in \mathbb{R} \right\}$ ist Unterraum des $\mathbb{R}^2$

$U'' = \left\{ \begin{pmatrix} u_1 \\ u_2 \end{pmatrix} \middle| u_1 - u_2 = 0, \, u_1, u_2 \in \mathbb{R} \right\}$ ist Unterraum des $\mathbb{R}^2$

aber mit $\vec{u} = \begin{pmatrix} 1 \\ -1 \end{pmatrix} \in U'$ und $\vec{v} = \begin{pmatrix} 1 \\ 1 \end{pmatrix} \in U''$ ist $\vec{u} + \vec{v} = \begin{pmatrix} 2 \\ 0 \end{pmatrix} \notin U', \notin U''$.

Satz: Sei V ein K-Vektorraum und seien U' und U'' zwei Untervektorräume von V, dann gilt:

$U' \cup U''$ ist Untervektorraum von V $\Leftrightarrow U' \subset U''$ oder $U'' \subset U'$.

Beweis:

„⇒" Beweis durch Widerspruch:

Annahme: sei weder $U' \subset U''$ noch $U'' \subset U'$

$\Rightarrow \exists\, u_1 \in U'$ mit $u_1 \notin U''$ und $u_2 \in U''$ mit $u_2 \notin U'$, aber $u_1, u_2 \in U' \cup U''$

mit $u_1 \in U'$ ist $-u_1 \in U'$. Wäre $u_1 + u_2 \in U'$, so wäre auch $u_1 + u_2 - u_1 = u_2 \in U'$,

was im Widerspruch zur Wahl von u_2 ist.

$\Rightarrow u_1 + u_2 \notin U'$, analog ist $u_1 + u_2 \notin U''$

$\Rightarrow u_1 + u_2 \notin U' \cup U''$, was im Widerspruch dazu ist, dass $U' \cup U''$ Untervektorraum

von V ist.

Also muss $U' \subset U''$ oder $U'' \subset U'$ gelten.

„⇐" Ist $U' \subset U''$ oder $U'' \subset U'$, so ist $U' \cup U'' = U''$ oder $U' \cup U'' = U'$, welches beides

Unterräume von V sind.

$\Rightarrow U' \cup U''$ ist Unterraum von V. □

Aufgabe: Prüfen Sie, ob A, B und C Unterrräume des $\mathbb{R}^2$ sind!

$$A = \left\{ \begin{pmatrix} 1 \\ a \end{pmatrix} \middle| a \in \mathbb{R} \right\} \quad B = \left\{ \begin{pmatrix} a \\ 2a \\ 3a \end{pmatrix} \middle| a \in \mathbb{R} \right\} \quad C = \left\{ \begin{pmatrix} x \\ kx \\ x^2 \end{pmatrix} \middle| k, x \in \mathbb{R} \right\}$$

Lösung: $\begin{pmatrix} 1 \\ a \end{pmatrix} + \begin{pmatrix} 1 \\ b \end{pmatrix} = \begin{pmatrix} 2 \\ a+b \end{pmatrix} \notin A \Rightarrow$ A ist kein Unterraum des $\mathbb{R}^2$

$B \neq \{\}$, da $\begin{pmatrix} 1 \\ 2 \\ 3 \end{pmatrix} \in B$, $\begin{pmatrix} a \\ 2a \\ 3a \end{pmatrix} + \begin{pmatrix} b \\ 2b \\ 3b \end{pmatrix} = \begin{pmatrix} a+b \\ 2(a+b) \\ 3(a+b) \end{pmatrix} \in B$ und $\alpha \begin{pmatrix} a \\ 2a \\ 3a \end{pmatrix} = \begin{pmatrix} \alpha a \\ 2\alpha a \\ 3\alpha a \end{pmatrix} \in B$

$\Rightarrow$ B ist ein Unterraum des $\mathbb{R}^3$

$\begin{pmatrix} x \\ kx \\ x^2 \end{pmatrix} + \begin{pmatrix} y \\ ky \\ y^2 \end{pmatrix} = \begin{pmatrix} x+y \\ k(x+y) \\ x^2+y^2 \end{pmatrix} \notin C$ im Allgemeinen, da mit z. B. $x = 1$ und $y = 2$ ist

$x^2 + y^2 = 5 \neq (x+y)^2 = 9$

$\Rightarrow$ C ist kein Unterraum des $\mathbb{R}^3$ (andere Kriterien müssen nicht mehr überprüft werden.)

Linearkombination und Basis

11

Aufbauend auf dem Begriff des Vektors werden die Begriffe Linearkombination, lineare Abhängigkeit, Erzeugendensystem und Basis definiert. Es wird bewiesen, dass jede Basis eines Vektorraums dieselbe Mächtigkeit besitzt, sodass von der Dimension eines Vektorraums gesprochen werden kann.

Jeder Vektor kann dann in einer beliebigen Basis des Vektorraums als ein Vektor des K^n dargestellt werden.

Zum Schluss wird die lineare Unabhängigkeit von Vektoren genutzt, um auf einfache Weise Sätze der Geometrie über Teilverhältnisse zu beweisen.

11.1 Linearkombinationen

Definition: V sei ein Vektorraum über einem Körper K. $\vec{v}_1, \vec{v}_2, \ldots, \vec{v}_n \in V$, $k_1, k_2, \ldots, k_n \in K$. Dann heißt $k_1\vec{v}_1 + k_2\vec{v}_2 + \cdots + k_n\vec{v}_n$ *Linearkombination* (w) der Vektoren $\vec{v}_1, \vec{v}_2, \ldots, \vec{v}_n$.

Bemerkung: Falls es um eine geringe Anzahl von Vektoren geht, werden sie oft alphabetisch $\vec{u}$, $\vec{v}$ und $\vec{w}$ genannt und die Koeffizienten mit griechischen Buchstaben λ, μ und ν bezeichnet.

Die folgenden Beispiele sollen Ihnen ein Gefühl dafür vermitteln, was der Begriff Linearkombination anschaulich bedeutet. Sie werden schließlich zu einer Definition von linearer Unabhängigkeit führen, die nicht nur für Vektoren des Anschauungsraum gilt.

Beispiel: Ausgehend von den kollinearen Vektoren $\vec{u}$ und $\vec{v}$ werden die Vektoren $\vec{u} + \vec{v}$, $\vec{u} - \vec{v}$ und $\vec{u} - 2\vec{v}$ skizziert.

Man sieht: Mit $\vec{u} \parallel \vec{v}$ ist auch jede Linearkombination $\lambda\vec{u} + \mu\vec{v}$ parallel zu den beiden Vektoren.

© Der/die Autor(en), exklusiv lizenziert an Springer-Verlag GmbH, DE, ein Teil von Springer Nature 2023

B. Hugues, *Mathematik-Vorbereitung für das Studium eines MINT-Fachs*,

https://doi.org/10.1007/978-3-662-66937-2_11

Das gleiche gilt, wenn man einen parallelen Vektor $\vec{w}$ hinzufügt.

Allerdings ist es nicht möglich, den Vektor $\vec{x}$ (in Abb. 11.1a in pink dargestellt) aus den Vektoren $\vec{u}$ und $\vec{v}$ linearzukombinieren.

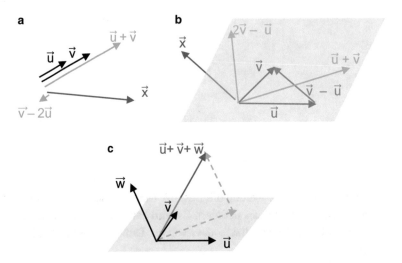

Abb. 11.1 Linearkombinationen von **a** kollinearen, **b** komplanaren und **c** nicht komplanaren Vektoren

Beispiel: Sind $\vec{u}$ und $\vec{v}$ nicht kollinear, so ergeben sich als Linearkombinationen Vektoren, die sich in einer von $\vec{u}$ und $\vec{v}$ aufgespannten Ebene (in Abb. 11.1b hellblau markiert) darstellen lassen.

Es ist nicht möglich, einen Vektor $\vec{x}$ aus $\vec{u}$ und $\vec{v}$ linearzukombinieren, der aus dieser Ebene herausragt (in Abb. 11.1b in pink dargestellt).

Beispiel: $\vec{u}$ und $\vec{v}$ spannen die in Abb. 11.1c hellblau dargestellte Ebene auf, $\vec{w}$ zeigt aus der Ebene heraus.

Jede Linearkombination aus $\vec{u}$, $\vec{v}$ und $\vec{w}$ ist ein Vektor im Anschauungsraum $\mathbb{R}^3$, zu dem die Vektoren $\vec{u}, \vec{v}$ und $\vec{w}$ gehören. (In Abb. 11.1c ist der Vektor $\vec{u} + \vec{v} + \vec{w}$ dargestellt.)

Satz: Es sei V ein Vektorraum über einem Körper K. Seien $\vec{v}_1, \vec{v}_2, \ldots, \vec{v}_n \in V$

Die Menge aller Linearkombinationen von $\vec{v}_1, \vec{v}_2, \ldots, \vec{v}_n$ bildet einen Unterverktorraum U von V.

Man sagt dann: die Vektoren $\vec{v}_1, \vec{v}_2, \ldots, \vec{v}_n$ spannen den Untervektorraum U auf.

Beweis: Seien $\vec{u}_1 = k_1\vec{v}_1 + k_2\vec{v}_2 + \ldots + k_n\vec{v}_n \in U$ und $\vec{u}_2 = \ell_1\vec{v}_1 + \ell_2\vec{v}_2 + \ldots + \ell_n\vec{v}_n \in U$ zwei Linearkombinationen der Vektoren $\vec{v}_i$.

Dann ist $\vec{u}_1 + \vec{u}_2 = (k_1 + \ell_1)\vec{v}_1 + (k_2 + \ell_2)\vec{v}_2 + \ldots + (k_n + \ell_n)\vec{v}_n \in U$, da es sich wieder um eine Linearkombination der Vektoren $\vec{v}_i$ handelt.

Und es ist $k\vec{u}_1 = k(k_1\vec{v}_1 + k_2\vec{v}_2 + \ldots + k_n\vec{v}_n) = kk_1\vec{v}_1 + kk_2\vec{v}_2 + \ldots + kk_n\vec{v}_n \in U$, da es sich wieder um eine Linearkombination der Vektoren $\vec{v}_i$ handelt.
$U \neq \{\}$
$\Rightarrow$ Behauptung. $\square$

Im Folgenden soll untersucht werden, ob sich ein beliebiger Vektor aus vorgegebenen Vektoren linearkombinieren lässt, und wie viele dieser Vektoren man dazu benötigt.

11.2 Erzeugendensysteme

Definition: Eine Menge $W = \{\vec{v}_1, \vec{v}_2, \ldots, \vec{v}_n\} \subset V$ heißt genau dann *Erzeugendensystem* (s) des Vektorraums V, wenn jeder Vektor $\vec{v} \in V$ als Linearkombination der $\vec{v}_1, \vec{v}_2, \ldots, \vec{v}_n$ geschrieben werden kann.

Beispiel: $W = \left\{ \begin{pmatrix} 1 \\ 1 \end{pmatrix}, \begin{pmatrix} -2 \\ -2 \end{pmatrix} \right\}$

Sei $\begin{pmatrix} x_1 \\ x_2 \end{pmatrix}$ ein beliebiger Vektor des $\mathbb{R}^2$.

$\begin{pmatrix} x_1 \\ x_2 \end{pmatrix} = \lambda \begin{pmatrix} 1 \\ 1 \end{pmatrix} + \mu \begin{pmatrix} -2 \\ -2 \end{pmatrix}$ ist nur für $x_1 = x_2$ erfüllbar. Z. B. ist $\vec{x} = \begin{pmatrix} 0 \\ 2 \end{pmatrix}$ nicht aus den zwei vorgegebenen Vektoren aus W linearkombinierbar. $\Rightarrow$ W ist kein Erzeugendensystem des $\mathbb{R}^2$ (Abb. 11.2).

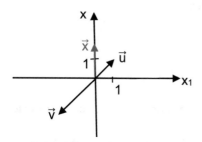

Abb. 11.2 $W = \left\{ \begin{pmatrix} 1 \\ 1 \end{pmatrix}, \begin{pmatrix} -2 \\ -2 \end{pmatrix} \right\}$ ist kein Erzeugendensystem des $\mathbb{R}^2$

Beispiel: $W = \left\{ \begin{pmatrix} 1 \\ 1 \end{pmatrix}, \begin{pmatrix} 0 \\ 1 \end{pmatrix} \right\}$

Sei $\begin{pmatrix} x_1 \\ x_2 \end{pmatrix}$ ein beliebiger Vektor des $\mathbb{R}^2$.

$\begin{pmatrix} x_1 \\ x_2 \end{pmatrix} = \lambda \begin{pmatrix} 1 \\ 1 \end{pmatrix} + \mu \begin{pmatrix} 0 \\ 1 \end{pmatrix}$ führt auf $\lambda = x_1$ und $\mu = x_2 - x_1$. Also lässt sich jeder beliebige Vektor des $\mathbb{R}^2$ aus den Vektoren von W linearkombinieren, W ist ein Erzeugendensystem des $\mathbb{R}^2$ (Abb. 11.3).

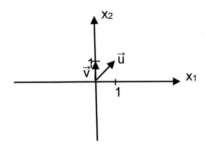

Abb. 11.3 $W = \left\{ \begin{pmatrix} 1 \\ 1 \end{pmatrix}, \begin{pmatrix} 0 \\ 1 \end{pmatrix} \right\}$ ist ein Erzeugendensystem des $\mathbb{R}^2$

Aufgabe: Beweisen Sie, dass $W = \left\{ \begin{pmatrix} 0 \\ 0 \\ 2 \end{pmatrix}, \begin{pmatrix} 1 \\ 0 \\ 0 \end{pmatrix}, \begin{pmatrix} 0 \\ 1 \\ 0 \end{pmatrix}, \begin{pmatrix} 1 \\ 1 \\ 1 \end{pmatrix} \right\}$ ein Erzeugendensystem

des $\mathbb{R}^3$ ist!

Lösung: Sei $\begin{pmatrix} x_1 \\ x_2 \\ x_3 \end{pmatrix}$ ein beliebiger Vektor des $\mathbb{R}^3$. Wenn es gelingt, ihn als Linearkombina-

tion der Vektoren von W darzustellen, ist gezeigt, dass W ein Erzeugendensystem von $\mathbb{R}^3$
ist.

$$\begin{pmatrix} x_1 \\ x_2 \\ x_3 \end{pmatrix} = \lambda \begin{pmatrix} 0 \\ 0 \\ 2 \end{pmatrix} + \mu \begin{pmatrix} 1 \\ 0 \\ 0 \end{pmatrix} + \nu \begin{pmatrix} 0 \\ 1 \\ 0 \end{pmatrix} + \kappa \begin{pmatrix} 1 \\ 1 \\ 1 \end{pmatrix}.$$

Das ergibt das Gleichungssystem aus drei Gleichungen:

$x_1 = \mu + \kappa$

$x_2 = \nu + \kappa$

$x_3 = 2\lambda + \kappa$

und eine mögliche Lösung ist $\kappa = 0$, $\mu = x_1$, $\nu = x_2$ und $\lambda = \frac{1}{2} x_3$

Bemerkung: Das ist nicht die einzige Lösung des Gleichungssystems, aber es ist eine
mögliche Lösung.

Damit lässt sich jeder beliebige Vektor aus dem $\mathbb{R}^3$ durch die vier Vektoren von W linearkombinieren. W ist ein Erzeugendensystem des $\mathbb{R}^3$. $\square$

Aufgabe: Prüfen Sie, ob $W = \left\{ \begin{pmatrix} 1 \\ 0 \\ 0 \end{pmatrix}, \begin{pmatrix} 0 \\ 1 \\ 0 \end{pmatrix}, \begin{pmatrix} 0 \\ 0 \\ 1 \end{pmatrix} \right\}$ ein Erzeugendensystem des $\mathbb{R}^3$ ist!

Lösung: $\begin{pmatrix} x_1 \\ x_2 \\ x_3 \end{pmatrix} = \lambda \begin{pmatrix} 1 \\ 0 \\ 0 \end{pmatrix} + \mu \begin{pmatrix} 0 \\ 1 \\ 0 \end{pmatrix} + \nu \begin{pmatrix} 0 \\ 0 \\ 1 \end{pmatrix}$ führt zu $\lambda = x_1$, $\mu = x_2$ und $\nu = x_3$.

Unabhängig von der Wahl der Koordinaten x_1, x_2 und x_3 lässt sich der Vektor $\begin{pmatrix} x_1 \\ x_2 \\ x_3 \end{pmatrix}$ als Linearkombination der vorgegebenen Vektoren darstellen. Die drei Vektoren bilden ein Erzeugendensystem des $\mathbb{R}^3$.

Beispiel: Beweisen Sie, dass $W = \left\{ \begin{pmatrix} 1 \\ 1 \\ 2 \end{pmatrix}, \begin{pmatrix} 1 \\ 0 \\ 2 \end{pmatrix} \right\}$ kein Erzeugendensystem des $\mathbb{R}^3$ ist!

Lösung: $\begin{pmatrix} x_1 \\ x_2 \\ x_3 \end{pmatrix} = \lambda \begin{pmatrix} 1 \\ 1 \\ 2 \end{pmatrix} + \mu \begin{pmatrix} 1 \\ 0 \\ 2 \end{pmatrix}$ führt auf das Gleichungssystem:

$x_1 = \lambda + \mu$

$x_2 = \lambda$

$x_3 = 2\lambda + 2\mu$

Man sieht leicht, dass dann $x_3 = 2x_1$ sein muss. Es gibt aber Vektoren des $\mathbb{R}^3$, bei denen die dritte Koordinate nicht doppelt so groß ist wie die erste. Also lässt sich nicht jeder beliebige Vektor des $\mathbb{R}^3$ als Linearkombination der beiden Vektoren schreiben, die zwei Vektoren bilden kein Erzeugendensystem des $\mathbb{R}^3$.

Das sollte nicht überraschen, da man mit zwei Parametern nicht alle Vektoren des $\mathbb{R}^3$ darstellen kann, bei denen unabhängig drei Koordinaten gewählt werden können. $\square$

Beispiel: $B = \{1, x, x^2, \dots, x^n\}$ ist offensichtlich ein Erzeugendensystem der Menge der Polynome mit reellen Koeffizienten vom Grad höchstens n, denn jedes solche Polynom lässt sich als Linearkombination $a_n x^n + a_{n-1} x^{n-1} + \dots + a_1 x + a_0 \cdot 1$ schreiben.

Ob eine Menge von Vektoren ein Erzeugendensystem eines Vektorraums bilden, hängt unter Anderem von ihrer gegenseitigen Lage ab, die im Folgenden untersucht werden soll, und die dann zum Begriff der linearen Abhängigkeit bzw. linearen Unabhängigkeit führt.

Beispiel: Ist $\vec{u} \parallel \vec{v}$, dann lässt sich $\vec{v}$ als Linearkombination von $\vec{u}$ schreiben: $\vec{v} = k\vec{u}$ Also hat die Gleichung $\lambda\vec{u} + \mu\vec{v} = \vec{0}$ mindestens eine Lösung. Die triviale Lösung ist in jedem Fall möglich: $0\vec{u} + 0\vec{v} = \vec{0}$, aber darüber hinaus gibt es mindestens eine Lösung, bei der λ und μ nicht beide gleich Null sind, nämlich $\lambda = -k$ und $\mu = 1$ (Abb. 11.4a).

Beispiel: Ist $\vec{u} \nparallel \vec{v}$, so gibt es keine Möglichkeit, $\vec{v}$ als Linearkombination von $\vec{u}$ zu schreiben.
Die Gleichung $\lambda\vec{u} + \mu\vec{v} = \vec{0}$ hat ausschließlich die triviale Lösung $\lambda = \mu = 0$ (Abb. 11.4b).

Beispiel: Handelt es sich bei den Vektoren $\vec{u}$, $\vec{v}$ und $\vec{w}$ um Vektoren, die in der gleichen Ebene repräsentiert werden können, die aber nicht alle parallel sind, so lässt sich einer als Linearkombination der anderen darstellen (Abb. 11.4c). Z. B. ist dann $\vec{w} = k\vec{u} + \ell\vec{v}$

Dann hat die Gleichung $\lambda\vec{u} + \mu\vec{v} + \nu\vec{w} = \vec{0}$ außer der trivialen Lösung noch mindestens die Lösung $\lambda = -k$, $\mu = -\ell$ und $\nu = 1$.

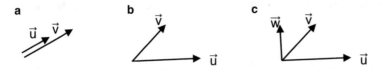

Abb. 11.4 a Einer von zwei kollinearen Vektoren lässt sich durch den anderen linearkombinieren. **b** Bei zwei nichtkollinearen Vektoren lässt sich einer nicht durch den jeweils anderen linearkombinieren. **c** Drei komplanare Vektoren, $\vec{w}$ lässt sich aus den anderen beiden linearkombinieren

Will man die gegenseitige Lage dreier Vektoren untersuchen, so hängt die Antwort, ob sich ein Vektor durch die anderen linearkombinieren lässt, davon ab, welchen der drei Vektoren man ausdrücken will, wie im folgenden Beispiel illustriert wird (Abb. 11.5): Hier ist $\vec{v} = k\vec{u} + 0\vec{w}$ und lässt sich als Linearkombination von $\vec{u}$ und $\vec{w}$ darstellen. Dagegen lässt sich $\vec{w}$ nicht als Linearkombination der anderen beiden Vektoren schreiben. Jedenfalls hat aber die Gleichung $\lambda\vec{u} + \mu\vec{v} + \nu\vec{w} = \vec{0}$ außer der trivialen Lösung die Lösung $\lambda = k$, $\mu = -1$ und $\nu = 0$.

Abb. 11.5 $\vec{u}$ lässt sich als Linearkombination der anderen beiden Vektoren darstellen, $\vec{w}$ nicht

Damit die Lage der Vektoren zueinander bestimmt werden kann, ohne von einer zufälligen Wahl eines Vektors abzuhängen, wird die folgende Definition für lineare Unabhängigkeit getroffen:

11.3   Lineare Abhängigkeit und Unabhängigkeit von Vektoren

Definition: V sei ein Vektorraum über einem Körper K. Die Vektoren $\vec{v}_1, \vec{v}_2, \ldots, \vec{v}_n \in V$ heißen genau dann *linear unabhängig*, wenn aus $k_1\vec{v}_1 + k_2\vec{v}_2 + \ldots + k_n\vec{v}_n = \vec{0}$ folgt, dass $k_1 = k_2 = \ldots = k_n = 0$ ist, d. h. dass das Gleichungssystem nur die triviale Lösung $k_1 = k_2 = \ldots = k_n = 0$ besitzt.
Andernfalls heißen die Vektoren linear abhängig.

Bemerkung: Ein homogenes lineares Gleichungssystem hat immer die triviale Lösung $k_1 = k_2 = \ldots = k_n = 0$. Bei der Frage nach der linearen Unabhängigkeit von Vektoren fragt man danach, ob die triviale Lösung die einzig mögliche Lösung ist.

Ist es die einzig mögliche Lösung, dann sind die Vektoren linear unabhängig, gibt es aber noch andere Lösungen mit mindestens einem $k_i \neq 0$, dann heißen die Vektoren linear abhängig.

Satz: Die Vektoren $\vec{v}_1, \vec{v}_2, \ldots, \vec{v}_n \in V$ sind genau dann linear abhängig, wenn sich mindestens einer der Vektoren als Linearkombination der anderen Vektoren darstellen lässt.
Beweis:
„$\Leftarrow$": Sind die Vektoren linear abhängig, so gibt es mindestens ein $k_i \neq 0$. Die Gleichung lässt sich also nach dem entsprechenden Vektor $\vec{v}_i$ auflösen, damit ist $\vec{v}_i$ als Linearkombination der anderen Vektoren darstellbar.
„$\Rightarrow$": Lässt sich ein Vektor als Linearkombination der anderen Vektoren darstellen, kann man ihn auf die andere Seite des Gleichheitszeichens bringen, der 0-Vektor lässt sich also nichttrivial linearkombinieren, die Vektoren sind linear abhängig. $\square$

Bemerkung: Es ist nicht jeder Vektor $\vec{v}_i$ als Linearkombination der anderen darstellbar. Es lässt sich aber mindestens einer als Linearkombination der anderen darstellen.

Aufgabe: Prüfen Sie, ob die Vektoren $\begin{pmatrix} 0 \\ 0 \\ 2 \end{pmatrix}, \begin{pmatrix} 1 \\ 0 \\ 0 \end{pmatrix}, \begin{pmatrix} 0 \\ 1 \\ 0 \end{pmatrix}, \begin{pmatrix} 1 \\ 1 \\ 1 \end{pmatrix}$ linear abhängig sind!

Lösung: Der Ansatz $\lambda \begin{pmatrix} 0 \\ 0 \\ 2 \end{pmatrix} + \mu \begin{pmatrix} 1 \\ 0 \\ 0 \end{pmatrix} + \nu \begin{pmatrix} 0 \\ 1 \\ 0 \end{pmatrix} + \kappa \begin{pmatrix} 1 \\ 1 \\ 1 \end{pmatrix} = \begin{pmatrix} 0 \\ 0 \\ 0 \end{pmatrix}$ führt auf folgendes Gleichungssystem:

$0 = \mu + \kappa$, d. h. $\mu = -\kappa$
$0 = \nu + \kappa$, d. h. $\nu = -\kappa$
$0 = 2\lambda + \kappa$, d. h. $\lambda = -0{,}5\kappa$

$\kappa \neq 0$ führt *nicht* zu einem Widerspruch, d. h. es gibt nichttriviale Lösungen (z. B. $\kappa = 1$, $\mu = \nu = -1$, $\lambda = -0{,}5$) also sind die vier Vektoren linear abhängig.

Aufgabe: Zeigen Sie, dass die Vektoren $\begin{pmatrix} 1 \\ 0 \\ 0 \end{pmatrix}, \begin{pmatrix} 0 \\ 1 \\ 0 \end{pmatrix}, \begin{pmatrix} 0 \\ 0 \\ 1 \end{pmatrix}$ linear unabhängig sind!

Lösung: Der Ansatz $\lambda \begin{pmatrix} 1 \\ 0 \\ 0 \end{pmatrix} + \mu \begin{pmatrix} 0 \\ 1 \\ 0 \end{pmatrix} + \nu \begin{pmatrix} 0 \\ 0 \\ 1 \end{pmatrix} = \begin{pmatrix} 0 \\ 0 \\ 0 \end{pmatrix}$ führt auf $\lambda = \mu = \nu = 0$. Nur die triviale Lösung ist möglich, die Vektoren sind linear unabhängig. $\square$

Aufgabe: Prüfen Sie, ob die Vektoren $\begin{pmatrix} 0 \\ 1 \\ 1 \end{pmatrix}, \begin{pmatrix} 1 \\ 0 \\ 1 \end{pmatrix}, \begin{pmatrix} 1 \\ 1 \\ 0 \end{pmatrix}$ linear abhängig sind!

Lösung: Der Ansatz $\lambda \begin{pmatrix} 0 \\ 1 \\ 1 \end{pmatrix} + \mu \begin{pmatrix} 1 \\ 0 \\ 1 \end{pmatrix} + \nu \begin{pmatrix} 1 \\ 1 \\ 0 \end{pmatrix} = \begin{pmatrix} 0 \\ 0 \\ 0 \end{pmatrix}$ führt auf das Gleichungssystem

$\quad\quad \mu + \nu = 0,\ \text{d. h. } \mu = -\nu$

$\lambda \quad\quad + \nu = 0,\ \text{d. h. } \lambda = -\nu$

$\lambda + \mu \quad\quad = 0,$

also $\lambda + \mu = -\nu + (-\nu) = 0 \Rightarrow \nu = 0 \Rightarrow \lambda = 0$ und $\mu = 0$.

Es gibt also nur die triviale Lösung $\nu = \lambda = \mu = 0$. Die Vektoren sind linear unabhängig.

Beispiel: Die Menge $B = \{1, x, x^2, \ldots, x^n\}$ ist linear unabhängig.

Denn das Nullpolynom lässt sich nur trivial aus den Vektoren $1, x, x^2, \ldots, x^n$ linearkombinieren (Eindeutigkeit der Nullfunktion).

Wichtige Bemerkung:

Ein homogenes $n \times n$-Gleichungssystem hat genau dann ausschließlich die triviale Lösung, wenn die Koeffizientenmatrix eine von Null verschiedene Determinante besitzt.

Damit lässt sich die lineare Abhängigkeit von n Vektoren mit n Koordinaten sehr schnell und leicht überprüfen.

Aufgabe: Prüfen Sie, ob die Vektoren $\begin{pmatrix} 1 \\ 2 \\ 0 \end{pmatrix}, \begin{pmatrix} -1 \\ 1 \\ 1 \end{pmatrix}, \begin{pmatrix} 0 \\ 1 \\ -1 \end{pmatrix}$ linear abhängig sind!

Lösung: $\begin{vmatrix} 1 & -1 & 0 \\ 2 & 1 & 1 \\ 0 & 1 & -1 \end{vmatrix} = -4 \neq 0 \Rightarrow$ die Vektoren sind linear unabhängig.

Bemerkung: Bisher haben wir die Begriffe kollinear und komplanar der Anschauung entnommen, nun werden sie formal korrekt definiert:

Definition: Zwei linear abhängige Vektoren heißen kollinear, drei linear abhängige, nicht kollineare Vektoren heißen komplanar.

Satz: Ein einzelner linear abhängiger Vektor $\vec{u}$ ist der Nullvektor.

Beweis: $\lambda \vec{u} = \vec{0}$ mit $\lambda \neq 0$ ist nur für $\vec{u} = \vec{0}$ möglich. $\quad \square$

Satz: Eine Menge von Vektoren $\vec{v}_1, \vec{v}_2, \ldots, \vec{v}_n \in V$, die den Nullvektor enthält, ist linear abhängig.

Beweis: Sei $\vec{v}_i$ der Nullvektor in der Gleichung $k_1 \vec{v}_1 + k_2 \vec{v}_2 + \ldots + k_n \vec{v}_n = \vec{0}$. Dann ist $0\vec{v}_1 + 0\vec{v}_2 + \ldots + 1\vec{v}_i + \ldots + 0\vec{v}_n$ eine nichttriviale Linearkombination des Nullvektors. Also sind die Vektoren $\vec{v}_1, \vec{v}_2, \ldots, \vec{v}_n$ linear abhängig. $\quad \square$

11.4 Basis eines Vektorraums

Mit Hilfe der Begriffe Erzeugendensystem und linearer Unabhängigkeit kann nun der Begriff der Basis definiert werden.

Definition: V sei ein Vektorraum über einem Körper K. Eine Teilmenge $B := \{\vec{b}_1, \vec{b}_2, \ldots, \vec{b}_n\}$ von V heißt genau dann *Basis* (w) des Vektorraums, wenn die Vektoren $\vec{b}_1, \vec{b}_2, \ldots, \vec{b}_n$ linear unabhängig sind und ein Erzeugendensystem von V bilden.

Beispiel: $B_1 = \left\{ \begin{pmatrix} 1 \\ 0 \\ 0 \end{pmatrix}, \begin{pmatrix} 0 \\ 1 \\ 0 \end{pmatrix}, \begin{pmatrix} 0 \\ 0 \\ 1 \end{pmatrix} \right\}$, $B_2 = \left\{ \begin{pmatrix} 0 \\ 1 \\ 1 \end{pmatrix}, \begin{pmatrix} 1 \\ 0 \\ 1 \end{pmatrix}, \begin{pmatrix} 1 \\ 1 \\ 0 \end{pmatrix} \right\}$ sind Basen des $\mathbb{R}^3$,

denn sie sind Erzeugendensysteme des $\mathbb{R}^3$ und die Basisvektoren sind jeweils linear unabhängig. Es wurde bisher alles gezeigt, außer, dass B_2 ein Erzeugendensystem des $\mathbb{R}^3$ ist. Überprüfen Sie es!

Satz: V sei ein vom Nullraum $\{\vec{0}\}$ verschiedener Vektorraum und besitze ein Erzeugendensystem $W = \{\vec{v}_1, \vec{v}_2, \ldots, \vec{v}_n\} \subset V$. Dann besitzt V eine Basis.
Beweis: Sind $\vec{v}_1, \vec{v}_2, \ldots, \vec{v}_n$ linear unabhängig, so ist bereits eine Basis gefunden.
Sind sie nicht linear unabhängig, so lässt sich einer der Vektoren $\vec{v}_1, \vec{v}_2, \ldots, \vec{v}_n$ durch eine Linearkombination der anderen Vektoren darstellen.
o.B.d.A. (ohne Beschränkung der Allgemeinheit) sei das $\vec{v}_n$, d. h. $\vec{v}_n = k_1\vec{v}_1 + k_2\vec{v}_2 + \ldots + k_{n-1}\vec{v}_{n-1}$
Ein Vektor $\vec{v} = \ell_1\vec{v}_1 + \ell_2\vec{v}_2 + \ldots + \ell_n\vec{v}_n$ in seiner Darstellung im Erzeugendensystem W lässt sich dann umschreiben:
$\vec{v} = \ell_1\vec{v}_1 + \ell_2\vec{v}_2 + \ldots + \ell_n\vec{v}_n = \ell_1\vec{v}_1 + \ell_2\vec{v}_2 + \ldots + \ell_{n-1}\vec{v}_{n-1} + \ell_n(k_1\vec{v}_1 + k_2\vec{v}_2 + \ldots + k_{n-1}\vec{v}_{n-1}) = (\ell_1 + \ell_n k_1)\vec{v}_1 + (\ell_2 + \ell_n k_2)\vec{v}_2 + \ldots + (\ell_{n-1} + \ell_n k_{n-1})\vec{v}_{n-1}$
$\vec{v}$ lässt sich also als Linearkombination der Vektoren $\vec{v}_1, \vec{v}_2, \ldots, \vec{v}_{n-1}$ schreiben, womit ein reduziertes Erzeugendensystem $\{\vec{v}_1, \vec{v}_2, \ldots, \vec{v}_{n-1}\}$ gefunden ist.
Besteht es aus linear unabhängigen Vektoren, so ist eine Basis gefunden, wenn nicht, reduziert man es weiter. Nach endlich vielen Schritten bleibt entweder eine Basis oder es bleibt ein einzelner, linear abhängiger Vektor übrig, das kann nur der Nullvektor sein, was nach der Voraussetzung $V \neq \{\vec{0}\}$ unmöglich ist, da der Nullvektor nur den Nullraum aufspannt.
Da die zweite Möglichkeit damit ausgeschlossen ist, bleibt zum Schluss eine Basis übrig. $\square$

Satz: Für den $\mathbb{R}^n$ ist eine Basis $B = \left\{ \begin{pmatrix} 1 \\ 0 \\ \vdots \\ 0 \end{pmatrix}, \begin{pmatrix} 0 \\ 1 \\ \vdots \\ 0 \end{pmatrix}, \ldots \begin{pmatrix} 0 \\ 0 \\ \vdots \\ 1 \end{pmatrix} \right\}$, sie heißt *Standardbasis* des $\mathbb{R}^n$.
Synonyme für Standardbasis sind: natürliche Basis, Einheitsbasis oder kanonische Basis.

Beispiel: Für die Menge der Polynome P ist $B = \{1, x, x^2, \ldots, x^n\}$ ein linear unabhängiges Erzeugendensystem, also ein Basis.

11.5 Dimension eines Vektorraums

Satz: Besitzt eine Basis des Vektorraums V die Mächtigkeit n, so gilt das auch für alle anderen Basen von V.

Beweis: Die Beweisidee besteht darin, einen Vektor der Basis B nach dem anderen durch Vektoren der Basis C zu ersetzen, solange bis zum Schluss die Basis B durch C ausgetauscht worden ist, um dann nachzuweisen, dass m = n sein muss.

Seien $B = \{\vec{b}_1, \vec{b}_2, \ldots, \vec{b}_n\}$ und $C = \{\vec{c}_1, \vec{c}_2, \ldots, \vec{c}_m\}$ zwei verschiedene Basen des Vektorraums V, und sei O.B.d.A. m > n.

1. Im ersten Schritt wird bewiesen, dass $B_1 = \{\vec{c}_1, \vec{b}_2, \ldots, \vec{b}_n\}$ eine Basis von V ist:

    B ist Basis von V und damit Erzeugendensystem von V.

    $$\Rightarrow \text{Für den Vektor } \vec{c}_1 \in V \text{ gilt: } \vec{c}_1 = \sum_{i=1}^{n} k_i \vec{b}_i \text{ mit } \begin{pmatrix} k_1 \\ k_2 \\ \vdots \\ k_n \end{pmatrix} \neq \vec{0}$$

    (sonst wäre $\vec{c}_1$ der Nullvektor und die Vektoren $\vec{c}_1, \vec{c}_2, \ldots, \vec{c}_m$ linear abhängig, und damit C keine Basis)

    $\Rightarrow$ o.B.d.A. sei $k_1 \neq 0 \Rightarrow \vec{b}_1 = \frac{1}{k_1}\vec{c}_1 - \frac{1}{k_1}\sum_{i=2}^{n} k_i \vec{b}_i$

    Die Vektoren $\vec{c}_1, \vec{b}_2, \ldots, \vec{b}_n$ sind linear unabhängig, denn:

    $p_1\vec{c}_1 + p_2\vec{b}_2 + \ldots + p_n\vec{b}_n = \vec{0} \Rightarrow p_1 \sum_{i=1}^{n} k_i \vec{b}_i + p_2\vec{b}_2 + \ldots + p_n\vec{b}_n = \vec{0}$

    $\Rightarrow p_1 k_1 \vec{b}_1 + \sum_{i=2}^{n}(p_1 k_i + p_i)\vec{b}_i = \vec{0}$ und wegen der linearen Unabhängigkeit der Vektoren $\vec{b}_1, \vec{b}_2, \ldots, \vec{b}_n$ und $k_1 \neq 0$ folgt $p_i = 0 \ \forall \, i = 1, 2, \ldots, n$.

    Die Vektoren $\vec{c}_1, \vec{b}_2, \ldots, \vec{b}_n$ spannen ganz V auf, denn:

    B ist eine Basis, also lässt sich jeder beliebiger Vektor $\vec{v} \in V$ als Linearkombination der Vektoren von B schreiben: $\vec{v} = \sum_{i=1}^{n} v_i \vec{b}_i$

    $\Rightarrow \vec{v} = v_1\left(\frac{1}{k_1}\vec{c}_1 - \frac{1}{k_1}\sum_{i=2}^{n} k_i \vec{b}_i\right) + \sum_{i=2}^{n} v_i \vec{b}_i = \frac{v_1}{k_1}\vec{c}_1 + \sum_{i=2}^{n}\left(v_i - \frac{v_1 k_i}{k_1}\right)\vec{b}_i$

    $\Rightarrow \{\vec{c}_1, \vec{b}_2, \ldots, \vec{b}_n\}$ ist eine Basis von V.

2. Im zweiten Schritt wird bewiesen, dass $B_2 = \{\vec{c}_1, \vec{c}_2, \vec{b}_3, \ldots, \vec{b}_n\}$ eine Basis von V ist. B_1 ist eine Basis von V, also kann der Vektor $\vec{c}_2 \in V$ als Linearkombination der Vektoren von B_1 dargestellt werden.

    $$\vec{c}_2 = \ell_1\vec{c}_1 + \sum_{i=2}^{n} \ell_i \vec{b}_i \text{ mit } \begin{pmatrix} \ell_1 \\ \ell_2 \\ \vdots \\ \ell_n \end{pmatrix} \neq \vec{0}. \text{ O.B.d.A } \ell_2 \neq 0$$

    $\Rightarrow \vec{b}_2$ lässt sich als Linearkombination der Basis B_1 schreiben.

    $\Rightarrow B_2$ ist eine Basis von V (Beweis analog zu B_1)

3. Sukzessives Austauschen der $\vec{b}_i$ durch die $\vec{c}_i$ führt zur Basis $B_n = \{\vec{c}_1, \vec{c}_2, \ldots, \vec{c}_n\}$ von V.

Mit $m > n$ ist dann $\vec{c}_{n+1} = \sum_{i=1}^{n} \lambda_i \vec{c}_i$ eine Linearkombination der Vektoren von B_n. Damit ist $C = \{\vec{c}_1, \vec{c}_2, \ldots, \vec{c}_n, \vec{c}_{n+1}, \ldots, \vec{c}_m\}$ keine Basis, was im Widerspruch zur Voraussetzung ist.

$\Rightarrow m \not> n$

Analog kann gezeigt werden, dass $n \not> m$.

$\Rightarrow m = n.$ $\square$

Der zweidimensionale Anschauungsraum besitzt die Standardbasis $\left\{ \begin{pmatrix} 1 \\ 0 \\ 0 \end{pmatrix}, \begin{pmatrix} 0 \\ 1 \\ 0 \end{pmatrix} \right\}$, für die man die dritte Koordinate nicht braucht, weshalb man sie auch weglassen kann: $\left\{ \begin{pmatrix} 1 \\ 0 \end{pmatrix}, \begin{pmatrix} 0 \\ 1 \end{pmatrix} \right\}$. Diese Basis enthält zwei Vektoren.

Es ist aber nicht die einzige Möglichkeit, eine Basis des $\mathbb{R}^2$ anzugeben.

$\left\{ \begin{pmatrix} 1 \\ 0 \end{pmatrix}, \begin{pmatrix} 1 \\ 1 \end{pmatrix} \right\}$ könnte auch eine Basis des $\mathbb{R}^2$ sein.

Es gibt unendlich viele verschiedene Basen des $\mathbb{R}^2$. Aber sie haben alle gemeinsam, dass sie aus genau *zwei* Vektoren bestehen.

Analog besitzt eine Basis des $\mathbb{R}^3$ genau drei Vektoren, die Standardbasis ist $\left\{ \begin{pmatrix} 1 \\ 0 \\ 0 \end{pmatrix}, \begin{pmatrix} 0 \\ 1 \\ 0 \end{pmatrix}, \begin{pmatrix} 0 \\ 0 \\ 1 \end{pmatrix} \right\}$.

Definition: Die Mächtigkeit n der Basen eines Vektorraums V heißt die *Dimension* (w) dieses Vektorraums. $\dim(V) = n$

Es ist $\dim(\mathbb{R}^2) = 2$, der $\mathbb{R}^2$ heißt auch zweidimensional.
$\dim(\mathbb{R}^3) = 3$, der Anschauungsraum ist dreidimensional.

Beispiel: Die Menge $B = \{1, x, x^2, \ldots, x^n\}$ ist eine Basis des $(n + 1)$-dimensionalen Vektorraums der Polynome vom Grad höchstens n.

Bemerkung: Die Menge $B = \{1, x, x^2, \ldots\}$ ist eine Basis des unendlich-dimensionalen Vektorraums der Polynome unbeschränkten Grades.

Seit Einsteins Relativitätstheorie betrachtet man den Raum als vierdimensional, die ersten drei Koordinaten bilden die Koordinaten des Ortsraums, die vierte Koordinate gibt die Zeit an. Man spricht vom Orts-Zeit-Raum oder der Raumzeit. Leider ist der vierdimensionale Raum nicht mehr anschaulich.

In der Quantenmechanik betrachtet man die Wellenfunktionen der Orbitale für die Elektronen im Atom als Basis für alle Zustände, die ein Elektron in diesem Atom annehmen kann. Diese Basis ist unendlich-dimensional.

Satz: Ist $\dim(V) = n$ ($n \geq 1$), so ist jede Menge aus n linear unabhängigen Vektoren eine Basis von V.
Beweis: Der Beweis über die gleiche Mächtigkeit zweier verschiedener Basen B und C benützt ausschließlich die Tatsache, dass B eine Basis (also ein linear unabhängiges Erzeugendensystem) von V ist, und die lineare Unabhängigkeit der Vektoren aus C. Es wurde dabei bewiesen, dass dann die $\vec{c}_1, \vec{c}_2, \ldots, \vec{c}_n$ eine Basis des Vektorraums V bilden. $\square$

Folgerung: Kennt man die Dimension n eines Vektorraums, so genügt es, die lineare Unabhängigkeit von n Vektoren dieses Vektorraums zu zeigen, um zu beweisen, dass diese n Vektoren eine Basis des Vektorraums bilden.
Zum Beispiel reicht es, bei drei Vektoren des $\mathbb{R}^3$ ihre lineare Unabhängigkeit zu beweisen, um zu wissen, dass diese drei Vektoren eine Basis des $\mathbb{R}^3$ sind.

Beispiel: $V = \{f \,|\, f \text{ ist Polynom}\}$
Basis $B = \{1, x, x^2, x^3, \ldots\}$, $\dim(V) = \infty$

Aufgabe: Bestimmen Sie die Dimension des Unterraums $U = \{f \,|\, f \text{ ist lineare Funktion}\}$ vom Vektorraum $V = \{f \,|\, f \text{ ist Polynom}\}$! Beweisen Sie zunächst, dass es sich tatsächlich um einen Unterraum von V handelt!
Lösung: U ist Unterraum von V, falls $U \neq \{\}$, $u_1, u_2 \in V \Rightarrow u_1 + u_2 \in V$ und $k \in \mathbb{R}$, $u \in V \Rightarrow ku \in V$
Das ist alles gegeben, also ist U ein Unterraum von V.
Basis $B = \{1, x\} \Rightarrow \dim(U) = 2$.

Satz: $B = \{\vec{b}_1, \vec{b}_2, \ldots, \vec{b}_n\}$ sei die Basis eines Vektorraums V über dem Körper K.
Dann ist jeder Vektor $\vec{v} \in V$ *eindeutig* als Linearkombination der Basisvektoren $\vec{b}_1, \vec{b}_2, \ldots, \vec{b}_n$ darstellbar.
Beweis: Annahme: seien $\vec{v} = \lambda_1 \vec{b}_1 + \lambda_2 \vec{b}_2 + \ldots + \lambda_n \vec{b}_n = \mu_1 \vec{b}_1 + \mu_2 \vec{b}_2 + \ldots + \mu_n \vec{b}_n$ zwei verschiedene Darstellungen des Vektors $\vec{v}$.
$\Rightarrow \vec{v} - \vec{v} = (\lambda_1 - \mu_1)\vec{b}_1 + (\lambda_2 - \mu_2)\vec{b}_2 + \ldots + (\lambda_n - \mu_n)\vec{b}_n = \vec{0}$
$\Rightarrow \lambda_i - \mu_i = 0$ für $i = 1, 2, \ldots, n$, da die Vektoren $\vec{b}_1, \vec{b}_2, \ldots, \vec{b}_n$ linear unabhängig sind.
Das ist im Widerspruch zur Annahme, also gibt es genau eine Darstellung eines Vektors als Linearkombination der Basisvektoren. $\square$

Im Kapitel über das Lösen linearer Gleichungssysteme wurden die folgenden Gleichungssysteme und jeweils ihre Lösung gezeigt. Nun lassen sich die Ergebnisse geometrisch interpretieren.

Beispiel:
$$x_1 + 3x_2 + 2x_3 = 0$$
$$-x_1 - x_2 + x_3 = 3$$
$$5x_2 - x_3 = -1$$

mit $D = -17, D_1 = 34, D_2 = 0$ und $D_3 = -17$, also $L = \{(-2|0|1)\}$

Der Vektor $\begin{pmatrix} 0 \\ 3 \\ -1 \end{pmatrix}$ (in Abb. 11.6a rot dargestellt) lässt sich eindeutig aus den Vektoren

$\begin{pmatrix} 1 \\ -1 \\ 0 \end{pmatrix}, \begin{pmatrix} 3 \\ -1 \\ 5 \end{pmatrix}$ und $\begin{pmatrix} 2 \\ 1 \\ -1 \end{pmatrix}$ (in Abb. 11.6a schwarz dargestellt) linearkombinieren. Sie

bilden eine Basis des $\mathbb{R}^3$.

Beispiel:
$$x_1 + x_2 + x_3 = 3$$
$$2x_1 - x_2 + 3x_3 = 5$$
$$-x_1 + 2x_2 - 2x_3 = -1$$

mit $D = 0$ und $D_1 = 4 \neq 0$ also $L = \{\}$

Die Vektoren $\begin{pmatrix} 1 \\ 2 \\ -1 \end{pmatrix}, \begin{pmatrix} 1 \\ -1 \\ 2 \end{pmatrix}$ und $\begin{pmatrix} 1 \\ 3 \\ -2 \end{pmatrix}$ (in Abb. 11.6b schwarz dargestellt) sind line-

ar abhängig und spannen einen Unterraum des $\mathbb{R}^3$ auf, zu dem der Vektor $\begin{pmatrix} 3 \\ 5 \\ -1 \end{pmatrix}$ nicht

gehört. Die Vektoren $\begin{pmatrix} 3 \\ 5 \\ -1 \end{pmatrix}, \begin{pmatrix} 1 \\ -1 \\ 2 \end{pmatrix}$ und $\begin{pmatrix} 1 \\ 3 \\ -2 \end{pmatrix}$ sind linear unabhängig, sodass $D_1 \neq 0$

ist.

Beispiel:
$$x_1 + x_2 - x_3 = -1$$
$$-x_1 + x_2 - x_3 = -1$$
$$x_1 - 3x_2 + 3x_3 = 3$$

mit $D = D_1 = D_2 = D_3 = 0$

Das Gleichungssystem musste ohne Verwendung der Cramerschen Regel behandelt werden und es ergab sich: $L = \{(0|-1 + x_3|x_3), x_3 \in \mathbb{R}\}$

Die Vektoren $\begin{pmatrix} 1 \\ -1 \\ 1 \end{pmatrix}, \begin{pmatrix} 1 \\ 1 \\ -3 \end{pmatrix}$ und $\begin{pmatrix} -1 \\ -1 \\ 3 \end{pmatrix}$ (in Abb. 11.6c schwarz dargestellt) sind linear

abhängig und spannen einen Unterraum des $\mathbb{R}^3$ auf, dessen Dimension höchstens 2 ist.

Der Ergebnisvektor $\begin{pmatrix} -1 \\ -1 \\ 3 \end{pmatrix}$ (rot dargestellt) liegt in diesem Unterraum, seine Darstellung

ist nicht eindeutig, da sich mit 3 Vektoren mindestens ein Vektor zu viel im Erzeugenden-system des Unterraums befindet, um eine Basis dieses Unterraums bilden zu können. Im konkreten Beispiel ist der Ergebnisvektor sogar identisch mit einem der drei Vektoren des Erzeugendensystems, das entspricht der Lösung $\{0|0|1\}$ für $x_3 = 1$.

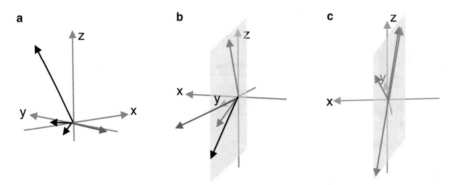

Abb. 11.6 a drei Vektoren, die eine Basis bilden, **b** drei komplanare Vektoren, der vierte gehört nicht zu diesem Unterraum, **c** drei Vektoren bilden einen Unterraum, zu dem der vierte Vektor gehört

Beispiel:
$$x_1 - x_2 + 2x_3 = 1$$
$$-2x_1 + 2x_2 - 4x_3 = 2$$
$$2x_1 - 2x_2 + 4x_3 = 2$$

Es sind $D = D_1 = D_2 = D_3 = 0$ und $L = \{\}$, da offensichtlich die zweite Gleichung der ersten widersprcht.

Die drei Vektoren $\begin{pmatrix} 1 \\ -2 \\ 2 \end{pmatrix}$, $\begin{pmatrix} -1 \\ 2 \\ -2 \end{pmatrix}$ und $\begin{pmatrix} 2 \\ -4 \\ 4 \end{pmatrix}$ sind kollinear, der von ihnen aufgespannte Unterraum hat die Dimension 1. In jeder der Matrizen zu D, D_1, D_2 und D_3 sind zwei Spalten kollineare Vektoren und somit haben alle Determinanten den Wert 0.

Der Vektor $\begin{pmatrix} 1 \\ 2 \\ 2 \end{pmatrix}$ gehört offensichtlich nicht diesem Unterraum an.

11.6 Koordinaten und Komponenten eines Vektors bezüglich einer Basis

Definition: $B = \{\vec{b}_1, \vec{b}_2, \ldots, \vec{b}_n\}$ sei die Basis eines Vektorraums V über einem Körper K. $\vec{v} = v_1\vec{b}_1 + v_2\vec{b}_2 + \ldots + v_n\vec{b}_n$.
Für $i = 1, 2, \ldots, n$ heißen dann die v_i *Koordinaten* (w) von $\vec{v}$ bezüglich der Basis B und die $v_i\vec{b}_i$ *Komponenten* (w) von $\vec{v}$ bezüglich der Basis B.

Man schreibt $\vec{v} = \begin{pmatrix} v_1 \\ v_2 \\ \vdots \\ v_n \end{pmatrix}_B$

Man rechnet mit diesen Vektoren wie im Kap. 9 über Vektoralgebra bereits besprochen.

Bemerkung: In Bezug auf eine Basis lässt sich jedes Element eines beliebigen Vektorraums als ein Element des K^n darstellen und nach den üblichen Regeln damit rechnen.

Beispiel: Nehmen wir den Vektorraum $V = \{f \mid f \text{ ist lineare Funktion}\}$ mit seiner Basis $B = \{1, x\}$. Die lineare Funktion $f(x) = -x + 2$ lässt sich in der Basis B schreiben als $\begin{pmatrix} 2 \\ -1 \end{pmatrix}_B$. Weil die gleichen Rechenregeln wie für Vektoren des $\mathbb{R}^2$ gelten, können Sie sich diese Funktion dann auch als Pfeil vorstellen und mit ihm rechnen wie mit anderen Vektoren des $\mathbb{R}^2$ auch.

Bemerkung: Bei der Darstellung eines Vektors in einer Basis spielt die Reihenfolge der Basisvektoren eine Rolle, auch wenn die Vektoren einer Basis immer als Menge in geschweiften Klammern aufgezählt werden.

Basiswechsel:
Seien eine Basis B des Vektorraums V der Dimension n gegeben, und eine Basis $B' = \{\vec{b}'_1, \vec{b}'_2, \ldots, \vec{b}'_n\}$ und ein Vektor $\vec{v}$ in der Basis B dargestellt. Dann lässt sich der Vektor $\vec{v}$ in der Basis B' angeben:
$\vec{v}_{B'} = v'_1 \vec{b}'_1 + v'_2 \vec{b}'_2 + \ldots + v'_n \vec{b}'_n$, wodurch ein $n \times n$ lineares Gleichungssystem entsteht, da $\vec{v}_{B'}$ und die $\vec{b}'_i$ Vektoren mit n Koordinaten sind.

Aufgabe: $B = \left\{ \begin{pmatrix} 1 \\ 4 \\ 0 \end{pmatrix}, \begin{pmatrix} -1 \\ 3 \\ 1 \end{pmatrix}, \begin{pmatrix} 2 \\ 1 \\ 1 \end{pmatrix} \right\}$ eine Basis des $\mathbb{R}^3$ und $\vec{v} = \begin{pmatrix} 5 \\ -1 \\ 3 \end{pmatrix}$, dargestellt in der Standardbasis. Geben Sie $\vec{v}$ in der Basis B an!

Lösung: Das Gleichungssystem lautet: $\begin{pmatrix} 5 \\ -1 \\ 3 \end{pmatrix} = \lambda \begin{pmatrix} 1 \\ 4 \\ 0 \end{pmatrix} + \mu \begin{pmatrix} -1 \\ 3 \\ 1 \end{pmatrix} + \nu \begin{pmatrix} 2 \\ 1 \\ 1 \end{pmatrix}$ und besitzt

die Lösung $\lambda = -1$, $\mu = 0$ und $\nu = 3$. Dann ist $\vec{v}' = \begin{pmatrix} -1 \\ 0 \\ 3 \end{pmatrix}_B$.

Bemerkung: Die Lösung des Gleichungssystems lässt sich durch Multiplikation mit der inversen Matrix ersetzen, wie im Abschn. 13.5 gezeigt wird.

11.7   Teilverhältnisse

So wie mit Hilfe des Skalarproduktes elementare Sätze aus der Geometrie bewiesen werden konnten, ist es möglich, die lineare Unabhängigkeit für einfache Beweise über Seitenverhältnisse zu benutzen.

Definition: Gilt $\overrightarrow{AT} = \tau\overrightarrow{TB}$, so teilt T die Strecke [AB] im Verhältnis τ (Abb. 11.7a).

Dann gilt: $\overrightarrow{AT} = \tau\overrightarrow{TB} \Leftrightarrow \vec{t} - \vec{a} = \tau\left(\vec{b} - \vec{t}\right) \Leftrightarrow (1+\tau)\vec{t} = \vec{a} + \tau\vec{b} \Leftrightarrow \vec{t} = \frac{1}{1+\tau}\vec{a} + \frac{\tau}{1+\tau}\vec{b}$

Für $\tau = 1$ ergibt sich der Mittelpunkt M mit $\vec{m} = \frac{1}{2}\vec{a} + \frac{1}{2}\vec{b} = \frac{1}{2}(\vec{a} + \vec{b})$

Versteht man die Gerade AB als x-Achse, wobei A bei $x_A = -2$ und B bei $x_B = 0$ liegen, so ergibt sich als Teilverhältnis $\tau = \frac{-2}{x} - 1$ (Abb. 11.7b)

a

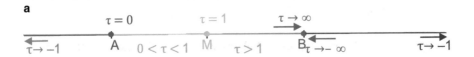

b

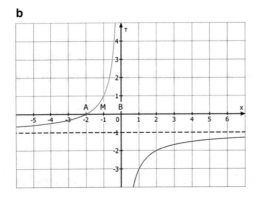

Abb. 11.7   a die Vorzeichen und Grenzwerte von τ auf der Gerade AB, **b** τ in Abhängigkeit von x

Satz: Die Seitenhalbierenden eines Dreiecks schneiden sich im Verhältnis 2 : 1.
Beweis: Betrachte das von den Vektoren $\vec{a}$ und $\vec{b}$ aufgespannte Dreieck $\triangle ABC$.
Für die geschlossene Vektorkette $\overrightarrow{AS} + \overrightarrow{SM_c} + \overrightarrow{M_cA} = \vec{0}$ (in Abb. 11.8 in grün dargestellt) gilt:

$\overrightarrow{AS} = \lambda\overrightarrow{AM_a} = \lambda(\vec{a} + \frac{1}{2}(-\vec{a} + \vec{b}))$

$\overrightarrow{SM_c} = \mu\overrightarrow{CM_c} = \mu(-\vec{b} + \frac{1}{2}\vec{a})$

$\overrightarrow{M_cA} = -\frac{1}{2}\vec{a}$

$\Rightarrow \lambda(\vec{a} + \frac{1}{2}(-\vec{a} + \vec{b})) + \mu(-\vec{b} + \frac{1}{2}\vec{a}) - \frac{1}{2}\vec{a} = \vec{0}$

$\Rightarrow \vec{a}(\frac{1}{2}\lambda + \frac{1}{2}\mu - \frac{1}{2}) + \vec{b}(\frac{1}{2}\lambda - \mu) = \vec{0}$

Da $\vec{a}$ und $\vec{b}$ linear unabhängige Vektoren sind, kann der Nullvektor nur trivial durch $\vec{a}$ und $\vec{b}$ linearkombiniert werden.

$\Rightarrow \frac{1}{2}\lambda + \frac{1}{2}\mu - \frac{1}{2} = 0$ und $\frac{1}{2}\lambda - \mu = 0$, d. h. $\lambda = \frac{2}{3}$ und $\mu = \frac{1}{3} \Rightarrow$ Diese Seitenhalbierenden schneiden sich im Verhältnis $2 : 1$. Analog für die anderen Seitenhalbierenden. $\square$

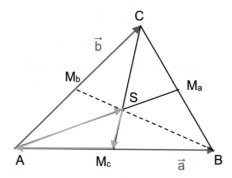

Abb. 11.8 Schwerpunkt im Dreieck

Definition: Den Schnittpunkt der Seitenhalbierenden eines Dreiecks nennt man Schwerpunkt (m) des Dreiecks.

Aufgabe: Beweisen Sie: Im Tetraeder schneiden sich die Verbindungsstrecken von den Ecken zu den Schwerpunkten der gegenüberliegenden Dreiecksflächen im Verhältnis $3 : 1$. Lösung: Betrachte das Tetraeder ABCD, das durch die Vektoren $\vec{a}$, $\vec{b}$ und $\vec{c}$ aufgespannt wird.

Sei X der Schwerpunkt des Dreiecks $\triangle ABC$ und Y der Schwerpunkt des Dreiecks $\triangle BCD$.

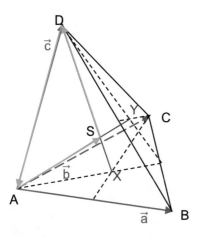

Abb. 11.9 Schwerpunkt eines Tetraeders

Für die geschlossene Vektorkette $\overrightarrow{AS} + \overrightarrow{SD} + \overrightarrow{DA} = \vec{0}$ (Abb. 11.9) gilt:

$\overrightarrow{AS} = \lambda\overrightarrow{AY} = \lambda\left\{\vec{c} + \frac{2}{3}\left[-\vec{c} + \vec{a} + \frac{1}{2}\left(-\vec{a} + \vec{b}\right)\right]\right\}$

$\overrightarrow{SD} = \mu\overrightarrow{XD} = \mu[-\frac{1}{3}\left(-\frac{1}{2}\vec{a} + \vec{b}\right) - \frac{1}{2}\vec{a} + \vec{c}]$

$\overrightarrow{DA} = -\vec{c}$

$\Rightarrow \lambda\left\{\vec{c} + \frac{2}{3}\left[-\vec{c} + \vec{a} + \frac{1}{2}\left(-\vec{a} + \vec{b}\right)\right]\right\} + \mu[-\frac{1}{3}\left(-\frac{1}{2}\vec{a} + \vec{b}\right) - \frac{1}{2}\vec{a} + \vec{c}] - \vec{c} = \vec{0}$

$\Rightarrow \vec{a}(\frac{1}{3}\lambda - \frac{1}{3}\mu) + \vec{b}(\frac{1}{3}\lambda - \frac{1}{3}\mu) + \vec{c}(\frac{1}{3}\lambda + \mu - 1) = \vec{0}$

Da die $\vec{a}$, $\vec{b}$ und $\vec{c}$ linear unabhängig sind, kann der Nullvektor nur trivial durch $\vec{a}$, $\vec{b}$ und $\vec{c}$ linearkombiniert werden.

$\Rightarrow \frac{1}{3}\lambda - \frac{1}{3}\mu = 0$ und $\frac{1}{3}\lambda + \mu - 1 = 0 \Rightarrow \lambda = \mu = \frac{3}{4}$. $\square$

Affine Geometrie

12

Geraden und Ebenen (Parameterformen und Normalform) werden mit Hilfe von Vektoren dargestellt und ihre Lagebeziehung untersucht. Methoden werden entwickelt, wie Abstände zwischen Punkten, Geraden und Ebenen bestimmt werden können, die Hesse-Normalform einer Ebene spielt dabei eine große Rolle.

12.1 Geraden

12.1.1 Parameterformen von Geraden

Eine Gerade g ist eindeutig durch zwei Punkte bestimmt, die hier A und B heißen sollen. In der Vektorgeometrie ist eine Gerade dargestellt, wenn erklärt ist, welche Punkte X zur Gerade gehören, indem man die Ortsvektoren $\vec{x}$ angibt, die vom Ursprung zu jedem Punkt X der Gerade führen.

Ein *Ortsvektor* beginnt immer im Ursprung O, im Gegensatz zu einem Vektor, für den ein einzelner Pfeil ja nur ein Repräsentant all der Pfeile ist, die parallel und gleich lang sind. In Abb. 12.1 sind die Vektoren $\vec{a}$, $\vec{b}$ und $\vec{x}$ Ortsvektoren, denn sie beginnen zwangsläufig im Ursprung. Eine Verschiebung dieser Vektoren würde keinen Sinn haben, wenn man mit ihnen den Ort der Punkte A, B und X festlegen will. Dazu muss jeder Ortsvektor vom Ursprung zu diesem Punkt führen.
In manchen Büchern sind Ortsvektoren anders bezeichnet als normale Vektoren, z. B. mit Großbuchstaben. Ich verzichte hier auf andere Notation, es geht jeweils aus dem Zusammenhang hervor, was ein Ortsvektor ist und was nicht.

Wir kommen zurück zum Problem, alle Punkte X anzugeben, die auf der Geraden g liegen. Der *Stützvektor* $\vec{a}$ führt vom Ursprung zum Punkt A, den wir als *Aufpunkt* der Gerade g wählen.

Wenn wir z. B. $\overrightarrow{AB}$ zu $\vec{a}$ addieren, erhalten wir $\vec{a} + \overrightarrow{AB} = \vec{b}$, also den Ortsvektor zum Punkt B.

Addieren wir zu $\vec{a}$ z. B. die Hälfte von $\overrightarrow{AB}$, so erreichen wir auch einen Punkt auf g, nämlich den Mittelpunkt der Strecke [AB] (Abb. 12.1).

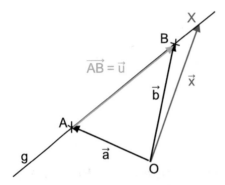

Abb. 12.1 Gerade AB mit den Ortsvektoren $\vec{a}, \vec{b}$ und $\vec{x}$

Addieren wir allgemein zu $\vec{a}$ ein beliebiges Vielfaches $\lambda\overrightarrow{AB}$ von $\overrightarrow{AB}$ mit $\lambda \in \mathbb{R}$, so erhalten wir einen beliebigen Punkt X auf der Gerade g.

Man schreibt dann:

g: $\vec{x} = \vec{a} + \lambda\overrightarrow{AB}$, $\lambda \in \mathbb{R}$ und nennt das die *Zweipunkteform* der Geraden g, wobei $\overrightarrow{AB} = \vec{b} - \vec{a}$ ist.

Ersetzt man $\overrightarrow{AB}$ durch den Vektor $\vec{u}$, den man den *Richtungsvektor* der Geraden g nennt, so erhält man:

g: $\vec{x} = \vec{a} + \lambda\vec{u}$, $\lambda \in \mathbb{R}$ und nennt das die *Punkt-Richtungsform* der Geraden g.

12.1.2 Lagebeziehung von Geraden

Für viele Probleme ist es nützlich, die Lagebeziehung zwischen zwei Geraden g und h bestimmen zu können.

Dabei unterscheidet man vier Fälle:

g und h sind identisch: $g \equiv h$ (Abb. 12.2a)

g und h sind echt parallel: $g \parallel h$ und $g \not\equiv h$ (Abb. 12.2b)

g und h schneiden sich im Schnittpunkt S: $g \cap h = \{S\}$ (Abb. 12.2c)

g und h sind windschief (Abb. 12.2d). Dafür gibt es kein Symbol. Windschiefe Geraden schneiden sich nicht und sind nicht parallel. Man kann sich zunächst zwei sich schneidende Geraden vorstellen, von der die eine parallel aus der gemeinsamen Ebene hinaus verschoben wird. Dann liegen die beiden Geraden nicht mehr in einer Ebene, sie schneiden sich nicht, sie sind aber auch nicht parallel. In der Abb. 12.2d soll die Gerade g unterhalb der Geraden h verlaufen, durch die „Lücke" in g symbolisiert.

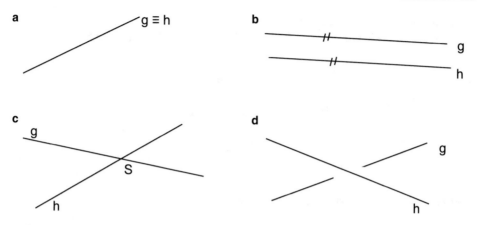

Abb. 12.2 Lagebeziehung von Geraden, **a** Identische Geraden, **b** echt parallele Geraden, **c** sich schneidende Geraden, **d** windschiefe Geraden

Aufgabe: Betrachten Sie zwei Geraden g: $\vec{x} = \vec{a} + \lambda\vec{u}$ und h: $\vec{x} = \vec{b} + \lambda\vec{v}$, wobei A der Aufpunkt und $\vec{u}$ der Richtungsvektor der Geraden g sind, und B der Aufpunkt und $\vec{v}$ der Richtungsvektor der Geraden h.

Entwickeln Sie Kriterien, nach denen die gegenseitige Lage der beiden Geraden unterschieden werden kann!

Lösung:

	$\vec{u}, \overrightarrow{AB}$ linear abhängig	$\vec{u}, \overrightarrow{AB}$ linear unabhängig
$\vec{u}, \vec{v}$ linear abhängig	g und h sind identisch	g und h sind echt parallel
	$\vec{u}, \vec{v}, \overrightarrow{AB}$ linear abhängig	$\vec{u}, \vec{v}, \overrightarrow{AB}$ linear unabhängig
$\vec{u}, \vec{v}$ linear unabhängig	g und h schneiden sich	g und h sind windschief

12.1.3 Schnittwinkel zweier Geraden

Seien g: $\vec{x} = \vec{a} + \lambda\vec{u}$, h: $\vec{x} = \vec{b} + \lambda\vec{v}$ zwei sich schneidende Geraden (Abb. 12.3). Dann ist α mit $\cos\alpha = \left|\frac{\vec{u} \circ \vec{v}}{|\vec{u}| \cdot |\vec{v}|}\right|$ der *Schnittwinkel* der Geraden.

Der Gesamtbetrag wird deshalb gesetzt, weil man immer den nichtstumpfen Winkel als Schnittwinkel zwischen Geraden angibt.

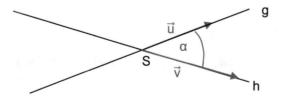

Abb. 12.3 Schnittwinkel zwischen zwei Geraden g und h mit Richtungsvektoren $\vec{u}$ und $\vec{v}$

Winkelhalbierende zweier Geraden:

Seien g: $\vec{x} = \vec{a} + \lambda\vec{u}$, h: $\vec{x} = \vec{b} + \lambda\vec{v}$ zwei Geraden mit dem Schnittpunkt S (Abb. 12.4).

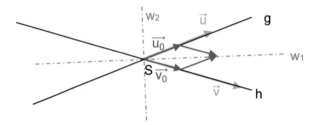

Abb. 12.4 Winkelhalbierende zweier Geraden g und h

Dann sind

w_1: $\vec{x} = \vec{s} + \lambda(\vec{u}_0 + \vec{v}_0)$ und w_2: $\vec{x} = \vec{s} + \lambda(\vec{u}_0 - \vec{v}_0)$

die zwei Winkelhalbierenden von g und h, wenn $\vec{u}_0$ und $\vec{v}_0$ die Einheitsvektoren zu $\vec{u}$ und $\vec{v}$ sind.

12.2 Ebenen

12.2.1 Parameterformen von Ebenen

Eine Ebene E ist eindeutig durch drei Punkte A, B und C bestimmt.

In der Vektorgeometrie ist eine Ebene dargestellt, wenn erklärt ist, welche Punkte X zur Ebene gehören, indem man die Ortsvektoren $\vec{x}$ angibt, die vom Ursprung zu jedem Punkt X der Ebene führen (Abb. 12.5).

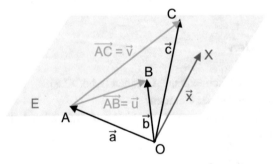

Abb. 12.5 Ebene E mit den Ortsvektoren $\vec{a}$, $\vec{b}$, $\vec{c}$ und $\vec{x}$

Der *Stützvektor* $\vec{a}$ führt vom Ursprung zum Punkt A, den wir als Aufpunkt der Ebene E wählen.

Jede Linearkombination von $\overrightarrow{AB}$ und $\overrightarrow{AC}$ führt zu einem Vektor, der sich in die Ebene hineinschieben lässt. Hängt man diese Linearkombination an den Ortsvektor von A, erhält man den Ortsvektor eines Punktes X der Ebene. Man schreibt also:

E: $\vec{x} = \vec{a} + \lambda\overrightarrow{AB} + \mu\overrightarrow{AC}$ mit $\lambda, \mu \in \mathbb{R}$ und nennt diese Form *Dreipunkteform einer Ebene*.

Ersetzt man $\overrightarrow{AB}$ durch den Richtungsvektor $\vec{u}$ und $\overrightarrow{AC}$ durch den Richtungsvektor $\vec{v}$, so erhält man:

E: $\vec{x} = \vec{a} + \lambda\vec{u} + \mu\vec{v}$ mit $\lambda, \mu \in \mathbb{R}$ und nennt diese Form *Punkt-Richtungsform*.

Beides sind *Parameterformen*, denn sie bauen auf der Verwendung der Parameter $\lambda, \mu \in \mathbb{R}$ auf.

Beispiel: E: $\vec{x} = \begin{pmatrix} 0 \\ 0 \\ 0 \end{pmatrix} + \lambda \begin{pmatrix} 1 \\ 0 \\ 0 \end{pmatrix} + \mu \begin{pmatrix} 0 \\ 1 \\ 0 \end{pmatrix}$ ist die x-y-Ebene.

Beispiel: E: $\vec{x} = \lambda \begin{pmatrix} 1 \\ 1 \\ 0 \end{pmatrix} + \mu \begin{pmatrix} 0 \\ 0 \\ 1 \end{pmatrix}$ ist die in Abb. 12.6 grün dargestellte Ebene, wobei die Gerade in der x-y-Ebene der Gleichung y = x genügt.

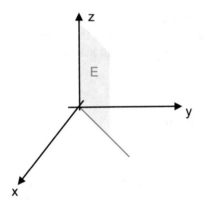

Abb. 12.6 Ebene $\vec{x} = \lambda \begin{pmatrix} 1 \\ 1 \\ 0 \end{pmatrix} + \mu \begin{pmatrix} 0 \\ 0 \\ 1 \end{pmatrix}$

12.2.2 Normalenformen von Ebenen

Im Gegensatz zu Geraden im $\mathbb{R}^3$ gibt es bei Ebenen eine parameterfreie Darstellung, die den *Normalenvektor* $\vec{n}$ der Ebene zur Hilfe nimmt.

Dieser Normalenvektor steht auf jedem Vektor senkrecht, der in der Ebene verläuft, wie man in Abb. 12.7 sieht. (Das stellt man sich am Besten vor, indem man sich auf den Fußboden stellt und sich als Normalenvektor zur Ebene des Fußbodens betrachtet. Dann steht

man auf jedem Vektor senkrecht, dessen Fußpunkt sich in den eigenen Füßen befindet,
und der im Fußboden verläuft.)

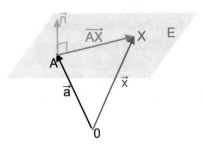

Abb. 12.7 Ebene mit Aufpunkt A und Normalenvektor $\vec{n}$

Ist A der Aufpunkt der Ebene, so steht der Vektor $\overrightarrow{AX}$ für alle Punkte X der Ebene auf
dem Normalenvektor senkrecht, d. h. das Skalarprodukt des Normalenvektors $\vec{n}$ mit dem
Vektor $\overrightarrow{AX}$ ergibt 0. Für Punkte, die außerhalb der Ebene liegen, steht $\vec{n}$ nicht senkrecht
auf dem Vektor $\overrightarrow{AX}$, das Skalarprodukt aus beiden Vektoren ist also von 0 verschieden.

Damit lässt sich eine Bedingung für alle Punkte X der Ebene aufstellen:
E: $\vec{n} \circ (\vec{x} - \vec{a}) = 0$, das ist die *Normalenform* der Ebene. Sie kommt ohne Parameter aus.
Entwickelt man das Skalarprodukt in die einzelnen Koordinaten, erhält man die *Koordinatenform* der Ebene:
E: $n_1 x + n_2 y + n_3 z - (n_1 a_1 + n_2 a_2 + n_3 a_3) = 0$

Umwandlung von der Parameterform in die Normalenform:

Aufgabe: Stellen Sie die Koordinatenform der Ebene E: $\vec{x} = \begin{pmatrix} 1 \\ 1 \\ 2 \end{pmatrix} + \lambda \begin{pmatrix} 1 \\ 0 \\ 2 \end{pmatrix} + \mu \begin{pmatrix} -1 \\ -2 \\ 3 \end{pmatrix}$

auf!

Lösung: Der Aufpunkt A der Ebene ist A(1|1|2), die Richtungsvektoren sind $\vec{u} = \begin{pmatrix} 1 \\ 0 \\ 2 \end{pmatrix}$

und $\vec{v} = \begin{pmatrix} -1 \\ -2 \\ 3 \end{pmatrix}$

Damit ergibt sich als Normalenvektor: $\vec{n} = \vec{u} \times \vec{v} = \begin{pmatrix} 1 \\ 0 \\ 2 \end{pmatrix} \times \begin{pmatrix} -1 \\ -2 \\ 3 \end{pmatrix} = \begin{pmatrix} 4 \\ -5 \\ -2 \end{pmatrix}$ und für die

Normalenform der Ebene:

E: $\vec{n} \circ (\vec{x} - \vec{a}) = 0$, also E: $\begin{pmatrix} 4 \\ -5 \\ -2 \end{pmatrix} \circ \left(\begin{pmatrix} x \\ y \\ z \end{pmatrix} - \begin{pmatrix} 1 \\ 1 \\ 2 \end{pmatrix} \right) = 0$, und für die Koordinatengleichung:

E: $4x - 5y - 2z - (4 \cdot 1 + (-5) \cdot 1 + (-2) \cdot 2) = 0$, also:

E: $4x - 5y - 2z + 5 = 0$

Bemerkung: Die Koeffizienten vor den Variablen x, y und z sind die Koordinaten des Normalenvektors.

Bemerkung: Diese Umwandlung ist sehr wichtig, denn oft lassen sich Probleme der Vektorgeometrie leichter behandeln, wenn man für eine Ebene die Normalenform wählt.

Umwandlung von der Koordinatenform in die Parameterform:

Aufgabe: Geben Sie die Ebene E mit E: $2x + 3y - z + 2 = 0$ in Parameterform an!

Lösung: Der Normalenvektor ist $\vec{n} = \begin{pmatrix} 2 \\ 3 \\ -1 \end{pmatrix}$, daraus findet man zwei Richtungsvektoren,

für die das Skalarprodukt mit $\vec{n}$ gleich 0 sein muss: z. B.: $\vec{u} = \begin{pmatrix} 3 \\ -2 \\ 0 \end{pmatrix}$ und $\vec{v} = \begin{pmatrix} 0 \\ 1 \\ 3 \end{pmatrix}$ (Eine

Koordinate des Normalenvektors gleich 0 setzen, die anderen beiden vertauschen und bei einer das Vorzeichen umdrehen).

Jetzt fehlt noch ein Aufpunkt, der die Koordatenform der Ebene erfüllen muss, z. B.: A(0|0|2)

Dann ergibt sich als Parameterform

E: $\vec{x} = \begin{pmatrix} 0 \\ 0 \\ 2 \end{pmatrix} + \lambda \begin{pmatrix} 3 \\ -2 \\ 0 \end{pmatrix} + \mu \begin{pmatrix} 0 \\ 1 \\ 3 \end{pmatrix}$

12.2.3 Lagebeziehung zwischen Gerade und Ebene

Eine Gerade g: $\vec{x} = \vec{a} + \lambda \vec{u}$ mit Aufpunkt A und Richtungsvektor $\vec{u}$ kann zu einer Ebene E: $\vec{n} \circ (\vec{x} - \vec{b}) = 0$ mit Aufpunkt B und Normalenvektor $\vec{n}$ auf verschiedene Weise liegen:

g liegt in E, d. h. $g \subset E$ (Abb. 12.8a),

g ist echt parallel zu E, d. h. $g \parallel E$ und $g \not\subset E$ (Abb. 12.8b)

oder g schneidet E im Schnittpunkt S, d. h. $g \cap E = \{S\}$ (Abb. 12.8c)

Bemerkung: Den Schnittpunkt einer Geraden mit einer Ebene nennt man auch Spurpunkt.

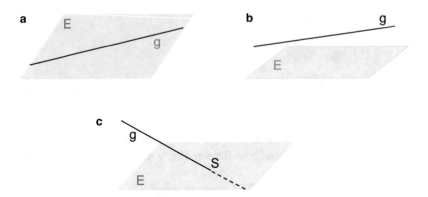

Abb. 12.8 Lagebeziehung von Gerade und Ebene **a** $g \subset E$, **b** $g \parallel E$ und **c** $g \cap E = \{S\}$

Aufgabe: Erarbeiten Sie Kriterien mit denen Sie unterscheiden können, wie die Lage einer Geraden $g: \vec{x} = \vec{a} + \lambda\vec{u}$ zur Ebene $E: \vec{n} \circ (\vec{x} - \vec{b}) = 0$ ist!
Lösung:

$\vec{u} \circ \vec{n} = 0$ und $\vec{n} \circ (\vec{a} - \vec{b}) = 0$	$g \subset E$
$\vec{u} \circ \vec{n} = 0$ und $\vec{n} \circ (\vec{a} - \vec{b}) \neq 0$	$g \parallel E$
$\vec{u} \circ \vec{n} \neq 0$	$g \cap E = \{S\}$

Aufgabe: Erstellen Sie die entsprechenden Kriterien für den Fall, dass die Ebene E in Parameterform gegeben ist, und vergleichen Sie den Arbeitsaufwand!

Aufgabe: Berechnen Sie den Schnittpunkt S der Gerade $g: \vec{x} = \begin{pmatrix} 2 \\ 5 \\ 5 \end{pmatrix} + \lambda \begin{pmatrix} 0 \\ 1 \\ 2 \end{pmatrix}$ mit der

Ebene $E: 2x + y + z - 11 = 0$!
Lösung: Koordinatenweises Einsetzen von g in E: $2(2 + 0\lambda) + (5 + 1\lambda) + (5 + 2\lambda) - 11 = 0$
$\Leftrightarrow 3\lambda + 3 = 0 \Leftrightarrow \lambda = -1$

Einsetzen von $\lambda = -1$ in $g \Rightarrow \vec{s} = \begin{pmatrix} 2 \\ 4 \\ 3 \end{pmatrix}$, also $S(2|4|3)$.

Aufgabe: Überlegen Sie, wie die Schnittpunktsberechnung funktioniert, wenn die Ebene in Parameterform gegeben ist, und vergleichen Sie den Arbeitsaufwand!

Aufgabe: Berechnen Sie den Spurpunkt der Ebene $E: 3x + 4y + 6z = 12$ mit der x-Achse
Lösung: x-Achse: $y = z = 0$. Einsetzen in E: $3x = 12$ d. h. $x = 4 \Rightarrow S_x(4|0|0)$

Winkel zwischen Gerade und Ebene:
$\cos(90° - \alpha) = \sin\alpha = \left| \frac{\vec{u} \circ \vec{n}}{|\vec{u}| \cdot |\vec{n}|} \right| \Rightarrow \alpha = \arcsin \left| \frac{\vec{u} \circ \vec{n}}{|\vec{u}| \cdot |\vec{n}|} \right|$ (Abb. 12.9)

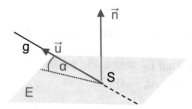

Abb. 12.9 Schnittwinkel einer Geraden mit einer Ebene

12.2.4 Lagebeziehung zweier Ebenen

Ebenen können identisch oder echt parallel sein oder sich schneiden.

Aufgabe: Gegeben seien zwei Ebenen $E_1: \vec{n}_1 \circ (\vec{x} - \vec{a}_1) = 0$ und $E_2: \vec{n}_2 \circ (\vec{x} - \vec{a}_2) = 0$
Erarbeiten Sie Kriterien, mit denen Sie unterscheiden können, wie die beiden Ebenen zueinander liegen!
Lösung:

$\vec{n}_1, \vec{n}_2$ linear abhängig und $\vec{n}_1 \circ (\vec{a}_1 - \vec{a}_2) = 0$	$E_1 \equiv E_2$
$\vec{n}_1, \vec{n}_2$ linear abhängig und $\vec{n}_1 \circ (\vec{a}_1 - \vec{a}_2) \neq 0$	$E_1 \parallel E_2$ und $E_1 \not\equiv E_2$
$\vec{n}_1, \vec{n}_2$ linear unabhängig	$E_1 \cap E_2 = g$

Aufgabe: Erstellen Sie die entsprechenden Kriterien für den Fall, dass die beiden Ebenen in Parameterform gegeben sind, und vergleichen Sie den Arbeitsaufwand! Erstellen Sie die entsprechenden Kriterien für den Fall, dass eine der beiden Ebenen in Parameterform und die andere in Normalenform gegeben ist, und vergleichen Sie den Arbeitsaufwand!

Berechnung der *Schnittgerade zweier Ebenen*:

Aufgabe: Bestimmen Sie die Schnittgerade der Ebenen $E_1: x + y - 3 = 0$ und $E_2: y + z - 2 = 0$ (Abb. 12.10)

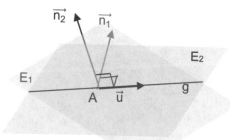

Abb. 12.10 Schnittgerade zweier Ebenen in Normalenform

Lösung: $\vec{u} = \vec{n}_1 \times \vec{n}_2 = \begin{pmatrix} 1 \\ 1 \\ 0 \end{pmatrix} \times \begin{pmatrix} 0 \\ 1 \\ 1 \end{pmatrix} = \begin{pmatrix} 1 \\ -1 \\ 1 \end{pmatrix}$, denn der Richtungsvektor $\vec{u}$ der zu bestim-

menden Gerade muss sowohl senkrecht auf $\vec{n}_1$ als auch auf $\vec{n}_2$ stehen. Ein gemeinsamer Punkt beider Ebenen ist z. B. mit $y = 0$: $x = 3$, $z = 2$, d. h. $A(3|0|2)$

$$\Rightarrow \text{g:}\ \vec{x} = \begin{pmatrix} 3 \\ 0 \\ 2 \end{pmatrix} + \lambda \begin{pmatrix} 1 \\ -1 \\ 1 \end{pmatrix}$$

Aufgabe: Bestimmen Sie die Schnittgerade der beiden Ebenen

$$E_1: \begin{pmatrix} 1 \\ 1 \\ 0 \end{pmatrix} \circ \left(\vec{x} - \begin{pmatrix} 2 \\ 1 \\ 3 \end{pmatrix} \right) = 0 \text{ und } E_2: \vec{x} = \begin{pmatrix} 1 \\ 3 \\ -1 \end{pmatrix} + \lambda \begin{pmatrix} 0 \\ -1 \\ 1 \end{pmatrix} + \mu \begin{pmatrix} 2 \\ 1 \\ -1 \end{pmatrix}!$$

Lösung: Umwandeln von E_1 in Koordinatenform: $x + y - 3 = 0$

Koordinatenweises Einsetzen von E_2 in E_1: $(1 + 0\lambda + 2\mu) + (3 - \lambda + \mu) - 3 = 0$

$\Leftrightarrow -\lambda + 3\mu + 1 = 0 \Leftrightarrow \lambda = 3\mu + 1$

Einsetzen in E_2: g: $\vec{x} = \begin{pmatrix} 1 \\ 3 \\ -1 \end{pmatrix} + (3\mu + 1)\begin{pmatrix} 0 \\ -1 \\ 1 \end{pmatrix} + \mu \begin{pmatrix} 2 \\ 1 \\ -1 \end{pmatrix} = \begin{pmatrix} 1 \\ 2 \\ 0 \end{pmatrix} + \mu \begin{pmatrix} 2 \\ -2 \\ 2 \end{pmatrix}$

Kürzen des Richtungsvektors von g ergibt: g: $\vec{x} = \begin{pmatrix} 1 \\ 2 \\ 0 \end{pmatrix} + \mu' \begin{pmatrix} 1 \\ -1 \\ 1 \end{pmatrix}$

Aufgabe: Überlegen Sie, wie die Berechnung funktionieren würde, wenn beide Ebenen in Parameterform gegeben wären, und vergleichen Sie den Rechenaufwand!

Winkel zwischen Ebenen:

$\cos \alpha = \left| \frac{\vec{n}_1 \circ \vec{n}_2}{|\vec{n}_1|\,|\vec{n}_2|} \right| \Rightarrow \alpha = \arccos \left| \frac{\vec{n}_1 \circ \vec{n}_2}{|\vec{n}_1|\,|\vec{n}_2|} \right|$ (Abb. 12.11)

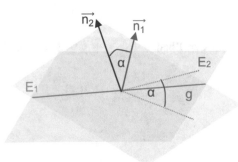

Abb. 12.11 Schnittwinkel zwischen zwei Ebenen

12.3 Abstandsprobleme

12.3.1 Abstand Punkt-Ebene, Hesse-Normalform einer Ebene

Gesucht ist der Abstand des Punktes P von der Ebene E: $\vec{n} \circ (\vec{x} - \vec{a}) = 0$ (Abb. 12.12)

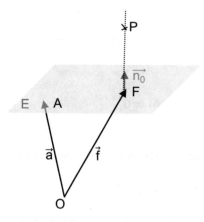

Abb. 12.12 Abstand eines Punktes von einer Ebene

Für den Ortsvektor $\vec{f}$ des Fußpunktes des Lots von P auf E gelten zwei Bedingungen:
1. $\vec{p} = \vec{f} + \tilde{d}\vec{n}_0$, wobei $\vec{n}_0$ der Einheitsnormalenvektor der Ebene E ist und $|\tilde{d}|$ der Abstand von P zu E ist. $\tilde{d}$ selbst kann noch positives oder negatives Vorzeichen haben.
2. $(\vec{f} - \vec{a}) \circ (\vec{p} - \vec{f}) = 0$, da $\overrightarrow{AF} \perp \overrightarrow{FP}$

1. $\Leftrightarrow \vec{f} = \vec{p} - \tilde{d}\vec{n}_0$ einsetzen in 2.: $(\vec{p} - \tilde{d}\vec{n}_0 - \vec{a}) \circ (\vec{p} - (\vec{p} - \tilde{d}\vec{n}_0)) = 0$
$\Leftrightarrow$ Für $\tilde{d} \neq 0$ ist $(\vec{p} - \tilde{d}\vec{n}_0 - \vec{a}) \circ (\tilde{d}\vec{n}_0) = 0 \Leftrightarrow (\vec{p} - \tilde{d}\vec{n}_0 - \vec{a}) \circ \vec{n}_0 = 0$
$\Leftrightarrow \vec{p} \circ \vec{n}_0 - \tilde{d}\vec{n}_0 \circ \vec{n}_0 - \vec{a} \circ \vec{n}_0 = 0 \overset{(*)}{\Leftrightarrow} \vec{p} \circ \vec{n}_0 - \vec{a} \circ \vec{n}_0 = \tilde{d} \Leftrightarrow \vec{n}_0 \circ (\vec{p} - \vec{a}) = \tilde{d}$
$(*)$, denn $\vec{n}_0 \circ \vec{n}_0 = 1$.

Der Term $\vec{n}_0 \circ (\vec{p} - \vec{a})$ ist ganz ähnlich zum Term in der Normalenform der Ebene. Es muss der Normalenvektor durch den Normaleneinheitsvektor $\vec{n}_0$ ersetzt werden, und die Variable $\vec{x}$ durch den Ortsvektor $\vec{p}$ des Punkts P, um $\tilde{d}$ zu erhalten.

Definition der *Hesse-Normalform einer Ebene* (w) (abgekürzt HNF):
$\vec{n}_0 \circ (\vec{x} - \vec{a}) = 0$, wobei die Richtung von $\vec{n}_0$ so gewählt werden muss, dass $\vec{n}_0 \circ \vec{a} \geq 0$

Die Hesse-Normalform einer Ebene ist normiert (der Normalenvektor hat die Länge 1) und orientiert (d. h. der Normalenvektor erhält die Richtung, mit der $\vec{n}_0 \circ \vec{a} \geq 0$.)
Die Orientierung hat zur Folge, dass der Normalenvektor in den Halbraum weist, in dem nicht der Nullpunkt liegt, denn nur so ist $\vec{n}_0 \circ \vec{a} \geq 0$.

P liegt genau dann in diesem Halbraum (also in dem, in dem der Nullpunkt nicht liegt), wenn $\vec{n}_0 \circ (\vec{p} - \vec{a}) = \tilde{d} > 0$,

P liegt genau dann im selben Halbraum wie der Ursprung, wenn $\vec{n}_0 \circ (\vec{p} - \vec{a}) = \tilde{d} < 0$, und

P liegt genau dann auf der Ebene, wenn $\vec{n}_0 \circ (\vec{p} - \vec{a}) = \tilde{d} = 0$.

P hat den Abstand $|\tilde{d}|$ von der Ebene.

Aufgabe: Bestimmen Sie den Abstand des Punktes $P(1|-3|2)$ von der Ebene $E: x - 2y + 2z + 6 = 0$!

Lösung:

$$\vec{n} = \begin{pmatrix} 1 \\ -2 \\ 2 \end{pmatrix} \Rightarrow |\vec{n}| = 3 \overset{(*)}{\Rightarrow} \text{HNF von } E: -\tfrac{1}{3}(x - 2y + 2z + 6) = 0$$

d. h. HNF von $E: -\tfrac{1}{3}x + \tfrac{2}{3}y - \tfrac{2}{3}z - 2 = 0$

$(*)$ Multiplizieren der Koordinatenform der Ebene mit $-\tfrac{1}{3}$ damit vor der 6 ein negatives Vorzeichen steht.

Einsetzen der Koordinaten von P: $\Rightarrow d(P, E) = |-\tfrac{1}{3}(1 - 2(-3) + 2 \cdot 2 + 6)| = \tfrac{17}{3}$

Aufgabe: Die Ebene E sei durch die drei Punkte $A(12|0|0)$, $B(3|2|2)$ und $C(0|4|0)$ festgelegt. Bestimmen Sie die Lage der Punkte $Z(-6|2|8)$ und $W(10|-6|-3)$ bezüglich dieser Ebene.

Lösung: $E: \vec{x} = \vec{a} + \lambda\overrightarrow{AB} + \mu\overrightarrow{AC}$, d. h. $E: \vec{x} = \begin{pmatrix} 12 \\ 0 \\ 0 \end{pmatrix} + \lambda\begin{pmatrix} -9 \\ 2 \\ 2 \end{pmatrix} + \mu'\begin{pmatrix} -12 \\ 4 \\ 0 \end{pmatrix}$,

mit Kürzen des Richtungsvektors ergibt sich:

$E: \vec{x} = \begin{pmatrix} 12 \\ 0 \\ 0 \end{pmatrix} + \lambda\begin{pmatrix} -9 \\ 2 \\ 2 \end{pmatrix} + \mu\begin{pmatrix} -3 \\ 1 \\ 0 \end{pmatrix}$ mit $\vec{a} = \begin{pmatrix} 12 \\ 0 \\ 0 \end{pmatrix}, \vec{u} = \begin{pmatrix} -9 \\ 2 \\ 2 \end{pmatrix}, \vec{v} = \begin{pmatrix} -3 \\ 1 \\ 0 \end{pmatrix}$

Als Normalenvektor von E ergibt sich: $\vec{n} = \vec{u} \times \vec{v} = \begin{pmatrix} -2 \\ -6 \\ -3 \end{pmatrix}$

Damit ist die Normalenform von $E: \vec{n} \circ (\vec{x} - \vec{a}) = 0$, d. h. $E: -2x - 6y - 3z + 24 = 0$.

Normierung und Orientierung ergibt die Hesse-Normalform (Multiplikation der Gleichung mit $-\tfrac{1}{|\vec{n}|} = -\tfrac{1}{\sqrt{(-2)^2+(-6)^2+(-3)^2}} = -\tfrac{1}{7}$):

HNF von $E: \tfrac{1}{7}(2x + 6y + 3z - 24) = 0$

Einsetzen von Z: $\tfrac{1}{7}(2(-6) + 6 \cdot 2 + 3 \cdot 8 - 24) = 0$ d. h. $Z \in E$

Einsetzen von W: $\tfrac{1}{7}(2 \cdot 10 + 6 \cdot (-6) + 3 \cdot (-3) - 24) = -7$ d. h. $d(W; E) = 7$ und W liegt im gleichen Halbraum wie der Nullpunkt.

Aufgabe: Spiegeln Sie den Punkt W an der Ebene E!

Lösung: Lot von W auf $E: \ell: \vec{x} = \vec{w} + \lambda\vec{n}$, d. h. $\ell: \vec{x} = \begin{pmatrix} 10 \\ -6 \\ -3 \end{pmatrix} + \lambda\begin{pmatrix} 2 \\ 6 \\ 3 \end{pmatrix}$

Einsetzen von ℓ in E: $2 \cdot (10 + 2\lambda) + 6(-6 + 6\lambda) + 3(-3 + 3\lambda) - 24 = 0 \Rightarrow \lambda = 1$.

Für den Ortsvektor des Lotfußpunkts ist $\vec{f} = \begin{pmatrix} 10 \\ -6 \\ -3 \end{pmatrix} + 1 \begin{pmatrix} 2 \\ 6 \\ 3 \end{pmatrix}$, d. h. F(12|0|0), was zufällig der Punkt A ist.

Für den Bildpunkt W' gilt: $\vec{w}' = \vec{w} + 2\overrightarrow{WF} = \begin{pmatrix} 14 \\ 6 \\ 3 \end{pmatrix} \Rightarrow$ W'(14|6|3)

12.3.2   Abstand zweier paralleler Ebenen, Mittelebene

Definition: Die *Mittelebene* von zwei parallelen Ebenen ist eine dazu parallele Ebene mit gleichem Abstand zu beiden Ebenen.

Aufgabe: Bestimmen Sie den Abstand der Ebenen E und F mit
E: $2x - 6y - 3z + 18 = 0$, F: $-2x + 6y + 3z - 11 = 0$
und bestimmen Sie die Gleichung der Mittelebene!
Lösung: HNF von E: $\frac{1}{7}(-2x + 6y + 3z - 18) = 0$, HNF von F: $\frac{1}{7}(-2x + 6y + 3z - 11) = 0$
$\tilde{d}(O; E) = -\frac{18}{7}$, $\tilde{d}(O; F) = -\frac{11}{7}$;
$d(E; F) = |\tilde{d}(O; E) - \tilde{d}(O; F)| = |-\frac{18}{7} + \frac{11}{7}| = 1$
Mittelebene M: $-2x + 6y + 3z - \frac{18+11}{2} = 0$, d. h. M: $-2x + 6y + 3z - 14{,}5 = 0$

12.3.3   Abstand Punkt Gerade

Aufgabe: Bestimmen Sie den Abstand des Punktes P(5|2|1) von der Geraden
g: $\vec{x} = \begin{pmatrix} 0 \\ 1 \\ 0 \end{pmatrix} + \lambda \begin{pmatrix} 2 \\ -3 \\ 6 \end{pmatrix}$!
Lösung: Aufstellen der Ebene E durch P senkrecht zu g:
E: $\begin{pmatrix} 2 \\ -3 \\ 6 \end{pmatrix} \circ \left(\vec{x} - \begin{pmatrix} 5 \\ 2 \\ 1 \end{pmatrix} \right) = 0$, d. h. E: $2x - 3y + 6z - 10 = 0$.
Schneiden von g mit E: $2(2\lambda) - 3(1 - 3\lambda) + 6(6\lambda) - 10 = 0 \Rightarrow \lambda = \frac{13}{49}$

Für den Schnittpunkt F von g mit E gilt: $\vec{f} = \begin{pmatrix} 0 \\ 1 \\ 0 \end{pmatrix} + \frac{13}{49} \begin{pmatrix} 2 \\ -3 \\ 6 \end{pmatrix} = \begin{pmatrix} \frac{26}{49} \\ \frac{10}{49} \\ \frac{78}{49} \end{pmatrix}$

Der Abstand von P zu g ist $\overline{PF} = \frac{\sqrt{1154}}{7}$ (Abb. 12.13)

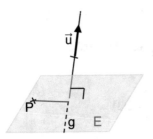

Abb. 12.13 Abstand eines Punktes von einer Geraden

12.3.4 Abstand windschiefer Geraden

Aufgabe: Bestimmen Sie den Abstand der windschiefen Geraden

$$g: \vec{x} = \begin{pmatrix} -3 \\ 4 \\ -4 \end{pmatrix} + \lambda \begin{pmatrix} -2 \\ 1 \\ 0 \end{pmatrix} \text{ und der Geraden } h: \vec{x} = \begin{pmatrix} 2 \\ 9 \\ -1 \end{pmatrix} + \mu \begin{pmatrix} 0 \\ 5 \\ -2 \end{pmatrix}$$

Lösung: (Abb. 12.14)

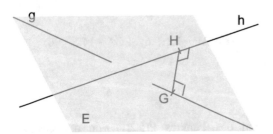

Abb. 12.14 Abstand windschiefer Geraden

Methode 1:

Aufstellen der Ebene, in der g liegt und die parallel zu h ist:

$$E: \vec{x} = \begin{pmatrix} -3 \\ 4 \\ -4 \end{pmatrix} + \lambda \begin{pmatrix} -2 \\ 1 \\ 0 \end{pmatrix} + \mu \begin{pmatrix} 0 \\ 5 \\ -2 \end{pmatrix}$$

Bestimmen des Abstands des Aufpunkts von h von der Ebene:

HNF von E: $-\frac{1}{\sqrt{30}}(x + 2y + 5z + 15) = 0$

Einsetzen des Aufpunkts von h in die HNF von E:

$d = |-\frac{1}{\sqrt{30}}(2 + 2 \cdot 9 + 5 \cdot (-1) + 15)| = \sqrt{30}$

Methode 2:

Mit Methode 2 erhält man nicht nur den Abstand, sondern auch die Punkte auf g und h, zwischen denen dieser Abstand eingenommen wird.

Der Verbindungsvektor dieser Punkte muss auf g und h senkrecht stehen:

$$\left[\begin{pmatrix} -3 \\ 4 \\ -4 \end{pmatrix} + \lambda \begin{pmatrix} -2 \\ 1 \\ 0 \end{pmatrix} - \begin{pmatrix} 2 \\ 9 \\ -1 \end{pmatrix} - \mu \begin{pmatrix} 0 \\ 5 \\ -2 \end{pmatrix}\right] \circ \begin{pmatrix} -2 \\ 1 \\ 0 \end{pmatrix} = 0 \text{ und}$$

$$\left[\begin{pmatrix} -3 \\ 4 \\ -4 \end{pmatrix} + \lambda \begin{pmatrix} -2 \\ 1 \\ 0 \end{pmatrix} - \begin{pmatrix} 2 \\ 9 \\ -1 \end{pmatrix} - \mu \begin{pmatrix} 0 \\ 5 \\ -2 \end{pmatrix}\right] \circ \begin{pmatrix} 0 \\ 5 \\ -2 \end{pmatrix} = 0$$

Das führt auf die zwei Gleichungen

$5\lambda - 5\mu = -5$

$5\lambda - 29\mu = 19$

mit der Lösung $\lambda = -2$ und $\mu = -1$

Einsetzen von λ in g und μ in h ergibt: G(1|2|−4) und H(2|4|1) mit $\overline{\text{GH}} = \sqrt{30}$

Matrizenrechnung

13

Nach der Definition von Matrizen werden die Rechenoperationen mit Matrizen eingeführt: Addition von Matrizen, Multiplikation einer Matrix mit einem Skalar (was zum Begriff des Vektorraums $\mathbb{R}^{m \times n}$ führt) und die Matrizenmultiplikation.

Außerdem wird gezeigt, wie mit Hilfe der inversen Matrix lineare Gleichungssysteme und Matrixgleichungen gelöst werden können.

Dann werden lineare Abbildungen mit Hilfe von Matrizen dargestellt und ihre Eigenschaften systematisch anhand ihrer Eigenwerte und Eigenvektoren untersucht. Welche Matrizen führen zu Kongruenz-, welche zu Ähnlichkeitsabbildungen, welche Matrizen vermitteln Parallel-Streckungen, welche Streckscherungen und welche Affindrehungen.

Zum Schluss werden die Begriffe Homomorphismus, Endomorphismus und Isomorphismus definiert.

13.1 Definitionen und Begriffe

Definition: Ein rechteckiges Schema von Elementen a_{ij} mit m Zeilen und n Spalten $(m, n \in \mathbb{N})$, heißt $m \times n$-Matrix (w). Die a_{ij} heißen Elemente (s), Komponenten (w) oder Einträge (m) der Matrix.

$$A = A_{m,n} = A_{m \times n} = \begin{pmatrix} a_{11} & a_{12} & a_{13} & \ldots & a_{1n} \\ a_{21} & a_{22} & a_{23} & \ldots & a_{2n} \\ a_{31} & a_{32} & a_{33} & \ldots & a_{3n} \\ \vdots & \vdots & \vdots & \ddots & \vdots \\ a_{m1} & a_{m2} & a_{m3} & \ldots & a_{mn} \end{pmatrix} = \left(a_{ij}\right)_{m \times n} = (a_{ij})_{m,n} = (a_{ij})$$

sind alles Schreibweisen für eine Matrix.

Bemerkung: Die Elemente der Matrix müssen nicht zwangsweise Zahlen sein, es kann sich dabei auch um andere mathematische Objekte handeln, wie Vektoren, Funktionen oder auch Differentialoperatoren. Hier soll es aber um reelle Matrizen gehen.

© Der/die Autor(en), exklusiv lizenziert an Springer-Verlag GmbH, DE, ein Teil von Springer Nature 2023
B. Hugues, *Mathematik-Vorbereitung für das Studium eines MINT-Fachs*,
https://doi.org/10.1007/978-3-662-66937-2_13

Definition: Zwei Matrizen $A = (a_{ij})$ und $B = (b_{ij})$ heißen gleich, kurz $A = B$, wenn beide Matrizen m × n-Matrizen sind und $a_{ij} = b_{ij}$ $\forall$ i $\in \{1, 2, \ldots, m\}$ und j $\in \{1, 2, \ldots, n\}$

Definition: Eine m × 1-Matrix heißt *Spaltenvektor* $\begin{pmatrix} a_1 \\ a_2 \\ \vdots \\ a_m \end{pmatrix}$, eine 1 × n-Matrix *Zeilenvektor*

$(a_1, a_2, \ldots, a_n)$

Definition: Eine Matrix (a_{ij}) mit $a_{ij} = 0$ $\forall$ i $\in \{1, 2, \ldots, m\}$ und j $\in \{1, 2, \ldots, n\}$ heißt *Nullmatrix*, ein solcher Vektor heißt *Nullvektor*.

Definition: Eine n × n-Matrix heißt *quadratische Matrix n-ter Ordnung*.

Definition: Ein Spaltenvektor mit $a_j = 0$ $\forall$ j $\neq$ i und $a_i = 1$ heißt *i-ter Einheitsvektor* $\vec{e}_i$.

Definition: Die quadratische n × n-Matrix E_n, für die $a_{ij} = 0$, falls i $\neq$ j und $a_{ii} = 1$ $\forall$ i $\in \{1, 2, \ldots, n\}$ heißt *Einheitsmatrix n-ter Ordnung*.

$E_3 = \begin{pmatrix} 1 & 0 & 0 \\ 0 & 1 & 0 \\ 0 & 0 & 1 \end{pmatrix}$ ist die Einheitsmatrix dritter Ordnung.

Definition: Bei einer quadratischen Matrix n-ter Ordnung bilden die a_{ii} für i $\in \{1, 2, \ldots, n\}$ die *Hauptdiagonale* der Matrix.

Definition: Eine quadratische Matrix heißt *Diagonalmatrix*, wenn alle Elemente außerhalb der Hauptdiagonale Null sind. $a_{ij} = 0$, falls i $\neq$ j.

Definition: Eine quadratische Matrix, bei der $a_{ij} = 0$ für i > j heißt *obere Dreiecksmatrix*, eine mit $a_{ij} = 0$ für i < j heißt *untere Dreiecksmatrix*.

Beispiel: $\begin{pmatrix} 1 & -2 & 5 \\ 0 & 3 & -1 \\ 0 & 0 & 1 \end{pmatrix}$ ist eine obere Dreiecksmatrix dritter Ordnung, $\begin{pmatrix} 1 & 0 & 0 \\ 0 & 3 & 0 \\ 2 & 0 & 1 \end{pmatrix}$

ist eine untere Dreieckmatrix dritter Ordnung.

Definition: Die *transponierte Matrix* zu einer m × n-Matrix $A = (a_{ij})$ ist die n × m-Matrix $A^T = (b_{ij})$ mit $b_{ij} = a_{ji}$.

Beispiel: $A = \begin{pmatrix} 1 & 3 \\ 2 & 0 \\ -1 & 5 \end{pmatrix} \Rightarrow A^T = \begin{pmatrix} 1 & 2 & -1 \\ 3 & 0 & 5 \end{pmatrix}$

Es ist $(A^T)^T = A$.

Definition: Eine n × n-Matrix heißt symmetrisch, falls $A^T = A$.

Beispiel: $\begin{pmatrix} 1 & -1 & 0 \\ -1 & 2 & 5 \\ 0 & 5 & 3 \end{pmatrix}$ ist symmetrisch.

13.2 Matrizenaddition

Definition: Zwei m × n-Matrizen $A = (a_{ij})$ und $B = (b_{ij})$ werden addiert bzw. subtrahiert, indem ihre Elemente jeweils addiert bzw. subtrahiert werden.
$A + B = (a_{ij} + b_{ij})$, $A - B = (a_{ij} - b_{ij})$.

Beispiel: $\begin{pmatrix} 1 & 2 & 0 \\ 3 & 1 & 2 \end{pmatrix} + \begin{pmatrix} 0 & 5 & 1 \\ 7 & -3 & -2 \end{pmatrix} = \begin{pmatrix} 1 & 7 & 1 \\ 10 & -2 & 0 \end{pmatrix}$

Beispiel: $\begin{pmatrix} 3 & 2 \\ 1 & 4 \\ 0 & -1 \end{pmatrix} - \begin{pmatrix} 1 & 0 \\ 5 & 2 \\ 1 & -1 \end{pmatrix} = \begin{pmatrix} 2 & 2 \\ -4 & 2 \\ -1 & 0 \end{pmatrix}$

Bemerkung: Die Vektoraddition ist die Addition von n × 1-Matrizen.

Bemerkung: Die Addition von m × n-Matrizen ist eine m × n-Matrix.
Die m × n-Nullmatrix ist das neutrale Element der Addition.
Das inverse Element zur m × n-Matrix $A = (a_{ij})$ bzgl. der Addition ist die m × n-Matrix
$-A = (-a_{ij})$
Die Matrizenaddition ist kommutativ und assoziativ, da die Addition in $\mathbb{R}$ kommutativ und assoziativ ist.
Somit ist die Menge aller m × n-Matrizen zusammen mit der Matrizenaddition eine abelsche Gruppe.

13.3 Multiplikation einer Matrix mit einem Skalar

Definition: Eine Matrix wird mit einem Skalar $\alpha \in \mathbb{R}$ multipliziert, indem man jedes Element mit α multipliziert.
$\alpha A = \alpha(a_{ij}) = (\alpha a_{ij})$

Beispiel: $-2 \begin{pmatrix} 1 & 0 \\ -2 & 2 \end{pmatrix} = \begin{pmatrix} -2 & 0 \\ 4 & -4 \end{pmatrix}$

Es gilt: $1 \cdot A = A$, $0 \cdot A = 0$ (die Nullmatrix)

Des weiteren sind $\alpha(\beta A) = (\alpha\beta)A$, $(\alpha + \beta)A = \alpha A + \beta A$, $\alpha(A + B) = \alpha A + \alpha B$, $1\,A = A$

Folgerung: Die Menge der m × n-Matrizen (a_{ij}) mit $a_{ij} \in \mathbb{R}$ zusammen mit dem Körper $\mathbb{R}$ ist ein Vektorraum der Dimension $m \cdot n$, denn eine mögliche Basis ist die Menge aller Matrizen, die an der Stelle der i-ten Zeile und j-ten Spalte eine 1 und sonst nur Nullen haben. Es gibt $m \cdot n$ verschiedene solche Matrizen, die linear unabhängig sind, also ist die Dimension $m \cdot n$. Dieser Vektorraum heißt dann $\mathbb{R}^{m \times n}$.

13.4   Matrizenmultiplikation

Um zu verstehen, wie die Matrizenmultiplikation definiert ist, ist es gut, sich das Skalarprodukt in Erinnerung zu rufen. Allerdings stellt man dabei den ersten Vektor als Zeilenvektor dar:

$$\vec{u} \circ \vec{v} = (u_1, u_2, \ldots, u_n) \circ \begin{pmatrix} v_1 \\ v_2 \\ \vdots \\ v_n \end{pmatrix} = u_1 v_1 + u_2 v_2 + \ldots + u_n v_n$$

Es ist hilfreich, die Elemente des Zeilenvektors mit der linken Hand von links nach rechts zu verfolgen, die des Spaltenvektors mit der rechten Hand von oben nach unten.

Bei der Matrizenmultiplikation einer m × n-Matrix A mit einer n × k-Matrix B steht in der m × k-Ergebnismatrix in der i-ten Zeile und j-ten Spalte das Skalarprodukt des i-ten Zeilenvektors von A mit dem j-ten Spaltenvektor von B. Dazu muss A genauso viele Spalten wie B Zeilen haben.

Definition: Das Produkt $A_{m \times n} B_{n \times k}$ der Matrix $A = (a_{ij})_{m \times n}$ und der Matrix $B = (b_{ij})_{n \times k}$ ist eine m × k-Matrix

$C_{m \times k} = (c_{ij})_{m \times k}$ mit $c_{ij} = \sum_{l=1}^{n} a_{il} b_{lj}$

Beispiel: $A = \begin{pmatrix} 1 & -2 & 0 \\ 2 & 0 & 1 \end{pmatrix}$, $B = \begin{pmatrix} 1 & 2 & 1 & 1 \\ 0 & 1 & 1 & 0 \\ -1 & 0 & 1 & 1 \end{pmatrix}$

A hat drei Spalten, B hat drei Zeilen, das Produkt AB ist definiert.
A ist eine 2 × 3-Matrix, B eine 3 × 4-Matrix, das Produkt eine 2 × 4-Matrix. Die Ergebnismatrix AB hat zwei Zeilen und vier Spalten.

$$AB = \begin{pmatrix} 1 & -2 & 0 \\ 2 & 0 & 1 \end{pmatrix} \begin{pmatrix} 1 & 2 & 1 & 1 \\ 0 & 1 & 1 & 0 \\ -1 & 0 & 1 & 1 \end{pmatrix} = \begin{pmatrix} 1 & 0 & -1 & 1 \\ 1 & 4 & 3 & 3 \end{pmatrix},$$

dabei ist z. B. $(AB)_{12}$ das Skalarprodukt von $(1, -2, 0)$ mit $\begin{pmatrix} 2 \\ 1 \\ 0 \end{pmatrix}$.

Bemerkung: Das Produkt eines 1 × n Zeilenvektors mit einem n × 1 Spaltenvektor ist ein Skalar.
Das Produkt eines m × 1 Spaltenvektors mit einem 1 × n Zeilenvektor ist eine m × n-Matrix.

Es gilt: $A_{m \times n} \cdot 0_{n \times k} = 0_{m \times k}$, $0_{m \times n} \cdot A_{n \times k} = 0_{m \times k}$, $A_{m \times n} \cdot E_n = A_{m \times n}$ und $E_m \cdot A_{m \times n} = A_{m \times n}$

Gesetze der Matrizenmultiplikation:
Es gilt keine Kommutativität

Beispiel: $AB = \begin{pmatrix} 1 & -2 & 0 \\ 2 & 0 & 1 \end{pmatrix} \begin{pmatrix} 1 & 2 & 1 & 1 \\ 0 & 1 & 1 & 0 \\ -1 & 0 & 1 & 1 \end{pmatrix} = \begin{pmatrix} 1 & 0 & -1 & 1 \\ 1 & 4 & 3 & 3 \end{pmatrix}$

aber BA ist in diesem Beispiel noch nicht mal definiert, weil B nicht so viele Spalten hat wie A Zeilen.

Satz: Die Matrizenmultiplikation ist assoziativ: $(AB)C = A(BC) \; \forall \; A \in \mathbb{R}^{m \times n}, B \in \mathbb{R}^{n \times p}$, $C \in \mathbb{R}^{p \times q}$

Beweis: $\sum_{j=1}^{n} a_{ij} \cdot \left(\sum_{k=1}^{p} b_{jk} c_{kl} \right) = \sum_{j=1}^{n} \sum_{k=1}^{p} a_{ij} b_{jk} c_{kl} = \sum_{k=1}^{p} \sum_{j=1}^{n} a_{ij} b_{jk} c_{kl}$
$= \sum_{k=1}^{p} \left(\sum_{j=1}^{n} a_{ij} b_{jk} \right) c_{kl}$

Dabei ist $\left(\sum_{k=1}^{p} b_{jk} c_{kl} \right)$ das Element der Matrix BC in der j-ten Zeile und l-ten Spalte. Wird dieses Element mit a_{ij} multipliziert und über j summiert, so erhält man das Element der Matrix A(BC) in der i-ten Zeile und l-ten Spalte.

Dann wird ausmultipliziert, die Reihenfolge der Summation verändert, und wieder ausgeklammert.

Zum Schluss erhält man das Element der Matrix (AB)C in der i-ten Zeile und l-ten Spalte. $\square$

Satz: Die Matrizenmultiplikation ist distributiv.
$A(B + C) = AB + AC \; \forall \; A \in \mathbb{R}^{m \times n}, B, C \in \mathbb{R}^{n \times p}$
$(A + B)C = AC + BC \; \forall \; A, B \in \mathbb{R}^{m \times n}, C \in \mathbb{R}^{n \times p}$
Beweis: $\sum_{j=1}^{m} \left(a_{ij} + b_{ij} \right) c_{jk} = \sum_{j=1}^{m} \left(a_{ij} c_{jk} + b_{ij} c_{jk} \right) = \sum_{j=1}^{m} a_{ij} c_{jk} + \sum_{j=1}^{m} b_{ij} c_{jk}$
Dabei ist der erste Term das Element von (A + B)C in der i-ten Zeile und k-ten Spalte und der letzte Term die Summe aus den entsprechenden Elementen von AC und BC.
Analog für $A(B + C) = AB + AC$ $\square$

13.5 Inverse Matrix

Definition: Gibt es zu einer Matrix $A \in \mathbb{R}^{n \times n}$ eine Matrix $A^{-1} \in \mathbb{R}^{n \times n}$ mit $A^{-1}A = E_n = AA^{-1}$, so heißt A^{-1} *inverse Matrix* zu A.

Bemerkung: Da die Multiplikation von A mit A^{-1} sowohl von links als auch von rechts eine quadratische Matrix n-ter Ordnung ergeben muss, muss A selbst quadratisch und von der Ordnung n sein. Invertierbare Matrizen müssen also quadratisch sein.

Es gilt nun, diese inverse Matrix zu $A \in \mathbb{R}^{n \times n}$ zu bestimmen, falls sie existiert.

Dazu sollen die folgenden Überlegungen helfen.

Wir betrachten, wie mit Hilfe von Matrizenmultiplikationen elementare Zeilenumformungen einer Matrix möglich sind.

Vertauschen der k-ten mit der ℓ-ten Zeile erfolgt mit der Matrix $V_{k\ell} \in \mathbb{R}^{n \times n}$:

$$V_{kl} = \begin{pmatrix} 1 & & & & & & & & & \\ & \ddots & & & & & & & & \\ & & 1 & & & & & & & \\ & & & 0 & & & 1 & & & \\ & & & & 1 & & & & & \\ & & & & & \ddots & & & & \\ & & & & & & 1 & & & \\ & & & 1 & & & & 0 & & \\ & & & & & & & & 1 & \\ & & & & & & & & & \ddots & \\ & & & & & & & & & & 1 \end{pmatrix},$$

von der Einheitsmatrix abweichende Nullen stehen in der Hauptdiagonale in der k-ten bzw. ℓ-ten Zeile.

Multiplikation der k-ten Zeile mit $\lambda \neq 0$:

$$M_{\lambda k} = \begin{pmatrix} 1 & & & & & & \\ & \ddots & & & & & \\ & & 1 & & & & \\ & & & \lambda & & & \\ & & & & 1 & & \\ & & & & & \ddots & \\ & & & & & & 1 \end{pmatrix},$$

dabei steht das λ in der k-ten Zeile.

Addition des λ-fachen der k-ten Zeile zur ℓ-ten Zeile ($k \neq \ell$):

$$A_{\ell + \lambda k} = \begin{pmatrix} 1 & & & & & \\ & \ddots & & & & \\ & & \ddots & & & \\ & \lambda & & \ddots & & \\ & & & & \ddots & \\ & & & & & 1 \end{pmatrix},$$

das λ steht in der ℓ-ten Zeile und k-ten Spalte.

Dass diese Elementarmatrizen die angegebenen Zeilenumformungen bei Multiplikation mit einer Matrix A bewirken, lässt sich leicht nachvollziehen. Diese Zeilenumformungen sind genau die, die das Gauß-Jordan-Verfahren zum Lösen linearer Gleichungssysteme vorsieht.

Um die inverse Matrix zu einer gegebenen Matrix $A \in \mathbb{R}^{n \times n}$ zu finden, werden nun gemäß dem Gauß-Jordan-Algorithmus Zeilenumformungen an A und parallel an der Einheitsmatrix E_n so durchgeführt, dass aus A die Einheitsmatrix E_n wird. Gleichzeitig wird aus der Einheitsmatrix die Inverse zur Matrix A.

Da die inverse Matrix eindeutig ist, hat man sie mit diesem Verfahren gefunden, falls es zum Ziel führt.

Beispiel: $A = \begin{pmatrix} 1 & 2 & 1 \\ 1 & 1 & 3 \\ 1 & 4 & 2 \end{pmatrix}$

$$\begin{array}{c} \left(\begin{array}{ccc|ccc} 1 & 2 & 1 & 1 & 0 & 0 \\ 1 & 1 & 3 & 0 & 1 & 0 \\ 1 & 4 & 2 & 0 & 0 & 1 \end{array} \right) \\ \qquad A \qquad\qquad E \end{array}$$

$$\xrightarrow{\text{I}-\text{II},\text{I}-\text{III}} \left(\begin{array}{ccc|ccc} 1 & 2 & 1 & 1 & 0 & 0 \\ 0 & 1 & -2 & 1 & -1 & 0 \\ 0 & -2 & -1 & 1 & 0 & -1 \end{array} \right) \xrightarrow{2\text{II}+\text{III}} \left(\begin{array}{ccc|ccc} 1 & 2 & 1 & 1 & 0 & 0 \\ 0 & 1 & -2 & 1 & -1 & 0 \\ 0 & 0 & -5 & 3 & -2 & -1 \end{array} \right)$$

$$\xrightarrow{2\text{I}+\text{II},5\text{II}-2\text{III}} \left(\begin{array}{ccc|ccc} 2 & 5 & 0 & 3 & -1 & 0 \\ 0 & 5 & 0 & -1 & -1 & 2 \\ 0 & 0 & -5 & 3 & -2 & -1 \end{array} \right) \xrightarrow{\text{I}-\text{II}} \left(\begin{array}{ccc|ccc} 2 & 0 & 0 & 4 & 0 & -2 \\ 0 & 5 & 0 & -1 & -1 & 2 \\ 0 & 0 & -5 & 3 & -2 & -1 \end{array} \right)$$

$$\xrightarrow{\text{I}/2,\text{II}/5,\text{III}/(-5)} \left(\begin{array}{ccc|ccc} 1 & 0 & 0 & 2 & 0 & -1 \\ 0 & 1 & 0 & -1/5 & -1/5 & 2/5 \\ 0 & 0 & 1 & -3/5 & 2/5 & 1/5 \end{array} \right)$$
$$\qquad\qquad\qquad\qquad\quad E \qquad\qquad\qquad A^{-1}$$

$$\Rightarrow A^{-1} = \begin{pmatrix} 2 & 0 & -1 \\ -1/5 & -1/5 & 2/5 \\ -3/5 & 2/5 & 1/5 \end{pmatrix} = \frac{1}{5} \begin{pmatrix} 10 & 0 & -5 \\ -1 & -1 & 2 \\ -3 & 2 & 1 \end{pmatrix}$$

Nicht jede Matrix ist invertierbar. Folgendes Beispiel zeigt, wie das Verfahren in diesem Fall aussieht:

Beispiel: $A = \begin{pmatrix} 2 & -4 \\ -1 & 2 \end{pmatrix}$

$$\left(\begin{array}{cc|cc} 2 & -4 & 1 & 0 \\ -1 & 2 & 0 & 1 \end{array} \right) \xrightarrow{\text{I}+2\text{II}} \left(\begin{array}{cc|cc} 2 & -4 & 1 & 0 \\ 0 & 0 & 1 & 2 \end{array} \right)$$

Die Matrix A lässt sich durch elementare Zeilenumformungen nicht auf die Einheitsmatrix bringen.

Bemerkung: Ein Kriterium für die Invertierbarkeit einer quadratischen Matrix wird gleich im Abschn. 13.7 genannt.

Es gelten die folgenden Regeln:

$(A^{-1})^{-1} = A$

$(AB)^{-1} = B^{-1}A^{-1}$

$(A^T)^{-1} = (A^{-1})^T$

13.6   Lösen von linearen Gleichungssystemen mit Hilfe der inversen Matrix

Ein lineares Gleichungssystem

$a_{11}x_1 + a_{12}x_2 + a_{13}x_3 + \ldots + a_{1n}x_n = b_1$

$a_{21}x_1 + a_{22}x_2 + a_{23}x_3 + \ldots + a_{2n}x_n = b_2$

$a_{31}x_1 + a_{32}x_2 + a_{33}x_3 + \ldots + a_{3n}x_n = b_3$

$$\vdots$$

$a_{n1}x_1 + a_{n2}x_2 + a_{n3}x_3 + \ldots + a_{nn}x_n = b_n$

lässt sich auch in der Form $A\vec{x} = \vec{b}$ schreiben, wobei A die Koeffizientenmatrix ist und $\vec{x}$ und $\vec{b}$ n × 1-Vektoren sind.

Ist die Koeffizientenmatrix A invertierbar, so lässt sich die Gleichung $A\vec{x} = \vec{b}$ von links mit der inversen Matrix A^{-1} multiplizieren, damit erhält man $A^{-1}(A\vec{x}) = A^{-1}\vec{b}$.

Wegen der Assoziativität der Matrizenmultiplikation folgt daraus $(A^{-1}A)\vec{x} = A^{-1}\vec{b}$, also $\vec{x} = A^{-1}\vec{b}$

Aufgabe: Bestimmen Sie die Inverse der Koeffizientenmatrix des folgenden linearen Gleichungssystems und lösen Sie es mit ihrer Hilfe!

$x + 2y + z = 4$

$x + y + 3z = 1$

$x + 4y + 2z = -3$

Lösung: $A = \begin{pmatrix} 1 & 2 & 1 \\ 1 & 1 & 3 \\ 1 & 4 & 2 \end{pmatrix}$, das ist die Matrix von oben, für die

$A^{-1} = \begin{pmatrix} 2 & 0 & -1 \\ -1/5 & -1/5 & 2/5 \\ -3/5 & 2/5 & 1/5 \end{pmatrix}$

Dann ist $\vec{x} = \begin{pmatrix} x \\ y \\ z \end{pmatrix} = A^{-1}\vec{b} = \frac{1}{5}\begin{pmatrix} 10 & 0 & -5 \\ -1 & -1 & 2 \\ -3 & 2 & 1 \end{pmatrix}\begin{pmatrix} 4 \\ 1 \\ -3 \end{pmatrix} = \frac{1}{5}\begin{pmatrix} 55 \\ -11 \\ -13 \end{pmatrix}$

Genauso lassen sich auch *Matrizengleichungen* der Form $AX = B$ lösen. Ist nämlich A eine invertierbare Matrix, so ist $X = A^{-1}B$

Aufgabe: Lösen Sie die Matrizengleichung der Form $AX = B$ für $A = \begin{pmatrix} 2 & -1 & 0 \\ 1 & 1 & 3 \\ 0 & 2 & 1 \end{pmatrix}$

und $B = \begin{pmatrix} 1 & 0 \\ 2 & -1 \\ -1 & 0 \end{pmatrix}$!

Lösung: Dann ist $A^{-1} = \frac{1}{9} \begin{pmatrix} 5 & -1 & 3 \\ 1 & -2 & 6 \\ -2 & 4 & -3 \end{pmatrix}$ (Leiten Sie das her!)

Und die Gleichung $AX = B$ hat die Lösung

$$X = A^{-1}B = \frac{1}{9} \begin{pmatrix} 5 & -1 & 3 \\ 1 & -2 & 6 \\ -2 & 4 & -3 \end{pmatrix} \begin{pmatrix} 1 & 0 \\ 2 & -1 \\ -1 & 0 \end{pmatrix} = \frac{1}{9} \begin{pmatrix} 0 & 1 \\ -9 & 2 \\ 9 & -4 \end{pmatrix}$$

Aufgabe: Stellen Sie den Vektor $\vec{v} = \begin{pmatrix} 5 \\ -1 \\ 3 \end{pmatrix}$ in der Basis $B = \left\{ \begin{pmatrix} 1 \\ 4 \\ 0 \end{pmatrix}, \begin{pmatrix} -1 \\ 3 \\ 1 \end{pmatrix}, \begin{pmatrix} 2 \\ 1 \\ 1 \end{pmatrix} \right\}$

mit Hilfe der inversen Matrix dar!

Lösung: Die Koeffizientenmatrix für das Gleichungssystem

$$\begin{pmatrix} 5 \\ -1 \\ 3 \end{pmatrix} = \lambda \begin{pmatrix} 1 \\ 4 \\ 0 \end{pmatrix} + \mu \begin{pmatrix} -1 \\ 3 \\ 1 \end{pmatrix} + \nu \begin{pmatrix} 2 \\ 1 \\ 1 \end{pmatrix} \text{ ist } A = \begin{pmatrix} 1 & -1 & 2 \\ 4 & 3 & 1 \\ 0 & 1 & 1 \end{pmatrix}$$

mit der Inversen $A^{-1} = \frac{1}{14} \begin{pmatrix} 2 & 3 & -7 \\ -4 & 1 & 7 \\ 4 & -1 & 7 \end{pmatrix}$

Aus $\vec{v} = A\vec{v}'$ folgt $\vec{v}' = A^{-1}\vec{v} = \begin{pmatrix} -1 \\ 0 \\ 3 \end{pmatrix}_B$

13.7 Invertierbarkeit einer Matrix, Eindeutigkeit der inversen Matrix

Das Wissen über das Lösen von linearen Gleichungssystemen hilft nun, ein Kriterium für die Invertierbarkeit einer Matrix zu finden:

Satz: Eine Matrix $A \in \mathbb{R}^{n \times n}$ ist genau dann invertierbar, falls das Gleichungssystem $A\vec{x} = \vec{b}$ für alle Vektoren $\vec{b} \in \mathbb{R}^n$ genau eine Lösung besitzt, d. h. falls $\det(A) \neq 0$.
Begründung:
Ist A invertierbar, so besitzt das LGS $A\vec{x} = \vec{b}$ für alle Vektoren $\vec{b} \in \mathbb{R}^n$ genau eine Lösung. Also sind die Spalten von A Basisvektoren des $\mathbb{R}^n$, aus denen sich $\vec{b}$ eindeutig linearkombinieren lässt, und $\det(A) \neq 0$.
Ist $\det(A) \neq 0$, so sind die Spalten von A Basisvektoren des $\mathbb{R}^n$ und das LGS $A\vec{x} = \vec{b}$ besitzt genau eine Lösung. Dann muss A invertierbar sein, denn wäre A nicht invertier-

bar, so könnte mit dem Gauß-Jordan-Verfahren die Matrix A nicht in die Einheitsmatrix umgewandelt werden. Das lineare Gleichungssystem besäße dann entweder keine oder unendlich viele Lösungen[1].

Beispiel: $A = \begin{pmatrix} 1 & 2 & 1 \\ 1 & 1 & 3 \\ 1 & 4 & 2 \end{pmatrix}$, $\det(A) = 2 + 6 + 4 - (1 + 12 + 4) \neq 0$, A ist invertierbar.

Beispiel: $A = \begin{pmatrix} 2 & -4 \\ -1 & 2 \end{pmatrix}$, $\det(A) = 4 - 4 = 0$, A ist nicht invertierbar.

Satz: Ist $B \in \mathbb{R}^{n \times n}$ eine linksinverse Matrix zu $A \in \mathbb{R}^{n \times n}$, d. h. gilt $BA = E_n$, so ist B auch rechtsinverse Matrix zu A, d. h. $AB = E_n$.

Beweis: $BA = E_n \Rightarrow$ für die eindeutige Lösung $\vec{x}$ des linearen Gleichungssystems $A\vec{x} = \vec{b}$ gilt:

$BA\vec{x} = B\vec{b} \Rightarrow E_n\vec{x} = B\vec{b} \Rightarrow \vec{x} = B\vec{b}$

Setzt man das in die Gleichung $A\vec{x} = \vec{b}$ ein, so ergibt sich: $AB\vec{b} = \vec{b}$

Da das für alle $\vec{b} \in \mathbb{R}^n$ gilt, gilt es auch für die Standardbasisvektoren $\vec{e}_i$ mit $i = 1, 2, 3, \ldots, n$

$\Rightarrow AB = E_n$. $\quad\square$

Bemerkung: Da die Matrizenmultiplikation nicht kommutativ ist, ist diese Tatsache keine Selbstverständlichkeit.

Satz: Wenn es zu $A \in \mathbb{R}^{n \times n}$ eine inverse Matrix A^{-1} gibt, so ist sie eindeutig.

Beweis durch Widerspruch: Annahme: es gibt zwei verschiedene Matrizen $B \neq C$ mit $AB = AC = E_n$.

Aus $AC = E_n$ folgt mit dem letzten Satz, dass $CA = E_n$.

$AB = E_n \Rightarrow C(AB) = CE_n \Rightarrow (CA)B = C \Rightarrow E_nB = C \Rightarrow B = C$.

Das ist im Widerspruch zur Annahme, es gibt also keine zwei verschiedenen inversen Matrizen zu A. $\quad\square$

13.8 Lineare Abbildungen mit Hilfe von Matrizen

13.8.1 Lineare Abbildung und Matrix[2]

---

[1] Den formellen Beweis dafür, dass das Gauß-Jordan-Verfahren eindeutig ergibt, ob A invertierbar ist, findet man in der Playlist „Lineare Algebra", Matrizen 19–21, von Prof. Michael Helbig unter dem Link https://www.youtube.com/watch?v=Jj97QKJ_Jss&list=PLDkKPlx5HxBchSRA0NsGogih9TI-oj0sn&index=29 ff (31.10.2022).

[2] Dieses Kapitel ist angelehnt an Schmid, Schweizer, Analytische Geometrie Leistungskurs, Lambacher Schweizer, 1999, S 196 ff.

Definition: Seien V und W zwei Vektorräume über dem selben Körper K.
Eine Abbildung f: V $\to$ W heißt *lineare Abbildung* (w), falls $\forall \vec{x}, \vec{y} \in V$ und $\lambda \in K$ gilt:
$f(\lambda \vec{x}) = \lambda f(\vec{x})$, f ist *homogen*, und
$f(\vec{x} + \vec{y}) = f(\vec{x}) + f(\vec{y})$, f ist *additiv*.

Satz: Der Nullvektor des Vektorraums V wird auf den Nullvektor des Vektorraums W abgebildet.
Beweis: $f(\vec{0}) = f(\vec{x} + (-\vec{x})) = f(\vec{x}) + f((-1)\vec{x}) = f(\vec{x}) + (-1)f(\vec{x}) = 0$ $\square$

Satz: Sei $A_{m \times n}$ eine reelle Matrix.
Dann ist mit ihr eine *lineare Abbildung* (w) $\alpha: \mathbb{R}^n \to \mathbb{R}^m, \vec{x} \mapsto A\vec{x}$ eindeutig bestimmt.
Beweis: Zu zeigen: die Abbildung ist linear:
Gesetze der Matrizenmultiplikation: $A(\vec{x} + \vec{y}) = A\vec{x} + A\vec{y}$ und $A(\lambda \vec{x}) = \lambda A\vec{x}$. $\checkmark$
Des weiteren zu zeigen: die Abbildung ist mit der Matrix eindeutig festgelegt.
$\forall \vec{x} \in R^n$ ist $\alpha(\vec{x}) = A\vec{x} \in \mathbb{R}^m$ eindeutig. $\checkmark$ $\square$

Bemerkung: Die Spalten von A sind die Bilder der Vektoren der Standardbasis:

$$A_{m \times n}\vec{e}_j = \begin{pmatrix} a_{11} & a_{12} & \cdots & a_{1j} & \cdots & a_{1n} \\ a_{21} & a_{22} & \cdots & a_{2j} & \cdots & a_{2n} \\ \vdots & \vdots & & \vdots & & \vdots \\ a_{m1} & a_{m2} & \cdots & a_{mj} & \cdots & a_{mn} \end{pmatrix} \begin{pmatrix} 0 \\ 0 \\ \vdots \\ 1 \\ \vdots \\ 0 \end{pmatrix} = \begin{pmatrix} a_{1j} \\ a_{2j} \\ \vdots \\ a_{mj} \end{pmatrix} \in \mathbb{R}^m$$

wobei bei $\vec{e}_j \in \mathbb{R}^n$ die 1 in der j-ten Zeile steht.

Satz: Zu jeder linearen Abbildung $\alpha: \mathbb{R}^n \to \mathbb{R}^m, \vec{x} \mapsto \alpha(\vec{x})$ gibt es genau eine Matrix $A \in \mathbb{R}^{m \times n}$ mit $\alpha(\vec{x}) = A\vec{x}$.
Beweis: Sei $\vec{x} \in \mathbb{R}^n$, dann lässt sich $\vec{x}$ in der Standardbasis $\{\vec{e}_1, \vec{e}_2, \ldots \vec{e}_n\}$ darstellen:
$\vec{x} = \sum_{i=1}^{n} x_i \vec{e}_i$.
Wegen der Linearität der Abbildung ist somit:
$\alpha(\vec{x}) = \alpha(\sum_{i=1}^{n} x_i \vec{e}_i) = \sum_{i=1}^{n} x_i \alpha(\vec{e}_i) \stackrel{(*)}{=} \sum_{i=1}^{n} x_i A\vec{e}_i = A\vec{x}$
(*) A ist dabei die Matrix, in deren i-te Spalte $\alpha(\vec{e}_i)$ steht für $i = 1, 2, \ldots, n$ $\square$

Folgerung: Zwischen dem Raum aller Matrizen des $\mathbb{R}^{m \times n}$ und dem Raum aller linearen Abbildungen von $\mathbb{R}^n$ nach $\mathbb{R}^m$ gibt es eine Bijektion.

Bemerkung: Es wird deshalb im Folgenden nicht immer zwischen der linearen Abbildung α und der entsprechenden Matrix A unterschieden.

Bemerkung: Dann gilt mit $A_{m \times n}\vec{e}_i = \vec{e}_i'$ für jeden Vektor $\vec{v} = \sum_{i=1}^{n} v_i \vec{e}_i$, dass
$\vec{v}' = A_{m \times n}\vec{v} = \sum_{i=1}^{n} v_i \vec{e}_i'$.

13.8.2 Geradentreue, Parallelentreue, Teilverhältnistreue von linearen Abbildungen

Satz: Die Abbildung $\alpha: \mathbb{R}^3 \to \mathbb{R}^3$, $\vec{x} \mapsto A\vec{x}$, wobei $A_{3\times3} \in \mathbb{R}^{3\times3}$, ist *geradentreu*, d. h. eine Gerade wird auf eine Gerade abgebildet.

Beweis: Sei g: $\vec{x} = \vec{a} + \lambda\vec{u}$ eine Gerade im $\mathbb{R}^3$ mit dem Aufpunkt A (Ortsvektor $\vec{a}$) und dem Richtungsvektor $\vec{u}$.

Dann ist $A_{3\times3}(\vec{a} + \lambda\vec{u}) = A_{3\times3}\vec{a} + A_{3\times3}(\lambda\vec{u}) = A_{3\times3}\vec{a} + \lambda A_{3\times3}\vec{u}$.

g': $\vec{x} = A_{3\times3}\vec{a} + \lambda A_{3\times3}\vec{u}$ ist wieder eine Gerade. Der Aufpunkt hat nun den Ortsvektor $A_{3\times3}\vec{a}$ und den Richtungsvektor $A_{3\times3}\vec{u}$. $\square$

Satz: Die Abbildung $\alpha: \mathbb{R}^3 \to \mathbb{R}^3$, $\vec{x} \mapsto A\vec{x}$, wobei $A_{3\times3} \in \mathbb{R}^{3\times3}$, ist parallelentreu, d. h. zwei zueinander parallele Geraden werden auf zwei wieder zueinander parallele Geraden abgebildet.

Beweis: Seien g: $\vec{x} = \vec{a} + \lambda\vec{u}$ und h: $\vec{x} = \vec{b} + \mu\vec{v}$ zwei parallele Geraden. Dann sind die beiden Richtungsvektoren linear abhängig: $\vec{v} = k\vec{u}$.

Nach Durchführung der Abbildung α lauten die Gleichungen für die Geraden:

g': $\vec{x} = A_{3\times3}\vec{a} + \lambda A_{3\times3}\vec{u}$ und h': $\vec{x} = A_{3\times3}\vec{b} + \mu k A_{3\times3}\vec{u}$

und besitzen die gleichen Richtungsvektoren $A_{3\times3}\vec{u}$. Also sind g' und h' zueinander parallel. $\square$

Bemerkung: Dieser Satz sagt nur, dass die beiden Bildgeraden parallel zueinander sind, falls es die Urbilder waren. Er sagt nicht, dass eine Gerade und ihre Bildgerade zueinander parallel sind.

Satz: Die Abbildung $\alpha: \mathbb{R}^3 \to \mathbb{R}^3$, $\vec{x} \mapsto A\vec{x}$, wobei $A_{3\times3} \in \mathbb{R}^{3\times3}$, ist teilverhältnistreu, d. h. ein Punkt T teilt eine Strecke [AB] im selben Verhältnis wie der Bildpunkt T' die Bildstrecke [A'B'].

Beweis: Wegen der Parallelentreue der Abbildung α wird ein Parallelogramm auf ein Parallelogramm abgebildet. Die Diagonalen von Bild und Urbild teilen sich jeweils in der Mitte (Abb. 13.1). Also wird der Mittelpunkt von [AB] auf den Mittelpunkt von [A'B'] abgebildet.

Das Verhältnis, unter dem T die Strecke [AB] teilt, kann durch Intervallschachtelung mit fortgesetzter Intervallhalbierung hergestellt werden.

Also teilt T' die Strecke [A'B'] im gleichen Verhältnis wie T die Strecke [AB]. $\square$

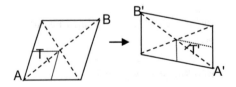

Abb. 13.1 Fortgesetzte Intervallhalbierung für T bzw. T'

Satz: Das Einheitsquadrat wird durch die lineare Abbildung

$$\alpha: \mathbb{R}^2 \to \mathbb{R}^2, \vec{x} \mapsto A\vec{x} = \begin{pmatrix} a_{11} & a_{12} \\ a_{21} & a_{22} \end{pmatrix} \vec{x}$$ auf ein Parallelogramm der Fläche det(A) abgebildet.

Beweis: Das Einheitsquadrat wird von zueinander parallelen Geraden begrenzt, also auch das Bild des Einheitsquadrats. Es ist deshalb ein Parallelogramm.

$$A\vec{e}_1 = \begin{pmatrix} a_{11} \\ a_{21} \end{pmatrix}, A\vec{e}_1 = \begin{pmatrix} a_{12} \\ a_{22} \end{pmatrix}$$

Für die Fläche eines von den Vektoren $\begin{pmatrix} a_{11} \\ a_{21} \end{pmatrix}$ und $\begin{pmatrix} a_{12} \\ a_{22} \end{pmatrix}$ aufgespannten Parallelogramms gilt:

$$F = \begin{pmatrix} a_{11} \\ a_{21} \end{pmatrix} \times \begin{pmatrix} a_{12} \\ a_{22} \end{pmatrix} = \det(A)$$ (Abschn. 9.6 und Ergänzen der dritten, nicht benötigten Koordinate mit 0). □

13.8.3 Einfache lineare Abbildungen im $\mathbb{R}^2$

Im Folgenden sollen einige einfache lineare Abbildungen des $\mathbb{R}^2$ betrachtet werden und als Abbildungen $\alpha: \mathbb{R}^2 \to \mathbb{R}^2, \vec{x} \mapsto A\vec{x}$ gedeutet werden.

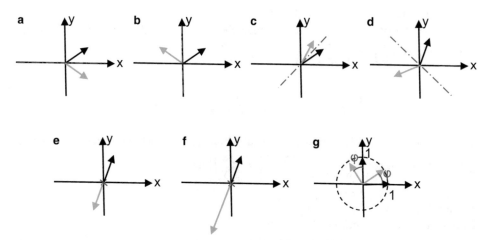

Abb. 13.2 Lineare Abbildungen von Vektoren im $\mathbb{R}^2$. **a** Spiegelung eines Vektors an der x-Achse, **b** Spiegelung eines Vektors an der y-Achse, **c** Spiegelung eines Vektors an der Geraden y = x. **d** Spiegelung eines Vektors an der Geraden y = −x, **e** Spiegelung eines Vektors am Ursprung, **f** Zentrische Streckung mit Zentrum (0|0) und Streckfaktor λ, **g** Drehung eines Vektors um den Winkel φ

Spiegelung an der x-Achse:
$$\alpha: \mathbb{R}^2 \to \mathbb{R}^2, \vec{x} = \begin{pmatrix} x \\ y \end{pmatrix} \mapsto \begin{pmatrix} x \\ -y \end{pmatrix} = \begin{pmatrix} 1 & 0 \\ 0 & -1 \end{pmatrix} \begin{pmatrix} x \\ y \end{pmatrix}$$ (Abb. 13.2a)

Spiegelung an der y-Achse:

$$\alpha: \mathbb{R}^2 \to \mathbb{R}^2, \vec{x} = \begin{pmatrix} x \\ y \end{pmatrix} \mapsto \begin{pmatrix} -x \\ y \end{pmatrix} = \begin{pmatrix} -1 & 0 \\ 0 & 1 \end{pmatrix} \begin{pmatrix} x \\ y \end{pmatrix} \text{ (Abb. 13.2b)}$$

Spiegelung an der Geraden y = x:

$$\alpha: \mathbb{R}^2 \to \mathbb{R}^2, \vec{x} = \begin{pmatrix} x \\ y \end{pmatrix} \mapsto \begin{pmatrix} y \\ x \end{pmatrix} = \begin{pmatrix} 0 & 1 \\ 1 & 0 \end{pmatrix} \begin{pmatrix} x \\ y \end{pmatrix} \text{ (Abb. 13.2c)}$$

Spiegelung an der Geraden y = −x:

$$\alpha: \mathbb{R}^2 \to \mathbb{R}^2, \vec{x} = \begin{pmatrix} x \\ y \end{pmatrix} \mapsto \begin{pmatrix} -y \\ -x \end{pmatrix} = \begin{pmatrix} 0 & -1 \\ -1 & 0 \end{pmatrix} \begin{pmatrix} x \\ y \end{pmatrix} \text{ (Abb. 13.2d)}$$

Punktspiegelung am Ursprung:

$$\alpha: \mathbb{R}^2 \to \mathbb{R}^2, \vec{x} = \begin{pmatrix} x \\ y \end{pmatrix} \mapsto \begin{pmatrix} -x \\ -y \end{pmatrix} = \begin{pmatrix} -1 & 0 \\ 0 & -1 \end{pmatrix} \begin{pmatrix} x \\ y \end{pmatrix} \text{ (Abb. 13.2e)}$$

Zentrische Streckung:

$$\alpha: \mathbb{R}^2 \to \mathbb{R}^2, \vec{x} = \begin{pmatrix} x \\ y \end{pmatrix} \mapsto \begin{pmatrix} \lambda x \\ \lambda y \end{pmatrix} = \begin{pmatrix} \lambda & 0 \\ 0 & \lambda \end{pmatrix} \begin{pmatrix} x \\ y \end{pmatrix} \text{ (Abb. 13.2f)}$$

Drehung um den Winkel φ: (Abb. 13.2g)
Hier ist die Matrix A nicht so leicht zu finden. Deshalb werden die beiden Einheitsvektoren abgebildet: $\begin{pmatrix} 1 \\ 0 \end{pmatrix} \mapsto \begin{pmatrix} \cos\varphi \\ \sin\varphi \end{pmatrix}, \begin{pmatrix} 0 \\ 1 \end{pmatrix} \mapsto \begin{pmatrix} -\sin\varphi \\ \cos\varphi \end{pmatrix}$

$$\Rightarrow \alpha: \mathbb{R}^2 \to \mathbb{R}^2, \vec{x} = \begin{pmatrix} x \\ y \end{pmatrix} \mapsto \begin{pmatrix} \cos\varphi & -\sin\varphi \\ \sin\varphi & \cos\varphi \end{pmatrix} \begin{pmatrix} x \\ y \end{pmatrix}$$

Um zu überprüfen, ob die Abbildung nun tatsächlich jeden beliebigen Vektor um φ dreht, genügt es, zu zeigen: $\left| \begin{pmatrix} x\cos\varphi - y\sin\varphi \\ x\sin\varphi + y\cos\varphi \end{pmatrix} \right| = \left| \begin{pmatrix} x \\ y \end{pmatrix} \right|$ und

$$\begin{pmatrix} x\cos\varphi - y\sin\varphi \\ x\sin\varphi + y\cos\varphi \end{pmatrix} \circ \begin{pmatrix} x \\ y \end{pmatrix} = \left| \begin{pmatrix} x \\ y \end{pmatrix} \right|^2 \cos\varphi.$$

Das geschieht durch einfaches Nachrechnen.
Für die Drehmatrix $A = \begin{pmatrix} \cos\varphi & -\sin\varphi \\ \sin\varphi & \cos\varphi \end{pmatrix}$ gilt: $AA^T = E$. Eine derartige Matrix heißt *orthogonal*.

13.8.4   Eigenwerte und Eigenvektoren einer Matrix

Weitere lineare Abbildungen des $\mathbb{R}^2$ in den $\mathbb{R}^2$ sollen nun durch ihren Eigenraum klassifiziert werden.

Definition: Sei $A = \begin{pmatrix} a & b \\ c & d \end{pmatrix}$ eine Matrix des $\mathbb{R}^{2 \times 2}$. Dann heißt λ *Eigenwert* (m) der

Matrix A und $\vec{u} \neq \vec{0}$ *Eigenvektor* zum Eigenwert λ, falls gilt: $A\vec{u} = \lambda\vec{u}$.

Satz: Ist $\vec{u}$ Eigenvektor zur Matrix A, so wird die Gerade g: $\vec{x} = \vec{a} + t\vec{u}$ durch die Abbildung

$\alpha: \mathbb{R}^2 \to \mathbb{R}^2, \vec{x} \mapsto A\vec{x}$ auf eine zu g parallele Gerade g' abgebildet.

Beweis: $A\vec{x} = A(\vec{a} + t\vec{u}) = A\vec{a} + A(t\vec{u}) = A\vec{a} + tA\vec{u} = A\vec{a} + t\lambda\vec{u}$

Somit sind die Richtungsvektoren $\vec{u}$ der Gerade g und $\lambda\vec{u}$ der Bildgerade g' linear abhängig und also g' ∥ g. □

Aus $A\vec{u} = \lambda\vec{u}$ folgt $A\vec{u} = \lambda E\vec{u}$ und deshalb $(A - \lambda E)\vec{u} = \vec{0}$, wobei E die Einheitsmatrix des $\mathbb{R}^{2 \times 2}$ ist.

Diese Gleichung besitzt genau dann eine nichttriviale Lösung, falls $\det(A - \lambda E) = 0$

$\Leftrightarrow \det\begin{pmatrix} a - \lambda & b \\ c & d - \lambda \end{pmatrix} = (a - \lambda)(d - \lambda) - bc = \lambda^2 - (a + d)\lambda + ad - bc = 0$

Satz: Eigenwerte der Matrix $A = \begin{pmatrix} a & b \\ c & d \end{pmatrix}$ sind die Nullstellen des charakteristischen

Polynoms

$p(\lambda) = \lambda^2 - (a + d)\lambda + ad - bc$.

Satz: Ist A invertierbar, so ist jeder Eigenwert von A von Null verschieden: $\lambda \neq 0$.

Beweis: A ist invertierbar $\Rightarrow \det(A) \neq 0$. Wäre der Eigenwert $\lambda = 0$, so wäre

$\det\begin{pmatrix} a - 0 & b \\ c & d - 0 \end{pmatrix} = 0$, was im Widerspruch zur Invertierbarkeit von A wäre. □

Satz: Die Eigenvektoren einer Matrix zum Eigenwert λ bilden zusammen mit dem Nullvektor einen Untervektorraum des $\mathbb{R}^2$, den sogenannten *Eigenraum*.

Beweis: Da $\vec{u}_1$ und $\vec{u}_2$ Elemente des Eigenraums sind, ist dieser nicht leer, und zu zeigen ist:

Sind $\vec{u}_1$ und $\vec{u}_2$ Eigenvektoren der Matrix A zum Eigenwert λ, so sind es auch $k\vec{u}_1$ (mit $k \in \mathbb{R}$) und $\vec{u}_1 + \vec{u}_2$.

$A(k\vec{u}_1) = kA\vec{u}_1 = k\lambda\vec{u}_1 = \lambda(k\vec{u}_1)$, also ist $k\vec{u}_1$ Eigenvektor zu λ.

$A(\vec{u}_1 + \vec{u}_2) = A\vec{u}_1 + A\vec{u}_2 = \lambda\vec{u}_1 + \lambda\vec{u}_2 = \lambda(\vec{u}_1 + \vec{u}_2)$, also ist $\vec{u}_1 + \vec{u}_2$ Eigenvektor zu λ. □

Das charakteristische Polynom ist ein Polynom zweiten Grades, kann also keine, eine oder zwei Nullstellen besitzen. Matrizen des $\mathbb{R}^{2 \times 2}$ können demnach prinzipiell keinen, einen oder zwei Eigenwerte besitzen.

Diese drei Fälle werden getrennt behandelt und untersucht, um welche Art von linearer Abbildung es sich jeweils handelt.

13.8.5 Klassifizierung linearer Abbildungen nach der Anzahl ihrer Eigenwerte

Lineare Abbildungen mit zwei verschiedenen Eigenwerten, Euler-Affinität

Definition: Eine umkehrbare lineare Abbildung $\alpha: \mathbb{R}^2 \to \mathbb{R}^2, \vec{x} \mapsto A\vec{x}$ mit zwei verschiedenen Eigenwerten von A heißt *Euler-Affinität* (w).

Satz: Besitzt die Matrix A einer umkehrbaren linearen Abbildung $\alpha: \mathbb{R}^2 \to \mathbb{R}^2, \vec{x} \mapsto A\vec{x}$ zwei verschiedene Eigenwerte, so sind die zugehörigen Eigenvektoren linear unabhängig.
Beweis: Sei (1) $k\vec{u}_1 + \ell\vec{u}_2 = \vec{0}$.
Zu zeigen: Es ist $k = \ell = 0$, wenn $\vec{u}_1$ und $\vec{u}_2$ Eigenvektoren zu verschiedenen Eigenwerten λ_1 und λ_2 sind.
Da $\lambda_1, \lambda_2 \neq 0$ lässt sich Gleichung (1) wie folgt umformen:
$$\tfrac{k\lambda_1}{\lambda_1}\vec{u}_1 + \tfrac{\ell\lambda_2}{\lambda_2}\vec{u}_2 = \vec{0} \Rightarrow \tfrac{k}{\lambda_1}A\vec{u}_1 + \tfrac{\ell}{\lambda_2}A\vec{u}_2 = \vec{0} \Rightarrow A(\tfrac{k}{\lambda_1}\vec{u}_1 + \tfrac{\ell}{\lambda_2}\vec{u}_2) = \vec{0}$$
Da A invertierbar ist, lässt sich diese Gleichung von links mit A^{-1} multiplizieren:
$$A^{-1}A(\tfrac{k}{\lambda_1}\vec{u}_1 + \tfrac{\ell}{\lambda_2}\vec{u}_2) = \vec{0} \Rightarrow \tfrac{k}{\lambda_1}\vec{u}_1 + \tfrac{\ell}{\lambda_2}\vec{u}_2 = \vec{0}$$
Aus (1) $k\vec{u}_1 + \ell\vec{u}_2 = \vec{0}$ folgt: $k\vec{u}_1 = -\ell\vec{u}_2$ und wird in die erhaltene Gleichung eingesetzt:
$$\tfrac{1}{\lambda_1}(-\ell\vec{u}_2) + \tfrac{\ell}{\lambda_2}\vec{u}_2 = \vec{0} \Rightarrow (\tfrac{1}{\lambda_1} - \tfrac{1}{\lambda_2})\ell\vec{u}_2 = \vec{0}$$
Da $\vec{u}_2 \neq \vec{0}$ und nach Voraussetzung $\lambda_1 \neq \lambda_2$ ist $\ell = 0$ und mit $\vec{u}_1 \neq \vec{0}$ auch $k = 0$.
Also sind $\vec{u}_1$ und $\vec{u}_2$ linear unabhängig. $\square$

Folgerung: Die zwei Eigenvektoren einer Euler-Affinität bilden eine Basis des $\mathbb{R}^2$.

Beispiel: $\alpha: \mathbb{R}^2 \to \mathbb{R}^2, \vec{x} \mapsto A\vec{x} = \begin{pmatrix} 2 & 3 \\ 2 & 1 \end{pmatrix}\vec{x}$
Das charakteristische Polynom lautet $\lambda^2 - 3\lambda - 4$ und besitzt die Nullstellen $\lambda_1 = 4$ und $\lambda_2 = -1$.
Für $\lambda_1 = 4$ führt die Gleichung $\begin{pmatrix} 2 & 3 \\ 2 & 1 \end{pmatrix}\vec{u} = 4\vec{u} = 4\begin{pmatrix} u_1 \\ u_2 \end{pmatrix}$ auf ein lineares Gleichungssystem, welches zur Bedingung $2u_1 - 3u_2 = 0$ führt. Damit ist der Eigenvektor zu $\lambda_1 = 4$:
$\vec{u}_1 = \begin{pmatrix} 3 \\ 2 \end{pmatrix}$ (oder ein Vielfaches davon).

Für $\lambda_2 = -1$ ergibt die Gleichung $\begin{pmatrix} 2 & 3 \\ 2 & 1 \end{pmatrix}\vec{u} = -\vec{u} = -\begin{pmatrix} u_1 \\ u_2 \end{pmatrix}$, dass $u_1 + u_2 = 0$. Der Eigenvektor zum Eigenwert $\lambda_2 = -1$ ist $\vec{u}_2 = \begin{pmatrix} 1 \\ -1 \end{pmatrix}$ (oder ein Vielfaches davon).

Satz: Die Ursprungsgeraden $g_1: \vec{x} = t\vec{u}_1$ und $g_2: \vec{x} = t\vec{u}_2$ sind *Fixgeraden* der linearen Abbildung
$\alpha: \mathbb{R}^2 \to \mathbb{R}^2, \vec{x} \mapsto A\vec{x}$ mit den Eigenvektoren $\vec{u}_1$ und $\vec{u}_2$.

Dabei hat eine Fixgerade die Eigenschaft, dass jeder ihrer Punkte durch die Abbildung wieder auf die Fixgerade abgebildet wird.

Beweis: $A(t\vec{u}_1) = t(A\vec{u}_1) = t\lambda_1\vec{u}_1$. Damit gehört der Bildpunkt eines Punktes auf g_1 wieder zur Gerade g_1.

Analog für die Gerade g_2.   □

Wie ein Punkt außerhalb von g_1 und g_2 abgebildet wird, wird anhand des oberen Beispiels gezeigt:

Beispiel: $\alpha: \mathbb{R}^2 \to \mathbb{R}^2$, $\vec{x} \mapsto A\vec{x} = \begin{pmatrix} 2 & 3 \\ 2 & 1 \end{pmatrix}\vec{x}$, mit $\lambda_1 = 4$, $\vec{u}_1 = \begin{pmatrix} 3 \\ 2 \end{pmatrix}$ und $\lambda_2 = -1$,

$\vec{u}_2 = \begin{pmatrix} 1 \\ -1 \end{pmatrix}$

Sei $P(p_1|p_2)$ und $\vec{p} = r_1\vec{u}_1 + r_2\vec{u}_2$.

Dann ist $A\vec{p} = A(r_1\vec{u}_1 + r_2\vec{u}_2) = \lambda_1 r_1\vec{u}_1 + \lambda_2 r_2\vec{u}_2$.

Diese Abbildung kann in zwei Schritten vollzogen werden:

1. Schritt: Parallelstreckung von P mit der Achse g_1 in Richtung von g_2 mit dem Faktor λ_2
   $\Rightarrow \vec{p}^* = r_1\vec{u}_1 + \lambda_2 r_2\vec{u}_2$ (violett in Abb. 13.3)

2. Schritt: Parallelstreckung von P^* mit der Achse g_2 in Richtung von g_1 mit dem Faktor λ_1.
   $\Rightarrow \vec{p}' = \lambda_1 r_1\vec{u}_1 + \lambda_2 r_2\vec{u}_2$ (hellblau in Abb. 13.3)

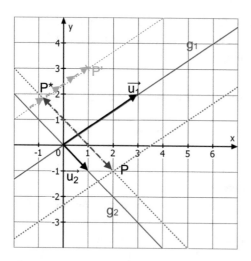

Abb. 13.3 Parallelstreckung einer Euler-Affinität

Folgerung: Bei einer Euler-Affinität handelt es sich also um eine *Parallel-Streckung* (w).

Wie man sieht, ist es einfacher, wenn man gleich zu Beginn in der Basis $\{\vec{u}_1, \vec{u}_2\}$ rechnet.

Dann ist $A(r_1\vec{u}_1 + r_2\vec{u}_2) = \lambda_1 r_1\vec{u}_1 + \lambda_2 r_2\vec{u}_2$ und damit die Matrix A_N in dieser Basis:

$$A_N = \begin{pmatrix} \lambda_1 & 0 \\ 0 & \lambda_2 \end{pmatrix}$$

Diese Darstellung nennt man *Normalform*.

Satz: In der Basis $B = \{\vec{u}_1, \vec{u}_2\}$, wobei $\vec{u}_1$ und $\vec{u}_2$ die Eigenvektoren zu den Eigenwerten λ_1 und λ_2 sind, ist die *Normalform einer Euler-Affinität*:

$$\alpha: \mathbb{R}^2 \to \mathbb{R}^2, \vec{x} \mapsto A\vec{x} = \begin{pmatrix} \lambda_1 & 0 \\ 0 & \lambda_2 \end{pmatrix} \vec{x}.$$

Lineare Abbildungen mit genau einem Eigenwert

Nun wird das Koordinatensystem zu Beginn so gewählt, dass der Vektor $\vec{u}_1 = \begin{pmatrix} 1 \\ 0 \end{pmatrix}$ Eigenvektor zum Eigenwert λ ist.

Dann ist $A\vec{u}_1 = \begin{pmatrix} a & b \\ c & d \end{pmatrix} \begin{pmatrix} 1 \\ 0 \end{pmatrix} = \lambda \begin{pmatrix} 1 \\ 0 \end{pmatrix} \Rightarrow \begin{pmatrix} a \\ c \end{pmatrix} = \begin{pmatrix} \lambda \\ 0 \end{pmatrix}$

Eine Matrix der Form $\begin{pmatrix} a & b \\ 0 & d \end{pmatrix}$ hat nur dann genau einen Eigenwert, wenn das charakteristische Polynom $(a - \lambda)(d - \lambda)$ genau eine Nullstelle hat, d. h. für $d = a$.

Also lautet die Matrix für eine lineare Abbildung mit genau einem Eigenwert bei geeigneter Wahl des Koordinatensystems $A = \begin{pmatrix} \lambda & b \\ 0 & \lambda \end{pmatrix}$.

Für $b = 0$ handelt es sich um eine zentrische Streckung am Ursprung mit Streckungsfaktor λ. Der ganze $\mathbb{R}^2$ ist (also zweidimensionaler) Eigenraum zum Eigenwert λ. Jede Ursprungsgerade ist Fixgerade dieser Abbildung.

Für $b \neq 0$ und $\lambda = 1$ ist $A = \begin{pmatrix} 1 & b \\ 0 & 1 \end{pmatrix}$. Die entsprechende lineare Abbildung hat außer dem Eigenvektor $\vec{u} = \begin{pmatrix} 1 \\ 0 \end{pmatrix}$ keinen weiteren Eigenvektor (aus $u_1 + bu_2 = u_1$ folgt mit $b \neq 0$, dass $u_2 = 0$).

Es liegt also ein eindimensionaler Eigenraum vor.

Die Gerade $g: \vec{x} = t\vec{u}$ ist wegen $\lambda = 1$ *Fixpunktgerade*.

Eine Fixpunktgerade hat die Eigenschaft, dass jeder Punkt dieser Gerade auf sich selbst abgebildet wird.

Jede zu $g: \vec{x} = t\vec{u}$ parallele Gerade $h: \vec{x} = \vec{a} + t\vec{u}$ stellt eine Fixgerade dar:

$$A(\vec{a} + t\vec{u}) = \begin{pmatrix} 1 & b \\ 0 & 1 \end{pmatrix} \left(\begin{pmatrix} a_1 \\ a_2 \end{pmatrix} + t \begin{pmatrix} 1 \\ 0 \end{pmatrix} \right) = \begin{pmatrix} a_1 + t + ba_2 \\ a_2 \end{pmatrix} = \begin{pmatrix} a_1 \\ a_2 \end{pmatrix} + (t + ba_2) \begin{pmatrix} 1 \\ 0 \end{pmatrix} \in h.$$

In Abb. 13.4, in der der Eigenvektor $\vec{u} = \begin{pmatrix} 1 \\ 0 \end{pmatrix}$ ist, sind die Fixpunktgerade g und eine beliebige Fixgerade h eingezeichnet.

Ein beliebiger Punkt $P(p_1|p_2)$ liegt dann auf der Fixgerade h mit $a_2 = p_2$.

Mit der linearen Abbildung $\alpha: \mathbb{R}^2 \to \mathbb{R}^2, \vec{x} \mapsto A\vec{x} = \begin{pmatrix} 1 & b \\ 0 & 1 \end{pmatrix}\vec{x}$ wird der Punkt P einer *Scherung* unterzogen wie in der Zeichnung dargestellt ist.
Für den Scherwinkel gilt $\tan\beta = b$.

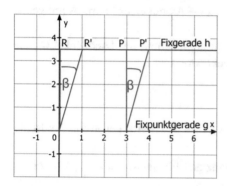

Abb. 13.4 Scherung bei einer linearen Abbildung mit $A = \begin{pmatrix} 1 & b \\ 0 & 1 \end{pmatrix}$

Um das zu verstehen, wird erst der Punkt $R(0|r = p_2) \in h$ geschert, d. h. die Gerade OR wird um den Winkel β gedreht und schneidet dann die Fixgerade h im Bildpunkt R'.

Dafür wird die Drehmatrix zum Winkel β auf den Vektor $\begin{pmatrix} 0 \\ r \end{pmatrix}$ angewendet und noch ein Streckfaktor k vorgesehen, damit der Bildpunkt wieder auf der Fixgerade zu liegen kommt.

Da als Scherungswinkel β der Winkel $\sphericalangle(R'OR)$ verstanden wird, muss in der Drehmatrix der Winkel $-\beta$ verwendet werden.

$$k\begin{pmatrix} \cos(-\beta) & -\sin(-\beta) \\ \sin(-\beta) & \cos(-\beta) \end{pmatrix}\begin{pmatrix} 0 \\ r \end{pmatrix} = k\begin{pmatrix} r\sin\beta \\ r\cos\beta \end{pmatrix}$$

Damit das Bild auf h liegt, muss $kr\cos\beta = r$ sein. Also ist $k = \frac{1}{\cos\beta}$ und der Bildpunkt R'$(r\tan\beta|r)$.

Führt man am Punkt $P(p_1|p_2)$ die gleiche Scherung durch, so lautet der Bildpunkt P'$(p_1 + p_2\tan\beta|p_2)$.

Auch Anwenden der Matrix $\begin{pmatrix} 1 & b \\ 0 & 1 \end{pmatrix}$ auf den Vektor $\begin{pmatrix} p_1 \\ p_2 \end{pmatrix}$ liefert:

$$\begin{pmatrix} 1 & b \\ 0 & 1 \end{pmatrix}\begin{pmatrix} p_1 \\ p_2 \end{pmatrix} = \begin{pmatrix} p_1 + bp_2 \\ p_2 \end{pmatrix}$$ und mit $b = \tan\beta$ ist die Abbildung

$\alpha: \mathbb{R}^2 \to \mathbb{R}^2, \vec{x} \mapsto A\vec{x} = \begin{pmatrix} 1 & b \\ 0 & 1 \end{pmatrix}\vec{x}$ demnach eine Scherung um den Winkel β.

Für $b \neq 0$ und $\lambda \neq 1$ lässt sich die Matrix A umformen: $A = \begin{pmatrix} \lambda & b \\ 0 & \lambda \end{pmatrix} = \lambda\begin{pmatrix} 1 & \frac{b}{\lambda} \\ 0 & 1 \end{pmatrix}$

Dann handelt es sich bei der entsprechenden Abbildung um die Verkettung einer Streckung (Streckfaktor λ und Streckzentrum auf der Scherungsachse) mit anschließender

Scherung um den Winkel β mit $\tan\beta = \frac{b}{\lambda}$. Eine solche Abbildung nennt man Streckscherung (w).

Die Gerade g: $\vec{x} = t\vec{u}$ ist die einzige Fixgerade, es gibt keine Fixpunktgerade.

Folgerung: Die lineare Abbildung $\alpha\colon \mathbb{R}^2 \to \mathbb{R}^2, \vec{x} \mapsto A\vec{x}$ mit einer Matrix A mit genau einem Eigenwert ist immer eine Streckscherung.

Die zentrische Streckung ist ein Sonderfall der Streckscherung mit Drehwinkel $0°$, die einfache Scherung ist der Sonderfall für den Streckfaktor $\lambda = 1$.

Beispiel: $\alpha\colon \mathbb{R}^2 \to \mathbb{R}^2, \vec{x} \mapsto A\vec{x} = \begin{pmatrix} 1 & 1 \\ -1 & 3 \end{pmatrix}\vec{x}$

Das charakteristische Polynom lautet $p(\lambda) = \lambda^2 - 4\lambda + 4$ und besitzt genau eine Nullstelle $\lambda = 2$.

Die Gleichung $\begin{pmatrix} 1 & 1 \\ -1 & 3 \end{pmatrix}\vec{u} = 2\vec{u}$ führt auf den einzigen Eigenvektor $\vec{u} = \begin{pmatrix} 1 \\ 1 \end{pmatrix}$ (oder ein Vielfaches davon). Es handelt sich also um eine Streckscherung.

Die Fixgerade hat die Gleichung g: $\vec{x} = t\begin{pmatrix} 1 \\ 1 \end{pmatrix}$ (Abb. 13.5).

In Abb. 13.5 ist die Abbildung eingezeichnet. Zunächst wird $P(-1|1)$ durch zentrische Streckung mit dem Streckfaktor $\lambda = 2$ auf P* abgebildet, um dann die Scherung durchzuführen.

$$\begin{pmatrix} 1 & 1 \\ -1 & 3 \end{pmatrix}\begin{pmatrix} -1 \\ 1 \end{pmatrix} = \begin{pmatrix} 0 \\ 4 \end{pmatrix}, P^*(0|4).$$

Der Scherungswinkel ergibt sich aus $\tan\beta = \frac{\overline{P^*P'}}{\overline{OP^*}} = \frac{2\sqrt{2}}{2\sqrt{2}} = 1$, also $\beta = 45°$.

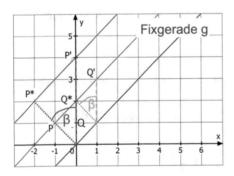

Abb. 13.5 Streckscherung zur linearen Abbildung mit $A = \begin{pmatrix} 1 & 1 \\ -1 & 3 \end{pmatrix}$

Auch diese Abbildung kann man in Normalform bringen.

Wie das geht, wird am oberen Beispiel demonstriert:

Beispiel: Man wählt als einen Basisvektor $\vec{u} = \begin{pmatrix} k \\ k \end{pmatrix}$ und als zweiten Basisvektor einen

davon linear unabhängigen Vektor, z. B. $\vec{v} = \begin{pmatrix} -1 \\ 1 \end{pmatrix}$. Hier ein k-Faches vom bisherigen

Eigenvektor $\vec{u}$ zu verwenden, gibt einem später die Möglichkeit, die Matrix besonders einfach darzustellen.

Es sei also die Basis $B = \{\vec{u}, \vec{v}\} = \left\{ \begin{pmatrix} k \\ k \end{pmatrix}, \begin{pmatrix} -1 \\ 1 \end{pmatrix} \right\}$.

Dann ist der Ortsvektor eines Punktes X in dieser Basis: $\vec{x}_B = x_{1B}\vec{u} + x_{2B}\vec{v}$

und der des Bildpunktes X′ ist $\vec{x}'_B = A\vec{x}_B = A(x_{1B}\vec{u} + x_{2B}\vec{v}) = \lambda x_{1B}\vec{u} + x_{2B}(A\vec{v})$

$A\vec{v} = \begin{pmatrix} 1 & 1 \\ -1 & 3 \end{pmatrix}\begin{pmatrix} -1 \\ 1 \end{pmatrix} = \begin{pmatrix} 0 \\ 4 \end{pmatrix} = \frac{2}{k}\vec{u} + 2\vec{v}$

Also ist $\vec{x}'_B = \lambda x_{1B}\vec{u} + x_{2B}(\frac{2}{k}\vec{u} + 2\vec{v}) = (\lambda x_{1B} + \frac{2}{k}x_{2B})\vec{u} + 2x_{2B}\vec{v}$, was sich in der Basis B

mit Hilfe von $\lambda = 2$ in eine Matrixdarstellung bringen lässt: $\vec{x}'_B = \begin{pmatrix} \lambda & \frac{2}{k} \\ 0 & \lambda \end{pmatrix}\vec{x}_B$.

Nun sieht man, dass die Einführung des Parameters k den Vorteil hat, dass sich A mit

$k = 2$ als Matrix der Form $\begin{pmatrix} \lambda & 1 \\ 0 & \lambda \end{pmatrix}$ schreiben lässt.

Lineare Abbildung ohne Eigenwert

Da eine Matrix $A = \begin{pmatrix} a & b \\ c & d \end{pmatrix}$ mit $c = 0$ oder $b = 0$ die Eigenwerte a und d hätte, kann

man für die Behandlung dieses letzten Falls voraussetzen, dass $cb \neq 0$ ist.

Es soll nun gezeigt werden, dass die Matrix A dann mit Hilfe einer Drehung

$D = \begin{pmatrix} \cos\varphi & -\sin\varphi \\ \sin\varphi & \cos\varphi \end{pmatrix}$

auf eine Matrix der ersten beiden Fälle zurückgeführt werden kann:

$DA = \begin{pmatrix} \cos\varphi & -\sin\varphi \\ \sin\varphi & \cos\varphi \end{pmatrix}\begin{pmatrix} a & b \\ c & d \end{pmatrix} = \begin{pmatrix} a\cos\varphi - c\sin\varphi & b\cos\varphi - d\sin\varphi \\ a\sin\varphi + c\cos\varphi & b\sin\varphi + d\cos\varphi \end{pmatrix}$

Für $a = 0$ wird das untere linke Element der Matrix DA Null, wenn $\cos\varphi = 0$ ist

(Zur Erinnerung: $bc \neq 0$). Für $a \neq 0$ verschwindet es für $\tan\varphi = -\frac{c}{a}$.

Jedenfalls gibt es einen Winkel φ, für den $a\sin\varphi + c\cos\varphi = 0$ ist. Und dann ist die

Matrix DA von der Form $\begin{pmatrix} a' & b' \\ 0 & d' \end{pmatrix}$ und gehört zu einer Euler-Affinität (für $a' \neq d'$) oder

einer Streckscherung (für $a' = d'$).

Da $A = D^{-1}(DA)$ ist, lässt sich A als Hintereinanderausführung der Euler-Affinität bzw. Streckscherung DA mit der Drehung D^{-1} begreifen. Eine derartige Abbildung heißt *Affindrehung* (w).

Beispiel: $A = \begin{pmatrix} 1 & -2 \\ 2 & 1 \end{pmatrix}$

Mit $D = \begin{pmatrix} \cos\varphi & -\sin\varphi \\ \sin\varphi & \cos\varphi \end{pmatrix}$ ist $a\sin\varphi + c\cos\varphi = 1\sin\varphi + 2\cos\varphi = 0$ für $\tan\varphi = -2 = \frac{\sin\varphi}{\sqrt{1+\sin^2\varphi}}$,

also könnte $\varphi \approx -63{,}42°$ sein. Und mit $\sin\varphi = -\frac{2\sqrt{5}}{5}$ und $\cos\varphi = \frac{\sqrt{5}}{5}$ ist

$D = \begin{pmatrix} \frac{\sqrt{5}}{5} & \frac{2\sqrt{5}}{5} \\ -\frac{2\sqrt{5}}{5} & \frac{\sqrt{5}}{5} \end{pmatrix}.$

Dann gilt: $DA = \begin{pmatrix} \sqrt{5} & 0 \\ 0 & \sqrt{5} \end{pmatrix}$ und $D^{-1} = \begin{pmatrix} \frac{\sqrt{5}}{5} & -\frac{2\sqrt{5}}{5} \\ \frac{2\sqrt{5}}{5} & \frac{\sqrt{5}}{5} \end{pmatrix}.$

Es handelt sich demnach bei der linearen Abbildung $\alpha: \mathbb{R}^2 \to \mathbb{R}^2$, $\vec{x} \mapsto A\vec{x} = \begin{pmatrix} 1 & -2 \\ 2 & 1 \end{pmatrix} \vec{x}$

um eine zentrische Streckung mit Streckfaktor $\sqrt{5}$ mit anschließender Drehung um den Winkel $\alpha \approx +63{,}42°$.

Nun soll noch dargestellt werden, dass die Normalform der Matrix einer Affindrehung immer die Form $A = \begin{pmatrix} a & -b \\ b & a \end{pmatrix}$ besitzt.

Man wählt einen beliebigen Vektor $\vec{u} \neq \vec{0}$. Dann ist $A\vec{u}$ von $\vec{u}$ linear unabhängig, da $\vec{u}$ kein Eigenvektor der Matrix A ist (Zur Erinnerung: A besitzt keinen Eigenwert.).

Außerdem wählt man einen zu $\vec{u}$ linear unabhängigen Vektor $\vec{v}$, der folgendermaßen aus $\vec{u}$ und $A\vec{u}$ linearkombiniert wird:

(1) $\vec{v} = pA\vec{u} + q\vec{u}$,

wobei dafür $p \neq 0$ sein muss. Ansonsten sind p und q im Moment noch beliebig.

Die Basis aus diesen zwei Vektoren $\vec{u}$ und $\vec{v}$ soll nun so bestimmt werden, dass die Matrix A möglichst einfach wird.

Gleichung (1) lässt sich nach $A\vec{u}$ auflösen:

(2) $A\vec{u} \stackrel{!}{=} \frac{1}{p}\vec{v} - \frac{q}{p}\vec{u}$

Auch den Vektor $A(A\vec{u})$ stellt man als Linearkombination von $A\vec{u}$ und $\vec{u}$ dar:

(3) $A(A\vec{u}) = rA\vec{u} + s\vec{u}$

Anwenden von A auf $\vec{v}$ ergibt:

$A\vec{v} = pA(A\vec{u}) + qA\vec{u} \stackrel{(3)}{=} p(rA\vec{u} + s\vec{u}) + qA\vec{u} \stackrel{(2)}{=} p(r(\frac{1}{p}\vec{v} - \frac{q}{p}\vec{u}) + s\vec{u}) + q(\frac{1}{p}\vec{v} - \frac{q}{p}\vec{u})$

$= -p\vec{u}\left[\left(\frac{q}{p}\right)^2 + r\frac{q}{p} - s\right] + \vec{v}(r + \frac{q}{p}).$

Da die Matrix A keine Eigenvektoren besitzt, müssen $A\vec{v}$ und $\vec{v}$ für alle Vektoren $\vec{v}$ linear unabhängig sein, und folglich darf die Gleichung $\left(\frac{q}{p}\right)^2 + r\frac{q}{p} - s = 0$ für die Variable $\frac{q}{p}$ keine Lösung besitzen, d. h. $\left(\frac{r}{2}\right)^2 + s < 0$.

q und p können nun so gewählt werden, dass die Matrix möglichst einfach ist.

Dazu definiert man: $a := -\frac{q}{p} = \frac{r}{2}$ und $b := -\frac{1}{p} = \sqrt{-\left[\left(\frac{r}{2}\right)^2 + s\right]}$.

Dann ist $A\vec{u} = a\vec{u} - b\vec{v}$ und $A\vec{v} = b\vec{u} + a\vec{v}$, wie sich gut nachrechnen lässt.

Und deshalb gilt für A in der Basis $\{\vec{u}, \vec{v}\}$: $A = \begin{pmatrix} a & -b \\ b & a \end{pmatrix}.$

13.8.6 Ähnlichkeits- und Kongruenzabbildungen

Ist eine umkehrbare lineare Abbildung winkeltreu, so heißt sie Ähnlichkeitsabbildung, ist sie zudem längentreu, so nennt man sie Kongruenzabbildung.

Nun soll untersucht werden, welche Form die entsprechenden Matrizen $A = \begin{pmatrix} a & b \\ c & d \end{pmatrix}$ haben müssen, um zu diesen Abbildungen zu gehören.

Satz: Eine notwendige und hinreichende Bedingung für die Winkeltreue einer linearen Abbildung

$$\alpha: \mathbb{R}^2 \to \mathbb{R}^2, \vec{x} \mapsto A\vec{x} = \begin{pmatrix} a & b \\ c & d \end{pmatrix}\vec{x} \text{ ist, dass } A = \begin{pmatrix} a & b \\ b & -a \end{pmatrix} \text{ oder } A = \begin{pmatrix} a & -b \\ b & a \end{pmatrix}$$

Ist außerdem $a^2 + b^2 = 1$, so handelt es sich um eine Kongruenzabbildung.

Beweis: Die Bilder von den aufeinander senkrecht stehenden Vektoren $\begin{pmatrix} 1 \\ 0 \end{pmatrix}$ und $\begin{pmatrix} 0 \\ 1 \end{pmatrix}$ sind

$$A\begin{pmatrix} 1 \\ 0 \end{pmatrix} = \begin{pmatrix} a & b \\ c & d \end{pmatrix}\begin{pmatrix} 1 \\ 0 \end{pmatrix} = \begin{pmatrix} a \\ c \end{pmatrix} \text{ und } A\begin{pmatrix} 0 \\ 1 \end{pmatrix} = \begin{pmatrix} a & b \\ c & d \end{pmatrix}\begin{pmatrix} 0 \\ 1 \end{pmatrix} = \begin{pmatrix} b \\ d \end{pmatrix}$$

Damit sie auch wieder aufeinander senkrecht stehen, muss

(1) $\begin{pmatrix} a \\ c \end{pmatrix} \circ \begin{pmatrix} b \\ d \end{pmatrix} = ab + cd = 0$ sein.

Analog gilt für die aufeinander senkrecht stehenden Vektoren $\begin{pmatrix} 1 \\ 1 \end{pmatrix}$ und $\begin{pmatrix} 1 \\ -1 \end{pmatrix}$

$$A\begin{pmatrix} 1 \\ 1 \end{pmatrix} = \begin{pmatrix} a & b \\ c & d \end{pmatrix}\begin{pmatrix} 1 \\ 1 \end{pmatrix} = \begin{pmatrix} a+b \\ c+d \end{pmatrix} \text{ und } A\begin{pmatrix} 1 \\ -1 \end{pmatrix} = \begin{pmatrix} a & b \\ c & d \end{pmatrix}\begin{pmatrix} 1 \\ -1 \end{pmatrix} = \begin{pmatrix} a-b \\ c-d \end{pmatrix}$$

Damit auch sie wieder aufeinander senkrecht stehen, muss

(2) $\begin{pmatrix} a+b \\ c+d \end{pmatrix} \circ \begin{pmatrix} a-b \\ c-d \end{pmatrix} = a^2 - b^2 + c^2 - d^2 = 0$ sein.

Für $c = 0$ muss $a \neq 0$ sein, weil A sonst nicht umkehrbar wäre.

$\overset{(1)}{\Rightarrow} b = 0 \overset{(2)}{\Rightarrow} a^2 - d^2 = 0$, also $d = \pm a$ ✓

Für $c \neq 0 \overset{(1)}{\Rightarrow} d = -\frac{ab}{c} \overset{(2)}{\Rightarrow} a^2 - b^2 + c^2 - \left(\frac{ab}{c}\right)^2 = 0 \Rightarrow (c^2 - b^2)(a^2 + c^2) = 0 \Rightarrow c = \pm b$

Für $c = +b$ muss $d = -a$ sein, für $c = -b$ muss $d = +a$ sein. ✓

Also muss die Matrix A für Winkeltreue notwendigerweise die Form $A = \begin{pmatrix} a & b \\ b & -a \end{pmatrix}$ oder $A = \begin{pmatrix} a & -b \\ b & a \end{pmatrix}$ haben.

Diese Form zu besitzen ist auch eine hinreichende Bedingung für Winkeltreue:

Um das zu zeigen, werden zwei Vektoren $\vec{p} = \begin{pmatrix} p_1 \\ p_2 \end{pmatrix}$ und $\vec{q} = \begin{pmatrix} q_1 \\ q_2 \end{pmatrix}$ abgebildet.

$$\vec{p}' = A\vec{p} = \begin{pmatrix} a & b \\ b & -a \end{pmatrix}\begin{pmatrix} p_1 \\ p_2 \end{pmatrix} = \begin{pmatrix} ap_1 + bp_2 \\ bp_1 - ap_2 \end{pmatrix} \text{ und analog } \vec{q}' = A\vec{q} = \begin{pmatrix} aq_1 + bq_2 \\ bq_1 - aq_2 \end{pmatrix}.$$

Dann ist $\vec{p}' \circ \vec{q}' = \ldots = (a^2 + b^2)\vec{p} \circ \vec{q}$

Außerdem sind $|\vec{p}'| = \ldots = \sqrt{a^2 + b^2}|\vec{p}|$ und $|\vec{q}'| = \ldots = \sqrt{a^2 + b^2}|\vec{q}|$

$\Rightarrow \frac{\vec{p}' \circ \vec{q}'}{|\vec{p}'||\vec{q}'|} = \frac{\vec{p} \circ \vec{q}}{|\vec{p}||\vec{q}|}$.

Analog für die Matrix $A = \begin{pmatrix} a & -b \\ b & a \end{pmatrix}$

Also schließen die Bildvektoren denselben Winkel miteinander ein wie die Vektoren selbst, die Abbildung ist also eine Ähnlichkeitsabbildung.

Der Betrag der Bildvektoren ist gleich dem Betrag der Vektoren selbst, wenn $a^2 + b^2 = 1$.

$\Rightarrow$ Die Matrizen $A = \begin{pmatrix} a & b \\ b & -a \end{pmatrix}$ bzw. $A = \begin{pmatrix} a & -b \\ b & a \end{pmatrix}$ repräsentieren Kongruenzabbildungen, wenn $a^2 + b^2 = 1$ $\square$

Satz: Als Eigenwerte der Matrizen $A = \begin{pmatrix} a & b \\ b & -a \end{pmatrix}$ bzw. $A = \begin{pmatrix} a & -b \\ b & a \end{pmatrix}$ für Ähnlichkeitsabbildungen sind nur die Werte $\sqrt{a^2 + b^2}$ oder $-\sqrt{a^2 + b^2}$ möglich. Für eine Kongruenzabbildung kommen nur die Eigenwerte $+1$ oder -1 in Frage.

Beweis: Einerseits ist $A\vec{u} = \lambda\vec{u}$, falls λ ein Eigenwert von A und $\vec{u}$ der zugehörige Eigenvektor sind.

Andererseits ist $|\vec{u}'| = |A\vec{u}| = \sqrt{a^2 + b^2}|\vec{u}|$

Daraus folgt die Behauptung. $\square$

Satz: Besitzt die Matrix einer Ähnlichkeitsabbildung die Eigenwerte $+\sqrt{a^2 + b^2}$ und $-\sqrt{a^2 + b^2}$, so sind die zugehörigen Eigenvektoren $\vec{u}_+$ und $\vec{u}_-$ orthogonal zueinander.

Beweis: $A\vec{u}_+ = +\sqrt{a^2 + b^2}\vec{u}_+$ und $A\vec{u}_- = -\sqrt{a^2 + b^2}\vec{u}_-$

$\Rightarrow A\vec{u}_+ \circ A\vec{u}_- = -(a^2 + b^2)(\vec{u}_+ \circ \vec{u}_-)$ (1)

Andererseits ist

$A\vec{u}_+ \circ A\vec{u}_- = \begin{pmatrix} a & b \\ b & -a \end{pmatrix}\begin{pmatrix} u_{+1} \\ u_{+2} \end{pmatrix} \circ \begin{pmatrix} a & b \\ b & -a \end{pmatrix}\begin{pmatrix} u_{-1} \\ u_{-2} \end{pmatrix} = \ldots = (a^2 + b^2)\vec{u}_+ \circ \vec{u}_-$ (2)

Da $a^2 + b^2 \neq 0$ folgt aus $A\vec{u}_+ \circ A\vec{u}_- \overset{(1)}{=} -(a^2 + b^2)(\vec{u}_+ \circ \vec{u}_-) \overset{(2)}{=} (a^2 + b^2)\vec{u}_+ \circ \vec{u}_-$, dass $\vec{u}_+ \circ \vec{u}_- = 0$. Also ist $\vec{u}_+ \perp \vec{u}_-$ $\square$

Lineare Ähnlichkeitsabbildungen mit zwei verschiedenen Eigenwerten sind Euler-Affinitäten der Normalform $\begin{pmatrix} \lambda & 0 \\ 0 & -\lambda \end{pmatrix}$ mit den Eigenwerten λ und $-\lambda$ und zwei orthogonalen eindimensionalen Eigenräumen. Es handelt sich um eine Spiegelstreckung.

Für $\lambda = 1$ ergibt sich die Spiegelung an der x-Achse, für $\lambda = -1$ eine Spiegelung an der y-Achse.

Lineare Ähnlichkeitsabbildungen mit genau einem Eigenwert haben die Normalform $\begin{pmatrix} \lambda & 0 \\ 0 & \lambda \end{pmatrix}$, sind also zentrische Streckungen am Ursprung mit dem Streckfaktor λ. Sie besitzen einen zweidimensionalen Eigenraum.

Für $\lambda = 1$ ist es die identische Abbildung, für $\lambda = -1$ die Spiegelung am Ursprung.

Bei linearen Ähnlichkeitsabbildungen, die keinen Eigenwert besitzen, geht es um eine Drehstreckung der Matrix $\lambda\begin{pmatrix} \cos\varphi & -\sin\varphi \\ \sin\varphi & \cos\varphi \end{pmatrix}$ und für $\lambda = \pm 1$ um eine Drehung.

13.8.7   Homomorphismus, Endomorphismus, Isomorphismus

Nach dieser ausführlichen Darstellung der linearen Abbildungen, die den $\mathbb{R}^2$ auf sich selbst abbilden, sollen nun allgemein lineare Abbildungen $\alpha\colon V \to V^*$, $\vec{x} \mapsto \alpha(\vec{x}) = A\vec{x}$ danach klassifiziert werden, ob $V^* = V$ ist, und ob die Abbildung bijektiv ist.

Definition: Seien V und V^* Vektorräume über demselben Körper K.
Dann nennt man eine lineare Abbildung $\alpha\colon V \to V^*$ *Homomorphismus* (m) von V in V^*.
Gilt für die lineare Abbildung $V^* = V$, so nennt man sie *Endomorphismus* (m).
Ist die lineare Abbildung $\alpha\colon V \to V^*$ bijektiv, so heißt sie *Isomorphismus* (m). V und V^* heißen dann isomorph.

Bemerkung: Bereits das ganze Kapitel befasst sich somit mit Endomorphismen, meist mit Isomorphismen.

Bemerkung: Bijektivität der linearen Abbildung α ist gleichbedeutend mit Invertierbarkeit der zugehörigen Matrix A, d. h. es muss $\det(A) \neq 0$ sein.

Folgerung: Ist V ein n-dimensionaler Vektorraum über einem Körper K (mit $n \geq 1$) mit der Basis
$B = \{\vec{b}_1, \vec{b}_2, \ldots, \vec{b}_n\}$, so besitzt jeder Vektor $\vec{v}$ eine eindeutige Darstellung
$\vec{v} = \sum_{i=1}^n v_i \vec{b}_i$ mit $v_i \in K$.

Die Abbildung $\alpha\colon V \to K^n$ mit $\vec{v} = \sum_{i=1}^n v_i \vec{b}_i \mapsto \begin{pmatrix} v_1 \\ v_2 \\ \vdots \\ v_n \end{pmatrix}$ ist ein Isomorphismus.

Jeder n-dimensionale Vektorraum V über einem Körper K ist somit isomorph zum arithmetischen Vektorraum K^n.

III
Reelle Analysis

Menge der reellen Zahlen

Ausgehend von den Anordnungseigenschaften des Körpers der reellen Zahlen werden die Begriffe Supremum und Infimum definiert. Die Vollständigkeit der Menge $\mathbb{R}$ dient dann dazu, $\mathbb{R}$ axiomatisch zu definieren und wichtige Eigenschaften der reellen Zahlen zu beweisen.

14.1 $(\mathbb{R}, +, \cdot)$ als angeordneter Körper

$(\mathbb{R}; +; \cdot)$ ist ein angeordneter Körper.

Außer den Körper- und den Anordnungseigenschaften zeichnet $\mathbb{R}$ noch eine weitere Eigenschaft aus, über die $\mathbb{R}$ dann definiert wird: die Vollständigkeit.
Um zu definieren, was Vollständigkeit bedeutet, braucht man noch die folgenden Begriffe:

Definition: Eine Teilmenge $M \subset K$, wobei K ein angeordneter Körper ist, heißt
nach oben beschränkt, wenn es ein $S \in K$ gibt, sodass $x \leq S \; \forall \, x \in M$
nach unten beschränkt, wenn es ein $s \in K$ gibt, sodass $x \geq s \; \forall \, x \in M$.
S heißt dann *obere Schranke*, s *untere Schranke* von M.
M heißt beschränkt, falls M nach oben und nach unten beschränkt ist.

Definition: $S \in K$ heißt *Supremum* (s) von M, kurz $S = \sup(M)$, falls gilt:
S ist eine obere Schranke von M und
$S' < S \Rightarrow S'$ ist keine obere Schranke von M, d. h. S ist die kleinste obere Schranke von M.
$s \in K$ heißt *Infimum* (s) von M, kurz $s = \inf(M)$, falls gilt:
s ist eine untere Schranke von M und
$s' > s \Rightarrow s'$ ist keine untere Schranke von M, d. h. s ist die größte untere Schranke von M.
Falls $S = \sup(M) \in M$ heißt S *Maximum* von M, kurz $S = \max(M)$.
Falls $s = \inf(M) \in M$ heißt s *Minimum* von M, kurz $s = \min(M)$.

© Der/die Autor(en), exklusiv lizenziert an Springer-Verlag GmbH, DE, ein Teil von
Springer Nature 2023
B. Hugues, *Mathematik-Vorbereitung für das Studium eines MINT-Fachs*,
https://doi.org/10.1007/978-3-662-66937-2_14

Beispiel: $M = \mathbb{N}$
M besitzt als untere Schranke $s = 1$ oder $s = 0$ oder $s = -1/2$ oder $s = -\pi$, etc.
Die größte untere Schranke ist $s = 1 = \inf(M)$. $1 \in M \Rightarrow 1 = \min(M)$.
M besitzt keine obere Schranke, denn für jede reelle Zahl S gibt es eine natürliche Zahl n
mit $n > S$.

Beispiel: $M = \mathbb{R}_0^+$: $\inf(M) = \min(M) = 0$, keine obere Schranke.

Beispiel: $M = \mathbb{R}^+$: $\inf(M) = 0$, kein Minimum, keine obere Schranke.

Beispiel: $M = [a; b]$: $\inf(M) = \min(M) = a$, $\sup(M) = \max(M) = b$.

Beispiel: $M =]a; b[$: $\inf(M) = a$, kein Minimum, $\sup(M) = b$, kein Maximum.

Beispiel: $M = \{x \in \mathbb{R} \mid x^2 < 2\}$:
$\sup(M) = \sqrt{2} \in \mathbb{R}$, $\sup(M) \notin M$, kein Maximum
$\inf(M) = -\sqrt{2} \in \mathbb{R}$, $\inf(M) \notin M$, kein Minimum

Beispiel: $M = \{x \in \mathbb{Q} \mid x^2 < 2\}$
die kleinste obere Schranke $= \sqrt{2} \notin \mathbb{Q} \Rightarrow$ es gibt im Körper $\mathbb{Q}$ kein Supremum;
die größte untere Schranke $= -\sqrt{2} \notin \mathbb{Q} \Rightarrow$ es gibt im Körper $\mathbb{Q}$ kein Infimum.

14.2   Vollständigkeit eines angeordneten Körpers

Definition: Ein angeordneter Körper K heißt *vollständig*, wenn jede nicht-leere, nach
oben beschränkte Teilmenge $M \subset K$ ein Supremum in K hat.
In Kurzform: $\forall M \subset K$, $M \neq \{\}$, M nach oben beschränkt $\Rightarrow \exists \sup(M)$

14.3   Definition der reellen Zahlen

Definition: $\mathbb{R}$ ist ein vollständiger angeordneter Körper.

Bemerkung: Es lässt sich sogar beweisen, dass es der einzige solche Körper ist.

Bemerkung: Alternativ zu dieser axiomatischen Definition der reellen Zahlen kann man
auch den Weg gehen, über die Definition der natürlichen Zahlen nach Peano durch Bereichserweiterungen die Menge der reellen Zahlen zu konstruieren. Dieser Weg wurde im
Kap. 2 über Zahlenmengen angedeutet; die Definition der natürlichen Zahlen nach Peano
folgt im Abschn. 15.1. Dort werden auch die Addition und Multiplikation definiert und in
Abschn. 15.3 daraus Kommutativität, Assoziativität für und Distributivität hergeleitet.

14.4 Eigenschaften der reellen Zahlen

Folgerungen aus der Vollständigkeit von $\mathbb{R}$:

1. In $\mathbb{R}$ hat auch jede nicht-leere, nach unten beschränkte Menge ein Infimum.

   Beweis: Sei M nach unten beschränkt, $M \neq \{\} \Rightarrow M^* = \{-m \mid m \in M\}$ ist nach oben beschränkt.

   $\Rightarrow M^*$ besitzt ein Supremum (wegen der Vollständigkeitseigenschaft von $\mathbb{R}$)

   $\Rightarrow M$ besitzt ein Infimum, nämlich: $\inf(M) = -\sup(M^*)$ $\square$

2. Archimedische Eigenschaft:

   $\forall \, x, y \in \mathbb{R}^+ \, \exists \, n \in \mathbb{N}$ mit $nx > y$.

   Beweis: Annahme $\exists \, y > x$, sodass $nx \leq y \, \forall \, n \in \mathbb{N}$.

   $\Rightarrow y$ ist obere Schranke für $\{nx \mid n \in \mathbb{N}\}$

   $\Rightarrow \exists \, \sup\{nx \mid n \in \mathbb{N}\} =: y_0$

   Dann ist aber auch $(n + 1)x \leq y_0$, da mit n auch $n + 1$ zu $\mathbb{N}$ gehört.

   $\Rightarrow nx \leq y_0 - x \, \forall \, n \in \mathbb{N}$

   Dann wäre $y_0 - x$ auch obere Schranke, eine noch kleinere als y_0. Das ist im Widerspruch zur Tatsache, dass y_0 kleinste obere Schranke war.

   Die Annahme war falsch. $\Rightarrow$ Behauptung. $\square$

3. $\forall \, y \in \mathbb{R}^+ \exists \, n \in \mathbb{N}$ mit $n > y$.

   Beweis: wähle $x = 1 \Rightarrow \exists \, n \in \mathbb{N}$ mit $n \cdot 1 > y$ (Archimedische Eigenschaft) $\square$

4. $\forall \, x \in \mathbb{R}^+ \, \exists \, n \in \mathbb{N}_0$ mit $n \leq x < n + 1$

   Beweis: $M = \{n \in \mathbb{N}_0 \mid n > x\}$ hat ein Minimum n_0. $\Rightarrow n_0 - 1 \leq x < n_0$.

   Wähle $n = n_0 - 1$. $\square$

5. Zu jedem $\varepsilon > 0$ gibt es eine natürliche Zahl mit $\frac{1}{n} < \varepsilon$

   Beweis: zu jedem $\varepsilon > 0$ gibt es ein $y \in \mathbb{R}^+$ mit $\varepsilon = \frac{1}{y}$, nämlich $y = \frac{1}{\varepsilon}$

   zu diesem y existiert $n \in \mathbb{N}, n > y$, also $\frac{1}{n} < \frac{1}{y} = \varepsilon$ $\square$

Aufgabe: Bestimmen Sie Infimum und Supremum der Menge $M = \{1 - \frac{1}{k} \mid k \in \mathbb{N}\}$ und prüfen Sie jeweils, ob es sich dabei um Minimum und Maximum handelt!

Lösung: M ist nach unten beschränkt: $\forall \, k \in \mathbb{N}$ ist $k \geq 1 \Rightarrow \frac{1}{k} \leq 1 \Rightarrow 1 - \frac{1}{k} \geq 0 \Rightarrow 0$ ist untere Schranke.

$\inf(M) = 0$:

Annahme: sei $s > 0$ mit $1 - \frac{1}{k} \geq s \, \forall \, k \in \mathbb{N}$ eine untere Schranke größer als 0.

Wähle $k = 1$: $1 - \frac{1}{1} = 0 \ngeq s$. Das ist im Widerspruch dazu, dass s untere Schranke ist.

Also ist $s = 0$ kleinste untere Schranke.

Für $k = 1$ ist $1 - \frac{1}{k} = 0$, also ist $0 \in M \Rightarrow \min(M) = 0$.

M ist nach oben beschränkt: $1 - \frac{1}{k} < 1 \Rightarrow 1$ ist obere Schranke.

$\sup(M) = 1$:

Annahme: Sei $0 < S < 1$ eine kleinere obere Schranke als 1. $\Rightarrow 1 - \frac{1}{k} \leq S \, \forall \, k \in \mathbb{N} \Rightarrow k \leq \frac{1}{1-S}$.

Wähle $k > \frac{1}{1-S}$, das ist möglich, da es zu jeder reellen Zahl $\frac{1}{1-S}$ eine natürliche Zahl k gibt, die größer ist. $\Rightarrow$ S ist nicht obere Schranke. Also ist $S = 1$ die kleinste obere Schranke. Es gibt keine natürliche Zahl, für die $1 - \frac{1}{k} = \sup(M) = 1$, da $\frac{1}{k} > 0, k \in \mathbb{N}$ $\Rightarrow$ 1 ist nicht Maximum der Menge M.

Menge der natürlichen Zahlen

15

Mit Hilfe der Definition der natürlichen Zahlen nach Peano wird das wichtige Beweisverfahren der vollständigen Induktion begründet und an Beispielen vorgeführt.
Außerdem werden die Rechengesetze zum Rechnen in $\mathbb{N}$ aus den Peanoschen Axiomen hergeleitet, die dann dem Permanenzprinzip folgend auch für $\mathbb{Z}$, $\mathbb{Q}$ und $\mathbb{R}$ gelten.
Die Binomialkoeffizienten und ihre Gesetzmäßigkeiten werden an Hand des Laplaceschen Dreiecks dargestellt und bewiesen und der Binomische Lehrsatz hergeleitet.

15.1 Definition der natürlichen Zahlen nach Peano

Erst Ende des 19. Jahrhunderts wurde die Menge der natürlichen Zahlen durch den italienischen Mathematiker Giuseppe Peano axiomatisch definiert.
Die Bedeutung dieser Definition liegt einerseits in der Grundlage für den Beweis durch vollständige Induktion, eine wichtige Beweisform, und andererseits darin, auf der Basis von nur fünf Axiomen definieren zu können, was man unter den Grundrechenarten (Addition und Multiplikation) versteht, und alle Gesetze zum Rechnen mit natürlichen Zahlen und in der Folge auch mit ganzen, rationalen und reellen Zahlen herleiten zu können.

Definition der natürlichen Zahlen nach Peano (1889):
(1) $0 \in \mathbb{N}_0$
    (0 gehört zur Menge $\mathbb{N}_0$)
(2) $n \in \mathbb{N}_0 \Rightarrow n' \in \mathbb{N}_0$
    (mit n ist sein Nachfolger n′ auch eine natürliche Zahl)

(3) $n \in \mathbb{N}_0 \Rightarrow n' \neq 0$
    (0 hat keinen Vorgänger)
(4) $\forall\, m, n \in \mathbb{N}_0$ gilt: $m' = n' \Rightarrow m = n$
    (natürliche Zahlen mit gleichem Nachfolger sind gleich)

© Der/die Autor(en), exklusiv lizenziert an Springer-Verlag GmbH, DE, ein Teil von
Springer Nature 2023
B. Hugues, *Mathematik-Vorbereitung für das Studium eines MINT-Fachs*,
https://doi.org/10.1007/978-3-662-66937-2_15

(5)   Induktionsaxiom:

   Gilt für eine Menge X: $0 \in X \wedge \forall x \in X$ ist $x' \in X \Rightarrow \mathbb{N}_0 \subset X$.

   (Ist in einer Menge X die Null enthalten und mit jedem Element von X auch sein Nachfolger, so ist $\mathbb{N}_0$ eine Teilmenge von X)

Rekursive Definition der Addition:

(6) $n + 0 := n$

(7) $n + m' := (n + m)'$

Rekursive Definition der Multiplikation

(8) $n \cdot 0 := 0$

(9) $n \cdot m' := (n \cdot m) + n$

Definition der Eins:

(10) $1 := 0'$

Folgerung: $n + 0' \overset{(7), m=0}{=} (n + 0)' \Rightarrow n + 1 = n'$

d. h. der Nachfolger von 0 ist 1, der von 1 ist $1 + 1 = 2$, der von 2 ist $2 + 1 = 3$, etc.

Bemerkung: Diese Folgerung berechtigt im Nachhinein die Interpretation der Axiome nach Peano, die jeweils in Klammern darunter aufgeführt ist.

15.2   Beweisverfahren der vollständigen Induktion

Das Prinzip des Beweises durch *vollständige Induktion* soll zunächst an einem Beispiel gezeigt werden:

Es soll bewiesen werden, dass $\sum_{i=1}^{n} i = \frac{n(n+1)}{2} \; \forall n \in \mathbb{N}$.

Die Legende sagt, dass Gauß als Schüler diese Identität gefunden hat, indem er jeweils den ersten und letzten Summanden, den zweiten und den vorletzten, den dritten und den vorvorletzten Summanden zusammengefasst hat.

Damit erhält er für den Fall, dass n gerade ist, $\frac{n}{2}$ Summanden mit dem Wert $(n + 1)$, denn die erste Zahl dieser Summanden wird jeweils um 1 erhöht, während die letzte um 1 verringert wird.

Für ungerade n ergeben sich $\frac{n-1}{2}$ solche Summen vom Wert $(n + 1)$, für die letzte Zahl $\frac{n+1}{2}$ gibt es aber keinen Partner mehr. Also ist dann $\sum_{i=1}^{n} i = \frac{n-1}{2}(n + 1) + \frac{n+1}{2} = \frac{n(n+1)}{2}$.

Nicht immer allerdings führen so einfache Überlegungen zum Ziel.

Ein Verfahren, das sich auf andere Beispiele übertragen lässt, besteht darin, die Richtigkeit der Gleichung für eine natürliche Zahl nach der anderen zu prüfen, indem man immer voraussetzt, dass sie für den Vorgänger schon bestätigt wurde:

$n = 1$: $\sum_{i=1}^{1} i = 1 = \frac{1(1+1)}{2}$ ✓

$n = 2$: $\sum_{i=1}^{2} i = \sum_{i=1}^{1} i + 2 = \frac{1(1+1)}{2} + 2 = \frac{2(2+1)}{2}$ ✓

$n = 3$: $\sum_{i=1}^{3} i = \sum_{i=1}^{2} i + 3 = \frac{2(2+1)}{2} + 3 = \frac{3(3+1)}{2}$ ✓

Für die $(n + 1)$-te Nummer hätte man die Richtigkeit für n schon geprüft und es ergibt sich:

$n + 1$: $\sum_{i=1}^{n+1} i = \sum_{i=1}^{n} i + (n + 1) = \frac{n(n+1)}{2} + (n + 1) = \frac{(n+1)(n+2)}{2}$ ✓

Um die Richtigkeit der Gleichung zu beweisen, müsste man sie für unendlich viele Zahlen n prüfen.

Aber es wiederholt sich immer die gleiche Argumentation: Weil sie für 1 gilt, gilt sie für 2. Weil sie für 2 gilt, gilt sie für 3. Weil sie für 3 gilt, gilt sie für 4 und immer so weiter. Hat man einmal die Richtigkeit für das kleinstmögliche n (hier n = 1) festgestellt, und einmal gezeigt, dass sie für n + 1 gegeben ist, falls sie für den Vorgänger n zutrifft, dann genügt das. Denn nach dem 5. Axiom von Peano durchläuft man bei 1 anfangend immer den Nachfolger hinzufügend alle natürlichen Zahlen.

Der Beweis durch vollständige Induktion wird in drei Teile gegliedert: der Induktionsanfang weist die Richtigkeit für das kleinstmögliche n nach. Dann wird die Richtigkeit für ein beliebiges n vorausgesetzt und im dritten Teil gezeigt, dass unter dieser Voraussetzung die Behauptung für n + 1 gilt:

Induktionsanfang: $n = 1$: $\sum_{i=1}^{1} i = 1 = \frac{1(1+1)}{2}$ ✓

Induktionsvoraussetzung: $\sum_{i=1}^{n} i = \frac{n(n+1)}{2}$ für ein beliebiges n

Induktionsschritt: $\sum_{i=1}^{n+1} i = \sum_{i=1}^{n} i + (n + 1) \overset{\text{Ind.vor}}{=} \frac{n(n+1)}{2} + (n + 1) = \frac{(n+1)(n+2)}{2}$ ✓ □

Dieses Beweisverfahren soll nun angewendet werden, um zu zeigen, dass $n^2 + n$ gerade ist $\forall n \in \mathbb{N}$ d. h. $n^2 + n = 2k \; \forall n \in \mathbb{N}$ mit $k \in \mathbb{N}$

Induktionsanfang: $n = 1$: $1^2 + 1 = 2 = 2 \cdot 1$ ✓

Induktionsvoraussetzung: $n^2 + n = 2k$ mit $k \in \mathbb{N}$ für irgendein n

Induktionsschritt: $(n + 1)^2 + (n + 1) = n^2 + 2n + 1 + n + 1 = n^2 + n + 2n + 2 \overset{\text{Ind.vor}}{=} 2k + 2(n + 1) = 2(k + n + 1)$ ✓ □

Zum Schluss soll noch darauf hingewiesen werden, dass der Induktionsanfang ein wesentlicher Bestandteil des Beweises ist:

Obwohl $2n - 1$ keine gerade Zahl ist, könnte man beweisen, dass es gerade wäre, falls $2(n - 1) - 1 = 2k$ vorausgesetzt wird:

$2n - 1 = 2(n - 1) - 1 + 2 \overset{\text{Ind.vor}}{=} 2k + 2 = 2(k + 1)$.

Wäre $2(n - 1) - 1$ gerade, so wäre auch $2n - 1$ gerade. Ob es gerade oder ungerade ist, hängt aber entscheidend davon ab, ob die Behauptung für n = 1 gültig ist. Denn nur dann könnte man auf die Richtigkeit für n = 2, n = 3, n = 4 etc. schließen.

Der Induktionsanfang für n = 2 liefert aber $2 \cdot (2 - 1) - 1 = 1$ und der Term ist für n = 2 ungerade.

Ohne Induktionsbeginn hängt ein Beweis durch vollständige Induktion in der Luft und ist unsinnig.

Aufgabe: Beweisen Sie: $\sum_{k=1}^{n} k^2 = \frac{n(n+1)(2n+1)}{6}$

Lösung: Beweis durch vollständige Induktion:

Induktionsanfang: $\sum_{k=1}^{1} k^2 = 1$, $\frac{1(1+1)(2\cdot1+1)}{6} = 1$ ✓

Induktionsvoraussetzung: $\sum_{k=1}^{n} k^2 = \frac{n(n+1)(2n+1)}{6}$

Induktionsschritt: $\sum_{k=1}^{n+1} k^2 = \frac{n(n+1)(2n+1)}{6} + (n+1)^2 = (n+1)\frac{n(2n+1)+6(n+1)}{6}$

$= (n+1)\frac{2n^2+7n+6}{6} = \frac{(n+1)(n+2)(2n+3)}{6}$ ✓ □

Aufgabe: Beweisen Sie die Bernoullische Ungleichung: $(1+x)^n \geq 1 + nx \ \forall\, x \in \mathbb{R}$ mit $x \geq -1$ und $n \in \mathbb{N}_0$

Lösung: Beweis durch vollständige Induktion:

Induktionsanfang: $n = 0$: $(1+x)^0 = 1 = 1 + 0 \cdot x \ \forall\, x \in \mathbb{R}$ ✓

Induktionsvoraussetzung: $(1+x)^n \geq 1 + nx \ \forall\, x \geq -1$

Induktionsschritt: $(1+x)^{n+1} = (1+x)^n (1+x) \overset{\text{Ind.vor, } x+1\geq 1}{\geq} (1+nx)(1+x)$

$= 1 + (n+1)x + nx^2 \geq 1 + (n+1)x \ \forall\, x \in \mathbb{R}, x \geq -1$ ✓   □

15.3   Beweis der Rechengesetze in $\mathbb{N}_0$ aus den Axiomen von Peano[1]

Schaukel-Lemma: $n + k' = n' + k \ \forall\, n, k \in \mathbb{N}_0$

Beweis: durch vollständige Induktion nach k:

Induktionsanfang: $k = 0$: $\forall\, n \in \mathbb{N}_0$ ist $n + 0' \overset{(7)}{=} (n+0)' \overset{(6)}{=} n' \overset{(6)}{=} n' + 0$ ✓

Induktionsvoraussetzung: $\forall\, n \in \mathbb{N}_0$ ist $n + k' = n' + k \ \forall\, n \in \mathbb{N}_0$

Induktionsschritt: $\forall\, n \in \mathbb{N}_0$ gilt $n + (k')' \overset{(7)}{=} (n+k')' \overset{\text{Ind.vor}}{=} (n'+k)' \overset{(7)}{=} n'+k' \ \forall\, n \in \mathbb{N}_0$ ✓   □

Lemma 1: $n + 0 = 0 + n \ \forall\, n \in \mathbb{N}_0$

Beweis: durch vollständige Induktion:

Induktionsanfang: $n = 0$: $0 + 0 = 0 + 0$ ✓

Induktionsvoraussetzung: $n + 0 = 0 + n$

Induktionsschritt: $n' + 0 \overset{\text{Schaukellemma}}{=} n + 0' \overset{(7)}{=} (n+0)' \overset{\text{Ind.vor}}{=} (0+n)' \overset{(7)}{=} 0 + n'$ ✓   □

Korollar 1: $n + 0 = n = 0 + n \ \forall\, n \in \mathbb{N}_0$, da $n + 0 \overset{(6)}{=} n$

Kommutativität der Addition K_+: $n + m = m + n \ \forall\, m, n \in \mathbb{N}_0$

Beweis: durch vollständige Induktion nach m:

Induktionsanfang: $m = 0$: $n + 0 = 0 + n \ \forall\, n \in \mathbb{N}_0$ ✓ (Lemma)

Induktionsvoraussetzung: $n + m = m + n \ \forall\, n \in \mathbb{N}_0$

Induktionsschritt: $n + m' \overset{(7)}{=} (n+m)' \overset{\text{Ind.vor}}{=} (m+n)' \overset{(7)}{=} m + n' \overset{\text{Schaukellemma}}{=} m' + n$ ✓   □

---

[1] Nach https://matheplanet.com/default3.html?call=article.php?sid=316&ref=https%3A%2F%2Fwww.google.com%2F (31.10.2022)

Assoziativität der Addition A_+: $(\ell + m) + n = \ell + (m + n) \ \forall \, \ell, m, n \in \mathbb{N}_0$

Beweis: durch vollständige Induktion nach m

Induktionsanfang: $m = 0$: $\forall \, \ell, n \in \mathbb{N}_0$ gilt: $(\ell + 0) + n \overset{(6)}{=} \ell + n \overset{(6)}{=} \ell + (n + 0) \overset{\text{Korollar 1}}{=}$ $\ell + (0 + n) \ \checkmark$

Induktionsvoraussetzung: $(\ell + m) + n = \ell + (m + n) \ \forall \, \ell, n \in \mathbb{N}_0$

Induktionsschritt: $(\ell + m') + n \overset{\text{Schaukellemma}}{=} (\ell' + m) + n \overset{\text{Ind.vor}}{=} \ell' + (m + n) \overset{\text{Schaukellemma}}{=}$ $\ell + (m + n)' \overset{(7)}{=} \ell + (m + n') \overset{\text{Schaukellemma}}{=} \ell + (m' + n) \ \checkmark \quad \square$

Hilfssatz: $n \cdot 1 = n \ \forall \, n \in \mathbb{N}_0$

Beweis: $n \cdot 1 = n \cdot 0' \overset{(9)}{=} n \cdot 0 + n \overset{(8)}{=} 0 + n \overset{K_+}{=} n + 0 \overset{(6)}{=} n \quad \square$

Satz: $n \cdot m = n + n + n + \ldots + n$ (m Summanden) $\forall \, m, n \in \mathbb{N}_0$

Beweis: durch vollständige Induktion nach m

Induktionsanfang: $m = 0$: $\forall \, n \in \mathbb{N}_0$ gilt: $n \cdot 0 \overset{(8)}{=} 0$ (kein Summand) $\checkmark$

Induktionsvoraussetzung: $\forall \, n \in \mathbb{N}_0$ gilt: $n \cdot m = n + n + n + \ldots + n$ (m Summanden)

Induktionsschritt: $\forall \, n \in \mathbb{N}_0$ gilt $n \cdot m' \overset{(9)}{=} n \cdot m + n \overset{\text{Ind.vor}}{=} (n + n + \ldots + n) + n = n + n + n + \ldots + n$ (m + 1 Summanden) $\checkmark \quad \square$

Insbesondere ist $0 \cdot m = 0 + 0 + \ldots + 0$ (m Summanden 0) $= 0$.

Lemma 2: $n \cdot 1 = 1 \cdot n \ \forall \, n \in \mathbb{N}_0$

Beweis: durch vollständige Induktion

Induktionsanfang: $n = 0$: $0 \cdot 1 = 0$ (letzter Satz)

Induktionsvoraussetzung: $n \cdot 1 = 1 \cdot n$

Induktionsschritt: $(n + 1) \cdot 1 \overset{\text{Hilfssatz}}{=} n + 1 \overset{\text{Hilfssatz}}{=} n \cdot 1 + 1 \overset{\text{Ind.vor}}{=} 1 \cdot n + 1 \overset{\text{Satz}}{=} (1 + 1 + \ldots + 1) + 1 = 1 + 1 + 1 + \ldots + 1$ (n + 1 Summanden) $\overset{\text{Satz}}{=} 1 \cdot (n + 1) \ \checkmark \quad \square$

Korollar 2: $n \cdot 1 = n = 1 \cdot n \ \forall \, n \in \mathbb{N}_0$ (das folgt mit dem Hilfssatz)

Kommutativität der Multiplikation $(K.)$: $m \cdot n = n \cdot m \ \forall \, m, n \in \mathbb{N}_0$

Beweis: durch vollständige Induktion nach m:

Induktionsanfang: $m = 1$: $\forall \, n \in \mathbb{N}_0$ gilt: $n \cdot 1 = 1 \cdot n$ (Lemma 2)

Induktionsvoraussetzung: $\forall \, n \in \mathbb{N}_0$ gilt: $n \cdot m = m \cdot n$

Induktionsschritt: $\forall \, n \in \mathbb{N}_0$ gilt: $n \cdot (m + 1) = n + n + n + \ldots + n$ (m + 1 Summanden, Satz)

$= (n + n + n + \ldots + n) + n = $ (erst m Summanden, dann noch einer)

$= n \cdot m + n \overset{\text{Ind.vor}}{=} m \cdot n + n \overset{\text{Korollar 2}}{=} m \cdot n + 1 \cdot n$

$\overset{\text{Satz}}{=} (m + m + m + \ldots + m) + (1 + 1 + 1 + \ldots + 1)$ (jeweils n Summanden)

$\overset{K_+, A_+}{=} (m + 1) + (m + 1) + (m + 1) + \ldots + (m + 1)$ (n Klammern)

$\overset{\text{Satz}}{=} (m + 1) \cdot n \ \checkmark \quad \square$

Assoziativität der Multiplikation (A.): $\ell \cdot (m \cdot n) = (\ell \cdot m) \cdot n \; \forall \, \ell, m, n \in \mathbb{N}_0$

Beweis: $\ell \cdot (m \cdot n) \overset{K.}{=} \ell \cdot (n \cdot m) = \ell \cdot (n + n + n + \ldots + n)$ (m Summanden n)

$\overset{K.}{=} (n + n + n + \ldots + n) \cdot \ell$

$= (n + n + n + \ldots + n) + (n + n + n + \ldots + n) + \ldots + (n + n + n + \ldots + n)$

(ℓ Klammern mit je m Summanden)

$\overset{A_+}{=} (n + n + \ldots + n) + (n + n + \ldots + n) + (n + n + \ldots + n) + \ldots + (n + n + \ldots + n)$

(m Klammern mit je ℓ Summanden)

$= (m \cdot \ell) \cdot n \overset{K.}{=} (\ell \cdot m) \cdot n \; \checkmark \quad \square$

Distributivität (D): $\ell \cdot (m + n) = \ell \cdot m + \ell \cdot n \; \forall \, \ell, m, n \in \mathbb{N}_0$

Beweis: durch vollständige Induktion nach ℓ:

Induktionsanfang: $\ell = 0$: $\forall \, m, n \in \mathbb{N}_0$ gilt: $0 \cdot (m + n) = 0 = 0 + 0 = 0 \cdot m + 0 \cdot n \; \checkmark$

Induktionsvoraussetzung: $\forall \, m, n \in \mathbb{N}_0$ gilt: $\ell \cdot (m + n) = \ell \cdot m + \ell \cdot n$

Induktionsschritt: $(\ell + 1) \cdot (m + n) = (\ell + 1) + (\ell + 1) + (\ell + 1) + \ldots + (\ell + 1)$

(m + n Summanden)

$\overset{A_+}{=} [(\ell + 1) + (\ell + 1) + \ldots + (\ell + 1)] + [(\ell + 1) + (\ell + 1) + \ldots + (\ell + 1)]$

(erst m Summanden, dann n Summanden)

$= (\ell + 1) \cdot m + (\ell + 1) \cdot n \; \checkmark \quad \square$

Korollar 3: $(m + n) \cdot \ell = m \cdot \ell + n \cdot \ell \; \forall \, \ell, m, n \in \mathbb{N}_0$.

Beweis: $(m + n) \cdot \ell \overset{K.}{=} \ell \cdot (m + n) \overset{D}{=} \ell \cdot m + \ell \cdot n \overset{K.}{=} m \cdot \ell + n \cdot \ell \quad \square$

Nun sind natürliche Zahlen und ihre Rechengesetze erklärt.

Die Bereichserweiterung auf die ganzen, die rationalen und die reellen Zahlen erfolgte immer so, dass diese Rechengesetze weiterhin gültig waren.

Stellvertretend soll das für die Kommutativität der Addition für nichtnegative rationale Zahlen gezeigt werden:

$\frac{m}{n} + \frac{p}{q} = \frac{mq+np}{nq} \overset{K_+}{=} \frac{np+mq}{nq} = \frac{p}{q} + \frac{m}{n}$

Weil die Kommutativität der Addition innerhalb $\mathbb{N}_0$ gültig ist, ist sie es auch in $\mathbb{Q}_0^+$.

15.4 Binomialkoeffizienten und binomischer Lehrsatz

Ziel dieses Abschnittes ist es, einen Term $(a + b)^n$ in Potenzen von a und b zu entwickeln, d. h. ihn auszumultiplizieren. Für $n = 2$ ist das Ergebnis bekannt: $(a + b)^2 = a^2 + 2ab + b^2$. Nun geht es um eine Verallgemeinerung für alle $n \in \mathbb{N}$.

Dazu zunächst ein paar Überlegungen aus der Kombinatorik:

Drei unterscheidbare Elemente, z. B. drei Kugeln verschiedener Farbe (Abb. 15.1a), sollen entlang einer geraden Linie angeordnet werden. Wie viele Möglichkeiten gibt es?

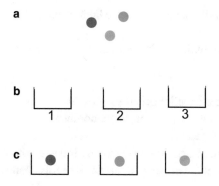

Abb. 15.1 Drei unterscheidbare Kugeln (**a**) werden in drei Kästchen (**b**) der Reihe nach einsortiert (**c**)

Entlang der Linie sollen drei Kästchen angeordnet sein (Abb. 15.1b), in die die Kugeln der Reihe nach gelegt werden:

Es gibt drei Möglichkeiten, in das erste Kästchen eine Kugel hineinzulegen: die rote, die blaue oder die grüne Kugel. Ist die Farbe der Kugel für das erste Kästchen gewählt (in Abb. 15.1c rot), dann gibt es für das zweite Kästchen noch zwei Möglichkeiten, eine der übriggebliebenen Kugeln hineinzugeben (in Abb. 15.1c blau) und beim dritten Kästchen genau eine Möglichkeit, die letzte Kugel in das letzte Kästchen zu legen (in Abb. 15.1c grün).

Insgesamt sind das $3 \cdot 2 \cdot 1$ Möglichkeiten.

Bei n Kugeln ergeben sich $n \cdot (n-1) \cdot (n-2) \cdot \ldots \cdot 2 \cdot 1$ Möglichkeiten.

Definition der Fakultät: $n! := n \cdot (n-1) \cdot (n-2) \cdot \ldots \cdot 2 \cdot 1$ für $n \in \mathbb{N}$ und $n > 1$
(Gesprochen: n *Fakultät*)
$1! := 1; 0! = 1$

Insbesondere gilt: $n! = n \cdot (n-1)!$

Bemerkung: Das kann auch als Begründung für die Definitionen $1! = 1$ und $0! = 1$ verwendet werden: Denn $n = \frac{n!}{(n-1)!} \; \forall n > 1$. Für $n = 2$ ergibt sich daraus $1! = 1$ und für $n = 1$, dass $0! = 1$.

Bemerkung: Da Fakultäten Produkte mit vielen Faktoren sind, ist es praktisch, sie auf dem Taschenrechner berechnen zu können. Oft ist diese Funktion mit der Taste „x^{-1}" kombiniert.

n! wächst sehr schnell mit n. Die meisten Taschenrechner lassen nur Zahlen bis zu einer Größenordnung von 10^{99} zu (im Exponenten der Zehnerpotenz kann nur eine zweistellige Zahl stehen), deshalb lassen sich Fakultäten dann nur bis $n \approx 70$ berechnen.

Satz: Es gibt n! Möglichkeiten, n verschiedene Elemente unterschiedlich anzuordnen, d. h. es gibt n! Permutationen von n Objekten.

Der Beweis ergibt sich formal über vollständige Induktion, aber die Überlegung oben soll hier genügen.

Nun soll die Frage beantwortet werden, wie viele Möglichkeiten es gibt, aus n unterscheidbaren Elementen k Elemente auszuwählen und der Reihe nach anzuordnen.

Wieder sind die jetzt k Kästchen der Reihe nach aufgestellt.

Für das erste Kästchen gibt es n Möglichkeiten, eine Kugel hineinzugeben, für das zweite Kästchen sind es $(n-1)$ Möglichkeiten, ein Element hineinzulegen, für das k-te Kästchen sind es $n-(k-1)$ Möglichkeiten.

Das ergibt insgesamt $n \cdot (n-1) \cdot (n-2) \cdot \ldots \cdot [n-(k-1)]$ Möglichkeiten.

$$n \cdot (n-1) \cdot (n-2) \cdot \ldots \cdot [n-(k-1)] = \frac{n!}{(n-k)!}$$

Zum Schluss noch die Überlegung, wie viele Möglichkeiten es gibt, aus n unterscheidbaren Elementen k Elemente auszuwählen, wenn es dabei aber auf die Reihenfolge der k Elemente nicht ankommt.

Dann erhält man $\frac{n \cdot (n-1) \cdot (n-2) \cdot \ldots \cdot [n-(k-1)]}{k!} = \frac{n!}{(n-k)!k!}$ Möglichkeiten, da die k Elemente auf k! verschiedene Arten angeordnet werden können und jede diese Art vorher einzeln gezählt wurde; jetzt soll das nur als eine Möglichkeit gelten.

Definition: $\binom{n}{k} := \frac{n!}{(n-k)!k!}$ mit $k, n \in \mathbb{N}_0$ und $n \geq k$. Gesprochen: „k aus n" oder „n über k" $\binom{n}{k}$ heißt *Binomialkoeffizient* und wird auch mit ${}^nC_k$ abgekürzt, wobei die Anordnung von n und k um das C (das für combinatoric steht) je nach Quelle unterschiedlich ist, mal oben oder unten, mal rechts, mal links.

Es gilt: $\binom{n}{0} = 1$, $\binom{n}{1} = n$, $\binom{n}{n-1} = n$.

Außerdem ist: $\binom{n}{n-k} = \binom{n}{k}$

Aufgabe: Beweisen Sie diese Aussage!

Lösung: $\binom{n}{n-k} = \frac{n!}{(n-(n-k))!(n-k)!} = \frac{n!}{k!(n-k)!} = \binom{n}{k}$ □

Die Binomialkoeffizienten lassen sich im sogenannten *Pascalschen Dreieck* (Abb. 15.2) anordnen.

Daran können verschiedene Regelmäßigkeiten erkannt werden:

In pink gekennzeichnet sind die Zahlen 28, 56 und 84. Man erkennt: $\binom{8}{6} + \binom{8}{5} = \binom{9}{6}$.

Allgemein formuliert führt das auf den folgenden

Satz: $\binom{n}{k} + \binom{n}{k+1} = \binom{n+1}{k+1}$ $\forall\, 0 \leq k \leq n-1$, $k \in \mathbb{N}_0$, $n \in \mathbb{N}$

Beweis: $\binom{n}{k} + \binom{n}{k+1} = \frac{n!}{(n-k)!k!} + \frac{n!}{(n-k-1)!(k+1)!} = \frac{n!(k+1+n-k)}{(n-k)!(k+1)!} = \frac{n!(n+1)}{(k+1)!(n-k)!} = \binom{n+1}{k+1}$ □

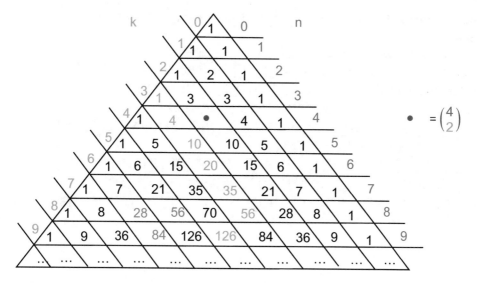

Abb. 15.2 Pascalsches Dreieck

Orange geschrieben sind die Zahlen 1, 4, 10, 20, 35, 56 und 126. Es gilt:
$\binom{3}{3} + \binom{4}{3} + \ldots + \binom{8}{3} = \binom{9}{4}$

Satz: $\sum_{k=m}^{n} \binom{k}{m} = \binom{n+1}{m+1}$, $n \geq m$, $n, m, k \in \mathbb{N}_0$

Aufgabe: Beweisen Sie diese Aussage!

Lösung: durch vollständige Induktion nach n:

Induktionsbeginn: $n = m$: $\sum_{k=m}^{m} \binom{k}{m} = \binom{m}{m} = 1 = \binom{m+1}{m+1}$

Induktionsvoraussetzung: $\sum_{k=m}^{n} \binom{k}{m} = \binom{n+1}{m+1}$

Induktionsschritt: $\sum_{k=m}^{n+1} \binom{k}{m} = \sum_{k=m}^{n} \binom{k}{m} + \binom{n+1}{m} \overset{\text{Ind.vor}}{=} \binom{n+1}{m+1} + \binom{n+1}{m} = \binom{n+2}{m+1}$

Satz: Sei A eine Menge mit $|A| = n$. Dann gilt für die Potenzmenge P(A): $|P(A)| = 2^n$.

Aufgabe: Beweisen Sie diese Aussage!

Lösung: Zu zeigen ist $\sum_{k=0}^{n} \binom{n}{k} = 2^n$, durch vollständige Induktion

Induktionsanfang: $\sum_{k=0}^{0} \binom{0}{k} = \binom{0}{0} = 1 = 2^0$ ✓

Induktionsvoraussetzung: $\sum_{k=0}^{n} \binom{n}{k} = 2^n$

Induktionsschritt: $\sum_{k=0}^{n+1} \binom{n+1}{k} = \binom{n+1}{0} + \sum_{k=1}^{n} \binom{n+1}{k} + \binom{n+1}{n+1}$

$= 1 + \sum_{k=1}^{n} \binom{n}{k} + \sum_{k=1}^{n} \binom{n}{k-1} + 1 = 1 + (-1) + \sum_{k=0}^{n} \binom{n}{k} + \sum_{k=0}^{n-1} \binom{n}{k} + \binom{n}{n}$

$= \sum_{k=0}^{n} \binom{n}{k} + \sum_{k=0}^{n} \binom{n}{k} = 2 \sum_{k=0}^{n} \binom{n}{k} \overset{\text{Ind.vor}}{=} 2 \cdot 2^n = 2^{n+1}$ ✓ $\square$

Binomischer Lehrsatz: $(a + b)^n = \sum_{k=0}^{n} \binom{n}{k} a^k b^{n-k} \; \forall \, a, b \in \mathbb{R} \setminus \{0\}, n \in \mathbb{N}_0$

Beweis:

Induktionsanfang: $(a + b)^0 = \sum_{k=0}^{0} \binom{0}{k} a^k b^{0-k} = \binom{0}{0} a^0 b^0 = 1 \cdot 1 \cdot 1 = 1 \checkmark$

Induktionsvoraussetzung: $(a + b)^n = \sum_{k=0}^{n} \binom{n}{k} a^k b^{n-k}$ für ein $n \in \mathbb{N}_0$

Induktionsschritt: zu zeigen ist $(a + b)^{n+1} = \sum_{k=0}^{n+1} \binom{n+1}{k} a^k b^{n+1-k}$

$(a + b)^{n+1} = (a + b)(a + b)^n \overset{\text{Ind.vor}}{=} (a + b) \sum_{k=0}^{n} \binom{n}{k} a^k b^{n-k}$

$= a \sum_{k=0}^{n} \binom{n}{k} a^k b^{n-k} + b \sum_{k=0}^{n} \binom{n}{k} a^k b^{n-k} = \sum_{k=0}^{n} \binom{n}{k} a^{k+1} b^{n-k} + \sum_{k=0}^{n} \binom{n}{k} a^k b^{n+1-k}$

$= \sum_{k=1}^{n+1} \binom{n}{k-1} a^{k+0} b^{n-k+1} + \sum_{k=0}^{n} \binom{n}{k} a^k b^{n+1-k}$

$= \sum_{k=1}^{n} \binom{n}{k-1} a^{k+0} b^{n-k+1} + \binom{n+1}{n+1} a^{n+1} b^0 + \binom{n}{0} a^0 b^{n+1} + \sum_{k=1}^{n} \binom{n}{k} a^k b^{n+1-k}$

$= \binom{n+1}{0} a^0 b^{n+1} + \sum_{k=1}^{n} \binom{n}{k-1} a^k b^{n-k+1} + \sum_{k=1}^{n} \binom{n}{k} a^k b^{n+1-k} + \binom{n+1}{n+1} a^{n+1} b^0$

$= \binom{n+1}{0} a^0 b^{n+1} + \sum_{k=1}^{n} \binom{n+1}{k} a^k b^{n-k+1} + \binom{n+1}{n+1} a^{n+1} b^0 = \sum_{k=0}^{n+1} \binom{n+1}{k} a^k b^{n-k+1}$ $\qquad \square$

Folgen und Reihen

16

In diesem Kapitel werden Folgen definiert und ihre Eigenschaften beschrieben. Die Definition des Grenzwerts von Folgen wird plausibel gemacht und an Beispielen angewendet, Grenzwerte mit Hilfe geeigneter Regeln bestimmt. Sätze über Folgen erlauben dann, Aussagen über die Konvergenz von Folgen zu machen.

Die Reihe als Folge von Partialsummen wird eingeführt und Konvergenzkriterien für Reihen vorgestellt und an Potenzreihen angewendet.

16.1 Folgen und ihre Grenzwerte

16.1.1 Definitionen und Beispiele

Schachbrett-Legende

Die Schachbrett-Legende wird in vielen verschiedenen Versionen erzählt. Kern aller Erzählungen ist es, dass ein Herrscher dem Erfinder des Schachspiels danken möchte und ihm einen Wunsch erfüllen will. Dieser wünscht sich Reiskörner. Und zwar auf dem ersten Feld des Schachspiels ein Reiskorn, auf dem zweiten Feld zwei Reiskörner, auf dem dritten Feld 4 Körner, auf dem vierten Feld 8 Körner, und so fort. Und so soll die Anzahl an Reiskörnern auf einem Feld von Feld zu Feld verdoppelt werden.

Der Herrscher stellt dann aber schnell fest, dass der so bescheiden vorgetragene Wunsch mit der Jahresproduktion an Reis nicht erfüllt werden kann.

Diese Schachbrett-Legende definiert zunächst eine Folge, die jeder Nummer n eines Feldes des Schachbretts die Zahl an Reiskörnern a_n zuordnet, die auf ihm liegen.

Sie definiert darüber hinaus eine weitere Folge, die jeder Nummer n eines Feldes des Schachbretts die Zahl an Reiskörnern zuordnet, die insgesamt auf allen Feldern des Schachbretts liegen, deren Nummer höchstens n ist. Diese zweite Folge nennt man eine Reihe; Reihen werden im Abschn. 16.2 behandelt

© Der/die Autor(en), exklusiv lizenziert an Springer-Verlag GmbH, DE, ein Teil von Springer Nature 2023
B. Hugues, *Mathematik-Vorbereitung für das Studium eines MINT-Fachs*, https://doi.org/10.1007/978-3-662-66937-2_16

Definition: Eine *Folge* (w) ist eine Funktion mit Definitionsmenge $\mathbb{N}$. $a_n : \mathbb{N} \to \mathbb{Z}, n \mapsto a_n$

Bemerkung: Man kann in der Literatur auch die Definitionsmenge $\mathbb{N}_0$ finden.
Letztlich ist der Startwert von n nicht wichtig, außer 0 und 1 kann er auch eine andere
Zahl z aus $\mathbb{Z}$ sein, die Folge bildet dann alle ganze Zahlen größer oder gleich z auf die
Zielmenge $\mathbb{Z}$ ab.

Bemerkung: Hier sollen nur reelle Folgen betrachtet werden, d. h. solche mit Zielmenge
$\mathbb{Z} = \mathbb{R}$.

Die Folge der Schachbrett-Legende lautet:
$a_n : \mathbb{N} \to \mathbb{R}, n \mapsto a_n = 2^{n-1}$
Dann ist $a_1 = 2^0 = 1, a_2 = 2^1 = 2, a_3 = 2^2 = 4$, etc. Man schreibt auch $\langle 1, 2, 4, 8, \ldots \rangle$
oder auch $(1, 2, 4, 8, \ldots)$ (Abb. 16.1).

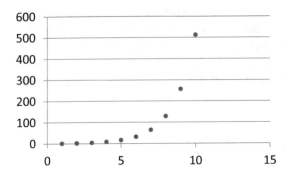

Abb. 16.1 Die Folge $a_n = 2^{n-1}$

Bemerkung: Die Notation ändert sich von Quelle zu Quelle.

Bemerkung: Im Gegensatz zur Menge $\{1, 2, 4, 8, \ldots\}$, in der die Elemente in beliebiger
Reihenfolge aufgeführt sind, ist die Reihenfolge bei einer Folge festgelegt.

Beispiel: $a_n : n \mapsto n^2, \langle n^2 \rangle, (n^2), \langle 1, 4, 9, 16, \ldots \rangle, (1, 4, 9, 16, \ldots)$ sind alles verschiedene
Notationen der gleichen Folge (Abb. 16.2).

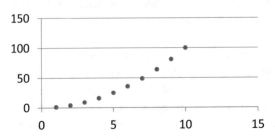

Abb. 16.2 Die Folge $\langle n^2 \rangle$

Definition: $a_n: n \mapsto a \; \forall n \in \mathbb{N}$ heißt *konstante Folge*, $\langle a, a, a, a, \ldots \rangle$ (Abb. 16.3)

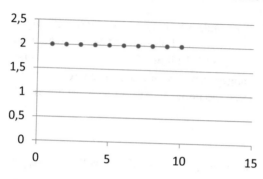

Abb. 16.3 Die konstante Folge $\langle a \rangle$

Aufgabe: Zeichnen Sie den Graphen der Folge $a_n = (-1)^n \cdot n$
Lösung: $\langle a_n \rangle = \langle -1, 2, -3, 4, -5, \ldots \rangle$ (Abb. 16.4)

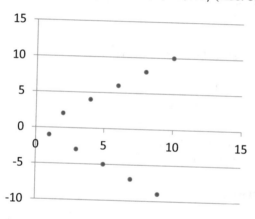

Abb. 16.4 Die Folge $\langle -1, 2, -3, 4, -5, \ldots \rangle$

Aufgabe: Zeichnen Sie den Graphen der Folge $\langle \frac{n}{n+1} \rangle$
Lösung: $\langle \frac{n}{n+1} \rangle = \langle \frac{1}{2}, \frac{2}{3}, \frac{3}{4}, \ldots \rangle$ (Abb. 16.5)

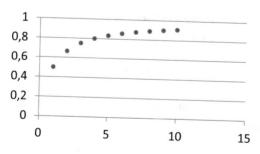

Abb. 16.5 Die Folge $\langle \frac{n}{n+1} \rangle$

Das waren Beispiele für *explizit definierte Folgen*, bei denen der natürlichen Zahl n direkt (explizit) der Folgenwert zugeordnet wird.

Man kann aber Folgen auch *rekursiv* definieren, indem man nur einen „Startwert" angibt, und darüber hinaus, wie man aus dem Wert des aktuellen Folgenglieds den des darauf folgenden Folgenglieds erhält. Die Schachbrett-Legende ist ihrem Wesen nach eine rekursiv definierte Folge, denn in der Geschichte ist angegeben, dass auf dem ersten Feld ein Reiskorn liegt (Startwert), und auf jedem weiteren die doppelte Anzahl an Reiskörnern wie auf dem vorangegangenen (Rekursion).

Beispiel: $a_1 = 1, a_{n+1} = a_n + 2n + 1$
$a_1 = 1, a_2 = a_{1+1} = 1 + 2 \cdot 1 + 1 = 4, a_3 = a_{2+1} = 4 + 2 \cdot 2 + 1 = 9, a_4 = a_{3+1} = 9 + 2 \cdot 3 + 1 = 16, \ldots$
Es liegt die Vermutung nahe, dass es sich um die explizit definierte Folge $a_n = n^2$ handelt.

Aufgabe: Beweisen Sie diese Vermutung!
Lösung: Beweis durch vollständige Induktion:
Induktionsanfang: $n = 1, a_1 = 1 = 1^2$ ✓
Induktionsvoraussetzung: $a_n = n^2$
Induktionsschritt: $a_{n+1} = a_n + 2n + 1 \overset{\text{Ind.vor}}{=} n^2 + 2n + 1 = (n + 1)^2$ ✓   □

Beispiel: $\langle 2, 5, 8, 11, 14, \ldots \rangle$, es ist $a_1 = 2$ und $a_{n+1} = a_n + 3$
Dann ist die explizite Form dieser Folge: $a_n = 2 + (n - 1) \cdot 3$

Beispiel: $\langle 1, -1, -3, -5, \ldots \rangle$ es ist $a_1 = 1$ und $a_{n+1} = a_n - 2$.
Dann ist die explizite Form dieser Folge: $a_n = 1 + (n - 1) \cdot (-2)$

Die letzten zwei Folgen sind ähnlich aufgebaut.

Definition: Eine Folge heißt *arithmetisch*, wenn $a_{n+1} - a_n = d = \text{const.}$ $\forall n \in \mathbb{N}$ mit $d \neq 0$

Satz: Für eine arithmetische Folge mit $a_{n+1} - a_n = d$ gilt: $a_n = a_1 + (n - 1)d$ $\forall n \in \mathbb{N}$

Aufgabe: Führen Sie den Beweis mit vollständige Induktion durch!
Lösung: Induktionsanfang: $a_1 = a_1 + (1 - 1)d = a_1$ ✓
Induktionsvoraussetzung: $a_n = a_1 + (n - 1)d$
Induktionsschritt: $a_{n+1} = a_n + d \overset{\text{Ind.vor}}{=} a_1 + (n - 1)d + d = a_1 + nd$ ✓   □

Satz: Für eine arithmetische Folge ist $a_n = \frac{a_{n+1} + a_{n-1}}{2}$ das *arithmetische Mittel* aus vorangegangenem und nachfolgendem Folgenglied.
Beweis durch Nachrechnen.

Beispiel: $\langle 1, \frac{1}{2}, \frac{1}{4}, \frac{1}{8}, \dots \rangle$, es ist $a_1 = 1$ und $a_{n+1} = \frac{1}{2}a_n$
Dann ist die explizite Form dieser Folge: $a_n = 1 \cdot \left(\frac{1}{2}\right)^{n-1}$

Beispiel: $\langle 1, -2, 4, -8, \dots \rangle$, es ist $a_1 = 1$ und $a_{n+1} = (-2)a_n$
Dann ist die explizite Form dieser Folge: $a_n = 1 \cdot (-2)^{n-1}$

Die letzten zwei Folgen sind wieder ähnlich aufgebaut.

Definition: Eine Folge heißt *geometrisch*, wenn $\frac{a_{n+1}}{a_n} = q = \text{const.}$ $\forall n \in \mathbb{N}$ mit $q \neq 1$
und $q \neq 0$.

Satz: Für eine geometrische Folge mit $\frac{a_{n+1}}{a_n} = q$ gilt: $a_n = a_1 q^{n-1}$

Aufgabe: Führen Sie den Beweis mit vollständiger Induktion durch!
Lösung: Induktionsanfang: $a_1 = a_1 q^{1-1}$ ✓
Induktionsvoraussetzung: $a_n = a_1 q^{n-1}$
Induktionsschritt: $a_{n+1} = a_n q \overset{\text{Ind.vor}}{=} a_1 q^{n-1} q = a_1 q^n$ ✓ $\square$

Satz: Für eine geometrische Folge ist $|a_n| = \sqrt{a_{n-1} a_{n+1}}$ das *geometrische Mittel* aus a_{n-1}
und a_{n+1}.
Beweis durch Nachrechnen

16.1.2 Eigenschaften von Folgen

Definition: Eine Folge heißt *alternierend*, wenn $\text{sgn} \frac{a_{n+1}}{a_n} = -1$
(Zur Erinnerung: $\text{sgn}(x)$ ist die Signum-Funktion und ordnet jeder Zahl x ihr Vorzeichen
zu)

Aufgabe: Zeigen Sie, dass die Folge $\langle (-n)^n \rangle$ alternierend ist!
Lösung: $\text{sgn} \frac{(-(n+1))^{n+1}}{(-n)^n} = \text{sgn} \frac{(-1)^{n+1}(n+1)^{n+1}}{(-1)^n n^n} = \text{sgn}(-\frac{(n+1)^{n+1}}{n^n}) = -1$

Definition: Eine Folge $\langle a_n \rangle$ heißt *streng monoton zunehmend* bzw. *streng monoton abnehmend*, wenn $a_{n+1} > a_n$ bzw. $a_{n+1} < a_n$ $\forall n \in \mathbb{N}$

Bemerkung: Man spricht von *monoton zunehmend* bzw. *monoton abnehmend* (ohne das
Wort „streng"), wenn $a_{n+1} \geq a_n$ bzw. $a_{n+1} \leq a_n$ $\forall n \in \mathbb{N}$.

Beispiel: $\langle \left(\frac{1}{2}\right)^n \rangle$ ist streng monoton abnehmend.
denn $\frac{a_{n+1}}{a_n} = \frac{1}{2} < 1$ $\forall n \in \mathbb{N}$ oder alternativ: $a_{n+1} - a_n = \left(\frac{1}{2}\right)^n \left(\frac{1}{2} - 1\right) < 0$ $\forall n \in \mathbb{N}$

Beispiel: $\langle \left(-\frac{1}{2}\right)^n \rangle$ ist nicht monoton: $a_1 = -\frac{1}{2} < a_2 = \frac{1}{4}$ aber $a_2 = \frac{1}{4} > a_3 = -\frac{1}{8}$

Aufgabe: Beweisen Sie, dass $\langle \frac{n}{n+1} \rangle$ streng monoton zunehmend ist!

Lösung: $a_{n+1} - a_n = \frac{n+1}{n+2} - \frac{n}{n+1} = \frac{1}{(n+1)(n+2)} > 0 \; \forall \, n \in \mathbb{N}$

Oder alternativ: $\frac{a_{n+1}}{a_n} = \frac{(n+1)(n+1)}{(n+2)n} = \frac{n^2+2n+1}{n^2+2n} = 1 + \frac{1}{n^2+2n} > 1 \; \forall \, n \in \mathbb{N}$ $\square$

Definition: Eine Folge $\langle a_n \rangle$ heißt *nach oben beschränkt*, wenn es eine Zahl S gibt, mit $a_n \leq S \; \forall \, n \in \mathbb{N}$.

S heißt dann obere Schranke der Folge.

Eine Folge $\langle a_n \rangle$ heißt *nach unten beschränkt*, wenn es eine Zahl s gibt, mit $a_n \geq s \; \forall \, n \in \mathbb{N}$.

s heißt dann untere Schranke der Folge.

Eine Folge $\langle a_n \rangle$ heißt *beschränkt*, wenn sie nach oben und nach unten beschränkt ist.

Bemerkung: Diese Begriffe wurden ganz analog bereits für Mengen definiert.

Beispiel: $\langle \left(\frac{1}{2} \right)^n \rangle$ ist beschränkt, denn $0 < \left(\frac{1}{2} \right)^n \leq \frac{1}{2} \; \forall \, n \in \mathbb{N}$.

$s = 0$ ist untere Schranke, $S = \frac{1}{2}$ ist obere Schranke.

Es wären $s = -1$ oder $s = -5$ auch mögliche untere Schranken, $S = 1$ oder $S = 10$ mögliche obere Schranken.

Beispiel: $\langle \left(-\frac{1}{2} \right)^n \rangle$ ist beschränkt, denn $-\frac{1}{2} \leq \left(-\frac{1}{2} \right)^n \leq \frac{1}{4} \; \forall \, n \in \mathbb{N}$.

$s = -\frac{1}{2}$ ist untere Schranke, $S = \frac{1}{4}$ ist obere Schranke.

Aufgabe: Prüfen Sie, ob die Folge $\langle \frac{n}{n+1} \rangle$ beschränkt ist!

Lösung: $\frac{1}{2} \leq \frac{n}{n+1} < 1 \; \forall \, n \in \mathbb{N} \Rightarrow$ die Folge ist beschränkt.

Aufgabe: Prüfen Sie, ob die Folge $\langle n^2 \rangle$ beschränkt ist!

Lösung: $\langle n^2 \rangle$ ist nach unten beschränkt, da $n^2 \geq 1 \; \forall \, n \in \mathbb{N}$, es gibt aber keine obere Schranke:

Beweis: durch Widerspruch:

Annahme: S sei obere Schranke $\Leftrightarrow n^2 \leq S \; \forall \, n \in \mathbb{N} \Leftrightarrow n \leq \sqrt{S} \; \forall \, n \in \mathbb{N}$.

Es gilt aber: Für jede reelle Zahl $\sqrt{S} \; \exists \, n \in \mathbb{N}$ mit $n > \sqrt{S}$

Das ist im Widerspruch zur Annahme. Also gibt es keine obere Schranke.

Beispiel: $\langle (-1)^n n^2 \rangle$ ist weder nach unten noch nach oben beschränkt. Beweis analog zu oben.

16.1.3   Grenzwerte von Folgen

Wir betrachten die Folge $\langle 1 + \frac{(-1)^{n-1}}{n} \rangle$

Man sieht, dass sich die Folgenglieder dem Wert 1 annähern: je größer n, desto kleiner wird $1/n$, es nähert sich der Null an, also geht die betrachtete Folge gegen 1 (Abb. 16.6a).

Das Problem ist, wie man einen so ungefähren Begriff wie „sich annähern", „gegen einen Wert gehen", mathematisch exakt fassen kann.

Diese Fassung ist notgedrungen relativ abstrakt und wird deshalb an diesem Beispiel langsam entwickelt.

Zunächst kann man beobachten, dass zwar für n = 1 der Wert des Folgenglieds $a_1 = 2$ ist und sich damit um 1 vom vermuteten Grenzwert unterscheidet. Für alle anderen Werte von n unterscheiden sich die Folgenglieder allerdings höchstens um 0,5 vom vermuteten Grenzwert 1. Alle Folgenglieder mit der Nummer n ≥ 3 liegen innerhalb des grün dargestellten „Schlauchs" der Höhe 2 · 0,5, von 0,5 bis 1,5 (Abb. 16.6b).

Die Abweichung um 0,5 vom Grenzwert ist natürlich groß und wird nicht ausreichend sein, die Vermutung des Grenzwertes zu untermauern. Deshalb betrachten wir nun eine „erlaubte" Abweichung von 0,25. Damit erhält man einen „Schlauch" von 0,75 bis 1,25, also der Höhe 0,5. Nun befinden sich alle Folgenglieder ab der Nummer 5 innerhalb dieses „Schlauchs" (Abb. 16.6c).

Aber auch die Abweichung von 0,25 rechtfertigt noch nicht, vom Grenzwert 1 sprechen zu können. Wir lassen nun nur noch eine Abweichung von 0,1 zu, betrachten also einen Schlauch der Höhe 0,2 von 0,9 bis 1,1. Jetzt liegen alle Folgenglieder ab der Nummer 11 innerhalb dieses „Schlauchs" (Abb. 16.6d).

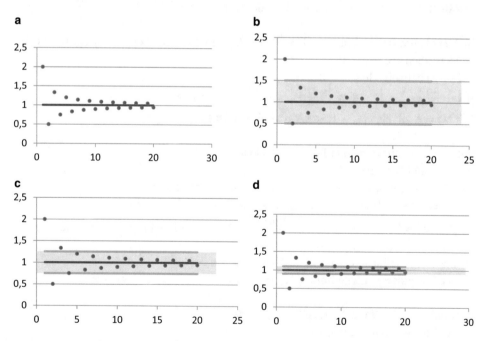

Abb. 16.6 **a** Die Folge $\langle 1 + \frac{(-1)^{n-1}}{n} \rangle$, **b** für n > 1 ist $|a_n - 1| < 0,5$, **c** für n > 4 ist $|a_n - 1| < 0,25$, **d** für n > 10 ist $|a_n - 1| < 0,1$

Letztlich bleibt das aber immer unbefriedigend, solange man der Abweichung einen festen Wert zuweist, 0,5 oder 0,25 oder 0,1.

Das führt zu der Definition des Grenzwerts, bei der man die Abweichung vom vermuteten Grenzwert gerade nicht festlegt, sondern mit einer Größe ε belegt, die man sich beliebig klein vorstellen kann, eben nicht 0,5 oder 0,25 oder 0,1, sondern möglicherweise 0,00000000001 oder noch viel kleiner, beliebig klein.

Definition: Eine Folge $\langle a_n \rangle$ heißt konvergent gegen den Grenzwert a (m), kurz
$\lim_{n \to \infty} a_n = a$ oder $a_n \to a$ für $n \to \infty$,
falls gilt: Für jedes beliebig kleine $\varepsilon > 0$ gibt es eine Zahl $N \in \mathbb{R}$, sodass gilt $|a_n - a| < \varepsilon$ $\forall n > N$.

Bemerkung: Das N steht für eine Nummer, ab der alle Folgenglieder innerhalb des „Schlauchs" mit der Höhe 2ε liegen. Es ergibt sich bei Beweisen aber oft eine Zahl für N, die keine natürliche Zahl ist. Deshalb ist hier in der Definition $N \in \mathbb{R}$ gewählt. Es finden sich aber auch Quellen, für die die $N \in \mathbb{N}$ festgelegt ist. Dann muss die nicht-natürliche Zahl, die man zunächst erhalten hat, gerundet werden.

Bemerkung: Handschriftlich muss die Beschreibung des Grenzübergangs $n \to \infty$ unter den Buchstaben „lim" stehen, nicht wie hier rechts darunter.

In dem oberen Beispiel $\langle a_n \rangle = \langle 1 + \frac{(-1)^{n-1}}{n} \rangle$ lässt sich der Grenzwert $\lim_{n \to \infty} a_n = 1$ folgendermaßen nachweisen:
Sei $\varepsilon > 0$ beliebig klein.
$$\left| \left(1 + \frac{(-1)^{n-1}}{n}\right) - 1 \right| < \varepsilon \Leftrightarrow \left| \frac{(-1)^{n-1}}{n} \right| < \varepsilon \Leftrightarrow \frac{1}{n} < \varepsilon \Leftrightarrow n > \frac{1}{\varepsilon}$$
Mit $N := \frac{1}{\varepsilon}$ gilt also $|a_n - 1| < \varepsilon \,\forall n > N$, also ist $\lim_{n \to \infty} a_n = 1$

Satz: Der Grenzwert einer Folge ist eindeutig.
Beweis durch Widerspruch:
Annahme: es sei $\lim_{n \to \infty} a_n = a$ und $\lim_{n \to \infty} a_n = b$ mit $a \neq b$.
$\Rightarrow$ zu jedem $\varepsilon_a > 0$ existiert ein N_a, sodass $|a_n - a| < \varepsilon_a \,\forall n > N_a$.
$$\Rightarrow |a_n - b| = |a_n - a + a - b| \overset{\text{Dreiecksungleichung}}{\geq} \big||a_n - a| - |a - b|\big| = \big||a - b| - |a_n - a|\big| \geq$$
$\big||a - b| - \varepsilon_a\big| \,\forall n > N_a$.
Wähle $0 < \varepsilon_b < \big||a - b| - \varepsilon_a\big| \Rightarrow |a_n - b| > \varepsilon_b \,\forall n > N_a$.
Das ist im Widerspruch zu $\lim_{n \to \infty} a_n = b$. $\square$

Beispiel: $a_n = a \,\forall n \in \mathbb{N}$. Es gilt: $\lim_{n \to \infty} a_n = a$
Beweis: Sei $\varepsilon > 0$ beliebig klein.
$|a_n - a| = |a - a| = 0 < \varepsilon \,\forall n \in \mathbb{N}$ Wähle $N := 1$, dann ist $|a_n - a| < \varepsilon \,\forall n > N$. Also ist $\lim_{n \to \infty} a_n = a$.

Definition: Eine Folge $\langle a_n \rangle$ heißt *Nullfolge* (w), falls $\lim_{n \to \infty} a_n = 0$.

Beispiel: $\langle a_n \rangle = \langle \frac{1}{n} \rangle$ ist eine Nullfolge.

Beweis: sei $\varepsilon > 0$ beliebig klein.
$\left| \frac{1}{n} - 0 \right| < \varepsilon \Leftrightarrow \frac{1}{n} < \varepsilon \Leftrightarrow n > \frac{1}{\varepsilon}$. Wähle $N := \frac{1}{\varepsilon}$, dann ist $|a_n - 0| < \varepsilon \; \forall \, n > N$ also ist $\lim_{n \to \infty} a_n = 0$

Definition: Existiert für eine Folge der Grenzwert nicht, so heißt die Folge *divergent*. Eine Folge $\langle a_n \rangle$ heißt bestimmt divergent,
wenn es für jedes noch so große $S \in \mathbb{R}^+$ ein $N \in \mathbb{R}$ existiert, für das gilt: $a_n > S \; \forall \, n > N$, man schreibt dann $\lim_{n \to \infty} a_n = \infty$,
oder wenn es für jedes noch so kleine $s \in \mathbb{R}^-$ ein $N \in \mathbb{R}$ existiert, für das gilt: $a_n < s$ $\forall \, n > N$, dann schreibt man $\lim_{n \to \infty} a_n = -\infty$

Bemerkung: Vor dem Zeichen ∞ muss kein „+"-Zeichen gesetzt werden.

Bemerkung: Hier wird die Schreibweise $\lim_{n \to \infty} a_n = \infty$ bzw. $\lim_{n \to \infty} a_n = -\infty$ verwendet, es wird aber darauf hingewiesen, dass ∞ keine Zahl ist, sondern die Vorstellung, dass jede noch so große positive Zahl überschritten (bzw. für $-\infty$ jede noch so kleine negative Zahl unterschritten) wird.

Beispiel: $\langle n^2 \rangle$ divergiert bestimmt. Es ist $\lim_{n \to \infty} n^2 = \infty$.

Beweis: Sei $S > 0$ beliebig groß. $n^2 > S \Leftrightarrow n > \sqrt{S}$. Mit $N := \sqrt{S}$ gilt: $n^2 > S \; \forall \, n > N$. Also ist $\lim_{n \to \infty} n^2 = \infty$ $\square$

Definition: Eine Folge, die weder konvergiert noch bestimmt divergiert, heißt *unbestimmt divergent*.

Satz: Sei $\langle a_n \rangle$ eine Folge mit $\lim_{n \to \infty} a_n = \infty$. Dann divergiert die Folge $\langle (-1)^n a_n \rangle$ unbestimmt.
Beweis: $\lim_{n \to \infty} a_n = \infty \Rightarrow \forall \, S \in \mathbb{R}^+ \; \exists \, N_S \in \mathbb{R}$ mit $a_n > S \; \forall \, n > N_S$
- Annahme: Sei $\lim_{n \to \infty} [(-1)^n a_n] = a$, d. h. die Folge konvergiere
Sei $\varepsilon > 0$ beliebig klein. Dann existiert ein N_ε mit $|(-1)^n a_n - a| < \varepsilon \; \forall \, n > N_\varepsilon$
$\Rightarrow |(-1)^{n+1} a_{n+1} - (-1)^n a_n| < 2\varepsilon \; \forall \, n > N_\varepsilon$
$\Rightarrow |a_{n+1} + a_n| < 2\varepsilon \; \forall \, n > \max(N_\varepsilon; N_S)$
Das ist im Widerspruch zu $a_n > S \; \forall \, n > N_S$, also konvergiert die Folge $\langle (-1)^n a_n \rangle$ nicht.
- Sie könnte aber auch bestimmt divergieren.
Mit $a_n > S \; \forall \, n > N_S$ folgt: es gibt $n > N_S$, für das $(-1)^n a_n \not> S$
$\Rightarrow$ Die Folge $\langle (-1)^n a_n \rangle$ divergiert nicht bestimmt gegen ∞, analog: die Folge divergiert nicht bestimmt gegen $-\infty$
$\Rightarrow$ Die Folge $\langle (-1)^n a_n \rangle$ konvergiert nicht, sie divergiert nicht bestimmt, also divergiert sie unbestimmt. $\square$

Folgerung: $\langle a_n \rangle = \langle (-1)^n n^2 \rangle$ divergiert unbestimmt.

Beispiel: $\langle a_n \rangle = \langle aq^{n-1} \rangle$ mit $a \neq 0$

1. Fall: $|q| < 1$: $\lim_{n \to \infty} a_n = 0$
   Beweis: Sei $\varepsilon > 0$ beliebig klein. $|aq^{n-1} - 0| < \varepsilon \Leftrightarrow |aq^{n-1}| < \varepsilon \Leftrightarrow |q|^{n-1} < \frac{\varepsilon}{|a|}$

$$\Leftrightarrow (n-1) \cdot \ln(|q|) < \ln\left(\frac{\varepsilon}{|a|}\right) \Leftrightarrow n - 1 > \frac{\ln\left(\frac{\varepsilon}{|a|}\right)}{\ln(|q|)} \text{ (da } |q| < 1 \text{ ist } \ln(|q|) < 0)$$

   Wähle $N := \frac{\ln\left(\frac{\varepsilon}{|a|}\right)}{\ln(|q|)} + 1$, dann ist $|a_n - 0| < \varepsilon \; \forall n > N$ also ist $\lim_{n \to \infty} a_n = 0$

2. Fall: $q = 1$: es handelt sich um die konstante Folge $\langle a_n \rangle = \langle a \rangle$ und es ist $\lim_{n \to \infty} a_n = a$

3. Fall: $q > 1$: die Folge divergiert bestimmt gegen $\mathrm{sgn}(a) \cdot \infty$.
   Beweis: für $a > 0$: Sei $S > 0$: $aq^{n-1} > S \Leftrightarrow (n-1)\ln(q) > \ln(S/a) \Leftrightarrow n - 1 > \frac{\ln(S/a)}{\ln(q)}$
   Wähle $N := \frac{\ln(S/a)}{\ln(q)} + 1$. Dann ist $aq^{n-1} > S \; \forall n > N$, also $\lim_{n \to \infty} a_n = \infty$
   analog beweist man, dass für $a < 0$ gilt: $\lim_{n \to \infty} a_n = -\infty$

4. Fall: $q = -1$: Dann ist $a_n = (-1)^{n-1} a$ und $|a_{n+1} - a_n| = 2|a| \not< 2\varepsilon$ für jedes noch so kleine ε. Die Folge konvergiert nicht.
   $a_n = (-1)^{n-1} a \not> S$ für jedes noch so große $S > 0$,
   $a_n = (-1)^{n-1} a \not< s$ für jedes noch so kleine $s < 0$.
   $\Rightarrow$ Die Folge divergiert nicht bestimmt.
   $\Rightarrow$ Die Folge divergiert unbestimmt.

5. Fall: $q < -1$: die Folge divergiert unbestimmt, da $a_n = aq^{n-1} = (-1)^{n-1} a|q|^{n-1}$ mit $\lim_{n \to \infty} |q|^{n-1} = \infty$ (3. Fall) $\square$

Rechenregeln zur Bestimmung von Grenzwerten

Seien $\langle a_n \rangle$ und $\langle b_n \rangle$ zwei konvergierende Folgen mit $\lim_{n \to \infty} a_n = a$ und $\lim_{n \to \infty} b_n = b$. Dann gilt:

$\lim_{n \to \infty}(ca_n) = c \lim_{n \to \infty} a_n = ca$

$\lim_{n \to \infty}(c + a_n) = c + \lim_{n \to \infty} a_n = c + a$

$\lim_{n \to \infty}(a_n + b_n) = \lim_{n \to \infty} a_n + \lim_{n \to \infty} b_n = a + b$

$\lim_{n \to \infty}(a_n \cdot b_n) = \lim_{n \to \infty} a_n \cdot \lim_{n \to \infty} a_n = a \cdot b$

$\lim_{n \to \infty}(a_n : b_n) = \lim_{n \to \infty} a_n : \lim_{n \to \infty} a_n = a : b$, falls $b_n \neq 0 \; \forall n \in \mathbb{N}$ und $b \neq 0$

Stellvertretend hier nur der Beweis für $\lim_{n \to \infty}(a_n + b_n) = \lim_{n \to \infty} a_n + \lim_{n \to \infty} b_n = a + b$

Sei $\varepsilon > 0$ beliebig klein und $\varepsilon = \varepsilon_a + \varepsilon_b$

$\lim_{n \to \infty} a_n = a \Leftrightarrow$ zu $\varepsilon_a > 0$ existiert $N_a \in \mathbb{R}$ mit $|a_n - a| < \varepsilon_a \; \forall n > N_a$

$\lim_{n \to \infty} b_n = b \Leftrightarrow$ zu $\varepsilon_b > 0$ existiert $N_b \in \mathbb{R}$ mit $|b_n - b| < \varepsilon_b \; \forall n > N_b$

$\Rightarrow |(a_n + b_n) - (a + b)| = |(a_n - a) + (b_n - b)| \overset{(*)}{\leq} |a_n - a| + |b_n - b|$

$< \varepsilon_a + \varepsilon_b \; \forall n > \max(N_a; N_b)$

$\Rightarrow \lim_{n \to \infty}(a_n + b_n) = a + b$

$(*)$ Dreiecksungleichung $\square$

Diese Regeln ermöglichen das Bestimmen von Grenzwerten und machen gleichzeitig bei ihrer Anwendung aufwändige Beweise mit der Definition des Grenzwerts überflüssig.

Beispiel: $\lim_{n\to\infty} \frac{2}{n} = \lim_{n\to\infty}\left(2\cdot\frac{1}{n}\right) = 2\cdot\lim_{n\to\infty}\frac{1}{n} = 2\cdot 0 = 0$

Beispiel: $\lim_{n\to\infty} \frac{n+1}{n} = \lim_{n\to\infty}\left(1 + \frac{1}{n}\right) = 1 + \lim_{n\to\infty}\left(\frac{1}{n}\right) = 1 + 0 = 1$

Beispiel: $\lim_{n\to\infty}\left[\frac{1}{3}\left(1 - \left(-\frac{5}{8}\right)^n\right)\right] = \frac{1}{3}\lim_{n\to\infty}\left(1 - \left[\left(-\frac{5}{8}\right)^n\right]\right)$
$= \frac{1}{3}\left[\lim_{n\to\infty} 1 - \lim_{n\to\infty}\left[\left(-\frac{5}{8}\right)^n\right]\right] = \frac{1}{3}(1 - 0) = \frac{1}{3}$

Auch für (stetige) Funktionen von Folgen lassen sich Grenzwerte einfach berechnen:

Beispiel: $\lim_{n\to\infty} \sqrt{\frac{4n+1}{n}} = \lim_{n\to\infty} \sqrt{4 + \frac{1}{n}} = \sqrt{4 + \lim_{n\to\infty}\frac{1}{n}} = \sqrt{4 + 0} = 2$, da $f(x) = \sqrt{x}$ stetig ist.

Bemerkung: Der Begriff der Stetigkeit wird in Abschn. 17.2 besprochen, deshalb ist dies hier ein Vorgriff.

Das „Rechnen" mit den Grenzwerten 0 und ∞:

Unendlich ist keine Zahl, es lässt sich damit nicht rechnen, aber doch kann man manchmal auch für Terme, die bestimmt divergierende Folgen enthalten, Grenzwerte angeben. Die folgende Schreibweise ist völlig inkorrekt, sie darf gedacht aber nicht schriftlich festgehalten werden!

„$\frac{a}{\infty} = 0$", „$\left|\frac{a}{0}\right| = \infty$", „$\left|\frac{\infty}{0}\right| = \infty$", „$\left|\frac{\infty}{a}\right| = \infty$", „$\pm\infty \pm \infty = \pm\infty$", „$|a\cdot\infty| = \infty$", „$\infty\cdot\infty = \infty$" ($a \neq 0$)

Beispiel: $\lim_{n\to\infty}\left(n^2 - \frac{1}{n}\right) = \infty$, (hier nutzt man „$\infty - 0 = \infty$")

Beispiel: $\lim_{n\to\infty}(n^2 + 2n + 2) = \infty$ („$\infty + \infty = \infty$")

Bei folgenden Fällen ist eine Grenzwertbestimmung erst nach weiteren Umformungen oder mit Hilfe weiterer Sätze der Mathematik möglich:
„$\left|\frac{0}{0}\right| = ?$", „$\frac{\infty}{\infty} = ?$", „$\infty - \infty = ?$", „$0\cdot\infty = ?$"

Zum Beispiel entsprechen die Folgen $\langle\frac{n}{n}\rangle$, $\langle\frac{n}{n^2}\rangle$ und $\langle\frac{n^2}{n}\rangle$ dem Fall „$\frac{\infty}{\infty}$", allerdings hat die erste den Grenzwert 1, die zweite den Grenzwert 0 und die dritte konvergiert nicht, sie divergiert gegen ∞.

Mit geeigneten Umformungen kann doch manchmal ein Grenzwert gefunden werden:

Beispiel: $\lim_{n\to\infty}\frac{n^4+n}{6n^5-7n^3-5}=\lim_{n\to\infty}\frac{n^4\left(1+\frac{1}{n^3}\right)}{n^5\left(6-7\frac{1}{n^2}-\frac{5}{n^5}\right)}=\lim_{n\to\infty}\frac{\left(1+\frac{1}{n^3}\right)}{n\left(6-7\frac{1}{n^2}-\frac{5}{n^5}\right)}=0$

Aufgabe: Bestimmen Sie den Grenzwert $\lim_{n\to\infty}\frac{6n^5-7n^3-5}{n^4+n}$!

Lösung: $\lim_{n\to\infty}\frac{6n^5-7n^3-5}{n^4+n}=\lim_{n\to\infty}\frac{n^5\left(6-7\frac{1}{n^2}-\frac{5}{n^5}\right)}{n^4\left(1+\frac{1}{n^3}\right)}=\lim_{n\to\infty}\frac{n\left(6-7\frac{1}{n^2}-\frac{5}{n^5}\right)}{\left(1+\frac{1}{n^3}\right)}=\infty$

Aufgabe: Bestimmen Sie den Grenzwert $\lim_{n\to\infty}\left(\sqrt{n^2+1}-n\right)$!

Lösung: $\lim_{n\to\infty}\left(\sqrt{n^2+1}-n\right)=\lim_{n\to\infty}\frac{\left(\sqrt{n^2+1}-n\right)\left(\sqrt{n^2+1}+n\right)}{\left(\sqrt{n^2+1}+n\right)}=\lim_{n\to\infty}\frac{n^2+1-n^2}{\left(\sqrt{n^2+1}+n\right)}=$

$\lim_{n\to\infty}\frac{1}{\sqrt{n^2+1}+n}=0$

16.1.4   Sätze über Folgen

Satz: Jede konvergente Folge ist beschränkt.

Beweis: Sei $\lim_{n\to\infty}a_n=a\Rightarrow$ für $\varepsilon=1$ existiert $n_1\in\mathbb{N}$ mit $|a_n-a|<1\ \forall\,n>n_1$

$\Rightarrow|a_n|=|a_n+a-a|\overset{(*)}{\le}|a|+|a_n-a|<|a|+1\ \forall\,n>n_1$

$S:=\max\{|a_1|,|a_2|,\ldots,|a_{n_1}|,|a|+1\}\Rightarrow|a_n|<S\ \forall\,n\in\mathbb{N}\Rightarrow\langle a_n\rangle$ ist beschränkt.

$(*)$ Dreiecksungleichung   □

Bemerkung: Es gilt $\langle a_n\rangle$ konvergiert $\Rightarrow\langle a_n\rangle$ ist beschränkt. Aber nicht umgekehrt. Es gibt nämlich beschränkte, nicht konvergente Folgen wie $\langle a_n\rangle=\langle(-1)^n\rangle$.

Monotoniekriterium:
Eine (ab einer Stelle n^*) monoton steigende, nach oben beschränkte Folge ist konvergent.
Eine (ab einer Stelle n^*) monoton fallende, nach unten beschränkte Folge ist konvergent.

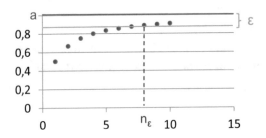

Beweis: Sei $\langle a_n \rangle$ monoton steigend,

sei $a := \sup\{a_n, n \in \mathbb{N}\}$ (dieses Supremum existiert wegen der Vollständigkeit von $\mathbb{R}$, da die Menge $\{a_n, n \in \mathbb{N}\}$ nach oben beschränkt ist.)

$\Rightarrow \forall \varepsilon > 0 \, \exists a_{n_\varepsilon}$ mit $a - a_{n_\varepsilon} < \varepsilon$ (sonst wäre $a - \varepsilon$ eine kleinere obere Schranke als a, was im Widerspruch wäre zu $a = \sup\{a_n, n \in \mathbb{N}\}$).

Mit $\langle a_n \rangle$ monoton steigend folgt:

$a - a_n < \varepsilon \, \forall n > n_\varepsilon \Rightarrow \lim_{n \to \infty} a_n = a$.

Analog für eine monoton fallende, nach unten beschränkte Folge $\quad \square$

Bemerkung: Wieder folgt aus $\langle a_n \rangle$ monoton steigend und beschränkt die Konvergenz, aber nicht umgekehrt aus der Konvergenz die (Beschränktheit und) Monotonie, denn es gibt nicht-monotone Folgen, die konvergieren. Bsp.: $a_n = (-1)^n \cdot \frac{1}{n}$

Satz: Existiert für eine konvergente Folge $\langle a_n \rangle$ ein $N \in \mathbb{R}$ mit $a_n > 0 \, \forall n > N$, dann ist $\lim_{n \to \infty} a_n = a \geq 0$.

Beweis: durch Widerspruch:

Annahme: Sei $a < 0$.

Wähle N so, dass $\forall n > N$ gilt: $|a_n - a| < -\frac{1}{2}a$

Da $a_n > 0$ und $a < 0$ ist $a_n - a > 0$. Dann ist $|a_n - a| = a_n - a < -\frac{1}{2}a$

$\Rightarrow a_n < \frac{1}{2}a$, was mit $a_n > 0$ und $a < 0$ zum Widerspruch führt.

$\Rightarrow a \geq 0 \quad \square$

Bemerkung: Selbst wenn $a_n > 0 \, \forall n \in \mathbb{N}$, kann $\lim_{n \to \infty} a_n = 0$ sein. Bsp.: $a_n = \frac{1}{n}$

Folgerung: Existiert für eine konvergente Folge $\langle a_n \rangle$ ein $N \in \mathbb{R}$ mit $a_n > c \, \forall n > N$, dann ist $\lim_{n \to \infty} a_n \geq c$

Satz: Sei $\lim_{n \to \infty} a_n = a$, $\lim_{n \to \infty} b_n = b$ und existiert ein $N \in \mathbb{R}$ mit $a_n < b_n \, \forall n > N$, so ist $a \leq b$.

Beweis: $a_n < b_n \, \forall n > N \Rightarrow b_n - a_n > 0 \, \forall n > N \Rightarrow b - a \geq 0 \Rightarrow b \geq a \quad \square$

Insbesondere gilt: ist $\lim_{n \to \infty} a_n = a$, $\lim_{n \to \infty} b_n = a$ und $a_n < c_n < b_n \, \forall n > N$, so ist auch $\lim_{n \to \infty} c_n = a$

Diese Aussage heißt *Sandwichkriterium* (s).

Insbesondere gilt: $0 \leq a_n \leq b_n \, \forall n > N$ und $\lim_{n \to \infty} b_n = 0$, dann ist auch $\lim_{n \to \infty} a_n = 0$

Beispiel: $\langle a_n \rangle = \langle \left(\frac{1}{2} - \frac{1}{n}\right)^n \rangle$. Es gilt: $\lim_{n \to \infty} a_n = 0$.

Beweis: $0 < \frac{1}{2} - \frac{1}{n} < \frac{1}{2} \, \forall n > 2 \Rightarrow 0 < \left(\frac{1}{2} - \frac{1}{n}\right)^n < \left(\frac{1}{2}\right)^n \, \forall n > 2$

mit $\lim_{n \to \infty} \left(\frac{1}{2}\right)^n = 0$ folgt $\lim_{n \to \infty} a_n = 0$ (Sandwichkriterium) $\quad \square$

Aufgabe: Beweisen Sie, dass die Folge $\langle a_n \rangle = \langle \frac{n}{2^n} \rangle$ eine Nullfolge ist!

Lösung: Es ist: $n^2 < 2^n$ für $n > 4$ (∗) $\Rightarrow \frac{1}{n^2} > \frac{1}{2^n}$ für $n > 4 \Rightarrow \frac{n}{n^2} > \frac{n}{2^n} > 0$ für $n > 4$

Da $\lim_{n \to \infty} \frac{n}{n^2} = \lim_{n \to \infty} \frac{1}{n} = 0$ und $\lim_{n \to \infty} 0 = 0$ ist $\lim_{n \to \infty} \frac{n}{2^n} = 0$ (Sandwichkriterium)

(∗) zu zeigen ist noch: $2^n > n^2$ für $n > 4$

Beweis: durch vollständige Induktion:

Induktionsanfang: $n = 5, 5^2 = 25 < 2^5 = 32$ ✓

Induktionsvoraussetzung: $2^n > n^2$

Induktionsschritt: $2^{n+1} = 2 \cdot 2^n \overset{\text{Ind.vor}}{>} 2 \cdot n^2 = n^2 + n^2 + (2n + 1) - (2n + 1)$

$= (n + 1)^2 + (n - 1)^2 - 2 > (n + 1)^2$ für $n > 2$ ✓. □

Satz: Sei $\langle a_n \rangle$ eine beschränkte Folge und $\langle b_n \rangle$ eine Nullfolge. Dann ist die Folge $\langle a_n b_n \rangle$ auch eine Nullfolge.

Beweis: $\langle a_n \rangle$ ist beschränkt $\Rightarrow \exists S > 0$ mit $|a_n| < S \; \forall n \in \mathbb{N}$.

Sei $\varepsilon > 0$. Für $\varepsilon_b := \frac{\varepsilon}{S}$ existiert $N \in \mathbb{R}$ mit $|b_n - b| < \varepsilon_b \; \forall n > N$.

$\Rightarrow |a_n b_n - 0| = |a_n| \, |b_n| < S|b_n - 0| < S\varepsilon_b = \varepsilon \; \forall n > N \Rightarrow \lim_{n \to \infty} (a_n b_n) = 0$ □

Satz: Seien $\langle a_n \rangle$ und $\langle b_n \rangle$ Folgen und es existiert ein $N \in \mathbb{R}$ mit $a_n \leq b_n \; \forall n > N$, und ist außerdem

(1) $\lim_{n \to \infty} a_n = \infty$, dann ist auch $\lim_{n \to \infty} b_n = \infty$

(2) $\lim_{n \to \infty} b_n = -\infty$, dann ist auch $\lim_{n \to \infty} a_n = -\infty$.

Beweis: für (1):

$\lim_{n \to \infty} a_n = \infty \Rightarrow \forall S > 0 \; \exists N \in \mathbb{R}$ mit $a_n > S \; \forall n > N$.

$\Rightarrow b_n \geq a_n > S \; \forall n > N \Rightarrow \lim_{n \to \infty} b_n = \infty$

Analog für (2) □

16.1.5 Grenzwerte spezieller Folgen

Bereits gezeigt: $\lim_{n \to \infty} aq^n = 0$ für $|q| < 1$, $\lim_{n \to \infty} a = a$, $\lim_{n \to \infty} \frac{1}{n} = 0$

Es gilt sogar: $\lim_{n \to \infty} \frac{1}{n^r} = 0$ für $r > 0$

Beweis: Sei $\varepsilon > 0$, und sei $|\frac{1}{n^r} - 0| < \varepsilon \Leftrightarrow n^r > \frac{1}{\varepsilon} \Leftrightarrow n > \left(\frac{1}{\varepsilon}\right)^{\frac{1}{r}} =: N$

$\Leftrightarrow |\frac{1}{n^r} - 0| < \varepsilon \; \forall n > N \Rightarrow \lim_{n \to \infty} \frac{1}{n^r} = 0$ für $r > 0$ □

Insbesondere ist $\lim_{n \to \infty} \sqrt[p]{\frac{1}{n}} = 0$ für $p = 2, 3, 4, \dots$

Es ist: $\lim_{n \to \infty} \frac{n^q}{x^n} = 0$ für $q \in \mathbb{Q}$ und $|x| > 1$.

Beweis: Setze $|x| = 1 + y$ mit $y > 0$, wähle $k \in \mathbb{N}$ mit $k > q$

$|x^n| = (1 + y)^n > \binom{n}{k} y^k = \frac{n(n-1) \dots (n-k+1)}{k!} y^k > \frac{\left(\frac{n}{2}\right)^k}{k!} y^k \; \forall n > 2k$, denn $n > n - k + 1 > \frac{n}{2}$,

falls $n > 2k$

$\Rightarrow \frac{1}{|x^n|} < \frac{2^k k!}{n^k y^k} \ \forall \, n > 2k$

$\Rightarrow 0 < \left| \frac{n^q}{x^n} \right| < \frac{2^k k!}{y^k} n^{q-k} < \frac{2^k k!}{y^k} n^{-\frac{1}{p}}$

(da $k > q$ ist $k - q > 0$. Wähle $p \in \mathbb{N}$, sodass $k - q > \frac{1}{p}$, also $q - k < -\frac{1}{p}$ und $n^{q-k} < n^{-\frac{1}{p}}$)

$\langle \frac{2^k k!}{y^k} n^{-\frac{1}{p}} \rangle$ ist eine Nullfolge, also auch $\langle \frac{n^q}{x^n} \rangle$. □

Es ist: $\lim_{n \to \infty} \frac{x^n}{n!} = 0 \ \forall \, x \in \mathbb{R}$.

Beweis: für jedes $x \in \mathbb{R}$ existiert ein n_0 mit $|x| < \frac{n_0}{2}$ und für ausreichend große n ist $n > n_0$.

Dann gilt $0 < \left| \frac{x^n}{n!} \right| = \left| \frac{x^{n_0}}{n_0!} \cdot \frac{x}{n_0+1} \cdot \frac{x}{n_0+2} \cdot \ldots \cdot \frac{x}{n} \right| < \left| \frac{x^{n_0} 2^{n_0}}{n_0!} \cdot \left(\frac{1}{2} \right)^n \right| \to 0$ für $n \to \infty$

Also ist $\lim_{n \to \infty} \frac{x^n}{n!} = 0$ (Sandwichkriterium). □

Bemerkung: Diese Folge wird eine Rolle spielen, um die Konvergenz von Taylorreihen zu beweisen.

Es ist: $\lim_{n \to \infty} \sqrt[n]{x} = 1 \ \forall \, x > 0$

Beweis:

1. Fall: $x \geq 1$

   $a_n := \sqrt[n]{x} - 1 \geq 0$, d. h. $\sqrt[n]{x} = a_n + 1$

   $\Rightarrow x = (1 + a_n)^n \geq 1 + \binom{n}{1} a_n > n a_n \Rightarrow 0 \leq a_n \leq \frac{x}{n}$

   $\langle \frac{x}{n} \rangle$ ist Nullfolge, also auch $\langle a_n \rangle$ (Sandwichkriterium)

   $\Rightarrow \lim_{n \to \infty} \sqrt[n]{x} = 1$ für $x \geq 1$

2. Fall: $0 < x < 1$

   $\lim_{n \to \infty} \sqrt[n]{x} = \lim_{n \to \infty} \sqrt[n]{\frac{1}{\xi}} = \lim_{n \to \infty} \frac{1}{\sqrt[n]{\xi}} = 1$, da $\xi := \frac{1}{x} > 1$ für $0 < x < 1$ und damit

   kann man Fall 1 anwenden. □

Es ist: $\lim_{n \to \infty} \sqrt[n]{n} = 1$

Beweis: Sei $a_n := \sqrt[n]{n} - 1$. Für $n > 1$ gilt dann: $n = (1 + a_n)^n \geq 1 + \binom{n}{2} a_n^2 = 1 + \frac{n(n-1)}{2} a_n^2$

$\Rightarrow n - 1 \geq \frac{n(n-1)}{2} a_n^2 \Rightarrow 1 \geq \frac{n}{2} a_n^2 \Rightarrow a_n^2 \leq \frac{2}{n} \Rightarrow 0 \leq a_n \leq \sqrt{\frac{2}{n}}$ (denn $a_n \geq 0$, da $n \geq 1$, also

$n \geq 1^n$, also $\sqrt[n]{n} \geq 1$ und $\sqrt[n]{n} - 1 \geq 0$)

Die Folge $\langle \sqrt{\frac{2}{n}} \rangle$ ist eine Nullfolge, die Folge $\langle a_n \rangle$ deshalb auch. $\Rightarrow \lim_{n \to \infty} \sqrt[n]{n} = 1$ (Sandwichkriterium) □

Eine sehr wichtige Folge ist die Folge $\langle a_n \rangle = \langle \left(1 + \frac{1}{n} \right)^n \rangle$. Im Folgenden wird bewiesen, dass die Folge konvergiert:

Beweis:

1. $\langle a_n \rangle$ steigt monoton:

   $$\left(1 + \frac{1}{n+1} \right)^{n+1} \left(1 - \frac{1}{n+1} \right)^{n+1} = \left(1 - \frac{1}{(n+1)^2} \right)^{n+1} \overset{(*)}{\geq} 1 - (n+1) \frac{1}{(n+1)^2} = 1 - \frac{1}{n+1}$$

   $(*)$ Bernoullische Ungleichung $(1 + x)^n \geq 1 + nx$ für $x \geq -1, n \in \mathbb{N}$

$$\Rightarrow \left(1 + \tfrac{1}{n+1}\right)^{n+1} \geq \frac{1 - \frac{1}{n+1}}{\left(1 - \frac{1}{n+1}\right)^{n+1}} = \frac{1}{\left(1 - \frac{1}{n+1}\right)^{n}} = \frac{1}{\left(\frac{n}{n+1}\right)^{n}} = \left(\tfrac{n+1}{n}\right)^{n} = \left(1 + \tfrac{1}{n}\right)^{n}$$

$$\Rightarrow a_{n+1} \geq a_n \ \checkmark$$

2. $\langle a_n \rangle$ ist nach oben beschränkt:

es wird bewiesen, dass $a_n \leq 4 \ \forall n \in \mathbb{N}$

$$\left(1 + \tfrac{1}{n^2}\right)^{n} \overset{(*)}{\geq} 1 + n \cdot \tfrac{1}{n^2} = 1 + \tfrac{1}{n}$$

$(*)$ Bernoullische Ungleichung

$$\Rightarrow 1 + \tfrac{1}{n} \leq \left(1 + \tfrac{1}{n^2}\right)^{n} < \left(1 + \tfrac{1}{n^2 - 1}\right)^{n} = \left(\tfrac{n^2}{n^2 - 1}\right)^{n} = \left(\tfrac{1}{1 - \frac{1}{n^2}}\right)^{n} = \left(\tfrac{1}{\left(1 + \frac{1}{n}\right)\left(1 - \frac{1}{n}\right)}\right)^{n}$$

$$\Rightarrow 1 + \tfrac{1}{n} \leq \frac{1}{\left(1 + \frac{1}{n}\right)^{n}\left(1 - \frac{1}{n}\right)^{n}}$$

$$\Rightarrow \left(1 + \tfrac{1}{n}\right)^{n+1} \leq \frac{1}{\left(1 - \frac{1}{n}\right)^{n}} = \left(\tfrac{n}{n-1}\right)^{n} = \left(1 + \tfrac{1}{n-1}\right)^{n}$$

$$\Rightarrow a_n = \left(1 + \tfrac{1}{n}\right)^{n} \overset{(*)}{\leq} \left(1 + \tfrac{1}{n}\right)^{n+1} \leq \left(1 + \tfrac{1}{n-1}\right)^{n} \leq \left(1 + \tfrac{1}{n-2}\right)^{n-1}$$

$$\leq \ldots \leq \left(1 + \tfrac{1}{2}\right)^{3} \leq \left(1 + 1\right)^{2} = 4 \ \checkmark$$

$(*)$ da $1 + \tfrac{1}{n} > 1$

Mit dem Monotoniekriterium für die Konvergenz von Folgen folgt: $\langle a_n \rangle$ konvergiert.

$\square$

Definition: $e := \lim_{n \to \infty} \left(1 + \tfrac{1}{n}\right)^{n}$ ist die *Eulersche Zahl*.

Mit dem Taschenrechner lässt sich eine Näherung für e bestimmen:

$e \approx \left(1 + \tfrac{1}{1.000.000}\right)^{1.000.000} \approx 2{,}71828(0469\ldots)$

Heron-Verfahren zur Berechnung der Quadratwurzel:

Seien $c > 0$ und $x_0 \in \mathbb{R}^{+}$

Betrachte die rekursiv definierte Folge mit $x_{n+1} = \tfrac{1}{2}\left(x_n + \tfrac{c}{x_n}\right)$

Beispiel: Für $c = 2$ und $x_0 = 1$ ergibt sich: $x_1 = \tfrac{3}{2}, x_2 = \tfrac{17}{12} \approx 1{,}416, x_3 = \tfrac{577}{408} \approx 1{,}4144215$

Die Vermutung liegt nahe, dass für $c = 2$ der Grenzwert $\sqrt{2}$ ist.

Satz: Für einen beliebigen Startwert $x_0 \in \mathbb{R}^{+}$ und $c > 0$ konvergiert die Folge mit $x_{n+1} = \tfrac{1}{2}\left(x_n + \tfrac{c}{x_n}\right)$ gegen $\sqrt{c}$.

Beweis: zunächst wird bewiesen, dass $x_n > 0 \ \forall n \in \mathbb{N}$, d. h. dass mit $x_n \neq 0$ alle Folgenglieder x_n definiert sind.

Induktionsanfang: $x_0 \in \mathbb{R}^{+} \ \checkmark$

Induktionsvoraussetzung: $x_n \in \mathbb{R}^{+}$

Induktionsschritt: $x_{n+1} = \tfrac{1}{2}\left(x_n + \tfrac{c}{x_n}\right) \in \mathbb{R}^{+}$, da eine Summe positiver, reeller Zahlen wieder eine positive, reelle Zahl ist.

Nun wird gezeigt, dass $x_n \geq \sqrt{c} \ \forall \, n \in \mathbb{N}$

$$x_n^2 - c = \frac{1}{4}\left(x_{n-1} + \frac{c}{x_{n-1}}\right)^2 - c = \frac{1}{4}\left(x_{n-1}^2 + 2c + \frac{c^2}{x_{n-1}^2}\right) - c = \frac{1}{4}\left(x_{n-1}^2 - 2c + \frac{c^2}{x_{n-1}^2}\right)$$

$$= \frac{1}{4}\left(x_{n-1} - \frac{c}{x_{n-1}}\right)^2 \geq 0$$

$$\Rightarrow x_n \geq \sqrt{c} \ \forall \, n \in \mathbb{N}$$

Im nächsten Schritt wird nachgewiesen, dass die Folge streng monoton fällt:

$$x_n - x_{n+1} = x_n - \frac{1}{2}\left(x_n + \frac{c}{x_n}\right) = \frac{1}{2}\left(x_n - \frac{c}{x_n}\right) = \frac{1}{2x_n}\left(x_n^2 - c\right) \geq 0 \ \forall \, n \in \mathbb{N}, \text{ da } x_n \geq \sqrt{c}$$
$\forall \, n \in \mathbb{N}$

$\Rightarrow \langle x_n \rangle$ ist eine monoton fallende, nach unten beschränkte Folge.

$\Rightarrow \langle x_n \rangle$ konvergiert.

Um den Grenzwert zu berechnen, hilft folgende Überlegung:

$\lim_{n\to\infty} x_{n+1} = \lim_{n\to\infty} x_n =: x$

Dann gilt: $x = \frac{1}{2}\left(x + \frac{c}{x}\right) \Leftrightarrow 2x = x + \frac{c}{x} \Leftrightarrow x = \frac{c}{x} \Leftrightarrow x^2 = c$.

Da $x \geq 0$ (mit $x_n > 0 \ \forall \, n \in \mathbb{N}_0$) ist $x = \sqrt{c}$. $\square$

16.2 Reihen

16.2.1 Definition und Beispiele

Bei der Schachlegende gab die Folge $\langle a_n \rangle = \langle 2^{n-1} \rangle$ an, wieviele Reiskörner auf dem n-ten Feld des Schachbretts liegen. Eigentlich interessiert aber, wie viele Reiskörner insgesamt auf dem Schachbrett liegen.

Das führt zum Begriff der Reihe.

Definition: Gegeben sei die Zahlenfolge $\langle a_n \rangle$. Dann heißt die Folge $\langle s_n \rangle$ der n-ten Partialsummen

$s_n = \sum_{i=1}^{n} a_i$ die Reihe mit den Gliedern a_i.

Der Grenzwert $\lim_{n\to\infty} s_n$ heißt *Wert der Reihe* (m), wenn der Grenzwert existiert.

Für die Schachlegende ergibt sich:

$s_1 = 1, s_2 = 1 + 2 = 3, s_3 = 1 + 2 + 4 = 7, s_4 = 1 + 2 + 4 + 8 = 15, \ldots$

Die s_i sind die Partialsummen. Die Folge dieser Partialsummen, d.h. hier die Folge $\langle 1, 3, 7, 15, \ldots \rangle$ ist die zugehörige Reihe.

Definition: Eine Reihe $\langle s_n \rangle$ mit $s_n = \sum_{i=1}^{n} a_i$ heißt *konvergent* gegen die Zahl S, wenn die Folge der Partialsummen gegen S konvergiert.

Beispiel der *harmonischen Reihe* $\langle a_n \rangle = \langle \frac{1}{n} \rangle$:

$s_1 = 1, s_2 = 1 + \frac{1}{2} = \frac{3}{2}, s_3 = 1 + \frac{1}{2} + \frac{1}{3} = \frac{11}{6}, s_4 = 1 + \frac{1}{2} + \frac{1}{3} + \frac{1}{4} = \frac{25}{12}, \ldots, s_n = \sum_{i=1}^{n} \frac{1}{i}$

Es ist $\lim_{n\to\infty} s_n = \infty$

Begründung: Wähle $k \in \mathbb{N}$ so, dass $2^k < n < 2^{k+1}$

$$s_n = 1 + \tfrac{1}{2} + \tfrac{1}{3} + \tfrac{1}{4} + \tfrac{1}{5} + \tfrac{1}{6} + \tfrac{1}{7} + \tfrac{1}{8} + \tfrac{1}{9} + \tfrac{1}{10} + \tfrac{1}{11} + \tfrac{1}{12} + \tfrac{1}{13} + \tfrac{1}{14} + \tfrac{1}{15} + \tfrac{1}{16} + \ldots + \tfrac{1}{2^k} + \ldots + \tfrac{1}{n}$$

$$> 1 + \tfrac{1}{2} + \tfrac{1}{4} + \tfrac{1}{4} + \tfrac{1}{8} + \tfrac{1}{8} + \tfrac{1}{8} + \tfrac{1}{8} + \tfrac{1}{16} + \tfrac{1}{16} + \tfrac{1}{16} + \tfrac{1}{16} + \tfrac{1}{16} + \tfrac{1}{16} + \tfrac{1}{16} + \tfrac{1}{16} + \ldots + \tfrac{1}{2^k}$$

$$= 1 + \tfrac{1}{2} + \quad \tfrac{1}{2} \quad + \quad\quad \tfrac{1}{2} \quad\quad + \quad\quad\quad\quad \tfrac{1}{2} \quad\quad\quad\quad + \ldots + \tfrac{1}{2}$$

$\quad$ (da $2 \cdot \tfrac{1}{4} = \tfrac{1}{2}$, $4 \cdot \tfrac{1}{8} = \tfrac{1}{2}$, $8 \cdot \tfrac{1}{16} = \tfrac{1}{2}$, etc.)

$$= 1 + k \cdot \tfrac{1}{2}$$

mit $n \to \infty$ geht auch $k \to \infty$ und damit auch $s_n \to \infty$

Bemerkung: In einer Summe mit unendlich vielen Summanden gilt das Assoziativgesetz nur unter bestimmten Bedingungen, die hier aber nicht abgeprüft wurden. Deshalb ist das nur eine Begründung, kein Beweis.

Definition: Eine *arithmetische Reihe* ist eine Reihe, deren Glieder eine arithmetische Folge bilden.

Sei $\langle a_n \rangle = \langle a_1 + (n-1)d \rangle$, $d \neq 0$

Dann ist $s_1 = a_1$, $s_2 = a_1 + (a_1 + d) = 2a_1 + d$, $s_3 = a_1 + (a_1 + d) + (a_1 + 2d) = 3a_1 + (1 + 2)d$

$s_n = a_1 + (a_1 + d) + (a_1 + 2d) + (a_1 + 3d) + \ldots + (a_1 + (n-1)d) = na_1 + (1 + 2 + \ldots + (n-1))d = na_1 + \frac{n(n-1)}{2} d$

s_n divergiert bestimmt für $n \to \infty$

Definition: Eine *geometrische Reihe* ist eine Reihe, deren Glieder eine geometrische Folge bilden.

Sei $\langle a_n \rangle = \langle a_1 q^{n-1} \rangle$, $q \neq 0$, $q \neq 1$

Dann ist $s_1 = a_1$, $s_2 = a_1 + a_1 q$, $s_3 = a_1 + a_1 q + a_1 q^2$, $s_4 = a_1 + a_1 q + a_1 q^2 + a_1 q^3$

$s_n = a_1 + a_1 q + a_1 q^2 + a_1 q^3 + \ldots + a_1 q^{n-1}$

Um einen einfachen Term für s_n zu erhalten, subtrahiert man s_n von qs_n:

$$s_n = a_1 + a_1 q + a_1 q^2 + a_1 q^3 + \ldots + a_1 q^{n-1}$$

$$qs_n = \quad\quad a_1 q + a_1 q^2 + a_1 q^3 + \ldots + a_1 q^{n-1} + a_1 q^n$$

$qs_n - s_n = a_1 q^n - a_1$ $\quad$ (alle anderen Terme heben sich weg)

$\Rightarrow (q-1)s_n = a_1 q^n - a_1 \Rightarrow s_n = a_1 \frac{q^n - 1}{q - 1}$

$\Rightarrow \sum_{i=1}^{n} a_i q^{i-1} = a_1 \frac{q^n - 1}{q - 1}$

Bei der Schachlegende ergäbe sich mit $a_1 = 1$, $q = 2$ und $n = 64$: $s_{64} = \frac{2^{64} - 1}{2 - 1} \approx 1{,}8 \cdot 10^{19}$. Nimmt man eine Masse von ca. 25 mg für ein Reiskorn an, so ergeben sich $1{,}8 \cdot 10^{10}$ t, die sich auf dem Schachbrett befänden.

Satz: Sei $s_n = \sum_{i=1}^{n} a_1 q^{i-1}$ mit $|q| < 1$ eine geometrische Reihe. Dann ist
$\sum_{i=1}^{\infty} a_1 q^{i-1} = a_1 \frac{1}{1-q}$

Beweis: $\sum_{i=1}^{\infty} a_1 q^{i-1} = \lim_{n \to \infty} \sum_{i=1}^{n} a_1 q^{i-1} = \lim_{n \to \infty} a_1 \frac{q^n - 1}{q - 1} = a_1 \frac{1}{1-q}$ $\quad\square$

Mit Hilfe von Reihen kann erneut bewiesen werden, dass die Folge $\langle (1 + \frac{1}{n})^n \rangle$ konvergiert:

Satz: Die Folge $\langle a_n \rangle$ mit $a_n = (1 + \frac{1}{n})^n$ konvergiert.

Beweis:

1. $\langle a_n \rangle$ steigt streng monoton:

   Nach dem Binomischen Lehrsatz ist

   $a_n = 1 + \frac{n}{1!} \cdot \frac{1}{n} + \frac{n(n-1)}{2!} \cdot \frac{1}{n^2} + \frac{n(n-1)(n-2)}{3!} \cdot \frac{1}{n^3} + \ldots + \frac{n(n-1)(n-2)\ldots 1}{n!} \cdot \frac{1}{n^n}$

   $= 1 + \frac{1}{1!} \cdot \frac{1}{1} + \frac{1}{2!}(1 - \frac{1}{n}) + \frac{1}{3!}(1 - \frac{1}{n})(1 - \frac{2}{n}) + \ldots + \frac{1}{n!}(1 - \frac{1}{n})(1 - \frac{2}{n})\ldots(1 - \frac{n-1}{n})$

   $\Rightarrow a_{n+1} = 1 + \frac{1}{1!} \cdot \frac{1}{1} + \frac{1}{2!}(1 - \frac{1}{n+1}) + \frac{1}{3!}(1 - \frac{1}{n+1})(1 - \frac{2}{n+1})$

   $\qquad + \ldots + \frac{1}{n!}(1 - \frac{1}{n+1})(1 - \frac{2}{n+1})\ldots(1 - \frac{n-1}{n+1})$

   $\qquad + \frac{1}{(n+1)!}(1 - \frac{1}{n+1})(1 - \frac{2}{n+1})\ldots(1 - \frac{n-1}{n+1})(1 - \frac{n}{n+1})$.

   Der Vergleich von a_{n+1} mit a_n ergibt: Die ersten beiden Summanden sind gleich groß, dann folgen nur noch Summanden in a_{n+1}, die größer sind als die entsprechenden von a_n. Und letztlich besteht a_{n+1} aus einem (positiven) Summanden mehr (letzte Zeile).
   $\Rightarrow a_{n+1} > a_n$ ✓

2. $\langle a_n \rangle$ ist nach oben beschränkt:

   $a_n = 1 + \frac{1}{1!} \cdot \frac{1}{1} + \frac{1}{2!}(1 - \frac{1}{n}) + \frac{1}{3!}(1 - \frac{1}{n})(1 - \frac{2}{n}) + \ldots + \frac{1}{n!}(1 - \frac{1}{n})(1 - \frac{2}{n})\ldots(1 - \frac{n-1}{n})$

   $< 1 + \frac{1}{1!} + \frac{1}{2!} + \frac{1}{3!} + \ldots + \frac{1}{n!} \overset{(*)}{\leq} 1 + \frac{1}{1} + \frac{1}{2} + \frac{1}{2^2} + \ldots + \frac{1}{2^{n-1}} \overset{(**)}{=} 1 + \frac{1 - \frac{1}{2^n}}{1 - \frac{1}{2}} = 3 - \frac{1}{2^{n-1}} < 3$ ✓

   $(*)$ $n! \geq 2^{n-1}$ für $n \in \mathbb{N}$ (Beweis folgt unten), $(**)$ geometrische Reihe

   $\langle a_n \rangle$ steigt monoton und ist nach oben beschränkt, also ist die Folge nach dem Monotoniekriterium konvergent.

   $(*)$ Zu zeigen ist noch: $n! \geq 2^{n-1}$ für $n \in \mathbb{N}$:

   Beweis durch vollständige Induktion:

   Induktionsanfang: $n = 1 : 1! = 1 = 2^{1-1} = 2^0$ ✓

   Induktionsvoraussetzung: $n! \geq 2^{n-1}$

   Induktionsschritt: $(n+1)! = (n+1) \cdot n! \overset{\text{Ind.vor}}{\geq} (n+1)2^{n-1} > 2 \cdot 2^{n-1} = 2^n$ ✓ $\quad\square$

16.2.2 Konvergenzkriterien für Reihen

Vorbemerkung: Ob eine Reihe bei $n = 0$ oder $n = 1$ oder $n = N$ beginnt, hat keinen Einfluss darauf, ob sie konvergiert, denn die Reihen mit verschiedenem Startindex unterscheiden sich nur durch endliche viele Summanden.

Satz: Konvergiert die Reihe $\sum_{n=0}^{\infty} a_n$ mit $a_n \in \mathbb{R}$ so ist die Folge $\langle a_n \rangle$ eine Nullfolge.
Beweis: seien s_n und s_{n+1} die n-te bzw. (n + 1)-te Partialsumme der Reihe.
Dann ist $\lim_{n\to\infty} a_{n+1} = \lim_{n\to\infty}(s_{n+1} - s_n) = \lim_{n\to\infty} s_{n+1} - \lim_{n\to\infty} s_n = 0$. $\square$

Bemerkung: Dass $\langle a_n \rangle$ eine Nullfolge ist, ist nur ein notwendiges (kein hinreichendes) Kriterium dafür, dass die Reihe $\sum_{n=0}^{\infty} a_n$ konvergiert. Das sieht man an der harmonischen Reihe $\sum_{n=1}^{\infty} \frac{1}{n}$, die nicht konvergiert, obwohl $\lim_{n\to\infty} \frac{1}{n} = 0$.
Dieses Kriterium wird also für den Beweis der Divergenz einer Folge verwendet.

Aufgabe: Prüfen Sie, ob die Reihe $\sum_{n=1}^{\infty} \frac{n}{n+2}$ konvergiert!
Lösung: $\lim_{n\to\infty} \frac{n}{n+2} = 1 \neq 0$, also divergiert die Reihe $\sum_{n=1}^{\infty} \frac{n}{n+2}$.

Ohne Beweis werden die folgenden Kriterien für die Konvergenz einer Reihe angegeben:

Majorantenkriterium:
Gilt für zwei Reihen $\sum_{k=0}^{\infty} a_n$ und $\sum_{k=0}^{\infty} b_n$, dass $|a_n| \leq b_n$ ab einer gewissen Nummer N, und konvergiert $\sum_{k=0}^{\infty} b_n$, so konvergiert auch $\sum_{k=0}^{\infty} a_n$.
Die Reihe $\sum_{k=0}^{\infty} b_n$ heißt dann *Majorante* (w) für die Reihe $\sum_{k=0}^{\infty} a_n$.
Umgekehrt gilt das *Minorantenkriterium*: ist $a_n \geq c_n \geq 0$ ab einer gewissen Nummer N, und divergiert $\sum_{k=0}^{\infty} c_n$, so divergiert auch $\sum_{k=0}^{\infty} a_n$.
Die Reihe $\sum_{k=0}^{\infty} c_n$ heißt dann *Minorante* (w) für die Reihe $\sum_{k=0}^{\infty} a_n$.

Bemerkung: Intuitiv wurde das Minorantenkriterium bereits angewendet, um die Divergenz der harmonischen Reihe zu zeigen.

Aufgabe: Beweisen Sie, dass die Reihe $\sum_{n=1}^{\infty} \frac{1}{n^2}$ konvergiert!
Lösung: $\frac{1}{(n+1)^2} \leq \frac{1}{n(n+1)} = \frac{1}{n} - \frac{1}{n+1}$
$\sum_{k=1}^{n} \frac{1}{k(k+1)} = \sum_{k=1}^{n} \frac{1}{k} - \sum_{k=1}^{n} \frac{1}{k+1} = 1 - \frac{1}{n+1} \to 1$ für $n \to \infty$
Die Majorante $\sum_{k=1}^{\infty} \frac{1}{n(n+1)}$ konvergiert. Also konvergiert $\sum_{n=1}^{\infty} \frac{1}{n^2} = 1 + \sum_{n=1}^{\infty} \frac{1}{(n+1)^2}$ auch. $\square$

Definition: Eine Reihe $\sum_{n=0}^{\infty} a_n$ mit $a_n \in \mathbb{R}$ *konvergiert absolut*, wenn die Reihe $\sum_{n=0}^{\infty} |a_n|$ konvergiert.

Satz: Eine absolut konvergente Reihe konvergiert.
Beweis: die Reihe $\sum_{n=0}^{\infty} |a_n|$ ist Majorante für die Reihe $\sum_{n=0}^{\infty} a_n$. $\square$

Quotientenkriterium:
Ist $\lim_{n\to\infty} \left| \frac{a_{n+1}}{a_n} \right| < 1$, so konvergiert die Reihe $\sum_{n=0}^{\infty} a_n$ absolut,
ist $\lim_{n\to\infty} \left| \frac{a_{n+1}}{a_n} \right| > 1$, so divergiert diese Reihe.

Bemerkung: Für $\lim_{n\to\infty} \left|\frac{a_{n+1}}{a_n}\right| = 1$ lässt sich mit dem Quotientenkriterium keine Aussage über die Konvergenz der Reihe $\sum_{n=0}^{\infty} a_n$ machen.

Aufgabe: Prüfen Sie die Reihe $\sum_{k=1}^{\infty} \frac{k^k}{k!}$ auf Konvergenz!

Lösung: $\frac{a_{k+1}}{a_k} = \frac{\frac{(k+1)^{k+1}}{(k+1)!}}{\frac{k^k}{k!}} = \frac{(k+1)^{k+1}k!}{(k+1)!k^k} = \frac{(k+1)^k k!}{k!k^k} = \left(1 + \frac{1}{k}\right)^k \to e > 1$ für $k \to \infty$

$\Rightarrow \sum_{k=1}^{\infty} \frac{k^k}{k!}$ divergiert.

Aufgabe: Prüfen Sie, ob die Reihe $\sum_{n=1}^{\infty} \frac{n}{2^n}$ konvergiert!

Lösung: $\frac{a_{n+1}}{a_n} = \frac{\frac{n+1}{2^{n+1}}}{\frac{n}{2^n}} = \frac{(n+1)2^n}{n2^{n+1}} = \frac{1}{2}\left(1 + \frac{1}{n}\right) \to \frac{1}{2} < 1$ für $n \to \infty$

$\Rightarrow \sum_{n=1}^{\infty} \frac{n}{2^n}$ konvergiert.

Wurzelkriterium:

Ist für die Reihe $\sum_{k=0}^{\infty} a_n$ der Grenzwert $\lim_{n\to\infty} \sqrt[n]{|a_n|} < 1$, so konvergiert die Reihe absolut,

ist $\lim_{n\to\infty} \sqrt[n]{|a_n|} > 1$, so divergiert die Reihe.

Bemerkung: Für $\lim_{n\to\infty} \sqrt[n]{|a_n|} = 1$ lässt sich mit dem Wurzelkriterium keine Aussage über die Konvergenz der Reihe $\sum_{n=0}^{\infty} a_n$ machen.

Aufgabe: Prüfen Sie, ob die Reihe $\sum_{k=1}^{\infty} \frac{3^{k+1}}{2^{2k}}$ konvergiert!

Lösung: $\sqrt[k]{|a_k|} = \sqrt[k]{\frac{3^{k+1}}{2^{2k}}} = \frac{3}{4} \cdot 3^{\frac{1}{k}} \to \frac{3}{4} < 1$ für $k \to \infty$

$\Rightarrow \sum_{k=1}^{\infty} \frac{3^{k+1}}{2^{2k}}$ konvergiert.

Aufgabe: Beweisen Sie, dass die Reihe $\sum_{n=1}^{\infty} \left(2 + \frac{1}{k}\right)^k$ divergiert!

Lösung: $\sqrt[k]{|a_k|} = \sqrt[k]{\left(2 + \frac{1}{k}\right)^k} = 2 + \frac{1}{k} \to 2 > 1$ für $k \to \infty$

$\Rightarrow \sum_{n=1}^{\infty} \left(2 + \frac{1}{k}\right)^k$ divergiert. $\square$

Leibniz-Kriterium:

Ist $\langle a_n \rangle$ ein monoton fallende Nullfolge, so konvergiert die alternierende Reihe $\sum_{n=0}^{\infty} (-1)^n a_n$

Beispiel: Die alternierende harmonische Reihe $\sum_{n=1}^{\infty} \frac{(-1)^n}{n}$ konvergiert, da $\langle \frac{1}{n} \rangle$ eine monoton fallende Nullfolge ist. Ihr Grenzwert wird im Abschn. 19.3 bestimmt.

16.2.3 Potenzreihen

Definition: Sie $\langle a_n \rangle$ eine reelle Zahlenfolge und $x_0 \in \mathbb{R}$. Dann heißt die Reihe $p(x) = \sum_{n=0}^{\infty} a_n(x - x_0)^n$ *Potenzreihe*. Die a_n sind die Koeffizienten, x_0 heißt Mittelpunkt der Potenzreihe.

Bemerkung: Für jedes $x \in \mathbb{R}$ ist die Potenzreihe eine gewöhnliche Reihe, da aber $x \in \mathbb{R}$ als Variable betrachtet wird, handelt es sich bei der Potenzreihe um eine Funktion von x. Tatsächlich ist die Potenzreihe die Verallgemeinerung einer Polynomfunktion mit unbeschränktem Grad.

Die Konvergenzkriterien für Reihen gelten auch für Potenzreihen. Nun sind allerdings die Glieder der Reihe abhängig von x.
Nach dem Quotientenkriterium muss für Konvergenz gelten:
$\lim_{n\to\infty} \left| \frac{a_{n+1}(x-x_0)^{n+1}}{a_n(x-x_0)^n} \right| < 1$, also $|x - x_0| < \lim_{n\to\infty} \left| \frac{a_n}{a_{n+1}} \right|$
Nach dem Wurzelkriterium muss für Konvergenz gelten:
$\lim_{n\to\infty} \sqrt[n]{|a_n(x - x_0)|} < 1$, also $|x - x_0| < \frac{1}{\lim_{n\to\infty} \sqrt[n]{|a_n|}}$
Die maximale Abweichung, die x von x_0 annehmen kann, sodass die Potenzreihe noch konvergiert, bezeichnet man als *Konvergenzradius* R (m).

Satz: Der Konvergenzradius einer Potenzreihe $\sum_{n=0}^{\infty} a_n(x - x_0)^n$ ist
$R = \lim_{n\to\infty} \left| \frac{a_n}{a_{n+1}} \right|$ bzw. $R = \frac{1}{\lim_{n\to\infty} \sqrt[n]{|a_n|}}$,
falls die Grenzwerte existieren (auch $R = 0$ oder $R = \infty$ sind möglich).

Bemerkung: Potenzreihen sind analog auch für komplexe Zahlen definiert. Da sich komplexe Zahlen in einem zweidimensionalen Koordinatensystem darstellen lassen, ist der Abstand der komplexen Zahl z vom Mittelpunkt der Potenzreihe z_0 der Radius eines Kreises. Deshalb spricht man von einem Konvergenzradius.

Bemerkung: Für $|x - x_0| < R$ ist die Konvergenz der Potenzreihe gegeben, für $|x - x_0| > R$ ist die Potenzreihe divergent, für $|x - x_0| = R$ muss die Konvergenz extra geprüft werden.

Grenzwerte reeller Funktionen und Stetigkeit 17

Der Grenzwertbegriff für Folgen wird auf den von reellen Funktionen übertragen und das Verhalten von Funktionen im Unendlichen und an einer Stelle x_0 im Definitionsbereich untersucht.

Der Begriff von Stetigkeit wird eingeführt und Zwischenwertsatz und Nullstellensatz bewiesen. Der Extremwertsatz wird angegeben.

17.1 Verhalten einer Funktion am Rand ihres Definitionsbereichs

17.1.1 Verhalten im Unendlichen

Definition: Eine Funktion $f: D \to \mathbb{R}$ mit nach oben bzw. unten unbeschränkter Definitionsmenge D *konvergiert für* $x \to \infty$ *bzw.* $x \to -\infty$ *gegen a*, kurz: $\lim_{x \to \infty} f(x) = a$, bzw. $\lim_{x \to -\infty} f(x) = a$ falls:

$\forall\, \varepsilon > 0\; \exists\, x_\varepsilon \in \mathbb{R}$ mit $|f(x) - a| < \varepsilon\; \forall\, x > x_\varepsilon$ bzw.

$\forall\, \varepsilon > 0\; \exists\, x_\varepsilon \in \mathbb{R}$ mit $|f(x) - a| < \varepsilon\; \forall\, x < x_\varepsilon$

Bemerkung: Das erste entspricht der Definition der Konvergenz für Folgen, wenn man n in x, a_n in $f(x)$ und N in x_ε umbenennt. Das zweite ist die Verallgemeinerung für $x \to -\infty$.

Aufgabe: Finden Sie den Grenzwert $\lim_{x \to \pm\infty} \frac{2}{x}$ und beweisen Sie seine Richtigkeit!
Lösung: Sei $\varepsilon > 0$. $\left|\frac{2}{x} - 0\right| < \varepsilon \Leftrightarrow |x| > \frac{2}{\varepsilon}$. $x_{\varepsilon+} := \frac{2}{\varepsilon}$, $x_{\varepsilon-} := -\frac{2}{\varepsilon}$.
Dann ist $\left|\frac{2}{x} - 0\right| < \varepsilon\; \forall\, x > x_{\varepsilon+}$ bzw. $x < x_{\varepsilon-}$ und also $\lim_{x \to \pm\infty} f(x) = 0$

Aufgabe: Finden Sie den Grenzwert $\lim_{x \to -\infty} 2^x$ und beweisen Sie seine Richtigkeit!
Lösung: Sei $\varepsilon > 0$. $|2^x - 0| < \varepsilon \Leftrightarrow 2^x < \varepsilon \Leftrightarrow x \ln 2 < \ln \varepsilon \Leftrightarrow x < \frac{\ln \varepsilon}{\ln 2} =: x_\varepsilon$
Dann ist $|2^x - 0| < \varepsilon\; \forall\, x < x_\varepsilon$ und damit $\lim_{x \to -\infty} f(x) = 0$

© Der/die Autor(en), exklusiv lizenziert an Springer-Verlag GmbH, DE, ein Teil von Springer Nature 2023
B. Hugues, *Mathematik-Vorbereitung für das Studium eines MINT-Fachs*,
https://doi.org/10.1007/978-3-662-66937-2_17

Definition: Eine Funktion f: D → ℝ mit nach oben bzw. unten unbeschränkter Definitionsmenge D *divergiert für* x → ∞ *bzw.* x → −∞ *bestimmt gegen* +∞, falls:

$\forall\, S > 0\ \exists\, x_S \in \mathbb{R}$ mit $f(x) > S\ \forall\, x > x_S$ bzw.

$\forall\, S > 0\ \exists\, x_\varepsilon \in \mathbb{R}$ mit $f(x) > S\ \forall\, x < x_S$

Analog gilt:

Eine Funktion f: D → ℝ mit nach oben bzw. unten unbeschränkter Definitionsmenge D divergiert für x → ∞ bzw. x → −∞ bestimmt gegen −∞, falls:

$\forall\, s < 0\ \exists\, x_S \in \mathbb{R}$ mit $f(x) < s\ \forall\, x > x_s$ bzw.

$\forall\, s < 0\ \exists\, x_\varepsilon \in \mathbb{R}$ mit $f(x) < s\ \forall\, x < x_s$

Definition: f *divergiert unbestimmt für* x → ∞ *bzw.* x → −∞, wenn es weder konvergiert noch bestimmt divergiert.

Aufgabe: Beweisen Sie, dass $\lim_{x\to\infty} 2^x = \infty$

Lösung: Sei S > 0. $2^x > S \Leftrightarrow x \ln 2 > \ln S \Leftrightarrow x > \frac{\ln S}{\ln 2} =: x_S$

Dann ist $2^x > S\ \forall\, x > x_S$ und damit $\lim_{x\to\infty} f(x) = \infty$

Aufgabe: Sei f: ℝ → ℝ, x ↦ x³. Untersuchen Sie das Verhalten von f im Unendlichen!

Lösung: Sei $S_+ > 0$. $x^3 > S_+ \Leftrightarrow x > \sqrt[3]{S_+} =: x_S$. Dann ist $x^3 > S$ für $x > x_S$ und damit $\lim_{x\to\infty} f(x) = \infty$

Sei $S_- < 0$. $x^3 < S_- \Leftrightarrow -x^3 > -S_- \Leftrightarrow -x > \sqrt[3]{-S_-} \Leftrightarrow x < -\sqrt[3]{-S_-} =: x_s$

Dann ist $x^3 < S_-$ für $x < x_s$ und somit $\lim_{x\to-\infty} f(x) = -\infty$

Beispiel: f(x) = sin x divergiert unbestimmt für x → ±∞

Beweis: Zunächst wird bewiesen, dass f(x) nicht konvergiert.

Annahme: $\exists\, a \in \mathbb{R}$, sodass $\forall\, \varepsilon > 0\ \exists\, x_\varepsilon \in \mathbb{R}$ mit $|f(x) - a| < \varepsilon\ \forall\, x > x_\varepsilon$

$\Rightarrow |f(x_1) - f(x_2)| < 2\varepsilon\ \forall\, x_1, x_2 > x_\varepsilon$

Wähle $x_1 = (2k + 0{,}5)\pi$ mit $x_1 > x_\varepsilon$, dann ist sin $x_1 = 1$. Mit $x_2 := (2k + 1{,}5)\pi$ ist dann sin $x_2 = -1$.

$|f(x_1) - f(x_2)| = |1 - (-1)| = 2 \nless 2\varepsilon$ für z. B. $\varepsilon = 0{,}5$.

Das steht im Widerspruch zur Konvergenz von f(x).

Da $-1 \le \sin x \le 1$ immer, kann f(x) nicht bestimmt divergieren.

Also divergiert f unbestimmt für x → ∞

Analog können Sie beweisen, dass f für x → −∞ unbestimmt divergiert. □

Satz: Für die eigentlichen und uneigentlichen Grenzwerte von Funktionen gelten alle von Folgen bekannten Regeln.

(bei uneigentlichem Grenzwert strebt die Funktion gegen ∞ oder −∞, bei eigentlichem Grenzwert strebt die Funktion gegen a)

Aufgabe: Bestimmen Sie $\lim_{x\to\pm\infty} \frac{3x-5}{6x+3}$!

Lösung: $\lim_{x\to\pm\infty} \frac{3x-5}{6x+3} = \lim_{x\to\pm\infty} \frac{x(3-\frac{5}{x})}{x(6+\frac{3}{x})} = \frac{3-5\cdot 0}{6+3\cdot 0} = \frac{1}{2}$

Aufgabe: Bestimmen Sie $\lim_{x \to \infty} e^{\frac{x}{x^2+1}}$!

Lösung: $\lim_{x \to \infty} e^{\frac{x}{x^2+1}} = \lim_{x \to \infty} e^{\frac{1}{x+\frac{1}{x}}} = e^0 = 1$, da die Funktion $f(x) = e^x$ stetig ist. (Siehe Abschn. 17.2)

Definition: Eine Funktion heißt *beschränkt*, wenn ihre Wertemenge beschränkt ist.

Satz: Gilt $f(x) \to 0$ für $x \to \infty$ und ist $g: x \mapsto g(x)$ beschränkt, so ist $\lim_{x \to \infty} [f(x)g(x)] = 0$
Entsprechendes gilt für $x \to -\infty$.
Beweis: $g(x)$ ist beschränkt, also gibt es S_1 und $S_2 \in \mathbb{R}_0^+$, mit $S_1 \leq |g(x)| \leq S_2 \; \forall \, x \in D_f$.
$\Rightarrow S_1 |f(x)| \leq |g(x)f(x)| \leq S_2 |f(x)|$
Da $S_1 |f(x)| \to 0$ für $x \to \infty$ und $S_2 |f(x)| \to 0$ für $x \to \infty$ ist auch $g(x)f(x) \to 0$ für $x \to \infty$ $\quad \square$

Beispiel: $f(x) = \frac{\sin x}{x}$ mit $D_f = \mathbb{R} \setminus \{0\}$. Es ist $\lim_{x \to \infty} f(x) = 0$, da $u(x) = \frac{1}{x} \to 0$ für $x \to \pm\infty$ und $|v(x)| = |\sin x| \leq 1$

Analog zu Folgen gilt auch für reelle Funktionen:

Satz: Eine streng monoton steigende (bzw. abnehmende) Funktion, die nach oben (bzw. unten) beschränkt ist, konvergiert für $x \to \pm\infty$.

17.1.2 Verhalten an einer Stelle x_0

In Abb. 17.1 erkennt man am Graphen G_f einer Funktion f intuitiv, dass der Funktionswert von f sich dem Wert a annähert, wenn man sich mit x dem Wert x_0 annähert.
Nun ergibt sich das gleiche Problem wie schon beim Grenzwert von Folgen oder von Funktionen für $x \to \infty$ oder $x \to -\infty$, nämlich wie man mathematisch exakt formuliert, dass sich x dem Wert x_0 annähert.

Definition: Gibt es für jedes noch so kleine $\varepsilon > 0$ ein $\delta > 0$, sodass
$|f(x) - a| < \varepsilon \; \forall \, x \neq x_0$ mit $|x - x_0| < \delta$, so
konvergiert $f(x)$ *gegen* a *für* $x \to x_0$, kurz:
$f(x) \to a$ für $x \to x_0$ bzw. $\lim_{x \to x_0} f(x) = a$ (Abb. 17.1)
Anschaulich: zu jedem noch so kleinen ε gibt es ein δ, sodass die Funktionswerte aller x-Werte im Intervall $]x_0 - \delta; x_0 + \delta[$ (in Abb. 17.1 in braun dargestellt) im „Schlauch" um a mit der Höhe 2ε liegen (in Abb. 17.1 in grün dargestellt).

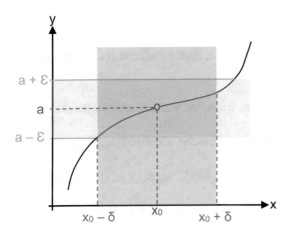

Abb. 17.1 ε-δ-Definition des Grenzwertes für $x \to x_0$

Definition: f *divergiert für* $x \to x_0$ *bestimmt* gegen ∞ bzw. $-\infty$, falls:
$\forall\, S > 0 \,\exists\, \delta > 0$, sodass $f(x) > S \;\forall\, x \neq x_0$ mit $|x - x_0| < \delta$ bzw.
$\forall\, s < 0 \,\exists\, \delta > 0$, sodass $f(x) < s \;\forall\, x \neq x_0$ mit $|x - x_0| < \delta$

Definition: f ist *für* $x \to x_0$ *unbestimmt divergent*, wenn es dort weder konvergiert noch
bestimmt divergiert.

Beispiel: f: $\mathbb{R} \setminus \{-1\} \to \mathbb{R}$, $f(x) = \frac{x^2-1}{x+1}$. Es gilt: $\lim_{x \to -1} f(x) = -2$
Beweis: Sei $\varepsilon > 0$, $\left|\frac{x^2-1}{x+1} - (-2)\right| < \varepsilon \Leftrightarrow |x - 1 - (-2)| < \varepsilon \Leftrightarrow |x - (-1)| < \varepsilon$
Für $\delta := \varepsilon$ gilt $|f(x) - (-2)| < \varepsilon \;\forall\, x$ mit $|x - (-1)| < \delta$
$\Rightarrow \lim_{x \to -1} f(x) = -2$ $\square$

Aufgabe: Zeigen Sie, dass für die Funktion f: $\mathbb{R} \setminus \{0\} \to \mathbb{R}$, $f(x) = \frac{1}{x^2}$ gilt:
$\lim_{x \to 0} f(x) = \infty$ (Abb. 17.2).

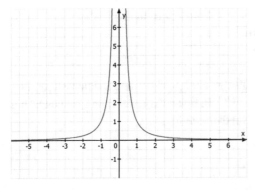

Abb. 17.2 Graph der Funktion $f(x) = \frac{1}{x^2}$ mit dem Grenzwert $\lim_{x \to 0} f(x) = \infty$

Lösung: Sei $S > 0$, $\frac{1}{x^2} > S \Leftrightarrow |x| < \frac{1}{\sqrt{S}} =: \delta$

$\Rightarrow \forall x$ mit $|x - 0| < \delta$ ist $f(x) > S$

$\Rightarrow \lim_{x \to 0} f(x) = \infty$ □

Beispiel: $f\colon \mathbb{R} \setminus \{0\} \to \mathbb{R}$, $f(x) = \sin \frac{\pi}{x}$ divergiert unbestimmt für $x \to 0$
Argumentation analog zu der für die unbestimmte Divergenz von $f(x) = \sin x$ für $x \to \infty$
(Abb. 17.3)

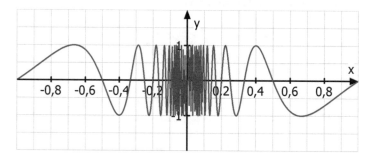

Abb. 17.3 Graph der Funktion $f(x) = \sin \frac{\pi}{x}$, die für $x \to 0$ unbestimmt divergiert

Definition: Sei f eine Funktion mit der Definitionsmenge D_f und $h \in \mathbb{R}^+$, sodass
$]x_0; x_0 + h[\subset D_f$. f heißt an der Stelle x_0 *rechtsseitig konvergent* gegen a, kurz:
$\lim_{x \downarrow x_0} f(x) = a$, wenn $\forall \varepsilon > 0$ ein $\delta > 0$ existiert, sodass $|f(x) - a| < \varepsilon \; \forall x > x_0$ mit
$|x - x_0| < \delta$.
Sei f eine Funktion mit der Definitionsmenge D_f und $h \in \mathbb{R}^+$, sodass $]x_0 - h; x_0[\subset D_f$.
f heißt an der Stelle x_0 *linksseitig konvergent* gegen a, kurz: $\lim_{x \uparrow x_0} f(x) = a$, wenn $\forall \varepsilon > 0$
ein $\delta > 0$ existiert, sodass $|f(x) - a| < \varepsilon \; \forall x < x_0$ mit $|x - x_0| < \delta$.

Bemerkung: Für die einseitigen Grenzwerte gibt es verschiedene Schreibweisen im Index unter dem Limes.
$x \downarrow x_0$, $x \to x_0 + 0$, $x \overset{>}{\to} x_0$ für den rechtsseitigen Grenzwert
$x \uparrow x_0$, $x \to x_0 - 0$, $x \overset{<}{\to} x_0$ für den linksseitigen Grenzwert

Definition: Sei f eine Funktion mit der Definitionsmenge D_f und $h \in \mathbb{R}^+$, sodass
$]x_0; x_0 + h[\subset D_f$.
f heißt an der Stelle x_0 *rechtsseitig bestimmt divergent* gegen ∞, kurz: $\lim_{x \downarrow x_0} f(x) = \infty$,
wenn $\forall S > 0$ ein $\delta > 0$ existiert, sodass $f(x) > S \; \forall x \in \,]x_0; x_0 + h[$.
Sei f eine Funktion mit der Definitionsmenge D_f und $h \in \mathbb{R}^+$, sodass $]x_0 - h; x_0[\subset D_f$.
f heißt an der Stelle x_0 *linksseitig bestimmt divergent* gegen ∞, kurz: $\lim_{x \uparrow x_0} f(x) = \infty$,
wenn $\forall S > 0$ ein $\delta > 0$ existiert, sodass $f(x) > S \; \forall x \in \,]x_0 - h; x_0[$.
Analog für die einseitige bestimmte Divergenz gegen $-\infty$

Definition: Ist f an der Stelle x_0 im Inneren der Definitionsmenge D_f (einseitig) bestimmt divergent, so heißt x_0 *Polstelle* (w) der Funktion. Es liegt dort eine *vertikale Asymptote* vor.

Bemerkung: Unter einer *Asymptote* versteht man eine Kurve, meist eine Gerade, an die sich der Graph einer Funktion f immer mehr annähert.

Beispiel: $f\colon \mathbb{R} \setminus \{0\} \to \mathbb{R}$, $f(x) = \frac{1}{x^2}$
Polstelle $x_0 = 0$, vertikale Asymptote $x = 0$ (Abb. 17.4).

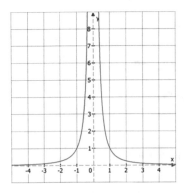

Abb. 17.4 Graph der Funktion $f(x) = \frac{1}{x^2}$ mit den Asymptoten $x = 0$ und $y = 0$

Beispiel: $f\colon \mathbb{R} \setminus \{0\} \to \mathbb{R}$, $f(x) = \frac{1}{x}$
Polstelle $x_0 = 0$, vertikale Asymptote $x = 0$ (Abb. 17.5).

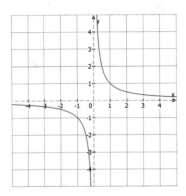

Abb. 17.5 Der Graph der Funktion $f(x) = \frac{1}{x}$ mit den Asymptoten $x = 0$ und $y = 0$

Bemerkung: Im Gegensatz zur Funktion $f(x) = \frac{1}{x^2}$ macht die Funktion $f(x) = \frac{1}{x}$ an der Polstelle $x_0 = 0$ einen Vorzeichenwechsel.

Rechenregeln für Grenzwerte von Funktionen:

Für die Berechnung von eigentlichen oder uneigentlichen Grenzwerten an einer Stelle x_0 gelten die gleichen Regeln wie für Grenzwerte im Unendlichen.

Beispiel: $\lim_{x\to 9} \sqrt{x} = \sqrt{\lim_{x\to 9} x} = \sqrt{9} = 3$

In diesem Beispiel benutzt man intuitiv die Tatsache, dass die Wurzelfunktion stetig ist, d. h. dass $\lim_{x\to x_0} \sqrt{x} = \sqrt{x_0}$. Die Stetigkeit der Wurzelfunktion wird im Abschn. 17.2 getrennt bewiesen.

Beispiel: $f(x) = \frac{x^2-3x+2}{x^2+x-6} = \frac{(x-2)(x-1)}{(x-2)(x+3)}$, $D_f = \mathbb{R} \setminus \{2; -3\}$ (Abb. 17.6)

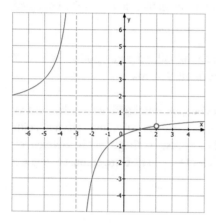

Abb. 17.6 Graph der Funktion $f(x) = \frac{x^2-3x+2}{x^2+x-6}$ mit der Polstelle $x = -3$, der horizontalen Asymptote $y = 1$, und der stetig hebbaren Definitionslücke $x = 2$

$f(x) = \frac{x-1}{x+3} \ \forall\, x \in D_f$

$\lim_{x\to\pm\infty} f(x) = 1$ $\lim_{x\to 2} f(x) = \frac{2-1}{2+3} = \frac{1}{5}$

$\lim_{x\downarrow -3} f(x) = \lim_{h\downarrow 0} \frac{-3+h-1}{-3+h+3} = -\infty$

$\lim_{x\uparrow -3} f(x) = \lim_{h\downarrow 0} \frac{-3-h-1}{-3-h+3} = +\infty$

Damit ergeben sich die Asymptoten

$y = 1$ (waagerecht) und $x = -3$ (senkrecht); $x = -3$ ist eine Polstelle.

An der Stelle $x = 2$ ist die Funktion f nicht definiert, das wird im Graphen durch den kleinen Kreis symbolisiert, der ein Loch im Graphen darstellen soll.

Die Funktion $\tilde{f}(x) = \frac{x-1}{x+3}$ mit ihrer Definitionsmenge $D_{\tilde{f}}$ stimmt an allen Stellen aus D_f mit der von $f(x)$ überein, ist aber an der Stelle $x_0 = 2$ definiert mit $\tilde{f}(2) = \frac{1}{5}$.

Anstelle des „Lochs" im Graphen von f enthält der Graph von $\tilde{f}$ den Punkt $(2|\frac{1}{5})$.

$\tilde{f}$ heißt die *stetige Fortsetzung* von f, f heißt an der Stelle $x_0 = 2$ *stetig fortsetzbar*. Die *Definitionslücke* $x_0 = 2$ von f heißt *stetig hebbar*.

Bemerkung: Der Begriff der Stetigkeit wird im Abschn. 17.2 behandelt.

Verhalten gebrochen rationaler Funktionen im Unendlichen:

Sei $f(x) = \frac{g(x)}{h(x)}$ eine gebrochen rationale Funktion mit $g(x) = a_n x^n + a_{n-1} x^{n-1} + \ldots + a_1 x + a_0$ eine ganzrationale Funktion n-ten Grades und $h(x) = b_m x^m + b_{m-1} x^{m-1} + \ldots + b_1 x + b_0$ eine ganzrationale Funktion m-ten Grades. N sei die Menge der Nullstellen von h.

Für $\text{grad}(g) < \text{grad}(h)$ ist $\lim_{x \to \pm\infty} f(x) = 0$ und der Graph von f hat die x-Achse als waagerechte Asymptote.
Für $\text{grad}(g) = \text{grad}(h)$ ist $\lim_{x \to \pm\infty} f(x) = \frac{a_n}{b_m}$ und der Graph von f hat die Gerade $y = \frac{a_n}{b_m}$ als waagerechte Asymptote.
Für $\text{grad}(g) > \text{grad}(h)$ ist $|\lim_{x \to \pm\infty} f(x)| = \infty$. Das Vorzeichen muss im Einzelnen ermittelt werden.

Für $\text{grad}(g) = \text{grad}(h) + 1$ im Speziellen, ergibt sich mit Hilfe der Polynomdivision eine Gleichung für eine schräge Asymptote mit der Gleichung $y = mx + t$.

An allen Stellen $x \in N$ müssen Grenzwertuntersuchungen durchgeführt werden, um zu prüfen, ob die Nullstelle stetig hebbar oder eine Polstelle ist. Bei Polstellen entscheidet die Vielfachheit der Nullstelle darüber, ob ein Vorzeichenwechsel vorliegt: Ist die Vielfachheit der Nullstelle gerade, so findet kein Vorzeichenwechsel statt, ist sie ungerade, so liegt ein Vorzeichenwechsel vor.

Beispiel: $f(x) = \frac{x-2}{x^2-1}, D = \mathbb{R} \setminus \{\pm 1\}$ (Abb. 17.7)

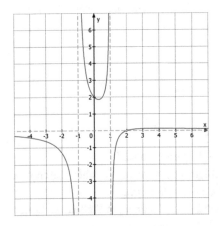

Abb. 17.7 Graph der Funktion $f(x) = \frac{x-2}{x^2-1}$ mit seinen Asymptoten

$\lim_{x \downarrow -1} \frac{x-2}{x^2-1} = \lim_{x \downarrow -1} \frac{x-2}{(x+1)(x-1)} = +\infty$ $\lim_{x \uparrow -1} \frac{x-2}{x^2-1} = \lim_{x \uparrow -1} \frac{x-2}{(x+1)(x-1)} = -\infty$, da $x - 2 \to -3$ und $x - 1 \to -2$ für $x \to -1$ und außerdem $\lim_{x \downarrow -1}(x + 1) = +0$ und $\lim_{x \uparrow -1}(x + 1) = -0$

Waagerechte Asymptote y = 0, vertikale Asymptoten x = 1 und x = −1.
Vorzeichenwechsel an den Polstellen

Aufgabe: Untersuchen Sie die Funktion $f(x) = \frac{2x^2-3}{5(x-2)^2}$ auf ihr Verhalten an den Grenzen
des Definitionsbereichs! (Abb. 17.8)

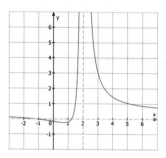

Abb. 17.8 Graph der Funktion $f(x) = \frac{2x^2-3}{5(x-2)^2}$ mit seinen Asymptoten

$f(x) = \frac{2x^2-3}{5(x-2)^2} = \frac{2x^2-3}{5x^2-20x+20}, D = \mathbb{R} \setminus \{2\}$

$\lim_{x\to\pm\infty} f(x) = \lim_{x\to\pm\infty} \frac{x^2(2-\frac{3}{x^2})}{x^2(5-\frac{20}{x}+\frac{20}{x^2})} = \frac{2}{5}$

$\lim_{x\downarrow 2} \frac{2x^2-3}{5(x-2)^2} = +\infty$ $\lim_{x\uparrow 2} \frac{2x^2-3}{5(x-2)^2} = +\infty$, da $2x^2-3 \to 5$ und $(x-2)^2 \to +0$ für $x \to 2$

Waagerechte Asymptote y = 0,4, vertikale Asymptote x = 2,
Polstelle ohne Vorzeichenwechsel

Beispiel: $f(x) = \frac{x^3-1}{x^2+1}, D = \mathbb{R}$

Polynomdivision ergibt: $f(x) = x - \frac{x+1}{x^2+1}$

Da der Bruchterm für $x \to \pm\infty$ gegen 0 geht, nähert sich der Graph von f für $x \to \pm\infty$
immer mehr der Geraden y = x an.

Die Gerade y = x ist schräge Asymptote (Abb. 17.9).

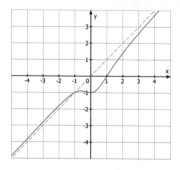

Abb. 17.9 Graph der Funktion $f(x) = \frac{x^3-1}{x^2+1}$ mit schräger Asymptote

Weitere Beispiele:

$\lim_{x \uparrow 0,5} \frac{\sqrt{1-2x}}{2x-1} = \lim_{x \uparrow 0,5} \frac{\sqrt{1-2x}}{-(1-2x)} = -\lim_{x \uparrow 0,5} \frac{1}{\sqrt{1-2x}} = -\infty$

$\lim_{x \to 0} \frac{\sin 2x}{\sin x} = \lim_{x \to 0} \frac{2 \sin x \cos x}{\sin x} = \lim_{x \to 0} (2 \cos x) = 2$

Dabei wurde intuitiv benutzt, dass $\lim_{x \to 0} \cos x = 1$. Das sieht man am Graphen der Kosinusfunktion, was aber keinen Beweis ersetzt.

Deshalb wird das im Folgenden formal bewiesen:

Für $0 < x < \frac{\pi}{2}$ ist $0 < \sin x < x$, wie man in Abb. 17.10 leicht sehen kann.

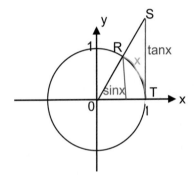

Abb. 17.10 x, sin x und tan x im Einheitskreis

Da $\lim_{x \to 0} 0 = 0$ und $\lim_{x \to 0} x = 0$, folgt aus $0 \leq \lim_{x \to 0} \sin x \leq 0$, dass $\lim_{x \to 0} \sin x = 0$

Für $0 < x < \frac{\pi}{2}$ ist außerdem $\cos x = \sqrt{1 - \sin^2 x} \to \sqrt{1 - 0} = 1$ für $x \to 0$

Hier wurde wieder die Stetigkeit der Wurzelfunktion vorausgesetzt, die im nächsten Kapitel bewiesen wird.

Der im Folgenden berechnete Grenzwert $\lim_{x \to 0} \frac{\sin x}{x}$ spielt eine Rolle, wenn die Ableitungsregeln für die trigonometrischen Funktionen hergeleitet werden:

Für $0 < x < \frac{\pi}{2}$ gilt folgende Ungleichung:

$A_{\triangle OTR} < A_{OTR} < A_{\triangle OTS}$, wobei $A_{\triangle OTR}$ und $A_{\triangle OTS}$ die Flächen der entsprechenden Dreiecke sind und A_{OTR} die Sektorfläche bezeichnet (Abb. 17.10).

$\Rightarrow \frac{1}{2} \cdot 1 \cdot \sin x < \frac{x}{2\pi} \cdot \pi \cdot 1^2 < \frac{1}{2} \cdot 1 \cdot \tan x$

$\Rightarrow \sin x < x < \tan x$

$\Rightarrow 1 < \frac{x}{\sin x} < \frac{1}{\cos x}$ für $0 < x < \frac{\pi}{2}$

$\Rightarrow 1 > \frac{\sin x}{x} > \cos x$

Da $\lim_{x \to 0} 1 = 1$ und $\lim_{x \to 0} \cos x = 1$, gilt: $1 \leq \lim_{x \to 0} \frac{\sin x}{x} \leq 1$

$\Rightarrow \lim_{x \to 0} \frac{\sin x}{x} = 1$

17.2 Stetigkeit

Definition: Eine Funktion f: $D_f \to \mathbb{R}$, $x \mapsto f(x)$, die in einer Umgebung $]x_0 - h; x_0 + h[$ um die Stelle x_0 definiert ist, heißt *stetig an der Stelle* x_0, falls gilt:
$\lim_{x \to x_0} f(x) = f(x_0)$, d. h. $\lim_{x \uparrow x_0} f(x) = f(x_0) = \lim_{x \downarrow x_0} f(x)$
f heißt an der Stelle x_0 unstetig, wenn f dort nicht stetig ist.

Die folgende Abb. 17.11a zeigt den Graphen einer Funktion f, die an der Stelle x_0 stetig ist, die Abb. 17.11b und c zeigen Graphen von an der Stelle x_0 nicht stetigen Funktionen.

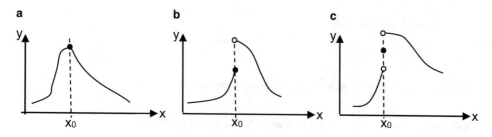

Abb. 17.11 Graph einer an der Stelle x_0 stetigen Funktion (**a**) bzw. unstetigen Funktion (**b** und **c**)

Aufgabe: Prüfen Sie die abschnittsweise definierte Funktion
$$f(x) = \begin{cases} x^2 & \text{für } x < 1 \\ 2 & \text{für } x = 1 \\ x + 1 & \text{für } x > 1 \end{cases}$$
auf Stetigkeit an der Stelle $x_0 = 1$ (Abb. 17.12)!
Lösung: $\lim_{x \uparrow 1} f(x) = \lim_{x \uparrow 1} x^2 = 1$, $f(1) = 2$, $\lim_{x \downarrow 1} f(x) = \lim_{x \downarrow 1}(x + 1) = 2$
$\Rightarrow \lim_{x \uparrow 1} f(x) = 1 \neq f(1) = 2$, also ist f an der Stelle $x_0 = 1$ unstetig.

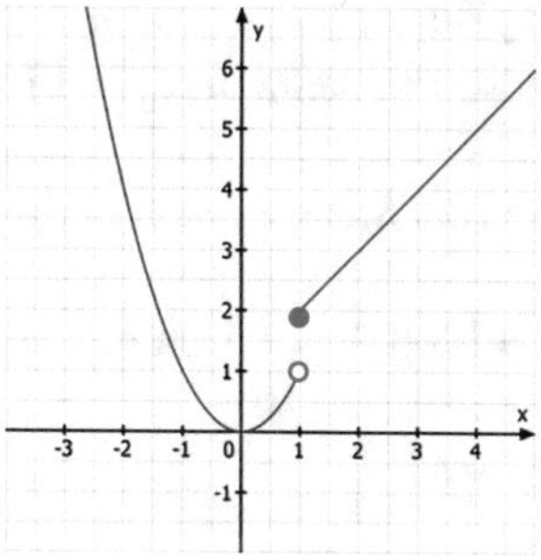

Abb. 17.12 Graph der Funktion $f(x) = \begin{cases} x^2 & \text{für } x < 1 \\ 2 & \text{für } x = 1 \\ x + 1 & \text{für } x > 1 \end{cases}$, die an der Stelle $x_0 = 1$ nicht stetig ist

Beispiel: $f(x) = |x| = \begin{cases} x & \text{für } x \geq 0 \\ -x & \text{für } x < 0 \end{cases}$ (Abb. 17.13)

$\lim_{x \uparrow 0} f(x) = \lim_{x \uparrow 0}(-x) = 0, \; f(0) = 0, \; \lim_{x \downarrow 0} f(x) = \lim_{x \downarrow 0} x = 0$

$\Rightarrow \lim_{x \uparrow 0} f(x) = \lim_{x \downarrow 0} f(x) = f(0) = 0$, also ist f an der Stelle $x_0 = 0$ stetig.

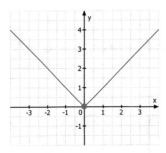

Abb. 17.13 Graph der Betragsfunktion, die an der Stelle $x_0 = 0$ stetig ist

Definition: f heißt *stetig*, wenn f an jeder Stelle $x_0 \in D_f$ stetig ist.

f heißt *im offenen Intervall* $I = \,]a; b[\subset D_f$ *stetig*, wenn f an jeder Stelle $x_0 \in I$ stetig ist.

f heißt *im geschlossenen Intervall* $I = [a; b] \subset D_f$ *stetig*, wenn f in $]a; b[$ stetig ist, $\lim_{x \downarrow a} f(x) = f(a)$ und $\lim_{x \uparrow b} f(x) = f(b)$

Satz: $f(x) = x$ ist stetig in $\mathbb{R}$.

Beweis: Sei $x_0 \in \mathbb{R}$ beliebig und sei $\varepsilon > 0$,

$|f(x) - f(x_0)| = |x - x_0| < \varepsilon =: \delta$

$\Rightarrow |f(x) - f(x_0)| < \varepsilon \; \forall \, |x - x_0| < \delta \Rightarrow \lim_{x \to x_0} f(x) = f(x_0)$ also ist f stetig in $\mathbb{R}$. $\square$

Satz: $f(x) = \sqrt{x}$ ist stetig in $\mathbb{R}_0^+$.

Beweis: Sei $x_0 > 0$ beliebig und sei $\varepsilon > 0$,

$|f(x) - f(x_0)| < \varepsilon \Leftrightarrow \left|\sqrt{x} - \sqrt{x_0}\right| < \varepsilon \Leftrightarrow |x - x_0| < \varepsilon(\sqrt{x} + \sqrt{x_0}) =: \delta$

$\Rightarrow |f(x) - f(x_0)| < \varepsilon \; \forall \, |x - x_0| < \delta \Rightarrow \lim_{x \to x_0} f(x) = f(x_0)$ Also ist f stetig in $\mathbb{R}_0^+$. $\square$

Satz: Sind f und g an der Stelle $x_0 \in D_f \cap D_g$ stetig, dann sind an der Stelle x_0 auch stetig:

$f + g, f - g, f \cdot g$ und $f : g$ (letzteres, falls $g(x_0) \neq 0$)

Beweis: $\lim_{x \to x_0}(f(x) + g(x)) = \lim_{x \to x_0} f(x) + \lim_{x \to x_0} g(x) = f(x_0) + g(x_0)$, da f und g stetig in x_0.

analog für die anderen Rechenarten. $\square$

Folgerung: Ganzrationale und gebrochen rationale Funktionen sind in ihrem Definitionsbereich stetig.

Verkettungssatz: Ist f an der Stelle x_0 stetig und g an der Stelle $u_0 = f(x_0)$ stetig, so ist die Verkettung

$g \circ f \colon D_{g \circ f} \to \mathbb{R}, x \mapsto g(f(x))$ an der Stelle x_0 stetig.

Beweis: sei $\varepsilon > 0$, weil g an der Stelle u_0 stetig ist, $\exists \eta > 0$ mit $|g(u) - g(u_0)| < \varepsilon$ $\forall |u - u_0| < \eta$,

d. h. $\forall |f(x) - f(x_0)| < \eta$

Da f an der Stelle x_0 stetig ist, $\exists \delta > 0$ mit $|f(x) - f(x_0)| < \eta \; \forall |x - x_0| < \delta$

$\Rightarrow |g(f(x)) - g(f(x_0))| < \varepsilon \; \forall |x - x_0| < \delta$ also ist $g \circ f$ an der Stelle x_0 stetig. $\quad \square$

Im Folgenden soll die Stetigkeit für alle weiteren Grundfunktionen gezeigt werden. Dazu benötigt man zunächst das Folgenkriterium, mit dessen Hilfe dann die Stetigkeit von Umkehrfunktionen stetiger Funktionen gezeigt werden kann.

Folgenkriterium: Seien $I \subset \mathbb{R}$ und $a \in I$ und $f \colon I \setminus \{a\} \to \mathbb{R}$, dann gilt:

Es existiert der Grenzwert $\lim_{x \to a} f(x) = A \Leftrightarrow$ Für alle Folgen $\langle x_n \rangle$ mit $x_n \in I \setminus \{a\}$ und $\lim_{n \to \infty} x_n = a$ ist $\lim_{n \to \infty} f(x_n) = A$.

Beweis:

„$\Rightarrow$" Sei $\langle x_n \rangle$ eine Folge mit $\lim_{n \to \infty} x_n = a$,

   sei $\varepsilon > 0$, f ist stetig $\Rightarrow \exists \delta > 0$ mit $|f(x) - A| < \varepsilon \; \forall |x - a| < \delta$

   Da $\lim_{n \to \infty} x_n = a$, existiert für dieses δ dann ein $N \in \mathbb{R}$ mit $|x_n - a| < \delta \; \forall n > N$

   $\Rightarrow |f(x_n) - A| < \varepsilon \; \forall n > N$. Also ist $\lim_{n \to \infty} f(x_n) = A$.

„$\Leftarrow$" Annahme: f(x) konvergiert nicht gegen A für $x \to a$.

   $\Rightarrow \exists \varepsilon > 0$, sodass zu jedem $\delta > 0$ ein x existiert mit $|x - a| < \delta$ und $|f(x) - A| > \varepsilon$.

   Wähle z. B. $\delta_n = \frac{1}{n}$, dann gibt es für jedes δ_n ein x_n mit $|x_n - a| < \delta_n$ und $|f(x_n) - A| > \varepsilon$.

   $\Rightarrow a - \frac{1}{n} < x_n < a + \frac{1}{n} \; \forall n > N$ und weil beide Folgen $\langle a - \frac{1}{n} \rangle$ und $\langle a + \frac{1}{n} \rangle$ gegen a konvergieren, ist eine Folge $\langle x_n \rangle$ gefunden, die gegen a konvergiert, und für die trotzdem ein x_n existiert mit

   $|x_n - a| < \delta_n$ und $|f(x_n) - A| > \varepsilon$.

   Das ist aber im Widerspruch zur Annahme $\lim_{n \to \infty} f(x_n) = A$

   Also ist $\lim_{x \to a} f(x) = A$. $\quad \square$

Bemerkung: Das ist ein Beispiel, bei dem aus einer Allaussage ($\forall \varepsilon > 0 \dots$) durch Negation eine Existenzaussage wird ($\exists \varepsilon > 0$, für das das Gegenteil zutrifft) und umgekehrt.

Satz: Ist $f \colon [a; b] \to \mathbb{R}$, streng monoton und stetig in $x_0 \in [a; b]$, dann ist die Umkehrfunktion g stetig in $y_0 = f(x_0)$.

Beweis: $f^{-1} \colon W_f \to \mathbb{R}$,

Sei f streng monoton *steigend*, andernfalls betrachte die Funktion $f^*(x) = -f(x)$.

Sei $y_0 \in W_f$ und $\langle y_n \rangle$ mit $y_n \in W_f$ eine Folge, die gegen y_0 konvergiert.

Sei $x_0 := f^{-1}(y_0)$ und $x_n := f^{-1}(y_n)$. Zu zeigen ist im Folgenden: $\lim_{n \to \infty} x_n = x_0$.

Annahme: $\langle x_n \rangle$ konvergiert nicht gegen x_0.

Sei $\varepsilon > 0$. Würde die Folge $\langle x_n \rangle$ gegen x_0 konvergieren, so gäbe es nur endlich viele natürliche Zahlen n, für die $|x_n - x_0| \geq \varepsilon$. Da wir annehmen, dass sie nicht gegen x_0 konvergiert, gibt es unendlich viele natürliche Zahlen n, für die $|x_n - x_0| \geq \varepsilon$

$M := \{n \mid |x_n - x_0| \geq \varepsilon\}$ ist also eine Menge mit unendlich vielen Elementen.

$M_+ := \{n \mid x_n - x_0 \geq \varepsilon\}$ und $M_- := \{n \mid x_0 - x_n \geq \varepsilon\}$ mit $M = M_+ \cup M_-$.

Mindestens eine der beiden Mengen M_+ oder M_- enthält unendliche viele Elemente, O. B. d. A. sei das M_+.

$\forall\, x_n \in M_+$ ist $x_n \geq x_0 + \varepsilon$. Wegen der strengen Monotonie von f gilt dann:

$f(x_n) \geq f(x_0 + \varepsilon) > f(x_0)$.

$\Rightarrow \forall\, x_n \in M_+$ (d. h. für unendlich viele Elemente) ist $f(x_n) - f(x_0) \geq f(x_0 + \varepsilon) - f(x_0) =:$ $\varepsilon^* > 0$

$\Rightarrow \langle f(x_n) \rangle$ konvergiert nicht gegen $f(x_0)$, also konvergiert $\langle y_n \rangle$ nicht gegen y_0.

Das ist im Widerspruch zur Voraussetzung. Nach dem Folgenkriterium war also die Annahme falsch und es ist $\lim_{n \to \infty} x_n = x_0$. $\square$

Folgerung: Mit der Potenzfunktion $f(x) = x^n$ ist auch die Wurzelfunktion $g(x) = x^{\frac{1}{n}}$ $(n \in \mathbb{N})$ stetig auf ihrem Definitionsbereich $\mathbb{R}_0^+$.

Folgerung: Auch die Funktion $f(x) = x^r$ mit $r \in \mathbb{R}$ ist auf $\mathbb{R}_0^+$ stetig.

Stetigkeit der Exponentialfunktion $f(x) = a^x$ mit $a \in \mathbb{R}^+ \setminus \{1\}$ und $x \in \mathbb{R}$ beliebig.

Beweis: Zu zeigen ist, dass $a^{x+h} \to a^x$ für $h \to 0$, d. h. $a^x(a^h - 1) \to 0$ für $h \to 0$, d. h. $(a^h - 1) \to 0$ für $h \to 0$

Sei $\varepsilon > 0$, $|a^h - 1| < \varepsilon$

$\Leftrightarrow$ Fall 1: $a^h > 1$: $a^h - 1 < \varepsilon$

$\quad\quad \Leftrightarrow$ Fall a: $a > 1$ und $h > 0$: $0 < h < \log_a(1 + \varepsilon)$

$\quad\quad\quad\quad$ (Für $a > 1$ ist die Exponentialfunktion streng monoton steigend und

$\quad\quad\quad\quad$ mit ihr auch die entsprechende Logarithmusfunktion.)

$\quad\quad$ Fall b: $a < 1$ und $h < 0$: $0 > h > \log_a(1 + \varepsilon)$

$\quad\quad\quad\quad$ (Für $a < 1$ ist die Exponentialfunktion streng monoton fallend und

$\quad\quad\quad\quad$ mit ihr auch die entsprechende Logarithmusfunktion.)

$\quad$ Fall 2: $a^h < 1$: $1 - a^h < \varepsilon$

$\quad\quad \Leftrightarrow$ Fall a: $a > 1$ und $h < 0$: $0 > h > \log_a(1 - \varepsilon)$

$\quad\quad$ Fall b: $a < 1$ und $h > 0$: $0 < h < \log_a(1 - \varepsilon)$

Setze $\delta := \min(|\log_a(1 + \varepsilon)|, |\log_a(1 - \varepsilon)|)$, dann gilt: $|a^h - 1| < \varepsilon \; \forall\, |h| < \delta$.

Das war zu beweisen. $\square$

Folgerung: Mit der Exponentialfunktion $f(x) = a^x$ mit $a \in \mathbb{R}^+ \setminus \{1\}$ ist auch die entsprechende Logarithmusfunktion $g(x) = \log_a x$ in ihrem Definitionsbereich $\mathbb{R}^+$ stetig.

Stetigkeit der trigonometrischen Funktionen

Sinusfunktion: $f(x) = \sin x$

$\sin(x + h) = \sin x \cos h + \cos x \sin h \to \sin x \cdot 1 + \cos x \cdot 0 = \sin x$ für $h \to 0$

(Die entsprechenden Grenzwerte für Sinus und Cosinus wurden bereits gezeigt.)

Kosinusfunktion: $f(x) = \cos x = \sqrt{1 - \sin^2 x}$ ist stetig, weil es eine Verkettung zweier stetiger Funktionen ist.

Tangensfunktion: $f(x) = \frac{\sin x}{\cos x}$ ist als Quotient stetiger Funktionen stetig (für $\cos x \neq 0$).

Kotangensfunktion: $f(x) = \frac{\cos x}{\sin x}$ ist als Quotient stetiger Funktionen stetig (für $\sin x \neq 0$).

Definition: Eine Funktion $\tilde{f}: D_{\tilde{f}} \to \mathbb{R}$, $x \mapsto \tilde{f}(x)$ heißt eine Fortsetzung von $f: D_f \to \mathbb{R}$, $x \mapsto f(x)$, falls gilt:

$D_f \subset D_{\tilde{f}}$ und $\tilde{f}(x) = f(x) \; \forall \, x \in D_f$.

f heißt dann *Einschränkung* von $\tilde{f}$.

Die Funktion $\tilde{f}$ heißt *stetige Fortsetzung* von f, wenn sie stetig ist.

Beispiel: $f(x) = \sqrt{x}, D_f = \mathbb{R}_0^+, \tilde{f}(x) = \sqrt{|x|}, D_{\tilde{f}} = \mathbb{R}$ ist stetige Fortsetzung von f.

Beispiel: $f(x) = \frac{x^2-1}{x+1}, D_f = \mathbb{R} \setminus \{-1\}, \tilde{f}(x) = x - 1, D_{\tilde{f}} = \mathbb{R}$ ist stetige Fortsetzung von f.

17.3   Sätze über stetige Funktionen

17.3.1   Zwischenwertsatz

Um den Zwischenwertsatz beweisen zu können, benötigt man zwei Hilfssätze, die zunächst gezeigt werden sollen:

1. Hilfssatz: $f: D_f \to \mathbb{R}$ sei in $x_0 \in D_f$ stetig mit $f(x_0) > c$ für ein $c \in \mathbb{R}$.

Dann gibt es in D_f eine Umgebung U von x_0, sodass für alle $x \in U$ immer noch $f(x) > c$ ist.

Beweis: sei $0 < \varepsilon < f(x_0) - c$.

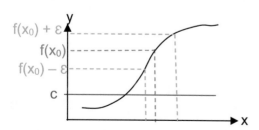

f ist stetig $\Rightarrow \exists \delta > 0$ mit $|f(x) - f(x_0)| < \varepsilon \; \forall \, |x - x_0| < \delta$

$\Rightarrow f(x) > f(x_0) - \varepsilon \; \forall \, |x - x_0| < \delta$

$\Rightarrow f(x) > f(x_0) - (f(x_0) - c) = c \; \forall \, |x - x_0| < \delta$ $\square$

2. Hilfssatz: f: $D_f \to \mathbb{R}$ sei in $x_0 \in D_f$, stetig, $c \in \mathbb{R}$.

Gibt es in jeder Umgebung von x_0 ein x mit $f(x) \geq c$, so ist auch $f(x_0) \geq c$.

Beweis: durch Widerspruch: Wäre $f(x_0) < c$, so gäbe es nach oberem Hilfssatz eine Umgebung U mit $f(x) < c \; \forall \, x \in U$. Das ist im Widerspruch zur Voraussetzung.

Also ist $f(x_0) \geq c$. □

Zwischenwertsatz:

Eine stetige Funktion f: $[a; b] \to \mathbb{R}$ nimmt jeden Wert c zwischen den Werten $f(a)$ und $f(b)$ mindestens an einer Stelle $x_0 \in \,]a; b[$ an. Kurz: es existiert mindestens ein $x_0 \in \,]a; b[$ mit $f(x_0) = c$.

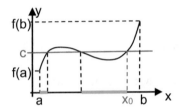

Beweis: Sei $f(a) < c < f(b)$.

$M := \{ t \in [a; b] \mid f(t) \leq c \}$ (in der ersten Zeichnung in hellblau dargestellt)

M ist nicht leer (z. B. $a \in M$), M ist nach oben beschränkt ($t < b \; \forall \, t \in M$).

Also besitzt M ein Supremum. $x_0 := \sup(M)$

Dann gilt:

1. In jeder Umgebung $]x_0 - h; x_0 + h[$ existiert ein ξ mit $f(\xi) \leq c$, denn:

   Wäre das nicht der Fall, so wäre $f(x) > c \; \forall \, x \in \,]x_0 - h; x_0 + h[$ (in der zweiten Zeichnung in grün dargestellt).

   Dann wäre aber x_0 nicht die kleinste obere Schranke, sondern $x_0 - h$ wäre eine noch kleinere obere Schranke.

   Das wäre im Widerspruch zu $x_0 = \sup(M)$.

   $\Rightarrow f(x_0) \leq c$ (2. Hilfssatz)

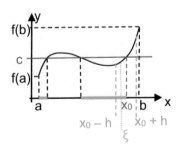

2. In jeder Umgebung $]x_0 - h; x_0 + h[$ existiert ein ξ mit $f(\xi) > c$.

Wäre das nicht der Fall, so wäre x_0 keine obere Schranke, denn $x_0 + h > x_0$ gehörte zur Menge M (siehe dritte Zeichnung).

$\Rightarrow f(x_0) \geq c$ (2. Hilfssatz)

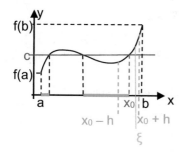

$\Rightarrow f(x_0) = c$. □

17.3.2 Nullstellensatz

Sei f: $[a; b] \to \mathbb{R}$ eine stetige Funktion mit $f(a) < 0 < f(b)$ (oder umgekehrt: $f(b) < 0 < f(a)$), so gibt es mindestens eine Nullstelle der Funktion im Intervall $]a; b[$.

Beweis: der Nullstellensatz ist eine direkte Folgerung aus dem Zwischenwertsatz für $c = 0$. □

Aufgabe: $f(x) = 2^x$ und $g(x) = 3 + x$. Beweisen Sie, dass sich die Graphen von f und g schneiden!

Lösung: $h(x) := f(x) - g(x)$.

$h(0) = f(0) - g(0) = 1 - 3 < 0$, $h(3) = f(3) - g(3) = 8 - 6 > 0$

$\Rightarrow$ Es existiert eine Stelle $0 < x_{N,1} < 3$ mit $h(x_{N,1}) = 0$, also $f(x_{N,1}) = g(x_{N,1})$.

$h(-2) = f(-2) - g(-2) < 0$, $h(-3) = f(-3) - g(-3) > 0$

$\Rightarrow$ Es existiert eine Stelle $-3 < x_{N,2} < -2$ mit $h(x_{N,2}) = 0$, also $f(x_{N,2}) = g(x_{N,2})$.

Satz: Jedes Polynom ungeraden Grades besitzt mindestens eine Nullstelle.

Beweis: $p(x) = a_n x^n + a_{n-1} x^{n-1} + \ldots + a_1 x + a_0$ mit $a_n \neq 0$ und n ungerade

Betrachte $q(x) = \frac{p(x)}{a_n} = x^n(1 + \frac{a_{n-1}}{a_n x} + \frac{a_{n-2}}{a_n x^2} + \ldots + \frac{a_0}{a_n x^n}) =: x^n \left(1 + \frac{b_1}{x} + \frac{b_2}{x^2} + \frac{b_3}{x^3} + \ldots + \frac{b_n}{x^n}\right)$

Sei $B := 1 + |b_1| + |b_2| + \ldots + |b_n|$, dann ist $B > 1$ und

$\left|\frac{b_1}{B}\right| + \left|\frac{b_2}{B}\right| + \left|\frac{b_3}{B}\right| + \ldots + \left|\frac{b_n}{B}\right| = \frac{|b_1| + |b_2| + |b_3| + \ldots + |b_n|}{1 + |b_1| + |b_2| + |b_3| + \ldots + |b_n|} < 1$

$\Rightarrow \left|\frac{b_1}{B}\right| + \left|\frac{b_2}{B^2}\right| + \left|\frac{b_3}{B^3}\right| + \ldots + \left|\frac{b_n}{B^n}\right| < 1$ erst recht, da $B > 1$.

$\Rightarrow q(B) = B^n\left(1 + \frac{b_1}{B} + \frac{b_2}{B^2} + \frac{b_3}{B^3} + \ldots + \frac{b_n}{B^n}\right) > 0$, da $-1 < \frac{b_1}{B} + \frac{b_2}{B^2} + \frac{b_3}{B^3} + \ldots + \frac{b_n}{B^n} < 1$

(Dreiecksungleichung) und $q(-B) = (-B)^n\left(1 - \frac{b_1}{B} + \frac{b_2}{B^2} - \frac{b_3}{B^3} + \ldots + \frac{b_n}{(-B)^n}\right) < 0$ (n ungerade und Dreiecksungleichung)

$\Rightarrow p(B) = a_n q(B)$ und $p(-B) = a_n q(-B)$ haben umgekehrte Vorzeichen.

$\Rightarrow \exists\, x_N \in [-B; B]$ mit $p(x_N) = 0$ (Zwischenwertsatz). $\square$

17.3.3 Extremwertsatz

Jeder stetige Funktion f: $[a; b] \to \mathbb{R}$ ist beschränkt und hat ein Maximum und ein Minimum.

Dieser Satz bleibt in diesem Rahmen ohne Beweis.

Differentialrechnung

18

Differenzierbarkeit und Ableitung einer Funktion werden anschaulich eingeführt, der Zu-sammenhang zwischen Differenzierbarkeit und Stetigkeit erklärt.

Dann werden die Ableitungen der Grundfunktionen und die Ableitung einer Umkehr-funktion hergeleitet. Die natürliche Logarithmusfunktion als Umkehrung der natürlichen Exponentialfunktion vorgestellt, welche die einzige Funktion mit $f(0) = 1$ ist, die mit ih-rer Ableitung übereinstimmt. Satz von Rolle, Mittelwertsatz der Differentialrechnung und die Regeln von l'Hospital werden bewiesen.

Mit Hilfe des Monotoniekriteriums und höherer Ableitungen können Methoden gefunden werden, lokale Extrema und Wendepunkte der Graphen von Funktionen zu finden.

Zum Schluss wird das gesamte Wissen über Funktionen in der Kurvendiskussion ange-wendet.

18.1 Differenzierbarkeit und Ableitung

Der Term $m = \frac{\Delta y}{\Delta x} = \frac{f(x_2) - f(x_1)}{x_2 - x_1}$ ist bei einer linearen Funktion f ein Maß für die Steigung der durch f bestimmten Geraden g. Dabei ist es unwesentlich, zwischen welchen Punkten $P_1(x_1|y_1)$ und $P_2(x_2|y_2)$ der Geraden die Steigung bestimmt wird (Abb. 18.1).

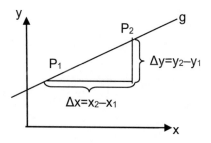

Abb. 18.1 Steigung einer Geraden g

B. Hugues, *Mathematik-Vorbereitung für das Studium eines MINT-Fachs*,
https://doi.org/10.1007/978-3-662-66937-2_18

Anders ist das bei einer nichtlinearen Funktion, bei der die Steigung von der x-Koordinate des betrachteten Punkts abhängt.

In Abb. 18.2 ist z. B. die Steigung des Graphen im Punkt P_2 offensichtlich größer als im Punkt P_1. Und die Steigung der Gerade P_1P_2 stimmt weder mit der Steigung des Graphen im Punkt P_1 noch im Punkt P_2 überein.

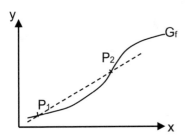

Abb. 18.2 Steigung der Sekante P_1P_2

Die Steigung der Sekante P_1P_2 gibt nur die mittlere Steigung zwischen den Punkten P_1 und P_2 an, wäre nach rechts die Zeit aufgetragen, spräche man von der mittleren Änderungsrate.

Das Problem bei der Bestimmung der momentanen Änderungsrate bzw. der Steigung des Graphen in einem Punkt ist aber, dass man zwei Punkte (einer Geraden) benötigt, um eine Steigung bestimmen zu können.

Da hilft die Überlegung mit einem Grenzwert.

Um die Steigung des Graphen von f im Punkt $P_0(x_0|f(x_0))$ zu bestimmen, bildet man die Steigung der Sekante zwischen P_0 und einem weiteren Punkt $P(x|f(x))$ auf dem Graphen (Abb. 18.3).

Nähert man nun x immer näher an x_0 an (in Abb. 18.3 in grün dargestellt), so nähert sich die Sekante immer mehr der Tangente an den Graphen im Punkt P_0 und die Steigung der Sekante immer mehr der Steigung der Tangente (in Abb. 18.3 rot dargestellt) und damit der Steigung des Graphen im Punkt P_0 an.

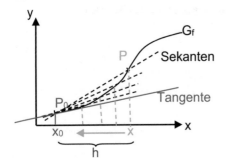

Abb. 18.3 Steigung der Tangente

Die Steigung einer Sekante $\frac{f(x)-f(x_0)}{x-x_0}$ bezeichnet man als *Differenzenquotient*.

Den Grenzwert $\lim_{x\to x_0}\frac{f(x)-f(x_0)}{x-x_0}$ bezeichnet man dann als *Differentialquotient*, und betont damit die Struktur des Terms als Quotient zweier Differenzen, oder als Ableitung f′ der Funktion f an der Stelle x_0 und betont damit die Bedeutung der Steigung der Tangente an der Stelle x_0.

$$f'(x_0) = \lim_{x\to x_0}\frac{f(x)-f(x_0)}{x-x_0} = \lim_{h\to 0}\frac{f(x_0+h)-f(x_0)}{h}.$$

Im letzten Term wurde der (gerichtete) Abstand zwischen x und x_0 als h bezeichnet, der Grenzübergang wird dann für h → 0 durchgeführt. Die Durchführung des Grenzwertes mit Hilfe des letzten Terms bezeichnet man als h-*Methode*.

Definition: Eine Funktion f: $D_f \to \mathbb{R}$, $x \mapsto f(x)$ heißt an der Stelle x_0 im Inneren der Definitionsmenge D_f der Funktion *differenzierbar*, wenn der Grenzwert $\lim_{x\to x_0}\frac{f(x)-f(x_0)}{x-x_0} = \lim_{h\to 0}\frac{f(x_0+h)-f(x_0)}{h}$ existiert.
$f'(x_0) = \lim_{x\to x_0}\frac{f(x)-f(x_0)}{x-x_0}$ heißt *erste Ableitung von f an der Stelle* x_0.

Die erste Ableitung von f an der Stelle x_0 gibt die Steigung der Tangente in x_0, kurz die Steigung des Graphen von f in x_0 an.

Bemerkung: Differenzierbarkeit umfasst, dass die beidseitigen Grenzwerte existieren und gleich sind:
$\lim_{x\downarrow x_0}\frac{f(x)-f(x_0)}{x-x_0} = \lim_{x\uparrow x_0}\frac{f(x)-f(x_0)}{x-x_0}$

Bemerkung: Es wird auch die Schreibweise $f'(x) = \frac{d}{dx}f(x)$ verwendet. Man spricht: „d nach dx von f von x". Das kleine d steht jeweils für eine Differenz, im Zähler für die Differenz der Funktionswerte f(x) und f(x_0), im Nenner für die Differenz x − x_0, und symbolisiert gleichzeitig den Grenzübergang $\Delta x \to 0$.

Bemerkung: In der Physik wird die Ableitung nach der Zeit mit einem Punkt gekennzeichnet: z. B. die momentane Geschwindigkeit eines Körpers ergibt sich als $v(t) = \lim_{\Delta t\to 0}\frac{x(t+\Delta t)-x(t)}{\Delta t} = \dot{x}(t)$, wobei x(t) der Ort des Körpers zur Zeit t ist.

Definition: Eine Funktion f: $D_f \to \mathbb{R}$, $x \mapsto f(x)$ heißt
im offenen Intervall I =]a; b[$\subset D_f$ *differenzierbar*, falls sie für alle $x \in I$ differenzierbar ist,
im abgeschlossenen Intervall I = [a; b] $\subset D_f$ *differenzierbar*, falls sie in]a; b[differenzierbar ist und der Grenzwert $\lim_{x\downarrow a}\frac{f(x)-f(a)}{x-a}$ existiert (dann heißt f in a rechtsseitig differenzierbar) und außerdem der Grenzwert $\lim_{x\uparrow b}\frac{f(x)-f(b)}{x-b}$ existiert (dann heißt f in b linksseitig differenzierbar).
Eine Funktion heißt stetig differenzierbar, wenn sie differenzierbar und die Ableitungsfunktion stetig ist.

Definition: Die Menge $D_{f'} := \{x_0 \in D_f \mid f$ ist an der Stelle x_0 differenzierbar$\}$ heißt *Differenzierbarkeitsbereich* von f.

Definition: Die Funktion $f': D_{f'} \to \mathbb{R}, x \mapsto f'(x)$ heißt *Ableitungsfunktion* von f.
Dabei wird jeder Stelle x aus dem Differenzierbarkeitsbereich von f der Wert der ersten Ableitung an dieser Stelle x zugeordnet.

Aufstellen der Tangentengleichung:
$m = f'(x_0)$,
$f(x_0) = mx_0 + t \Rightarrow t = f(x_0) - mx_0 = f(x_0) - f'(x_0) \cdot x_0$
Einsetzen in die Geradengleichung t: $y = f'(x_0)x + f(x_0) - f'(x_0)x_0$
$\Rightarrow$ Gleichung der Tangente t: $y = f'(x_0)(x - x_0) + f(x_0)$

Aufgabe: Bestimmen Sie graphisch die Ableitung von $f(x) = x^2$ an der Stelle $x_0 = 1$, indem Sie dort die Tangente an den Graphen von f zeichnen und mit Hilfe des Steigungsdreiecks ihre Steigung ermitteln!
Lösung: Siehe Abb. 18.4a

a

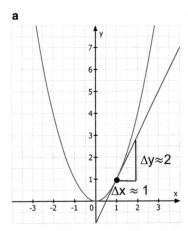

b

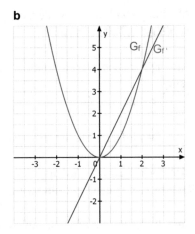

Abb. 18.4 Graph von $f(x) = x^2$. **a** Steigung der Tangente an der Stelle $x_0 = 1$, **b** Graph von Funktion (*rot*) und Ableitungsfunktion (*blau*)

Im gezeichneten Steigungsdreieck liest man Δx und Δy ab.
$m = \frac{\Delta y}{\Delta x}$ ergibt dann die Steigung der Tangente, hier etwa 2.

Aufgabe: Bestimmen Sie rechnerisch mit Hilfe des Differentialquotienten die Steigung der Tangente an den Graphen von $f(x) = x^2$ an der Stelle $x_0 = 1$! Stellen Sie dann die Gleichung der Tangente im Punkt $(1|1)$ auf!
Lösung: $f'(1) = \lim_{x \to 1} \frac{x^2 - 1^2}{x - 1} = \lim_{x \to 1}(x + 1) = 2$
Für die Gleichung der Tangente an der Stelle $x_0 = 1$ ergibt sich:
t: $y = 2(x - 1) + 1$, d. h. t: $y = 2x - 1$

Allgemein ergibt sich für die Steigung der Tangente an den Graphen von $f(x) = x^2$ an der Stelle x_0:

$f'(x_0) = \lim_{x \to x_0} \frac{x^2 - x_0^2}{x - x_0} = \lim_{x \to x_0}(x + x_0) = 2x_0$

Für die Gleichung der Tangente an der Stelle x_0 gilt somit:

t: $y = 2x_0(x - x_0) + x_0^2$, d. h. t: $y = 2x_0 \cdot x - x_0^2$

Trägt man die Werte der 1. Ableitung gegen ihre x-Werte auf, so ergibt sich der *Graph der Ableitungsfunktion*.

In Abb. 18.4b ist der Graph der Funktion $f(x) = x^2$ rot und der Graph der Ableitungsfunktion $f'(x) = 2x$ blau dargestellt.

Aufgabe: Untersuchen Sie die Funktion $f(x) = |x|$ auf Differenzierbarkeit an der Stelle $x_0 = 0$!

Lösung: $f(x) = \begin{cases} x & \text{für } x \geq 0 \\ -x & \text{für } x < 0 \end{cases}$

$\lim_{x \downarrow 0} \frac{f(x) - f(0)}{x - 0} = \lim_{x \downarrow 0} \frac{x - 0}{x - 0} = 1$

$\lim_{x \uparrow 0} \frac{f(x) - f(0)}{x - 0} = \lim_{x \uparrow 0} \frac{-x - 0}{x - 0} = -1$

Die Grenzwerte stimmen nicht überein, die Funktion ist an der Stelle 0 nicht differenzierbar.

Der Graph von f hat an der Stelle $x_0 = 0$ einen Knick (Abb. 18.5a)

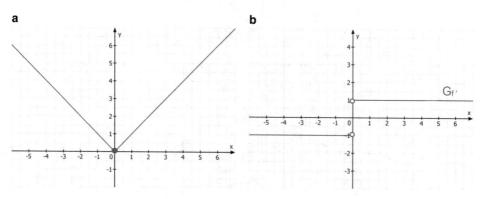

Abb. 18.5 $f(x) = |x|$, **a** Graph der Funktion, **b** Graph der Ableitungsfunktion

Aufgabe: Bestimmen Sie für die Funktion $f(x) = |x|$ mit Hilfe des Differentialquotienten die erste Ableitung an einer Stelle $x_0 \neq 0$ und zeichnen Sie den Graphen der Ableitungsfunktion!

Lösung: $x_0 > 0$: $\lim_{x \to x_0} \frac{f(x) - f(x_0)}{x - x_0} = \lim_{x \to x_0} \frac{x - x_0}{x - x_0} = 1$

$x_0 < 0$: $\lim_{x \to x_0} \frac{f(x) - f(x_0)}{x - x_0} = \lim_{x \to x_0} \frac{-x - (-x_0)}{x - x_0} = -1$

Der Graph von f' ist in Abb. 18.5b dargestellt.

18.2   Stetigkeit und Differenzierbarkeit

Beispiel: $f(x) = \begin{cases} x^2 & \text{für } x \le 1 \\ 2x & \text{für } x > 1 \end{cases}$

f ist an der Stelle $x_0 = 1$ nicht stetig.

f ist an der Stelle $x_0 = 1$ nicht differenzierbar (Abb. 18.6a).

a
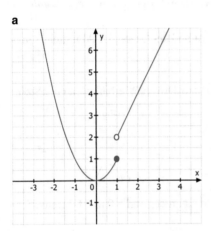

b
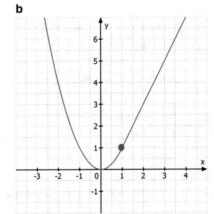

c
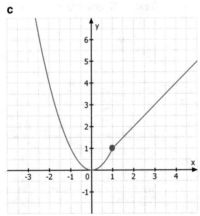

Abb. 18.6 Differenzierbarkeit einer Funktion an einer Stelle, an der die Funktion **a** nicht stetig ist, **b** stetig ist und der Graph dort keinen Knick hat, **c** stetig ist und Graph dort einen Knick hat

Beispiel: $f(x) = \begin{cases} x^2 & \text{für } x \le 1 \\ 2x - 1 & \text{für } x > 1 \end{cases}$

f ist an der Stelle $x_0 = 1$ stetig.

f ist an der Stelle $x_0 = 1$ differenzierbar (Abb. 18.6b).

Beispiel: $f(x) = \begin{cases} x^2 & \text{für } x \leq 1 \\ x & \text{für } x > 1 \end{cases}$

f ist an der Stelle $x_0 = 1$ stetig.

f ist an der Stelle $x_0 = 1$ nicht differenzierbar (Abb. 18.6c).

Die Beispiele sollen die Frage nahelegen, welcher Zusammenhang zwischen Stetigkeit und Differenzierbarkeit besteht. Lassen sich Funktionen finden, die zwar differenzierbar sind, aber nicht stetig?

Satz: Eine an der Stelle x_0 differenzierbare Funktion ist dort stetig.

(Stetigkeit ist eine notwendige Voraussetzung für Differenzierbarkeit)

Beweis: $\lim_{x \to x_0}(f(x) - f(x_0)) = \lim_{x \to x_0}\left[\frac{f(x) - f(x_0)}{x - x_0}(x - x_0)\right]$

$\overset{(*)}{=} \lim_{x \to x_0}\frac{f(x) - f(x_0)}{x - x_0}\lim_{x \to x_0}(x - x_0) = f'(x_0) \cdot 0 = 0.$

$(*)$ f ist differenzierbar. $\square$

Es gibt also keine Funktionen, die an einer Stelle differenzierbar, aber dort nicht stetig sind.

Anschaulich kann man sich das am ersten Beispiel gut erklären:

In Abb. 18.7 sind mit gestrichelten Linien Sekanten durch den Punkt $P(1|1)$ und durch Punkte $Q(x|f(x))$ mit $x > 1$ dargestellt.

Man erkennt: je näher die Stelle x an die Stelle $x_0 = 1$ heranrutscht, desto steiler wird die entsprechende Sekante.

Im Grenzübergang hätte sie eine unendlich große Steigung, d. h. die erste Ableitung ist an der Stelle $x_0 = 1$ nicht definiert, die Funktion f ist dort nicht differenzierbar.

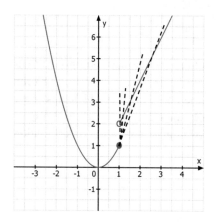

Abb. 18.7 Stetigkeit als notwendige Voraussetzung für Differenzierbarkeit

Aber: Es gibt stetige Funktionen, die nicht differenzierbar sind, wie das dritte Beispiel zeigt. Der Graph weist an der Stelle dann einen Knick auf.

Und selbstverständlich gibt es Funktionen, die stetig und differenzierbar sind.

18.3   Ableitungen der Grundfunktionen und Ableitungsregeln

Sei $f(x) = c$. $f'(x_0) = \lim_{x \to x_0} \frac{c-c}{x-x_0} = 0$

Der Graph von f ist eine horizontale Gerade, hat also die Steigung 0.

Sei $f(x) = x^n$ mit $n \in \mathbb{N}$

$$f'(x_0) = \lim_{h \to 0} \frac{(x_0+h)^n - x_0^n}{h} = \lim_{h \to 0} \frac{\sum_{k=0}^n \binom{n}{k} x_0^{n-k} h^k - x_0^n}{h}$$

$$= \lim_{h \to 0} \frac{x_0^n + n x_0^{n-1} h^1 + \sum_{k=2}^n \binom{n}{k} x_0^{n-k} h^k - x_0^n}{h}$$

$$= \lim_{h \to 0} \left(n x_0^{n-1} + \sum_{k=2}^n \binom{n}{k} x_0^{n-k} h^{k-1} \right) = n x_0^{n-1}$$

Verallgemeinerung: Sei $f(x) = x^r$ mit $r \in \mathbb{R}$ dann ist $f'(x_0) = r x^{r-1}$, wie im Abschn. 18.5 noch gezeigt wird.

Hier sollen nur die Fälle $r = -1$ und $r = \frac{1}{2}$ betrachtet werden:

Sei $f(x) = x^{-1} = \frac{1}{x}$,

$$f'(x_0) = \lim_{x \to x_0} \frac{\frac{1}{x} - \frac{1}{x_0}}{x - x_0} = \lim_{x \to x_0} \frac{\frac{x_0 - x}{x x_0}}{x - x_0} \lim_{x \to x_0} \frac{-(x - x_0)}{x x_0 (x - x_0)} = -\frac{1}{x_0^2} = -1 \cdot x_0^{-2} \checkmark$$

Sei $f(x) = x^{\frac{1}{2}} = \sqrt{x}$, $x > 0$,

$$f'(x_0) = \lim_{x \to x_0} \frac{\sqrt{x} - \sqrt{x_0}}{x - x_0} = \lim_{x \to x_0} \frac{1}{\sqrt{x} + \sqrt{x_0}} = \frac{1}{2\sqrt{x_0}} = \frac{1}{2} x_0^{-\frac{1}{2}} \checkmark$$

Sei $f(x) = \sin x$,

$$f'(x_0) = \lim_{h \to 0} \frac{\sin(x_0 + h) - \sin x_0}{h} = \lim_{h \to 0} \frac{\sin x_0 \cos h + \cos x_0 \sin h - \sin x_0}{h}$$

$$= \lim_{h \to 0} \frac{\sin x_0 (\cos h - 1) + \cos x_0 \sin h}{h} = \lim_{h \to 0} \frac{\sin x_0 (\cos h - 1)}{h} + \lim_{h \to 0} \frac{\cos x_0 \sin h}{h}$$

$$= \sin x_0 \lim_{h \to 0} \frac{\cos h - 1}{h} + \cos x_0 \lim_{h \to 0} \frac{\sin h}{h}$$

Mit $\lim_{h \to 0} \frac{\sin h}{h} = 1$ (Kap. 17) folgt:

$$\lim_{h \to 0} \frac{\cos h - 1}{h} = \lim_{h \to 0} \frac{\sqrt{1 - \sin^2 h} - 1}{h} = \lim_{h \to 0} \frac{(\sqrt{1 - \sin^2 h} - 1)(\sqrt{1 - \sin^2 h} + 1)}{h(\sqrt{1 - \sin^2 h} + 1)}$$

$$= \lim_{h \to 0} \frac{(1 - \sin^2 h - 1)}{h(\sqrt{1 - \sin^2 h} + 1)} = -\lim_{h \to 0} \frac{\sin h}{h} \cdot \lim_{h \to 0} \frac{\sin h}{\sqrt{1 - \sin^2 h} + 1} = -1 \cdot 0 = 0$$

Also ist $f'(x_0) = \sin x_0 \lim_{h \to 0} \frac{\cos h - 1}{h} + \cos x_0 \lim_{h \to 0} \frac{\sin h}{h} = \cos x_0$

Die Sinusfunktion lässt sich auch leicht graphisch ableiten, indem man zunächst die Stellen sucht, an denen die Ableitung 0 ist, d. h. $x = \pm\frac{\pi}{2}$, $\pm 3\frac{\pi}{2}$, $\pm 5\frac{\pi}{2}$, etc. (in Abb. 18.8 grün dargestellt). Darüber hinaus ergibt sich an den Nullstellen des Sinus der Ableitungswert 1 bzw. -1 (in Abb. 18.8 violett dargestellt). Ordnet man nun diesen x-Werten die entsprechende Ableitung als y-Wert zu, errät man, dass die Ableitungsfunktion der Sinusfunktion die Kosinusfunktion ist.

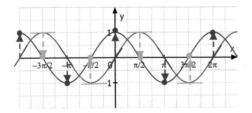

Abb. 18.8 Graphische Bestimmung der Ableitungsfunktion $f'(x)$ für $f(x) = \sin x$

Sei $f(x) = \cos x$, $f'(x_0) = -\sin x_0$ (rechnerische Herleitung und graphische Darstellung analog zur Sinusfunktion.)

Sei $f(x) = e^x$, $f'(x_0) = e^{x_0}$

Sei $f(x) = \ln x$, $x_0 > 0$, $f'(x_0) = \frac{1}{x_0}$

(Die Beweise für die Ableitungen von $f(x) = e^x$ und $f(x) = \ln x$ werden im Abschn. 18.5 geführt, die Ableitungsregeln werden hier nur des Überblicks halber angeführt.)

Ableitungsregeln

Seien f: $D_f \to \mathbb{R}$, $x \mapsto f(x)$ und g: $D_g \to \mathbb{R}$, $x \mapsto g(x)$ zwei Funktionen mit gemeinsamem Differenzierbarkeitsbereich $D_{h'} = D_{f'} \cap D_{g'}$.

Dann gilt für alle $x \in D_{h'}$:

$h(x) = f(x) \pm g(x) \Rightarrow h'(x) = f'(x) \pm g'(x)$

Beweis: $(f \pm g)'(x_0) = \lim_{x \to x_0} \frac{(f \pm g)(x) - (f \pm g)(x_0)}{x - x_0} = \lim_{x \to x_0} \frac{[f(x) - f(x_0)] \pm [g(x) - g(x_0)]}{x - x_0}$

$= \lim_{x \to x_0} \frac{[f(x) - f(x_0)]}{x - x_0} \pm \lim_{x \to x_0} \frac{g(x) - g(x_0)}{x - x_0} = f'(x_0) \pm g'(x_0)$ $\square$

Insbesondere gilt: $h(x) = f(x) + c \Rightarrow h'(x) = f'(x)$ *Additive Konstanten* fallen beim Ableiten weg.

$h(x) = cf(x) \Rightarrow h'(x) = cf'(x)$ *Multiplikative Konstanten* bleiben beim Ableiten erhalten.

Beweis: $(cf)'(x_0) = \lim_{x \to x_0} \frac{(cf)(x) - (cf)(x_0)}{x - x_0} = \lim_{x \to x_0} \frac{c[f(x) - f(x_0)]}{x - x_0}$

$= c \lim_{x \to x_0} \frac{[f(x) - f(x_0)]}{x - x_0} = cf'(x_0)$ $\square$

$h(x) = f(x) \cdot g(x) \Rightarrow h'(x) = f'(x)g(x) + f(x)g'(x)$ *Produktregel*

Beweis: $(f \cdot g)'(x_0) = \lim_{x \to x_0} \frac{(f \cdot g)(x) - (f \cdot g)(x_0)}{x - x_0} = \lim_{x \to x_0} \frac{f(x)g(x) - f(x_0)g(x_0)}{x - x_0}$

$= \lim_{x \to x_0} \frac{f(x)g(x) - f(x_0)g(x) + f(x_0)g(x) - f(x_0)g(x_0)}{x - x_0}$

$= \lim_{x \to x_0} \frac{f(x)g(x) - f(x_0)g(x)}{x - x_0} + \lim_{x \to x_0} \frac{f(x_0)g(x) - f(x_0)g(x_0)}{x - x_0}$

$= \lim_{x \to x_0} \left[g(x) \frac{f(x) - f(x_0)}{x - x_0} \right] + f(x_0) \lim_{x \to x_0} \frac{g(x) - g(x_0)}{x - x_0} = f'(x_0)g(x_0) + f(x_0)g'(x_0)$ $\square$

$h(x) = \frac{f(x)}{g(x)} \Rightarrow h'(x) = \frac{f'(x)g(x) - f(x)g'(x)}{(g(x))^2}$ für $g(x) \neq 0$ *Quotientenregel*

Beweis: $\left(\frac{f}{g}\right)'(x_0) = \lim_{x \to x_0} \frac{\left(\frac{f}{g}\right)(x) - \left(\frac{f}{g}\right)(x_0)}{x - x_0} = \lim_{x \to x_0} \frac{\frac{f(x)}{g(x)} - \frac{f(x_0)}{g(x_0)}}{x - x_0} = \lim_{x \to x_0} \frac{f(x)g(x_0) - f(x_0)g(x)}{g(x)g(x_0)(x - x_0)}$

$= \lim_{x \to x_0} \frac{f(x)g(x_0) - f(x_0)g(x_0) + f(x_0)g(x_0) - f(x_0)g(x)}{g(x)g(x_0)(x - x_0)} = \lim_{x \to x_0} \frac{[f(x) - f(x_0)]g(x_0) + f(x_0)[g(x_0) - g(x)]}{g(x)g(x_0)(x - x_0)}$

$= g(x_0) \lim_{x \to x_0} \left\{ \frac{[f(x) - f(x_0)]}{(x - x_0)} \cdot \frac{1}{g(x)g(x_0)} \right\} - f(x_0) \lim_{x \to x_0} \left\{ \frac{[g(x) - g(x_0)]}{(x - x_0)} \cdot \frac{1}{g(x)g(x_0)} \right\}$

$= \frac{f'(x_0)g(x_0) - f(x_0)g'(x_0)}{(g(x_0))^2}$ $\square$

Sei $h := f \circ g$ die Verkettung der in x_0 differenzierbaren Funktion g: $D_g \to \mathbb{R}$, $x \mapsto g(x)$ mit der in $y_0 := g(x_0)$ differenzierbaren Funktion f: $D_f \to \mathbb{R}$, $x \mapsto f(x)$ mit $W_g \subset D_f$

$h := D_{f \circ g} \to \mathbb{R}$, $x \mapsto f(g(x))$, dann gilt:

$h(x) = f(g(x)) \Rightarrow [f(g)]'(x_0) = f'(g(x_0)) \cdot g'(x_0)$ *Kettenregel*

Das Multiplizieren mit $g'(x_0)$ beim Anwenden der Kettenregel nennt man Nachdifferenzieren.

Beweis: Für das Anwenden der Kettenregel müssen f in $y_0 = g(x_0)$ und g in x_0 differenzierbar sein.

g(x) ist demnach stetig, und es ist $\lim_{x \to x_0} g(x) = g(x_0)$.

Betrachtet werde die Funktion $q(y) := \frac{f(y) - f(y_0)}{y - y_0}$ für $y \neq y_0$.

Dann ist $f(y) - f(y_0) = q(y)(y - y_0)$ für $y \neq y_0$. (1)

Und wegen der Differenzierbarkeit von f an der Stelle y_0 ist q(y) dort stetig fortsetzbar und es ist $\lim_{y \to y_0} q(y) = f'(y_0)$. (2)

$\Rightarrow (f \circ g)'(x_0) = \lim_{x \to x_0} \frac{f(g(x)) - f(g(x_0))}{x - x_0} \overset{(1)}{=} \lim_{x \to x_0} \frac{q(y)(y - y_0)}{x - x_0} \overset{(2)}{=} f'(g(x_0)) \lim_{x \to x_0} \frac{g(x) - g(x_0)}{x - x_0}$

$= f'(g(x_0))g'(x_0)$ □

Insbesondere: $g(x) = cx \Rightarrow [f(cx)]' = cf'(cx)$

Beispiele:

Summe bzw. Differenz von Funktionen:

$f(x) = x^2 - x^3 \Rightarrow f'(x) = 2x - 3x^2$

Wegfallen der additiven Konstante:

$f(x) = \sin x + 2 \Rightarrow f'(x) = \cos x$

Beibehalten der multiplikativen Konstante:

$f(x) = 5x^2 \Rightarrow f'(x) = 10x$

Produktregel:

$f(x) = \sin x \cdot \cos x \Rightarrow f'(x) = \cos x \cdot \cos x + \sin x \cdot (-\sin x) = \cos^2 x - \sin^2 x$

$f(x) = xe^x \Rightarrow f'(x) = 1 \cdot e^x + xe^x = (1 + x)e^x$

Quotientenregel:

$f(x) = \tan x = \frac{\sin x}{\cos x} \Rightarrow f'(x) = \frac{\cos x \cos x - \sin x(-\sin x)}{\cos^2 x} = \frac{1}{\cos^2 x}$

$f(x) = \frac{e^x}{x} \Rightarrow f'(x) = \frac{e^x \cdot x - e^x \cdot 1}{x^2} = \frac{(x-1)e^x}{x^2}$

$f(x) = \frac{x}{\ln x} \Rightarrow f'(x) = \frac{1 \cdot \ln x - x \cdot \frac{1}{x}}{(\ln x)^2} = \frac{\ln x - 1}{(\ln x)^2}$

Kettenregel (auch mehrfach angewendet):

$f(x) = e^{x^2} \Rightarrow f'(x) = e^{x^2} \cdot 2x = 2xe^{x^2}$

$f(x) = \sqrt{\ln x} \Rightarrow f'(x) = \frac{1}{2\sqrt{\ln x}} \cdot \frac{1}{x} = \frac{1}{2x\sqrt{\ln x}}$

$f(x) = \cos^2(\ln(x^2)) \Rightarrow f'(x) = 2\cos(\ln(x^2)) \cdot (-\sin(\ln(x^2))) \cdot \frac{1}{x^2} \cdot 2x$

$= -\frac{4}{x} \cos(\ln(x^2)) \cdot \sin(\ln(x^2))$

$f(x) = \sqrt{\sin^3(\pi x)} = (\sin(\pi x))^{\frac{3}{2}} \Rightarrow f'(x) = \frac{3}{2}(\sin(\pi x))^{\frac{1}{2}} \cdot \cos(\pi x) \cdot \pi$

$= \frac{3\pi}{2} \cos(\pi x)\sqrt{\sin(\pi x)}$

Überblick über die Differentialrechnung:

Die Differentiation:

$$f'(x_0) = \lim_{x \to x_0} \frac{f(x)-f(x_0)}{x-x_0} = \lim_{h \to 0} \frac{f(x_0+h)-f(x_0)}{h}$$

1. Ableitung von f an der Stelle x_0, momentane Änderungsrate, Steigung der Tangente

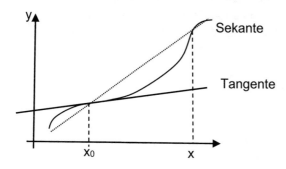

Lineare Approximation von f an der Stelle x_0:

$$y = f'(x_0) \cdot (x - x_0) + f(x_0)$$

Ableitung der Grundfunktionen	
$f(x)$	$f'(x)$
$x^n, n \in \mathbb{R}$	nx^{n-1}
$\sin x$	$\cos x$
$\cos x$	$-\sin x$
e^x	e^x
$\ln x$	$\frac{1}{x}$
a^x	$\ln a \cdot a^x$

Ableitungsregeln

$f(x) = u(x) + c \Rightarrow f'(x) = u'(x)$
Additive Konstanten fallen beim Ableiten weg
Insbesondere: $f(x) = c \Rightarrow f'(x) = 0$

$f(x) = c \cdot u(x) \Rightarrow f'(x) = c \cdot u'(x)$
Multiplikative Konstanten bleiben beim Ableiten erhalten

$f(x) = u(x) \pm v(x) \Rightarrow f'(x) = u'(x) \pm v'(x)$

Produktregel:
$(u \cdot v)' = u'v + uv'$

Quotientenregel:
$\left(\frac{u}{v}\right)' = \frac{u'v - uv'}{v^2}$

Kettenregel:
$[u(v(x))]' = u'(v(x)) \cdot v'(x)$ „Nachdifferenzieren"
Insbesondere: $[f(cx)]' = c \cdot f'(cx)$

18.4   Umkehrfunktionen und ihre Ableitung

Allgemeine Eigenschaften der Umkehrfunktion

Für eine Umkehrfunktion f^{-1} einer Funktion f gilt: $f^{-1}: y = f(x) \mapsto x = f^{-1}(y)$

In Abb. 18.9 sieht man, wie einem x über die Funktion f ein y zugeordnet wird, dargestellt durch die schwarz gestrichelten Pfeile. Man sieht auch, wie diesem y durch die Funktion

f^{-1} wieder das ursprüngliche x zugeordnet wird, dargestellt durch die hellblau gestrichelten Pfeile.

Da man in der Mathematik gerne die frei zu wählende Variable x nennt und auf der horizontalen Achse abträgt, und die zugeordnete Variable y nennt und auf der vertikalen Achse sucht, benennt man die Variablen für die Umkehrfunktion um, was im Graphen der Spiegelung an der Winkelhalbierenden des 1. und 3. Quadranten (rot dargestellt) entspricht. Der Graph der Umkehrfunktion f^{-1} geht also aus dem der Funktion f durch Spiegelung an der Gerade $y = x$ hervor.

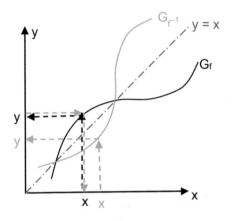

Abb. 18.9 Graph von f und f^{-1}

Es ist damit: $f^{-1}(f(x)) = x$ und $f(f^{-1}(x)) = x$

Satz: Eine in einem Intervall streng monotone Funktion f ist dort umkehrbar.
Beweis: Annahme: $\exists x_1 \neq x_2 \in I$ mit $f(x_1) = f(x_2)$.
o. B. d. A. $x_1 < x_2 \Rightarrow f(x_1) < f(x_2)$ im Fall einer streng monoton steigenden Funktion oder $f(x_1) > f(x_2)$ im Fall einer streng monoton fallenden Funktion
Das ist im Widerspruch zu $f(x_1) = f(x_2)$.
$\Rightarrow \nexists x_1 \neq x_2 \in I$ mit $f(x_1) = f(x_2)$.
$\Rightarrow$ Die Relation f^{-1} bildet also nicht zwei gleiche Werte $f(x_1) = f(x_2)$ auf zwei verschiedene Werte $f^{-1}(f(x_1)) = x_1 \neq x_2 = f^{-1}(f(x_2))$ ab.
$\Rightarrow$ Die Funktion f ist umkehrbar. $\square$

Satz: Eine in einem Intervall I definierte, umkehrbare und stetige Funktion ist dort streng monoton.
Beweis: Annahme: f ist nicht streng monoton.
Dass es zwei Stellen $x_1 < x_2 \in I$ gibt mit $f(x_1) = f(x_2)$ widerspricht der Umkehrbarkeit. Zu betrachten ist also noch der Fall, dass es zwischen zwei Stellen $x_1 < x_2 \in I$ eine Stelle x_0 gibt, für die der Funktionswert $f(x_0)$ nicht zwischen $f(x_1)$ und $f(x_2)$ liegt.
Sei $f(x_1) < f(x_2)$ und $f(x_0) < f(x_1)$.

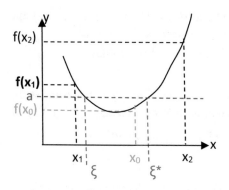

Mit dem Zwischenwertsatz folgt dann:

in $]x_1; x_0[$ gibt es zu jedem a mit $f(x_1) > a > f(x_0)$ mindestens eine Stelle ξ mit $f(\xi) = a$
und in $]x_0; x_2[$ gibt es zu diesem a auch mindestens eine Stelle ξ^* mit $f(\xi^*) = a$.

$\Rightarrow \exists \xi \neq \xi^*$ mit $f(\xi^*) = a = f(\xi) \Rightarrow$ f ist auf I nicht umkehrbar, was im Widerspruch zur
Voraussetzung ist. Also muss die Annahme falsch gewesen sein.

$\Rightarrow$ f ist streng monoton in I.   □

Satz: Die Funktion $f(x) = ax^2 + bx + c$ ist

für $a > 0$ in $]-\infty; x_S]$ streng monoton fallend und in $[x_S; \infty[$ streng monoton steigend,

für $a < 0$ in $]-\infty; x_S]$ streng monoton steigend und in $[x_S; \infty[$ streng monoton fallend,

wobei x_S die x-Koordinate des Scheitelpunkts der Parabel ist.

Beweis: $f(x) = a(x - x_S)^2 + y_S$ Scheitelpunktsform der Parabel.

sei $x_1 = x_S + h_1 \Rightarrow f(x_1) = f(x_S + h_1) = ah_1^2 + y_S$ und $f(x_2) = f(x_S + h_2) = ah_2^2 + y_S$

Für $a > 0$ gilt dann:

mit $h_2 > h_1 > 0$ ist $f(x_S + h_2) > f(x_S + h_1) \Rightarrow$ f streng monoton steigend in $[x_S; \infty[$.

mit $h_2 < h_1 < 0$ ist $f(x_S + h_2) > f(x_S + h_1) \Rightarrow$ f streng monoton fallend in $]-\infty; x_S]$.

Analog für $a < 0$.   □

Bemerkung: Der Beweis für eine einfache Funktion ist bereits relativ aufwändig. Im
Abschn. 18.7 wird ein Kriterium eingeführt, bei dem mit Hilfe der ersten Ableitung leicht
Monotonie festgestellt werden kann.

Ableitung der Umkehrfunktion:

Satz: Ist f eine auf einem Intervall I stetige und streng monotone Funktion, die an der
Stelle $x_0 \in I$ differenzierbar ist und $f'(x_0) \neq 0$, so ist die Umkehrfunktion f^{-1} an der Stelle
$y_0 = f(x_0)$ ebenfalls differenzierbar und es gilt: $(f^{-1})'(y_0) = \frac{1}{f'(f^{-1}(y_0))}$ bzw. nach Umben-
nung von x und y:

$(f^{-1})'(x_0) = \frac{1}{f'(f^{-1}(x_0))}$

Beweis: Für eine in x_0 differenzierbare Funktion f gilt: $f(x) = f(x_0) + \varphi(x) \cdot (x - x_0)$ mit $\varphi(x_0) = f'(x_0)$, da $\varphi(x) = \frac{f(x) - f(x_0)}{x - x_0}$ eine in x_0 stetig fortsetzbare Funktion ist.

Mit $x - x_0 = \frac{1}{\varphi(x)} \cdot (f(x) - f(x_0))$ und der Umkehrfunktion f^{-1} von f folgt:

$$x - x_0 = f^{-1}(y) - f^{-1}(y_0) = \frac{1}{\varphi(f^{-1}(y))}(y - y_0)$$

Da $\varphi(f^{-1}(y))$ als Verknüpfung stetiger Funktionen stetig ist (f ist streng monoton und stetig und ihre Umkehrfunktion deshalb auch stetig), und nach Voraussetzung $\varphi(f^{-1}(y_0)) \neq 0$ ist, ist $\frac{1}{\varphi(f^{-1}(y))}$ stetig und $\lim_{y \to y_0} \frac{f^{-1}(y) - f^{-1}(y_0)}{y - y_0} = \lim_{y \to y_0} \frac{1}{\varphi(f^{-1}(y))}$ existiert.

Mit $\varphi(x_0) = f'(x_0)$ folgt die Behauptung. $\square$

Bemerkung: Der Beweis umfasst sowohl die Existenz der Ableitung der Umkehrfunktion als auch ihre Berechnung.

Sollte man – die Existenz vorausgesetzt – nur noch die Formel für die Ableitung der Umkehrfunktion herleiten wollen, so geht das sehr viel einfacher mit folgender Überlegung:
Differenzieren der Gleichung $f^{-1}(f(x)) = x$ nach x ergibt:
$[f^{-1}(f(x))]' = 1$
$(f^{-1})'(f(x)) \cdot f'(x) = 1$ (Anwenden der Kettenregel)
$\Rightarrow (f^{-1})'(y) = \frac{1}{f'(f^{-1}(y))}$ und mit der Umbenennung von x und y ergibt sich die gewünschte Formel.

Beispiel $f(x) = x^{\frac{1}{n}}, x \in \mathbb{R}_0^+, n \in \mathbb{N}$

$f(x)$ ist die Umkehrfunktion zu $g(x) = x^n$. Also ist $g^{-1}(x) = f(x) = x^{\frac{1}{n}}$ und es gilt:
$g'(x) = nx^{n-1}$

$$f'(x) = (g^{-1})'(x) = \frac{1}{g'(g^{-1}(x))} = \frac{1}{n(x^{\frac{1}{n}})^{n-1}} = \frac{1}{nx^{1-\frac{1}{n}}} = \frac{1}{n}x^{\frac{1}{n}-1}$$

Folgerung: Für $f(x) = x^{\frac{m}{n}}, x \in \mathbb{R}_0^+, n \in \mathbb{N}, m \in \mathbb{N}_0$ gilt mit Anwendung der Kettenregel:
$f'(x) = \left[(x^m)^{\frac{1}{n}}\right]' = \frac{1}{n}(x^m)^{\frac{1}{n}-1}mx^{m-1} = \frac{m}{n}x^{\frac{m}{n}-1}$
Und mit Hilfe der Monotoniegesetze für Potenzen folgt dann für reelle Exponenten:
$f(x) = x^r, x \in \mathbb{R}_0^+, r \in \mathbb{R} \Rightarrow f'(x) = rx^{r-1}$

Bemerkung: Im Abschn. 18.5 über die ln-Funktion folgt ein sehr viel einfacherer Beweis für die Ableitungsregel von Potenzfunktionen mit reellen Exponenten.

Die Ableitungen der Arcus-Funktionen
$f(x) = \arcsin x$
$f(x)$ ist die Umkehrfunktion zu $g(x) = \sin x$.
$g(x)$ ist auf dem Intervall $[-\frac{\pi}{2}; +\frac{\pi}{2}]$ umkehrbar.
Also sind $g: [-\frac{\pi}{2}; +\frac{\pi}{2}] \to [-1; 1], x \mapsto g(x) = \sin x$
und die Umkehrfunktion $f: [-1; 1] \to [-\frac{\pi}{2}; +\frac{\pi}{2}]; x \mapsto f(x) = \arcsin x$ zu betrachten.
Es ist $g^{-1}(x) = f(x) = \arcsin x$ und es gilt: $g'(x) = \cos x$

$$f'(x) = (g^{-1})'(x) = \frac{1}{g'(g^{-1}(x))} = \frac{1}{\cos(\arcsin x)} = \frac{1}{\sqrt{1-\sin^2(\arcsin x)}}$$

$$\Rightarrow \arcsin'(x) = \frac{1}{\sqrt{1-x^2}} \text{ in }]-1;1[\text{ (Abb. 18.10)}$$

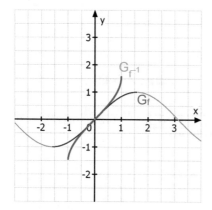

Abb. 18.10 Der Graph von $f(x) = \sin x$ in $[-\frac{\pi}{2}; +\frac{\pi}{2}]$ und $f^{-1}(x) = \arcsin x$ in $]-1;1[$

Aufgabe: Bestimmen Sie ein Intervall, auf dem $g(x) = \cos x$ umkehrbar ist, und geben Sie Definitions- und Wertemenge der Umkehrfunktion an! Leiten Sie einen Term für die Ableitung der Umkehrfunktion her!

Lösung: $f(x) = \arccos x$

$f(x)$ ist die Umkehrfunktion zu $g(x) = \cos x$.

$g(x)$ ist auf dem Intervall $[0; \pi]$ umkehrbar.

Also sind $g: [0; \pi] \to [-1; 1]$, $x \mapsto g(x) = \cos x$

und die Umkehrfunktion $f: [-1; 1] \to [0; \pi]$, $x \mapsto f(x) = \arccos x$ zu betrachten.

Es ist $g^{-1}(x) = f(x) = \arccos x$ und es gilt: $g'(x) = -\sin x$

$$f'(x) = (g^{-1})'(x) = \frac{1}{g'(g^{-1}(x))} = \frac{1}{-\sin(\arccos x)} = \frac{1}{-\sqrt{1-\cos^2(\arccos x)}}$$

$$\Rightarrow \arccos'(x) = -\frac{1}{\sqrt{1-x^2}} \text{ in }]-1;1[\text{ (Abb. 18.11)}$$

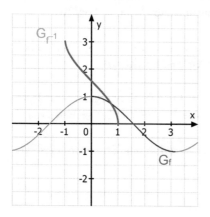

Abb. 18.11 Der Graph von $f(x) = \cos x$ in $[-\frac{\pi}{2}; +\frac{\pi}{2}]$ und $f^{-1}(x) = \arccos x$ in $]-1;1[$

Aufgabe: Bestimmen Sie ein Intervall, auf dem $g(x) = \tan x$ umkehrbar ist, und geben Sie Definitions- und Wertemenge der Umkehrfunktion an! Leiten Sie einen Term für die Ableitung der Umkehrfunktion her!

Lösung: $f(x) = \arctan x$

$f(x)$ ist die Umkehrfunktion zu $g(x) = \tan x$.

$g(x)$ ist auf dem Intervall $]-\frac{\pi}{2}; +\frac{\pi}{2}[$ umkehrbar.

Also sind $g:]-\frac{\pi}{2}; +\frac{\pi}{2}[\to \mathbb{R}, x \mapsto g(x) = \tan x$

und die Umkehrfunktion $f: \mathbb{R} \to]-\frac{\pi}{2}; +\frac{\pi}{2}[; x \mapsto f(x) = \arctan x$ zu betrachten.

Es ist $g^{-1}(x) = f(x) = \arctan x$ und es gilt: $g'(x) = \frac{1}{\cos^2 x}$

$f'(x) = (g^{-1})'(x) = \frac{1}{g'(g^{-1}(x))} = \frac{1}{\frac{1}{\cos^2(\arctan x)}} = \frac{1}{\frac{\cos^2(\arctan x) + \sin^2(\arctan x)}{\cos^2(\arctan x)}} = \frac{1}{1 + \tan^2(\arctan x)} = \frac{1}{1 + x^2}$

$\Rightarrow \arctan'(x) = \frac{1}{1+x^2}$ in $\mathbb{R}$ (Abb. 18.12)

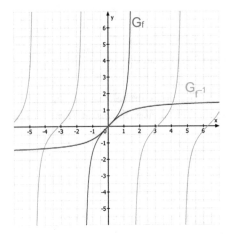

Abb. 18.12 Der Graph von $f(x) = \tan x$ in $]-\frac{\pi}{2}; +\frac{\pi}{2}[$ und $f^{-1}(x) = \arctan x$ in $\mathbb{R}$

Bemerkung: Die Ableitungen der Arcus-Funktionen sind insbesondere wichtig, um für die Integration Stammfunktionen gewisser Funktionstypen gewinnen zu können.

18.5   Natürliche Exponential- und Logarithmusfunktion

Die Eulersche Zahl e ist definiert als $e := \lim_{n \to \infty} \left(1 + \frac{1}{n}\right)^n$. Die Konvergenz der entsprechenden Folge hatten wir bereits im Abschn. 16.1.5 über Folgen und Reihen bewiesen.

Definition: Die Exponentialfunktion zur Basis e heißt *natürliche Exponentialfunktion*, kurz: *e-Funktion*

$\exp: \mathbb{R} \to \mathbb{R}^+; x \mapsto \exp(x) = e^x$

Zum Zeichnen des Graphen sind folgende Werte und Grenzwerte nützlich:
$e^1 = e \approx 2{,}71$, $e^{-1} = \frac{1}{e} \approx 0{,}37$, $e^0 = 1$,
$\lim_{x\to\infty} e^x = \infty$, $\lim_{x\to-\infty} e^x = 0$ (Abb. 18.13).

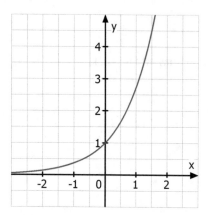

Abb. 18.13 Graph der natürlichen Exponentialfunktion

Satz: Die Ableitungsfunktion der e-Funktion ist wieder die e-Funktion.
$f(x) = e^x \Rightarrow f'(x) = e^x$
„Die e-Funktion reproduziert sich beim Ableiten.“
Beweis: $f(x) = e^x \Rightarrow f'(x_0) = \lim_{h\to 0} \frac{e^{x_0+h}-e^{x_0}}{h} = e^{x_0} \lim_{h\to 0} \frac{e^h-1}{h}$, falls dieser Grenzwert existiert.
Mit der Definition von e und der Substitution $x = \frac{1}{h}$ folgt:

$\lim_{h\to 0} \frac{e^h-1}{h} = \lim_{h\to 0} \frac{[(1+h)^{\frac{1}{h}}]^h-1}{h} = \lim_{h\to 0} \frac{1+h-1}{h} = 1$
Also ist $f'(x_0) = e^{x_0} \cdot 1 = e^{x_0}$ □

Satz: Die e-Funktion ist die einzige differenzierbare Funktion $f: \mathbb{R} \to \mathbb{R}$, mit $f'(x) = f(x)$ $\forall\, x \in \mathbb{R}$ und $f(0) = 1$.
Beweis: Annahme: sei f eine Lösung der Differentialgleichung $f'(x) = f(x)$
Definiere die Funktion $g(x) := f(x) \cdot e^{-x}$
$\Rightarrow g'(x) = f'(x)e^{-x} - f(x)e^{-x} = e^{-x}(f'(x) - f(x)) = 0\ \forall\, x \in \mathbb{R}$
$\Rightarrow g(x) = \text{const.} = f(x)e^{-x}$
Mit $f(0) = 1$ folgt: $g(0) = f(0)e^{-0} = 1$. $\Rightarrow f(x)e^{-x} = 1\ \forall\, x \in \mathbb{R} \Rightarrow f(x) = e^x$ □

Die allgemeine Exponentialfunktion
$f(x) = a^x$ mit $a > 0$, $a \neq 1$, $x \in \mathbb{R}$
$f(x) = a^x = e^{\ln a \cdot x} \Rightarrow f'(x) = \ln a\, e^{\ln a \cdot x} = \ln a \cdot a^x$

Bemerkung: Dass $a^x = e^{\ln a \cdot x}$ wird in der nächsten Bemerkung erklärt.

Definition: Die Umkehrfunktion zur natürlichen Exponentialfunktion heißt *natürliche Logarithmusfunktion*, kurz *ln-Funktion*, ln steht dabei für logarithmus naturalis.

$\ln: \mathbb{R}^+ \to \mathbb{R}; x \mapsto \ln x$

Es gilt dann: $\ln(e^x) = x$ und $e^{\ln x} = x$.

Bemerkung: $a = e^{\ln a}$ und deshalb $a^x = e^{\ln a \cdot x}$

Zum Zeichnen des Graphen sind folgende Werte und Grenzwerte nützlich:
$\ln 1 = 0, \ln e = 1, \ln \frac{1}{e} = -1$
$\lim_{x \to \infty} \ln x = \infty, \lim_{x \downarrow 0} \ln x = -\infty$ (Abb. 18.14)

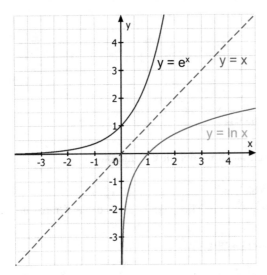

Abb. 18.14 Der Graph der natürlichen Logarithmusfunktion als Umkehrfunktion der natürlichen Exponentialfunktion

$f(x) = \ln x$ ist die Umkehrfunktion zu $g(x) = e^x$.
Es ist $g^{-1}(x) = f(x) = \ln x$ und es gilt: $g'(x) = e^x$
$\Rightarrow f'(x) = (g^{-1})'(x) = \frac{1}{g'(g^{-1}(x))} = \frac{1}{e^{\ln x}} = \frac{1}{x}$
$f(x) = \ln x \Rightarrow f'(x) = \frac{1}{x}$

Für die allgemeine Logarithmusfunktion $f(x) = \log_a x$ mit $a > 0, a \neq 1, x \in \mathbb{R}^+$ gilt:
$f(x) = \log_a x = \frac{\ln x}{\ln a} \Rightarrow f'(x) = \frac{1}{\ln a} \cdot \frac{1}{x}$

Nun ist ein einfacher Beweis für die Ableitung von Potenzfunktionen mit reellen Exponenten möglich:
$f: \mathbb{R}^+ \to \mathbb{R}^+; x \mapsto f(x) = x^r$
Logarithmieren der Funktionsgleichung ergibt: $\ln(f(x)) = \ln(x^r) = r \ln x$
Mit der Differentiation nach x und der Kettenregel folgt:
$\frac{1}{f(x)} \cdot f'(x) = r\frac{1}{x} \Rightarrow f'(x) = rx^{r-1}$. $\square$

18.6 Sätze aus der Differentialrechnung

18.6.1 Satz von Rolle

Eine im Intervall $[a; b]$ stetige und in $]a; b[$ differenzierbare Funktion $f(x)$ mit $f(a) = f(b)$ besitzt im Inneren des Intervalls mindestens eine Stelle x_0, für die $f'(x_0) = 0$ (Abb. 18.15).

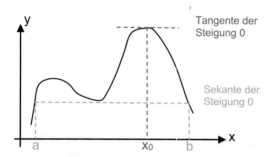

Abb. 18.15 Skizze zur Darstellung des Satzes von Rolle

Beweis:

1. Fall: $f(x) = f(a) = $ const. in $[a; b] \Rightarrow f'(x) = 0$ in $]a; b[$ ✓
2. Fall: $f(x) \neq$ const.

    f ist stetig auf $[a; b] \Rightarrow f$ hat in $[a; b]$ ein Maximum und ein Minimum (Extremwertsatz).

    $\Rightarrow \min_{x \in [a;b]} f(x) \neq f(a) \vee \max_{x \in [a;b]} f(x) \neq f(a)$

    Falls $\max_{x \in [a;b]} f(x) > f(a)$: sei $x_0 \in [a; b]$ mit $f(x_0) = \max_{x \in [a;b]} f(x)$

    $\Rightarrow f(x_0) - f(x) \geq 0 \ \forall \ x \in [a; b]$ und mit $h > 0$ folgt:

    $\frac{f(x_0+h)-f(x_0)}{h} \leq 0 \ \wedge \ \frac{f(x_0-h)-f(x_0)}{h} \leq 0$ und weil f in $]a;b[$ differenzierbar ist, ist

    $\lim_{h \to 0} \frac{f(x_0+h)-f(x_0)}{h} \leq 0 \wedge \lim_{h \to 0} \frac{f(x_0-h)-f(x_0)}{-h} \geq 0$, also ist $f'(x_0) = 0$

    Analog für $\min_{x \in [a;b]} f(x) < f(a)$. $\square$

18.6.2 Mittelwertsatz der Differentialrechnung

Eine im Intervall $[a; b]$ stetige und in $]a; b[$ differenzierbare Funktion f hat in $]a; b[$ mindestens eine Stelle x_0 mit

$f'(x_0) = \frac{f(b)-f(a)}{b-a}$

Beweis: Die Gleichung der Sekante durch die Punkte $(a|f(a))$ und $(b|f(b))$ lautet:

$s(x) = f(a) + \frac{f(b)-f(a)}{b-a}(x - a)$ mit $x \in [a; b]$. (grün in Abb. 18.16 dargestellt)

Der vertikale „Abstand" $d(x)$ an der Stelle x beträgt:

$d(x) = f(x) - s(x) = f(x) - f(a) - \frac{f(b)-f(a)}{b-a}(x - a)$ (in Abb. 18.16 violett dargestellt)

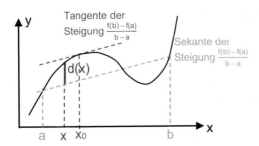

Abb. 18.16 Skizze zum Mittelwertsatz der Differentialrechnung

Für die Funktion $d(x)$ gilt: $d(a) = 0 = d(b)$

$d(x)$ ist auf $[a; b]$ stetig

$d(x)$ ist auf $]a; b[$ differenzierbar.

Deshalb ist der Satz von Rolle anwendbar und es folgt:

$\exists x_0 \in]a; b[$ mit $d'(x_0) = 0 = f'(x_0) - s'(x_0) \Rightarrow f'(x_0) = s'(x_0) = \frac{f(b)-f(a)}{b-a}$ $\square$

Der folgende Satz wird benötigt, um die Regeln von l'Hospital beweisen zu können (Abschn. 18.6.3)

Verallgemeinerter Mittelwertsatz:

Seien f und g: $[a; b] \to \mathbb{R}$ stetig und in $]a; b[$ differenzierbar mit $g'(x) \neq 0 \; \forall \, x \in]a; b[$.

$\Rightarrow g(b) \neq g(a)$ und $\exists x_0 \in]a; b[$ mit $\frac{f(b)-f(a)}{g(b)-g(a)} = \frac{f'(x_0)}{g'(x_0)}$.

Beweis: es ist $g(b) \neq g(a)$, denn sonst gäbe es nach dem Satz von Rolle ein $x \in]a; b[$ mit $g'(x) = 0$.

$d(x) := f(x) - \frac{f(b)-f(a)}{g(b)-g(a)}(g(x) - g(a))$.

$d(x)$ hat folgende Eigenschaften:

$d(b) = d(a)$ (einfaches Nachrechnen genügt)

$d(x)$ ist stetig auf $[a; b]$

$d(x)$ ist differenzierbar in $]a; b[$

$\Rightarrow \exists x_0 \in]a; b[$ mit $d'(x_0) = 0$ (Satz von Rolle)

$\Rightarrow f'(x_0) - \frac{f(b)-f(a)}{g(b)-g(a)} g'(x_0) = 0 \Rightarrow \frac{f'(x_0)}{g'(x_0)} = \frac{f(b)-f(a)}{g(b)-g(a)}$ $\square$

18.6.3 Regeln von l'Hospital

Satz: Seien f, g: $]a; b[\to \mathbb{R}$ differenzierbar und $g'(x) \neq 0 \; \forall \, x \in]a; b[$.

Gilt außerdem

1. $f(x) \to 0$ und $g(x) \to 0$ für $x \downarrow a$ oder
2. $f(x) \to \infty$ und $g(x) \to \infty$ für $x \downarrow a$,

dann existiert auch $\lim_{x\downarrow a} \frac{f(x)}{g(x)}$ falls $\lim_{x\downarrow a} \frac{f'(x)}{g'(x)}$ existiert und die beiden Grenzwerte sind gleich:

$\lim_{x\downarrow a} \frac{f(x)}{g(x)} = \lim_{x\downarrow a} \frac{f'(x)}{g'(x)}$

Entsprechendes gilt für die Grenzprozesse $x \uparrow b$, $x \to \infty$ und $x \to -\infty$

Beweis:

1. Betrachte f und g als Funktionen, die in a stetig sind mit $f(a) = g(a) = 0$
   (Wenn sie das nicht sind, ersetze sie durch ihre stetige Fortsetzung)
   Mit dem verallgemeinerten Mittelwertsatz folgt dann:
   $\forall x \in]a; b[\; \exists x_0 \in]a; x[$, sodass $\frac{f(x)-0}{g(x)-0} = \frac{f'(x_0)}{g'(x_0)}$
   mit $x \to a$ geht auch $x_0 \to a$ und somit folgt die Behauptung.

2. $f(x) \to \infty$ und $g(x) \to \infty$ für $x \downarrow a$
   Sei $\lim_{x\downarrow a} \frac{f'(x)}{g'(x)} = A$.

   $\Rightarrow$ zu jedem $\varepsilon > 0 \; \exists \delta > 0$ mit $\left| \frac{f'(t)}{g'(t)} - A \right| < \varepsilon \; \forall t \in]a; a+\delta[$

   Mit dem verallgemeinerten Mittelwertsatz folgt dann:

   $\forall x, y \in]a; a+\delta[$ mit $x \neq y$ gilt: $\left| \frac{f(x)-f(y)}{g(x)-g(y)} - A \right| < \varepsilon$

   Es ist $\frac{f(x)}{g(x)} = \frac{(f(x)-f(y))\cdot\frac{g(x)-g(y)}{g(x)}}{(g(x)-g(y))\cdot\frac{f(x)-f(y)}{f(x)}} = \frac{f(x)-f(y)}{g(x)-g(y)} \cdot \frac{1-\frac{g(y)}{g(x)}}{1-\frac{f(y)}{f(x)}}$

   Sei $y = y_0$ fest, dann folgt mit $f(x), g(x) \to \infty$ für $x \downarrow a$: $\frac{1-\frac{g(y_0)}{g(x)}}{1-\frac{f(y_0)}{f(x)}} \to 1$ für $x \downarrow a$

   $\Rightarrow \exists \delta^* > 0$, sodass $\forall x \in]a; a+\delta^*[: \left| \frac{f(x)}{g(x)} - \frac{f(x)-f(y)}{g(x)-g(y)} \right| < \varepsilon$

   $\Rightarrow \forall x \in]a; a+\min(\delta; \delta^*)[$ gilt dann $\left| \frac{f(x)}{g(x)} - A \right| < 2\varepsilon$

   $\Rightarrow \lim_{x\downarrow a} \frac{f(x)}{g(x)} = A = \lim_{x\downarrow a} \frac{f'(x)}{g'(x)}$

   Analog für $x \uparrow b$

   Für den Fall $x \to \infty$ substituiert man $x = \frac{1}{t}$ und führt den Grenzübergang $t \downarrow 0$ durch:

   $\lim_{x\to\infty} \frac{f(x)}{g(x)} = \lim_{t\downarrow 0} \frac{f(\frac{1}{t})}{g(\frac{1}{t})} = \lim_{t\downarrow 0} \frac{f'(\frac{1}{t})\cdot(-\frac{1}{t^2})}{g'(\frac{1}{t})\cdot(-\frac{1}{t^2})} = \lim_{t\downarrow 0} \frac{f'(\frac{1}{t})}{g'(\frac{1}{t})} = \lim_{x\to\infty} \frac{f'(x)}{g'(x)}$ $\quad\square$

Beispiel: $\lim_{x\to 0} \frac{\sin x}{x} \stackrel{(*)}{=} \lim_{x\to 0} \frac{\cos x}{1} = 1$ $\quad (*) \ll \frac{0}{0} \gg$, l'H

Aufgabe: Bestimmen Sie $\lim_{x\downarrow 0} \frac{\sin x}{x^2}$!

Lösung: $\lim_{x\downarrow 0} \frac{\sin x}{x^2} \stackrel{(*)}{=} \lim_{x\downarrow 0} \frac{\cos x}{2x} \stackrel{(**)}{=} \infty$ $\quad (*) \ll \frac{0}{0} \gg$, l'H, $(**) \ll \frac{1}{0} \gg$

Aufgabe: Bestimmen Sie $\lim_{x\uparrow 0} \frac{\sin x}{x^2}$!

Lösung: $\lim_{x\uparrow 0} \frac{\sin x}{x^2} \stackrel{(*)}{=} \lim_{x\uparrow 0} \frac{\cos x}{2x} \stackrel{(**)}{=} -\infty$ $\quad (*) \ll \frac{0}{0} \gg$, l'H. $(**) \ll \frac{1}{-0} \gg$

Aufgabe: Bestimmen Sie $\lim_{x\to\infty} \frac{x}{e^x}$!

Lösung: $\lim_{x\to\infty} \frac{x}{e^x} \stackrel{(*)}{=} \lim_{x\to\infty} \frac{1}{e^x} = 0$ $\quad (*) \ll \frac{\infty}{\infty} \gg$, l'H

Aufgabe: Beweisen Sie, dass $\lim_{x \to \infty} \frac{x^n}{e^x} = 0$ ($n \in \mathbb{N}$)!

Lösung: Beweis durch vollständige Induktion:

Induktionsanfang: $n = 1$ $\lim_{x \to \infty} \frac{x}{e^x} = 0$ (siehe oben)

Induktionsvoraussetzung: $\lim_{x \to \infty} \frac{x^n}{e^x} = 0$ für ein $n \in \mathbb{N}$

Induktionsschritt: $\lim_{x \to \infty} \frac{x^{n+1}}{e^x} = \lim_{x \to \infty} \frac{(n+1)x^n}{e^x} = (n+1) \lim_{x \to \infty} \frac{x^n}{e^x} = 0$ (nach Induktionsvor.) $\square$

Aufgabe: Bestimmen Sie $\lim_{x \to 1} \frac{x-1}{\ln x}$!

Lösung: $\lim_{x \to 1} \frac{x-1}{\ln x} \overset{(*)}{=} \lim_{x \to 1} \frac{1}{\frac{1}{x}} = 1$ $\quad$ $(*)$ « $\frac{0}{0}$ », l'H

Aufgabe: Bestimmen Sie $\lim_{x \downarrow 0} x \ln x$!

Lösung: $\lim_{x \downarrow 0} x \ln x = \lim_{x \downarrow 0} \frac{\ln x}{\frac{1}{x}} \overset{(*)}{=} \lim_{x \downarrow 0} \frac{\frac{1}{x}}{-\frac{1}{x^2}} = 0$ $\quad$ $(*)$ « $\frac{\infty}{\infty}$ », l'H

Beispiel: $\lim_{x \to \infty} \frac{x}{x + \cos x} \overset{?}{=} \lim_{x \to \infty} \frac{1}{1 - \sin x}$ Dieser Grenzwert existiert nicht, also war die Regel von l'Hospital nicht anzuwenden.

Statt dessen: $\lim_{x \to \infty} \frac{x}{x + \cos x} = \lim_{x \to \infty} \frac{x}{x\left(1 + \frac{\cos x}{x}\right)} = \lim_{x \to \infty} \frac{1}{1 + \frac{\cos x}{x}} = 1$

Aufgabe: Beweisen Sie, dass $\lim_{x \downarrow 0} x^x = 1$

Lösung: $\lim_{x \downarrow 0} e^{x \ln x} = \lim_{x \downarrow 0} e^{\frac{\ln x}{\frac{1}{x}}} = \lim_{x \downarrow 0} e^{\frac{\frac{1}{x}}{-\frac{1}{x^2}}} = \lim_{x \downarrow 0} e^{-x} = 1$

18.7 Monotoniekriterium

Satz: Sei f eine auf $[a; b]$ stetige und in $]a; b[$ differenzierbare Funktion. Dann gilt:

$f'(x) > 0$ $\forall x \in]a; b[\Rightarrow$ f ist streng monoton zunehmend in $[a; b]$.

$f'(x) \geq 0$ $\forall x \in]a; b[\Rightarrow$ f ist monoton zunehmend in $[a; b]$.

$f'(x) < 0$ $\forall x \in]a; b[\Rightarrow$ f ist streng monoton abnehmend in $[a; b]$.

$f'(x) \leq 0$ $\forall x \in]a; b[\Rightarrow$ f ist monoton abnehmend in $[a; b]$.

Beweis: Sei $f'(x) > 0$ $\forall x \in]a; b[$

Annahme: f ist nicht streng monoton zunehmend in $[a; b]$

$\Rightarrow \exists x_1, x_2 \in [a; b]$ mit $x_2 > x_1$ und $f(x_2) \leq f(x_1)$

Mit dem Mittelwertsatz folgt dann: $\exists x_0 \in]x_1; x_2[$ mit $f'(x_0) = \frac{f(x_2) - f(x_1)}{x_2 - x_1} \leq 0$

Das ist im Widerspruch zur Voraussetzung $f'(x) > 0$ $\forall x \in]a; b[$

$\Rightarrow$ f ist in $[a; b]$ streng monoton zunehmend.

Analog für die anderen Fälle. $\square$

Satz: Sei f eine auf [a; b] stetige und in]a; b[differenzierbare Funktion.
Dann gilt:

f ist (streng) monoton zunehmend in [a; b] $\Rightarrow$ f'(x) $\geq$ 0 $\forall$ x $\in$]a; b[.

f ist (streng) monoton abnehmend in [a; b] $\Rightarrow$ f'(x) $\leq$ 0 $\forall$ x $\in$]a; b[.

Beweis: sei f streng monoton zunehmend in [a; b]

$\forall$ $x_1, x_2 \in$]a; b[mit $x_1 < x_2$ folgt wegen der Monontonie: $\frac{f(x_2)-f(x_1)}{x_2-x_1} > 0$

Da f in ganz]a; b[differenzierbar ist, existiert der Grenzwert $\lim_{x_2 \to x_1} \frac{f(x_2)-f(x_1)}{x_2-x_1}$ und es

gilt: $\lim_{x_2 \to x_1} \frac{f(x_2)-f(x_1)}{x_2-x_1} \geq 0$.

Da $x_1 \in$]a; b[beliebig war, folgt die Behauptung.

Analog für den Fall, dass f monoton zunimmt.

Analog für f (streng) monoton abnehmend. $\square$

Aufgabe: Untersuchen Sie die Funktion f(x) = $x^2 - 2x$, $D_f = \mathbb{R}$ auf Monotonie!
Lösung: f'(x) = 2x − 2 und f'(x) > 0 für x > 1 und f'(x) < 0 für x < 1.

f ist also streng monoton abnehmend in]−∞; 1] und streng monoton zunehmend in [1; ∞[

Aufgabe: Bestimmen Sie die Monotoniebereiche der Funktion f(x) = x^3, $D_f = \mathbb{R}$!
Lösung: f'(x) = $3x^2 > 0$ $\forall$ x $\neq$ 0.

$\Rightarrow$ f streng monoton zunehmend in]−∞; 0] und in [0; ∞[, also nimmt f auf ganz $\mathbb{R}$ streng monoton zu.

Aufgabe: Untersuchen Sie f(x) = $\frac{1}{x}$, $D_f = \mathbb{R} \setminus \{0\}$, auf Monotonie!
Lösung: f'(x) = $-\frac{1}{x^2} < 0$ in D_f

$\Rightarrow$ f streng monoton abnehmend in $\mathbb{R}^-$ und f streng monoton abnehmend in $\mathbb{R}^+$

Aber f ist nicht streng monoton abnehmend in D_f.

z. B. $x_1 = -1$ und $x_2 = 1$. Es ist $x_1 < x_2$, aber $f(x_1) < f(x_2)$

Bedingung für das Monotoniekriterium ist die Stetigkeit auf einem *Intervall*.

18.8 Höhere Ableitungen

Definition: $D_{f'}$ sei der Differenzierbarkeitsbereich der Funktion f mit der Ableitungsfunktion f'.

Dann heißt f an der Stelle $x_0 \in D_{f'}$ *zweimal differenzierbar*, wenn f' an der Stelle x_0 differenzierbar ist.

$f''(x_0) := \lim_{x \to x_0} \frac{f'(x)-f'(x_0)}{x-x_0}$ heißt *zweite Ableitung* von f an der Stelle x_0, und die Funktion

$f'': x \mapsto f''(x)$ mit $x \in D_{f''}$ *zweite Ableitungsfunktion* von f.

Induktiv definiert man entsprechend:

$f^{(n)}(x) := \lim_{x \to x_0} \frac{f^{(n-1)}(x)-f^{(n-1)}(x_0)}{x-x_0}$ die *n-te Ableitung* von f an der Stelle x_0,

wenn $f^{(n-1)}(x)$ die (n − 1)-te Ableitung von f an der Stelle x ist.

$f^{(n)}: x \mapsto f^{(n)}(x)$ mit $x \in D_{f^{(n)}}$ heißt dann *n-te Ableitungsfunktion* von f.

Bemerkung: Für die n-te Ableitung einer Funktion nach der Variable x schreibt man auch

$$f^{(n)}(x) = \left(\frac{d}{dx}\right)^n f(x) = \frac{d^n}{dx^n} f(x)$$

Aufgabe: Bestimmen Sie die ersten vier Ableitungen von $f(x) = ax^3 + bx^2 + cx + d$

Lösung: $f'(x) = 3ax^2 + 2bx + c$

$f''(x) = 6ax + 2b$

$f'''(x) = 6a$

$f^{(4)}(x) = 0$, d. h. $f^{(n)}(x) = 0$ für $n \geq 4$

Aufgabe: Bestimmen Sie die n-te Ableitung von $f(x) = \sin x$!

Lösung: $f'(x) = \cos x$

$f''(x) = -\sin x$

$f'''(x) = -\cos x$

$f^{(4)}(x) = \sin x$

Allgemein ist dann für $f(x) = \sin x$

$f^{(4k)}(x) = \sin x$, $f^{(4k+1)}(x) = \cos x$, $f^{(4k+2)}(x) = -\sin x$ und $f^{(4k+3)}(x) = -\cos x$ mit $k \in \mathbb{N}$

Beispiel: $f(x) = \begin{cases} x^3 \sin \frac{1}{x}, & \text{für } x \neq 0 \\ 0, & \text{für } x = 0 \end{cases}$

f ist stetig an der Stelle $x = 0$ ($\sin \frac{1}{x}$ ist beschränkt, $x^3 \to 0$ für $x \to 0$)

$f'(x) = 3x^2 \sin \frac{1}{x} + x^3 \cos \frac{1}{x} \cdot (-\frac{1}{x^2}) = 3x^2 \sin \frac{1}{x} - x \cos \frac{1}{x}$ für $x \neq 0$.

$\lim_{x \to 0} f'(x) = 0 \Rightarrow f'(0) = 0$

$f''(x) = 6x \sin \frac{1}{x} + 3x^2 \cos \frac{1}{x} \cdot (-\frac{1}{x^2}) - \cos \frac{1}{x} - x(-\sin \frac{1}{x})(-\frac{1}{x^2}) = (6x - \frac{1}{x}) \sin \frac{1}{x} - 4 \cos \frac{1}{x}$

Der Grenzwert $\lim_{x \to 0} f''(x)$ existiert nicht. $\Rightarrow$ f ist an der Stelle $x_0 = 0$ nicht zweimal differenzierbar.

Bedeutung der 2. Ableitung

Gilt für ein Intervall $]a; b[$ $f''(x) > 0$, so steigt dort $f'(x)$ streng monoton.
Der Graph ist dann *linksgekrümmt*.
(In Abb. 18.17a fährt der Fahrradfahrer eine Linkskurve)

a

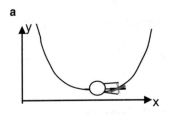

b

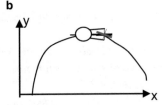

Abb. 18.17 Krümmung von Graphen **a** linksgekrümmt, **b** rechtsgekrümmt

Gilt für ein Intervall $]a; b[$ $f''(x) < 0$, so nimmt dort $f'(x)$ streng monoton ab.
Der Graph ist dort *rechtsgekrümmt*.
(In Abb. 18.17b fährt der Fahrradfahrer eine Rechtskurve)

18.9 Extrema

Definition: Eine Funktion $f: D_f \to \mathbb{R}, x \mapsto f(x)$ hat an einer Stelle $x_0 \in D_f$
ein *absolutes (globales) Maximum*, falls $f(x) \leq f(x_0) \; \forall x \in D_f$,
ein *absolutes (globales) Minimum*, falls $f(x) \geq f(x_0) \; \forall x \in D_f$,
ein *relatives (lokales) Maximum*, falls es eine Umgebung $U_\delta(x_0)$ gibt, mit $f(x) \leq f(x_0)$
$\forall x \in U_\delta(x_0) \cap D_f$,
ein *relatives (lokales) Minimum*, falls es eine Umgebung $U_\delta(x_0)$ gibt, mit $f(x) \geq f(x_0)$
$\forall x \in U_\delta(x_0) \cap D_f$ (Abb. 18.18).
Stellen x_0, an denen *Extrema* (Maxima oder Minima) vorliegen, heißen *Extremstellen*
(Maximalstellen bzw. Minimalstellen).
Der Punkt $(x_0; f(x_0))$ heißt *Extrempunkt* (*Hochpunkt* bzw. *Tiefpunkt*)

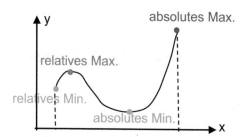

Abb. 18.18 Relative und absolute Extrema

Satz (notwendige Bedingung für Extrema): Ist f in einem offenen Intervall I um $x_0 \in D_f$
definiert und in x_0 differenzierbar, und besitzt f in x_0 ein lokales Extremum, so ist
$f'(x_0) = 0$.
Beweis: f besitze in x_0 ein Maximum.
$\Rightarrow \forall x \in I$ mit $x > x_0$ ist $\frac{f(x)-f(x_0)}{x-x_0} \leq 0 \Rightarrow \lim_{x \downarrow x_0} \frac{f(x)-f(x_0)}{x-x_0} \leq 0$ und
$\quad \forall x \in I$ mit $x < x_0$ ist $\frac{f(x)-f(x_0)}{x-x_0} \geq 0 \Rightarrow \lim_{x \uparrow x_0} \frac{f(x)-f(x_0)}{x-x_0} \geq 0$
$\Rightarrow f'(x_0) = 0$.
Analog für Minima. $\square$

$\Rightarrow$ „Kandidaten" für Extremalstellen von $f: [a; b] \to \mathbb{R}$ sind
- Die Randstellen a und b
- Die Stellen $x \in]a; b[$, an denen f nicht differenzierbar ist
- Die Stellen $x_0 \in]a; b[$ mit $f'(x_0) = 0$.

Beispiel: $f(x) = x^2 - 4x + 3, D_f = \mathbb{R}, f'(x) = 2x - 4 \overset{!}{=} 0 \Rightarrow x_E = 2$

f könnte also nur an der Stelle $x_E = 2$ ein Extremum besitzen.

Beispiel: $f(x) = |x| = \begin{cases} x & \text{für } x \geq 0 \\ -x & \text{für } x < 0 \end{cases}$ $D_f = \mathbb{R}$

$f'(x) = \begin{cases} 1 & \text{für } x > 0 \\ -1 & \text{für } x < 0 \end{cases}$ $D_{f'} = \mathbb{R} \setminus \{0\}$

f kann in $D_{f'}$ kein Extremum besitzen, besitzt aber an der Stelle $x_0 = 0 \notin D_{f'}$ ein absolutes Minimum.

Beispiel: $f(x) = x^3, D_f = \mathbb{R}, f'(x) = 3x^2 \overset{!}{=} 0 \Rightarrow x_E = 0$

f kann in $\mathbb{R} \setminus \{0\}$ kein Extremum besitzen. f hat aber auch in $x_E = 0$ kein Extremum, da f auf ganz $\mathbb{R}$ streng monoton steigend ist.

Bemerkung: Die Bedingung $f'(x_0) = 0$ ist eine notwendige, aber nicht hinreichende Voraussetzung für die Existenz eines Extremums an der Stelle x_0.

Beispiel: $f(x) = x^4, D_f = \mathbb{R}, f'(x) = 4x^3 \overset{!}{=} 0 \Rightarrow x_E = 0$

f kann in $\mathbb{R} \setminus \{0\}$ kein Extremum besitzen,

f besitzt aber im Gegensatz zur Funktion $f(x) = x^3$ in $x_E = 0$ ein absolutes Minimum, da für $x \neq 0$ $f(x) > 0$ ist und $f(0) = 0$.

Satz (hinreichende Bedingung für Extrema, Teil 1):

Sei $f :]a; b[\rightarrow \mathbb{R}$ differenzierbar. In $x_0 \in]a; b[$ sei $f'(x_0) = 0$.

Dann hat f in x_0 ein

- lokales Minimum, wenn eine Umgebung $]\alpha; \beta[$ existiert, mit
   $f'(x) < 0 \; \forall \, x \in]\alpha; x_0[$ und
   $f'(x) > 0 \; \forall \, x \in]x_0; \beta[$
- lokales Maximum, wenn eine Umgebung $]\alpha; \beta[$ existiert, mit
   $f'(x) > 0 \; \forall \, x \in]\alpha; x_0[$ und
   $f'(x) < 0 \; \forall \, x \in]x_0; \beta[$

Beweis: für lokale Maxima

$f'(x) < 0$ für $x \in]x_0; \beta[\Rightarrow$ f ist in $]x_0; \beta[$ streng monoton fallend $\Rightarrow f(x) < f(x_0) \; \forall \, x \in]x_0; \beta[$

$f'(x) > 0$ für $x \in]\alpha; x_0[\Rightarrow$ f ist in $]\alpha; x_0[$ streng monoton steigend $\Rightarrow f(x) < f(x_0) \; \forall \, x \in]\alpha; x_0[$

$\Rightarrow$ f besitzt in x_0 ein lokales Maximum

analog für lokale Minima $\square$

Satz (hinreichende Bedingung für Extrema, Teil 2):

Sei $f:]a; b[\rightarrow \mathbb{R}$ zweimal differenzierbar. In $x_0 \in]a; b[$ sei $f'(x_0) = 0$.

Dann hat f in x_0 ein

- lokales Maximum, falls $f''(x_0) < 0$
- lokales Minimum, falls $f''(x_0) > 0$

Beweis: für lokale Maxima

$f''(x_0) = \lim_{x \to x_0} \frac{f'(x) - f'(x_0)}{x - x_0} \stackrel{(*)}{=} \lim_{x \to x_0} \frac{f'(x)}{x - x_0} < 0$ (*) da nach Voraussetzung $f'(x_0) = 0$

$\Rightarrow \exists \delta > 0$ mit $\frac{f'(x)}{x - x_0} < 0 \ \forall x \in [x_0 - \delta; x_0 + \delta[$

$\Rightarrow f'(x) > 0 \ \forall x \in [x_0 - \delta; x_0[$ und $f'(x) < 0 \ \forall x \in [x_0; x_0 + \delta[$

$\Rightarrow$ f ist in $[x_0 - \delta; x_0[$ streng monoton steigend und in $[x_0; x_0 + \delta[$ streng monoton fallend.

$\Rightarrow$ f besitzt in x_0 ein lokales Maximum.

analog für lokale Minima $\square$

Aufgabe: Bestimmen Sie auf zwei verschiedene Arten Lage und Art der Extrema von
$f(x) = x^2 - 4x + 3, D_f = \mathbb{R}$

Lösung: $f'(x) = 2x - 4 = 2(x - 2) \stackrel{!}{=} 0 \Rightarrow x_E = 2; f(2) = -1$

Vorzeichentabelle:

	2	
2	+	+
$(x-2)$	−	+
$f'(x)$	−	+

$$\text{TIP}(2|{-}1)$$

Alternativ mit 2. Ableitung

$f''(x) = 2 \Rightarrow f''(x_E = 2) = 2 > 0$

also ist $(2|{-}1)$ ein Tiefpunkt.

Beispiel: $f(x) = |x| = \begin{cases} x & \text{für } x \geq 0 \\ -x & \text{für } x < 0 \end{cases}$ $D_f = \mathbb{R}$

$f'(x) = \begin{cases} 1 & \text{für } x > 0 \\ -1 & \text{für } x < 0 \end{cases}$ $D_{f'} = \mathbb{R} \setminus \{0\}$

$f'(x) < 0$ für $x < 0$ und $f'(x) > 0$ für $x > 0$.

f ist stetig an der Stelle $x_0 = 0$.

$\Rightarrow (0|0)$ ist Tiefpunkt.

Aufgabe: Bestimmen Sie auf zwei verschiedene Arten Lage und Art der Extrema von
$f(x) = \frac{1}{3}x^3 - 2x^2 + 3x, D_f = \mathbb{R}$!

Lösung: $f'(x) = x^2 - 4x + 3 = (x - 1)(x - 3) \stackrel{!}{=} 0 \Rightarrow x_{E,1} = 1, x_{E,2} = 3$

$f(1) = \frac{4}{3}, f(3) = 0$

Vorzeichentabelle

		1		3	
$(x-1)$	$-$		$+$		$+$
$(x-3)$	$-$		$-$		$+$
$f'(x)$	$+$		$-$		$+$

$$\text{HOP}(1|\tfrac{4}{3}) \quad \text{TIP}(3|0)$$

Alternativ mit 2. Ableitung:

$f''(x) = 2x - 4$

$\Rightarrow f''(x_{E,1} = 1) = -2 < 0 \Rightarrow \text{HOP}(1|\tfrac{4}{3}) \quad f''(x_{E,2} = 3) = 2 > 0 \Rightarrow \text{TIP}(3|0)$

Bemerkung: Dass $f''(x_0) \neq 0$ ist, ist eine hinreichende, aber keine notwendige Bedingung für ein Extremum.

Z. B. hat $f(x) = x^4$ an der Stelle $x_0 = 0$ ein relatives Minimum, auch wenn $f''(x_0) = 0$.

$f(x) = x^3$ allerdings hat an der Stelle $x_0 = 0$ kein relatives Extremum, obwohl die Prüfung über die zweite Ableitung das gleiche Ergebnis liefert wie bei der Funktion $f(x) = x^4$.

Erhält man also bei einem Kandidaten x_E für ein Extremum ($f'(x_E) = 0$) das Ergebnis, dass $f''(x_E) = 0$ ist, so muss man die Änderung des Vorzeichens von f' an der Stelle x_E explizit überprüfen.

Beispiel: $f(x) = x^3, D_f = \mathbb{R} \quad f'(x) = 3x^2 \stackrel{!}{=} 0 \Rightarrow x_E = 0 \quad f''(x) = 6x, f''(x_E = 0) = 0$

jetzt muss der Weg über die Vorzeichentabelle von f' gewählt werden:

		0	
$3x^2$	$+$		$+$
$f'(x)$	$+$		$+$

$$\text{TER}(2|-1)$$

Es handelt sich hier nicht um ein Extremum, sondern um einen Terrassenpunkt (siehe Abschn. 18.10)

18.10 Wendepunkte

Definition: Eine Stelle x_0 im Inneren des Definitionsbereichs D_f der Funktion f, an der die Funktion stetig ist, heißt *Wendestelle* von f, wenn die Funktion f dort ihr Krümmungsverhalten ändert, d. h. wenn es eine, Umgebung U_δ gibt, sodass der Graph von f in $]x_0 - \delta; x_0[$ rechtsgekrümmt und in $]x_0; x_0 + \delta[$ linksgekrümmt ist oder umgekehrt. $W(x_0|f(x_0))$ heißt dann Wendepunkt.

Ist f zusätzlich in x_0 differenzierbar und ist $f'(x_0) = 0$, so heißt W Terrassenpunkt oder Sattelpunkt.

(Abb. 18.19a, b, c)

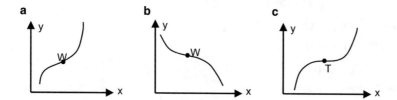

Abb. 18.19 Wendepunkte, **a** der Graph wechselt von rechts- nach linksgekrümmt, **b** der Graph wechselt von links- nach rechtsgekrümmt, **c** Terrassenpunkt

Satz (notwendiges Kriterium für Wendepunkte):
$x_0 \in D_{f''}$ ist Wendestelle von $f \Rightarrow f''(x_0) = 0$

Satz (hinreichendes Kriterium für Wendepunkte, Teil 1):
$x_0 \in D_{f''}$ ist Wendestelle von f, wenn $f''(x_0) = 0$ und $f''(x_0)$ an der Stelle x_0 einen Vorzeichenwechsel durchmacht.

Satz (hinreichendes Kriterium für Wendepunkte, Teil 2):
$x_0 \in D_{f''}$ ist Wendestelle von f, wenn $f''(x_0) = 0$ und $f'''(x_0) \neq 0$.

Bemerkung: Dass $f'''(x_0) \neq 0$ ist, ist eine hinreichende, aber keine notwendige Bedingung für eine Wendestelle.
Z. B. hat $f(x) = x^5$ an der Stelle $x_0 = 0$ einen Wendepunkt, auch wenn $f'''(x_0) = 0$.
$f(x) = x^4$ allerdings hat an der Stelle $x_0 = 0$ keine Wendestelle, obwohl die Prüfung über die dritte Ableitung das gleiche Ergebnis liefert wie bei der Funktion $f(x) = x^5$.
Erhält man also bei einem Kandidaten x_W für eine Wendestelle ($f''(x_W) = 0$) das Ergebnis, dass $f'''(x_W) = 0$ ist, so muss man die Änderung des Vorzeichens von f'' an der Stelle x_W explizit überprüfen.

Beispiel: $f(x) = x^3$, $D_f = \mathbb{R}$, $f'(x) = 3x^2$, $f''(x) = 6x \overset{!}{=} 0 \Rightarrow x_W = 0$, $f'''(x) = 6 > 0$ immer $\Rightarrow$ WP(0|0)
Da außerdem $f'(x_W = 0) = 0$, handelt es sich um einen Terrassenpunkt.

Beispiel: $f(x) = x^4$, $D_f = \mathbb{R}$, $f'(x) = 4x^3$, $f''(x) = 12x^2 \overset{!}{=} 0 \Rightarrow x_W = 0$, $f'''(x) = 24x$, $f'''(x_W) = 0$
Mit der dritten Ableitung ist keine Aussage darüber zu gewinnen, ob an der Stelle $x_W = 0$ ein Wendepunkt vorliegt. $f''(x) = 12x^2 \geq 0$ immer, also macht f'' keinen Vorzeichenwechsel an der Stelle $x_W = 0$. Es liegt dort kein Wendepunkt vor.

Aufgabe: Untersuchen Sie die Funktion

$f(x) = (x - 2)e^{|x|}$, $D_f = \mathbb{R}$,

auf Art und Lage von möglichen Extrempunkten und bestimmen Sie den Wendepunkt!

Lösung: $f(x) = (x - 2)e^{|x|} = \begin{cases} (x - 2)e^x & \text{für } x \geq 0 \\ (x - 2)e^{-x} & \text{für } x < 0 \end{cases}$

$f'(x) = \begin{cases} (x - 1)e^x & \text{für } x > 0 \\ (-x + 3)e^{-x} & \text{für } x < 0 \end{cases}$

$f''(x) = \begin{cases} xe^x & \text{für } x > 0 \\ (x - 4)e^{-x} & \text{für } x < 0 \end{cases}$

Extrema: $f'(x) \overset{!}{=} 0 \Rightarrow x_{E,1} = 1, (x_{E,2} = 3 \not< 0)$

$f''(1) = e > 0 \Rightarrow TIP(1| - e)$

$\lim_{x \downarrow 0} f'(x) = -1$, $\lim_{x \uparrow 0} f'(x) = 3$, f ist also an der Stelle $x = 0$ nicht differenzierbar.

Vorzeichentabelle der 1. Ableitung

		0		1	
$(x - 1)e^x$			−		+
$(-x + 3)e^{-x}$	+				
$f'(x)$	+		−		+

HOP(0|−2)   TIP(1|−e)

Wendepunkte: $f''(x) \overset{!}{=} 0 \Rightarrow (x_{W,1} = 0 \not> 0, x_{W,2} = 4 \not< 0)$

Vorzeichentabelle der 2. Ableitung

		0	
xe^x			+
$(x - 4)e^{-x}$	−		
$f'(x)$	−		+

WP(0|−2)

Bemerkung: Obwohl f an der Stelle $x = 0$ nicht differenzierbar ist, besitzt der Graph dort einen Wendepunkt, da das Vorzeichen von f'' dort wechselt (Abb. 18.20).

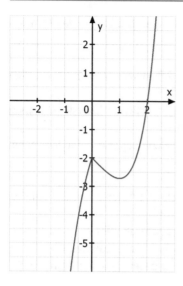

Abb. 18.20 Graph von $f(x) = (x - 2)e^{|x|}$

18.11 Kurvendiskussion

In typischen Fragestellungen zur Kurvendiskussion werden die folgenden Kriterien abgeprüft.

Hat man alle Informationen über die Funktion auf diese Weise zusammengestellt, lässt sich ein Graph einfach skizzieren.

1. Maximale Definitionsmenge D_f:

   zu beachten sind insbesondere

   - Nenner von Brüchen, die nicht 0 werden dürfen,
   - Radikanden von Wurzeln, die nicht negativ sein dürfen
   - Argumente der Logarithmusfunktionen, die positiv sein müssen.

2. Nullstellen

   die Gleichung $f(x) = 0$ führt zu den Nullstellen x_N der Funktion f, mit deren Hilfe die Funktion faktorisiert werden kann.

   Lassen sich die Nullstellen analytisch nicht bestimmen, so kann das Newton-Verfahren angewendet werden, um sie näherungsweise zu bestimmen (siehe Abschn. 19.2)

3. Symmetrien:

   Ist $f(-x) = f(x) \; \forall \, x \in D_f$, so ist der Graph der Funktion f symmetrisch zur y-Achse

   Ist $f(-x) = -f(x) \; \forall \, x \in D_f$, so ist der Graph der Funktion f punktsymmetrisch zum Ursprung, vorausgesetzt, dass die Definitionsmenge D_f symmetrisch zum Nullpunkt ist.

4. Verhalten an den Grenzen des Definitionsbereichs:

   Falls D_f unbeschränkt ist, werden die Limiten für $x \to \infty$ und $x \to -\infty$ gebildet, ansonsten die für $x \downarrow a$ bzw. für $x \uparrow b$, falls das die unteren bzw. oberen Grenzen des

Definitionsbereichs sind. Außerdem werden die beidseitigen Limiten an den Definitionslücken untersucht.

5. Extrema:

   Kandidaten x_E für relative Extrema werden bei einer differenzierbaren Funktion über die Gleichung $f'(x) = 0$ gefunden.

   Die Art der Extrema lässt sich mit Hilfe einer Vorzeichentabelle für die erste Ableitung oder mit Hilfe des Vorzeichens von $f''(x_E)$ bestimmen.

   Weitere Extrema kann es an den Grenzen des Definitionsbereichs und an Stellen geben, an denen f nicht differenzierbar ist.

6. Wendepunkte:

   Kandidaten x_W für Wendestellen werden bei einer zweifach differenzierbaren Funktion über die Gleichung $f''(x) = 0$ gefunden.

   Ob es sich dabei tatsächlich um Wendestellen handelt, lässt sich mit einer Vorzeichentabelle für die 2. Ableitung oder über das Vorzeichen von $f'''(x_W)$ feststellen.

   Weitere Wendepunkte kann es an den Stellen geben, an denen f nicht zweimal differenzierbar ist.

7. Nachdem all diese Informationen gesammelt worden sind, lässt sich der Graph von f skizzieren und die Wertemenge (soweit sie nicht vorher schon bestimmt werden konnte) am Graphen ablesen und dann die Richtigkeit dieser Aussage beweisen.

8. Die Schnittstellen des Graphen von f mit dem Graphen einer anderen Funktion g (bzw. zweier Funktionen derselben Funktionenschar mit unterschiedlichem Parameter) gewinnt man aus der Gleichung $f(x) = g(x)$ (bzw. $f_a(x) = f_b(x)$ mit den unterschiedlichen Parametern a und b)

Aufgabe: Es sei die Funktion $f_p\colon \mathbb{R} \to \mathbb{R}$, $f_p(x) = xe^{-px^2}$ mit $p \in \mathbb{R}^+$. Ihr Graph heiße G_p.

1. Bestimmen Sie die Nullstellen der Funktion!
2. Untersuchen Sie die Funktion auf Symmetrie zum Koordinatensystem!
3. Untersuchen Sie das Verhalten von f_p an den Rändern des Definitionsbereichs und geben Sie die Gleichungen möglicher Asymptoten an!
4. Bestimmen Sie Art und Lage der Extrempunkte und die Wendepunkte in Abhängigkeit von p!
5. Zeigen Sie, dass alle Extrempunkte der Kurvenschar auf einer Gerade g liegen und bestimmen Sie deren Funktionsgleichung!
6. Leiten Sie her, dass die Gleichung der Tangente an einen beliebigen Punkt $U(u|f(u))$ lautet:

   $t_{p,u}\colon y = (1 - 2au^2)e^{-pu^2}(x - u) + ue^{-pu^2}$
7. Berechnen Sie den Schnittpunkt S_p der Wendetangente w_p (Tangente im Wendepunkt) des 1. Quadranten mit der x-Achse in Abhängigkeit von p!
8. Zeichnen Sie den Graphen von $G_{0,1}$ zusammen mit der Geraden $g_{0,1}$ und der Wendetangente $t_{0,1}$ in ein Koordinatensystem!
9. Zeigen Sie durch Integration, dass eine Stammfunktion von f_p ist:

   $F_p(x) = -\frac{1}{2p}e^{-px^2}$

10. Berechnen Sie die sich ins Unendliche ausdehnende Fläche A_p zwischen dem Graphen von f_p und der x-Achse im 1. Quadranten!

11. Sei h_p die Gerade zwischen dem Ursprung und einem der von $(0|0)$ verschiedenen Wendepunkte. Und sei B_p die sich in Unendliche ausdehnende Fläche im 1. Quadranten, die h_p, G_p und die x-Achse miteinander einschließen.

12. Zeigen Sie, dass das Verhältnis $\frac{B_p}{A_p}$ unabhängig von p ist und berechnen Sie es!

Bemerkung: Aufgabe 9., 10., 11. und 12. sind nach dem Kap. 20 über Integralrechnung lösbar. Sie sind nur hier aufgeführt, weil so eine typische Kurvendiskussion aussieht.

Lösung:

1. $f_p(x) = 0$ für $x_N = 0$

2. $f_p(-x) = -f_p(x) \Rightarrow G_p$ ist symmetrisch zum Ursprung.

3. $\lim_{x\to\infty} xe^{-px^2} = \lim_{x\to\infty} \frac{x}{e^{px^2}} \overset{(*)}{=} \lim_{x\to\infty} \frac{1}{2pxe^{px^2}} = 0 \quad (*) \ll \frac{\infty}{\infty} \gg, \text{l'H}$

   Aus Symmetriegründen ist auch $\lim_{x\to-\infty} xe^{-px^2} = 0$.
   $\Rightarrow y = 0$ ist horizontale Asymptote

4. $f_p'(x) = e^{-px^2} + x(-2px)e^{-px^2} = (1 - 2px^2)e^{-px^2}$

   $f_p''(x) = -4pxe^{-px^2} + (1 - 2px^2)(-2px)e^{-px^2} = 2px(-3 + 2px^2)e^{-px^2}$

   $= 4p^2x\left(x + \sqrt{\frac{3}{2p}}\right)\left(x - \sqrt{\frac{3}{2p}}\right)e^{-px^2}$

   $f_p'(x) \overset{!}{=} 0$ für $x_{E1,2} = \pm\frac{1}{\sqrt{2p}}$

   $f_p''\left(\frac{1}{\sqrt{2p}}\right) < 0, f_p\left(\frac{1}{\sqrt{2p}}\right) = \frac{1}{\sqrt{2pe}} \Rightarrow HOP\left(\frac{1}{\sqrt{2p}}\Big|\frac{1}{\sqrt{2pe}}\right)$

   $f_p''\left(-\frac{1}{\sqrt{2p}}\right) > 0, f_p\left(-\frac{1}{\sqrt{2p}}\right) = -\frac{1}{\sqrt{2pe}} \Rightarrow TIP\left(-\frac{1}{\sqrt{2p}}\Big|-\frac{1}{\sqrt{2pe}}\right)$

   $f_p''(x) \overset{!}{=} 0$ für $x_{W,1} = 0$ und $x_{W2,3} = \pm\sqrt{\frac{3}{2p}}$, $f_p\left(\pm\sqrt{\frac{3}{2p}}\right) = \pm\sqrt{\frac{3}{2pe^3}}$

   Vorzeichentabelle für die 2. Ableitung:

		$-\sqrt{\frac{3}{2p}}$		0		$+\sqrt{\frac{3}{2p}}$	
e^{-px^2}	$+$		$+$		$+$		$+$
$4p^2x$	$-$		$-$		$+$		$+$
$\left(x + \sqrt{\frac{3}{2p}}\right)$	$-$		$+$		$+$		$+$
$\left(x - \sqrt{\frac{3}{2p}}\right)$	$-$		$-$		$-$		$+$
$f''(x)$	$-$		$+$		$-$		$+$
		W_3		W_1		W_2	

Wegen der Vorzeichenwechsel gibt es drei Wendepunkte:

mit $W_1(0|0)$, $W_2\left(+\sqrt{\frac{3}{2p}}\Big|+\sqrt{\frac{3}{2pe^3}}\right)$ und $W_3\left(-\sqrt{\frac{3}{2p}}\Big|-\sqrt{\frac{3}{2pe^3}}\right)$

5. $x_{HOP} = \frac{1}{\sqrt{2p}} \Rightarrow p = \frac{1}{2x_{HOP}^2}$ in y_{HOP} einsetzen: $y_{HOP} = \frac{x_{HOP}}{\sqrt{e}}$

   Analog für den Tiefpunkt
   $\Rightarrow g: y = \frac{x}{\sqrt{e}}$

6. $U(u|ue^{-pu^2})$, $f'(u) = (1 - 2pu^2)e^{-pu^2} \Rightarrow t_{p,u}: y = (1 - 2pu^2)e^{-pu^2}(x - u) + ue^{-pu^2}$

7. Einsetzen von $u = x_{W2} = +\sqrt{\frac{3}{2p}}$ in $t_{p,u}$ ergibt:

$$t_{p,w}: y = -2e^{-\frac{3}{2}}x + 3\sqrt{\frac{3}{2p}}e^{-\frac{3}{2}} \overset{!}{=} 0 \text{ für } x = \frac{3}{2}\sqrt{\frac{3}{2p}}$$

Der Schnittpunkt der Tangente mit der x-Achse ist also $S_p\left(\frac{3}{2}\sqrt{\frac{3}{2p}}\big|0\right)$

8. Der Graph der Funktion $f_{0,1}$ ist in Abb. 18.21 zu sehen.

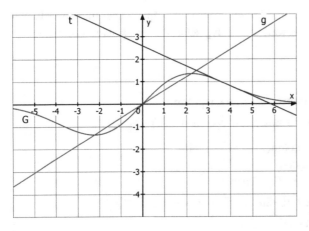

Abb. 18.21 Graph der Funktion $f_{0,1}(x)$ zusammen mit der Tangente an den Wendepunkt des 1. Quadranten und der Ortslinie g aller Extrempunkte

Die Lösungen zu den Aufgaben 9., 10., 11. und 12. finden Sie im Kap. 20

Anwendungen der Differentialrechnung 19

In diesem Kapitel werden mit Hilfe der Differentialrechnung Optimierungsprobleme gelöst, Nullstellen näherungsweise mit dem Newton-Verfahren bestimmt und Funktionen durch Maclaurin- und Taylorreihen approximiert.

Das totale Differential für Funktionen zweier Variablen wird anschaulich erklärt und das Verfahren der linearen Regression zum Bestimmen von Ausgleichsgeraden hergeleitet.

19.1 Optimierungsaufgaben

Häufige Anwendung der Differentialrechnung ist die Optimierung von Größen. Z. B. den Materialverbrauch so gering wie möglich zu halten, um ein bestimmtes, unveränderliches Volumen zu verpacken, oder umgekehrt, bei fester Oberfläche ein Volumen besonders groß zu machen.

Beispiel: 1 Liter Suppe soll in einer zylinderförmigen Dose verpackt werden, und dabei der Materialverbrauch so gering wie möglich gehalten werden (Abb. 19.1).

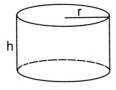

Abb. 19.1 Zylindrische Dose mit Radius r und Höhe h

Vereinfachend wird die Oberfläche nur aus der doppelten Grundfläche und der Mantelfläche zusammengesetzt, die Wülste, um die Blechstücke miteinander zu verbinden, werden vernachlässigt.

© Der/die Autor(en), exklusiv lizenziert an Springer-Verlag GmbH, DE, ein Teil von Springer Nature 2023

B. Hugues, *Mathematik-Vorbereitung für das Studium eines MINT-Fachs*,
https://doi.org/10.1007/978-3-662-66937-2_19

$S(r, h) = 2\pi r^2 + 2\pi rh$ ist die Oberfläche des Zylinders mit Radius r der Grundfläche und Höhe h.

$V = \pi r^2 h \Rightarrow h = \frac{V}{\pi r^2}$ in S einsetzen: $S(r, V) = 2\pi r^2 + 2\pi r \frac{V}{\pi r^2} = 2\pi r^2 + 2\frac{V}{r}$

Ableitung nach r: $\frac{dS}{dr} = 4\pi r - 2\frac{V}{r^2} \overset{!}{=} 0 \Rightarrow r^3 = \frac{V}{2\pi} \Rightarrow r = \sqrt[3]{\frac{V}{2\pi}}$

Überprüfung, ob es sich bei dem Radius um ein Minimum der Oberfläche handelt: $\frac{d^2}{dr^2} S(r) = 4\pi + 4\frac{V}{r^3} > 0$. Es handelt sich also um ein Minimum.

Berechnung der Höhe: $h = \dfrac{V}{\pi \sqrt[3]{\frac{V}{2\pi}}^2} = \sqrt[3]{\frac{4V}{\pi}} \Rightarrow h = 2r$.

Es ist kein Zufall, dass in den Supermarktregalen hauptsächlich zylindrische Dosen stehen, deren Höhe und Durchmesser gleich sind, egal ob Suppe, Erbsen, Eintöpfe, eingelegtes Obst oder Ähnliches verpackt sind.

Beispiel: Fermatsches Prinzip

Fermat postulierte, dass Licht von einem Punkt A zu einem Punkt B immer den Weg nimmt, für den es die geringste Zeit benötigt. Das soll am Beispiel der Brechung an einer ebenen Grenzschicht zwischen zwei Medien mit unterschiedlichem Brechungsindex (Lichtgeschwindigkeiten c_1 bzw. c_2) nachvollzogen werden (Abb. 19.2):

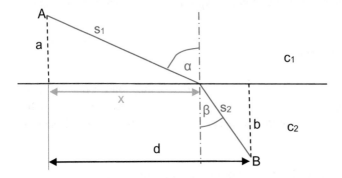

Abb. 19.2 Brechung eines Lichtstrahls an einer Grenzfläche auf dem Weg von A nach B

$t_{ges} = t_1 + t_2 = \frac{s_1}{c_1} + \frac{s_2}{c_2} = \frac{\sqrt{a^2+x^2}}{c_1} + \frac{\sqrt{b^2+(d-x)^2}}{c_2}$

$\frac{dt_{ges}}{dx} = \frac{2x}{2c_1\sqrt{a^2+x^2}} + \frac{2(d-x)(-1)}{2c_2\sqrt{b^2+(d-x)^2}} \overset{!}{=} 0 \Rightarrow \frac{1}{c_1}\frac{x}{\sqrt{a^2+x^2}} = \frac{1}{c_2}\frac{(d-x)}{\sqrt{b^2+(d-x)^2}} \Rightarrow \frac{1}{c_1}\sin\alpha = \frac{1}{c_2}\sin\beta$

$\Rightarrow \frac{\sin\alpha}{\sin\beta} = \frac{c_1}{c_2}$

Es handelt sich dabei um das Snelliussches Brechungsgesetz, das aus dem Postulat von Fermat hergeleitet wurde.

19.2 Newton-Verfahren

Das Newton-Verfahren ist eine Methode, um die Nullstellen einer Funktion f näherungsweise zu bestimmen.

Dazu wählt man zunächst eine Stelle x_0, von der man annimmt, dass sie relativ nahe bei
der zu suchenden Nullstelle liegt.

Dann nähert man die Funktion f durch die Tangente an ihren Graphen im Punkt $(x_0|f(x_0))$
an und bestimmt die Nullstelle x_1 dieser Tangente (Abb. 19.3).

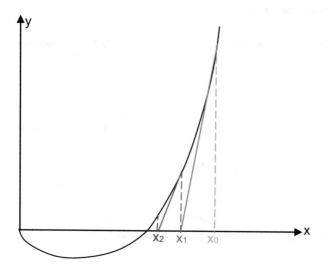

Abb. 19.3 Sukzessive Annäherung an die Nullstelle der Funktion mit Hilfe der Nullstellen der
Tangenten

Wie in Abb. 19.3 gezeigt, liegt diese Nullstelle x_1 näher an der gesuchten Nullstelle als
der Startwert x_0. Dann verfährt man mit der Stelle x_1 so wie vorher mit x_0, d. h. man stellt
die Tangente im Punkt $(x_1|f(x_1))$ auf und bestimmt deren Nullstelle x_2, welche dann noch
näher an der gesuchten Nullstelle liegen sollte. Dieses Verfahren iteriert man.

Konkret bedeutet das:

Tangente im Punkt $(x_0|f(x_0))$: $y = f'(x_0) \cdot (x - x_0) + f(x_0)$

Nullstelle dieser Tangente: $x_1 = x_0 - \frac{f(x_0)}{f'(x_0)}$

Ersetzt man in dieser Gleichung x_0 durch x_1, so erhält man x_2, ersetzt man dann x_1 durch
x_2, so erhält man x_3, etc.:

$x_{n+1} = x_n - \frac{f(x_n)}{f'(x_n)}$

Beim Berechnen kann man in manchen Taschenrechnern die im Arbeitsspeicher gespei-
cherte Zahl mit einer Taste (z. B. ANS) abrufen. Integriert man sie in der Formel, indem
man x_n dadurch ersetzt, so führt das Newton-Verfahren sehr schnell und bequem zu einem
Näherungswert für die gesuchte Nullstelle, falls es tatsächlich konvergiert.

Aufgabe: Bestimmen Sie die Nullstelle der Funktion $f(x) = -x^3 + x + 2$ auf acht Nachkommastellen genau!

Lösung: $f'(x) = -3x^2 + 1$, $x_0 = 2$, $x_{n+1} = x_n - \frac{-x_n{}^3 + x_n + 2}{-3x_n{}^2 + 1}$

liefert $x_1 = 1,\overline{63}$, $x_2 = 1,53039205$, $x_3 = 1,52144147$, $x_4 = 1,52137971$, $x_5 = 1,52137971$
und bereits x_5 weicht im Rahmen der Taschenrechnergenauigkeit nicht mehr von x_4 ab.
Beginnt man mit dem Startwert $x_0 = -2$, so sieht man, dass das Newton-Verfahren nicht
konvergiert.

Nach dieser anschaulichen Einführung soll der nächste Satz feststellen, unter welchen
Bedingungen die Folge $\langle x_n \rangle$ gegen die Nullstelle von f konvergiert.

Satz: Sei f eine zweimal differenzierbare Funktion f: $[a; b] \to \mathbb{R}$ mit den folgenden Eigenschaften:

- f besitzt in $[a; b]$ eine Nullstelle ξ,
- $f'(x) \neq 0 \; \forall \, x \in [a; b]$
- $f''(x) \neq 0$ und f konkav in ganz $[a; b]$ oder konvex in ganz $[a; b]$ und
- der erste Iterationswert $x_1 = x_0 - \frac{f(x_0)}{f'(x_0)}$ zu $x_0 = a$ und zu $x_0 = b$ liegt im Intervall $[a; b]$.

Dann liegen bei beliebigem Startwert $x_0 \in [a; b]$ alle Iterationswerte $x_{n+1} = x_n - \frac{f(x_n)}{f'(x_n)}$ im
Intervall $[a; b]$ und die Folge $\langle x_n \rangle$ konvergiert gegen die Nullstelle ξ.

Beweis: Betrachtet werde eine Funktion $f(x)$ mit $f'(x) > 0$ und $f''(x) > 0$ in ganz $[a; b]$.
Für $x_0 = a$ liegt nach Voraussetzung der erste Iterationswert in $[a; b]$. Deshalb ist der y-
Wert der in $x_0 = a$ gebildeten Tangente t an der Stelle $x = b$ nicht negativ:

$$t(b) = f(a) + f'(a)(b - a) \geq 0 \Rightarrow \frac{f(a)}{f'(a)} \geq -(b - a) \quad (*) \quad \text{(vgl. Abbildung)}$$

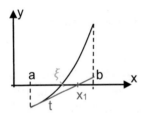

Nun wird eine Hilfsfunktion $h(x)$ definiert: $h(x) := x - \frac{f(x)}{f'(x)}$. Mit $f(\xi) = 0$ folgt $h(\xi) = \xi$.

Nach der Quotientenregel gilt für ihre Ableitung: $h'(x) = 1 - \frac{[f'(x)]^2 - f(x)f''(x)}{[f'(x)]^2} = \frac{f(x)f''(x)}{[f'(x)]^2}$.
Wegen $f''(x) > 0$ in $[a; b]$ ist $h(x)$ streng monoton fallend in $[a; \xi]$ und streng monoton
steigend in $[\xi; b]$. Die Funktion $h(x)$ besitzt also an der Stelle ξ ein Minimum.
Also gilt (1): $h(\xi) = \xi \leq h(x) \; \forall \, x \in [a; b]$.
Jetzt wird gezeigt, dass $h(x) \leq b \; \forall \, x \in [a; b]$:
Ist $x \in [\xi; b]$, so ist $\frac{f(x)}{f'(x)} \geq 0$ und somit $h(x) \leq x \leq b$.

Ist $x \in [a; \xi]$, so gilt dort wegen der Monotonie $h(x) \leq h(a) = a - \frac{f(a)}{f'(a)} \overset{(*)}{\leq} a + (b - a) = b$.
Somit ist (2): $h(x) \leq b \; \forall \, x \in [a; b]$
$\overset{(1),(2)}{\Rightarrow}$ Es gilt also tatsächlich $h(x) \leq b \; \forall \, x \in [a; b]$.

Nun werde die Folge $x_{n+1} = h(x_n)$ betrachtet mit $n \in \mathbb{N}_0$.

$x_{n+1} = x_n - \frac{f(x_n)}{f'(x_n)}$, es handelt sich also um die Iterationsfolge des Newton-Verfahrens. Wählt man für den Startwert ein $x_0 \in [\xi; b]$, so folgt aus $\xi \leq h(x) \leq x$, dass $\xi \leq x_{n+1} \leq x_n$ $\forall n \in \mathbb{N}_0$.

Ist dagegen der Startwert $x_0 \in [a; \xi]$, so ist $x_1 = h(x_0) \overset{(1)}{\geq} \xi$, und der erste Iterationswert liegt im Invervall $[\xi; b]$.

Es gilt also für jeden beliebigen Startwert $x_0 \in [a; b]$, dass $\xi \leq x_{n+1} \leq x_n$ $\forall n \in \mathbb{N}$. Ab dem Folgenglied x_1 ist die Folge monoton fallend, sie ist wegen (1) mit ξ nach unten beschränkt und konvergiert deshalb.

Für den Grenzwert x muss gelten $x = x - \frac{f(x)}{f'(x)}$, sodass der Grenzwert die Nullstelle von $f(x)$ sein muss. $\Rightarrow \lim_{n \to \infty} x_n = \xi$

Die anderen Fälle $f'(x) > 0$ und $f''(x) < 0$, $f'(x) < 0$ und $f''(x) > 0$ und $f'(x) < 0$ und $f''(x) < 0$ lassen sich auf den behandelten Fall durch Spiegelung von f an der x-Achse, an der y-Achse oder an beiden Achsen zurückführen. $\square$

Beispiel aus der Physik:

Max Planck konnte mit Hilfe seiner Theorie des schwarzen Körpers ein Gesetz aufstellen, das angibt, wie groß die Energie ist, die im Wellenlängenbereich $[\lambda; \lambda + d\lambda]$ pro Zeiteinheit und Fläche in eine Raumwinkeleinheit gestrahlt wird, und zwar abhängig von der Temperatur des strahlenden Körpers. Jeder kennt das Phänomen, dass ein Draht bei zunehmender Temperatur erst rot, dann gelb, dann weiß glüht. D. h. mit zunehmender Temperatur T verschiebt sich die ausgesandte elektromagnetische Strahlung zu kurzwelligem Licht hin. Das Gesetz für die ausgesendete Strahlungsintensität S lautet:

$$S(\lambda) = \frac{2hc^2}{\lambda^5} \cdot \frac{1}{e^{\frac{hc}{\lambda kT}} - 1}$$

Dabei sind h das Plancksche Wirkungsquantum, c die Lichtgeschwindigkeit in Vakuum, k die Boltzmannkonstante und T die absolute Temperatur.

Im Folgenden soll aus dieser Gleichung das Wiensche Verschiebungsgesetz hergeleitet werden, das das Phänomen der Verschiebung der Strahlung zu kurzwelligem Licht hin beschreibt.

Um sich das Rechnen zu vereinfachen werden zwei Parameter $a := \frac{hc}{kT}$ und $b := 2hc^2$ eingeführt. Dann lautet die zu betrachtende Funktion $f(x) = \frac{b}{x^5} \cdot \frac{1}{e^{\frac{a}{x}} - 1}$

Das relative Maximum dieser Funktion erhält man, indem man die Nullstelle der ersten Ableitung sucht.

$$f'(x) = \frac{-b}{x^6} \cdot \frac{5e^{\frac{a}{x}} - 5 - \frac{a}{x}e^{\frac{a}{x}}}{(e^{\frac{a}{x}} - 1)^2} \overset{!}{=} 0$$

Mit der Substitution $t = \frac{a}{x}$ ist die folgende Gleichung zu lösen: $-5 + t + 5e^{-t} \overset{!}{=} 0$

Das ist nur näherungsweise möglich, das Newtonverfahren führt für die Funktion f′ zu $t_{n+1} = t_n - \frac{t_n - 5(1 - e^{-t_n})}{1 - 5e^{-t_n}}$ und damit zu $t \approx 4{,}965114232 \approx 5$.

Die Rücksubstitution ergibt für die Stelle des Maximums der Funktion f: $x \approx \frac{a}{5}$

Die Wellenlänge maximaler Strahlungsintensität ist damit $\lambda_{max} \approx \frac{\frac{hc}{kT}}{5} \approx 2{,}9 \cdot 10^{-3} \frac{1}{T/K}$
($h = 6{,}6 \cdot 10^{-34}$ J s, $c = 3{,}0 \cdot 10^{8}$ m/s, $k = 1{,}38 \cdot 10^{-23}$ J/K)

Für Zimmertemperatur $T = (20 + 273)$ K ist $\lambda_{max} \approx 10\,\mu$m, für volle, blendende Weißglut ist $T = (1500 + 273)$ K und es ergibt sich $\lambda_{max} \approx 1{,}6\,\mu$m, bei beiden Wellenlängen handelt es sich um Strahlung im Infrarotbereich.

Die Wellenlänge maximaler Strahlungsintensität nimmt mit zunehmender Temperatur ab, wie es das Wiensche Verschiebungsgesetz aussagt.

In Abb. 19.4 ist die Strahlungsintensität S in Abhängigkeit von der Wellenlänge λ für einige Temperaturen dargestellt. Auch wenn das Maximum der Strahlung im Infrarotbereich liegt, so führt die Strahlung im sichtbaren Bereich, der von 400–800 nm symbolisch im Diagramm dargestellt ist, gegebenenfalls zur Rot- bzw. Weißglut (Abb. 19.4).

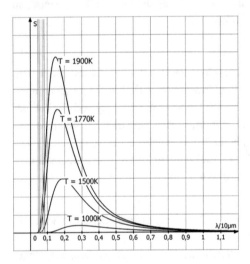

Abb. 19.4 Plancksches Strahlungsgesetz

19.3   Taylorreihen

Manchmal kann es nützlich sein, eine Funktion durch eine lineare Approximation anzunähern. Das trifft beim Newton-Verfahren zu, es gibt aber auch in der Physik oder den Ingenieurswissenschaften Probleme, die sich nicht analytisch lösen lassen, bei einer linearen Approximation allerdings eine näherungsweise Lösung gefunden werden kann.

Zum Beispiel wird die Schwingung eines mathematischen Fadenpendels durch die Differentialgleichung $\ddot{x}(t) = -\frac{g}{\ell} \sin x(t)$ beschrieben:

Die Masse m hängt an einem masselosen Faden der Länge ℓ und wird um den Winkel x ausgelenkt (Abb. 19.5). Die Gewichtskraft $F_G = mg$ hat eine Komponente $F_\parallel = -F_G \sin(x(t))$ entlang der Kreisbahn, auf der sich die Masse bei gespanntem Faden bewegen kann. Das Minuszeichen ist Ausdruck dessen, dass es sich um eine rücktreibende Kraft handelt. Sie bewirkt eine Beschleunigung a(t) nach dem 2. Newtonschen Gesetz $F_\parallel(t) = ma(t)$. Die Beschleunigung a(t) ergibt sich aus der Winkelbeschleunigung $\ddot{x}(t)$
$a(t) = \ell\ddot{x}(t)$
Die Differentialgleichung $\ddot{x}(t) = -\frac{g}{\ell}\sin(x(t))$ ist analytisch nicht lösbar.
Erst durch die lineare Näherung $\sin x \approx x$ für kleine Winkel x, die sogenannte Kleinwinkelnäherung, erhält man die Differentialgleichung $\ddot{x}(t) = -\frac{g}{\ell}x(t)$, die mit dem einfachen Ansatz $x(t) = x_0\cos(\omega t)$ mit Hilfe der Anfangsbedingungen gelöst werden kann. (siehe Kap. 22 über Differentialgleichungen)

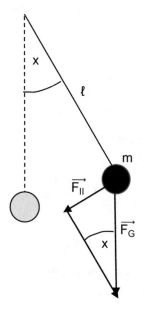

Abb. 19.5 Kräfte an der Masse eines mathematischen Pendels

In der Physik reichen oft lineare Näherungen, manchmal sucht man aber auch da nach besseren Näherungen.

Oder man möchte Werte der trigonometrischen, der natürlichen Exponential- oder der Logarithmusfunktion mit dem Taschenrechner berechnen. Aber wie errechnet der Taschenrechner seine Werte?

Zunächst nochmals zurück zur linearen Näherung $T_1 f(x) = f'(x_0)(x - x_0) + f(x_0)$, bei der der Funktionswert $f(x_0)$ und die erste Ableitung $f'(x_0)$ berücksichtigt werden. Höhere Ableitungen spielen dabei keine Rolle, obwohl mit ihnen das Verhalten der Funktion besser beschrieben werden könnte.

Die Idee ist deshalb, Polynome $T_n f(x)$ vom Grad n anzugeben, die außer im Funktionswert $f(x_0)$ und der ersten Ableitung $f'(x_0)$ in allen weiteren der ersten n Ableitungen mit denen der Funktion f übereinstimmen.

Dieses soll anhand des Beispiels von $f(x) = \sin x$ vorgeführt werden. Dazu wird als Entwicklungsstelle $x_0 = 0$ gewählt.

Beispiel: $f(x) = \sin x$, $x_0 = 0$

Es ist $f(0) = 0$

Die ersten fünf Ableitungen von $f(x) = \sin x$ sind:

$f'(x) = \cos x$, $f''(x) = -\sin x$, $f'''(x) = -\cos x$, $f^{(4)}(x) = \sin x$, $f^{(5)}(x) = \cos x$ und damit an der Stelle $x_0 = 0$:

$f'(0) = 1$, $f''(0) = 0$, $f'''(0) = -1$, $f^{(4)}(0) = 0$, $f^{(5)}(0) = 1$.

Ein Polynom 5-ten Grades lautet $T_5 f(x) = a_5 x^5 + a_4 x^4 + a_3 x^3 + a_2 x^2 + a_1 x + a_0$ und Einsetzen der Stelle $x_0 = 0$ ergibt: $T_5 f(0) = a_0 \overset{!}{=} 0$

Für die Ableitungen gilt:

$Tf'(x) = 5a_5 x^4 + 4a_4 x^3 + 3a_3 x^2 + 2a_2 x + a_1,$ $Tf'(0) = a_1 \overset{!}{=} 1$

$Tf''(x) = 5 \cdot 4a_5 x^3 + 4 \cdot 3a_4 x^2 + 3 \cdot 2a_3 x + 2a_2,$ $Tf''(0) = 2a_2 \overset{!}{=} 0$

$Tf'''(x) = 5 \cdot 4 \cdot 3a_5 x^2 + 4 \cdot 3 \cdot 2a_4 x + 3 \cdot 2a_3,$ $Tf'''(0) = 3 \cdot 2a_3 \overset{!}{=} -1$

$Tf^{(4)}(x) = 5 \cdot 4 \cdot 3 \cdot 2a_5 x + 4 \cdot 3 \cdot 2a_4,$ $Tf^{(4)}(0) = 4 \cdot 3 \cdot 2a_4 \overset{!}{=} 0$

$Tf^{(5)}(x) = 5 \cdot 4 \cdot 3 \cdot 2 \cdot 1a_5$ $Tf^{(5)}(0) = 5 \cdot 4 \cdot 3 \cdot 2 \cdot 1a_5 \overset{!}{=} 1$

Damit erhält man für das sogenannte *Taylorpolynom* 5. Grades:

$T_5 \sin(x) = x - \frac{1}{3!}x^3 + \frac{1}{5!}x^5$

Dieses Verfahren lässt sich leicht auf Polynome höheren Grades verallgemeinern, da für eine Potenzfunktion $g(x) = x^n$ schnell zeigen lässt, dass $g^{(n)}(0) = n!$

Damit ergibt sich für die Sinusfunktion für das n-te Taylorpolynom:

$T_n \sin(x) = \sum_{k=0}^{n} \frac{(-1)^k}{(2k+1)!} x^{2k+1}$

Bemerkung: Da die Funktion $f(x) = \sin x$ ungerade ist, sind in der Potenzreihenentwicklung nur ungerade Potenzen von x vertreten.

Abb. 19.6 soll ein Gefühl dafür geben, wie schnell sich die Graphen der Polynome an den der Sinusfunktion annähern, je mehr Terme $\frac{(-1)^k}{(2k+1)!} x^{2k+1}$ mitberücksichtigt werden.

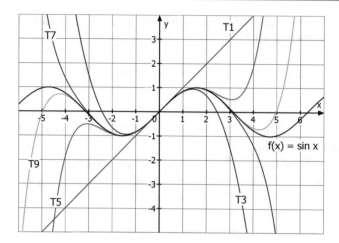

Abb. 19.6 Taylorpolynome von unterschiedlichem Grad für $f(x) = \sin x$

Nun allgemein: Es soll die n-mal differenzierbare Funktion f durch ein Polynom $\sum_{k=0}^{n} a_k(x-a)^k$ um die Entwicklungsstelle a angenähert werden:

$$\frac{d^r}{dx^r}(x-a)^k\Big|_{x=a} = \begin{cases} k! & \text{für } k = r \\ 0 & \text{für } k \neq r \end{cases} \Rightarrow a_k = \frac{f^{(k)}(a)}{k!} \text{ für } k = 0, 1, \dots, n$$

wobei das Symbol $f(x)|_{x=a} = f(a)$ bedeutet. (gesprochen: f von x an der Stelle a)

Das n-te Taylorpolynom in a lautet also $T_n f(x) = \sum_{k=0}^{n} \frac{f^{(k)}(a)}{k!}(x-a)^k$.

Bemerkung: Berücksichtigt man nur die ersten zwei Terme der Reihe, also $\sum_{k=0}^{1} \frac{f^{(k)}(a)}{k!}(x-a)^k$, so erhält man die lineare Näherung: $y = f(a) + f'(a)(x-a)$.

Eine Restgliedabschätzung verschafft Klarheit darüber, wie stark das n-te Taylorpolynom vom Funktionswert selbst abweicht.

Satz: Sei f: $I \to \mathbb{R}$ (n + 1)-mal stetig differenzierbar auf dem Intervall I, seien a, x ∈ I. Dann gilt für das Restglied $R_{n+1}(x) := f(x) - T_n f(x)$:

$R_{n+1}(x) = \frac{1}{n!} \int_a^x (x-t)^n f^{(n+1)}(t) dt$

Beweis: durch vollständige Induktion nach n:

Induktionsanfang n = 0:

$R_1(x) = \frac{1}{0!} \int_a^x (x-t)^0 f^{(1)}(t) dt = \int_a^x f'(t) dt = f(x) - f(a) = f(x) - T_0 f(x)$. ✓

Induktionsvoraussetzung: $R_n(x) = \frac{1}{(n-1)!} \int_a^x (x-t)^{n-1} f^{(n)}(t) dt$

Induktionsschritt: Mit partieller Integration erhält man:

$f(x) - T_{n-1}f(x) = R_n(x) = \frac{1}{(n-1)!} \int_a^x (x-t)^{n-1} f^{(n)}(t) dt$

$= \frac{1}{(n-1)!} \left\{ \left[-\frac{1}{n}(x-t)^n f^{(n)}(t) \right]_{t=a}^{t=x} + \int_a^x \frac{1}{n}(x-t)^n f^{(n+1)}(t) dt \right\}$

$= \frac{1}{n!} \left\{ (x-a)^n f^{(n)}(a) + \int_a^x (x-t)^n f^{(n+1)}(t) dt \right\}$

$\Rightarrow f(x) - T_n(x) = \frac{1}{n!} \int_a^x (x-t)^n f^{(n+1)}(t) dt$ ✓ □

Bemerkung: Hier wird auf die Integration und insbesondere die Methode der partiellen Integration vorgegriffen, die im Abschn. 20.3 besprochen wird.

Satz: Sei f: $I \to \mathbb{R}$ $(n + 1)$-mal stetig differenzierbar auf dem Intervall I, seien a, x $\in$ I.

$\Rightarrow \exists\, \xi \in]a; x[$ mit $R_{n+1}(x) = \frac{f^{(n+1)}(\xi)}{(n+1)!}(x - a)^{n+1}$

Beweis: Ist a < x, so ist $g(t) = (x - t)^{n+1} > 0 \;\forall\, t \in]a; x[$;

Ist a > x, so ist $g(t) = (x - t)^{n+1} < 0 \;\forall\, t \in]x; a[$, falls n + 1 ungerade ist, und $g(t) = (x - t)^{n+1} > 0 \;\forall\, t \in]x; a[$, falls n + 1 gerade ist.

In jedem Fall hat die Funktion g(t) einheitliches Vorzeichen zwischen a und x.

Damit sind die Voraussetzungen für den Mittelwertsatz der Integralrechnung gegeben, auf den hier vorgegriffen wird, und der im Abschn. 20.10 bewiesen wird.

Demnach existiert ein ξ zwischen x und a mit

$R_{n+1}(x) = \frac{1}{n!}\int_a^x (x - t)^n f^{(n+1)}(t)dt = \frac{f^{(n+1)}(\xi)}{n!}\int_a^x (x - t)^n dt = \frac{f^{(n+1)}(\xi)}{(n+1)!}(x - a)^{n+1}$ $\square$

Die Restgliedabschätzung gibt an, um wieviel das n-te Taylorpolynom vom genauen Funktionswert abweicht.

Die Idee der Taylorreihe ist es, eine unendliche Reihe zu betrachten, die im konkreten Fall nach einer gewissen Zahl von Gliedern abgebrochen wird, sodass dann abgeschätzt werden kann, wie groß der Fehler ist, den man dabei im Kauf nehmen muss. Für a = 0 spricht man dann von einer Maclaurin-Reihe:

Definition: Die Potenzreihenentwicklung einer Funktion f(x) um die *Entwicklungsstelle* $x_0 = 0$

$\sum_{k=0}^{\infty} \frac{f^{(k)}(0)}{k!} x^k$ heißt *Maclaurin-Reihe* der Funktion f.

Definition: Die Potenzreihenentwicklung einer Funktion f(x) um die Entwicklungsstelle $x_0 = a$

$\sum_{k=0}^{\infty} \frac{f^{(k)}(a)}{k!} (x - a)^k$ heißt Taylor-Reihe der Funktion um die Entwicklungsstelle a.

Zurück zum Beispiel f(x) = sin x:

Die Maclaurin-Reihe für die Funktion f(x) = sin x ist $Tf(x) = \sum_{k=0}^{\infty} \frac{(-1)^k}{(2k+1)!} x^{2k+1}$.

Die Restgliedabschätzung ergibt für alle x $\in \mathbb{R}$:

$|R_{n+1}(x)| = \left|\sin x - \sum_{k=0}^{n} \frac{(-1)^k}{(2k+1)!} x^{2k+1}\right| = \left|\frac{f^{(2(n+1)+1)}(\xi)}{(2(n+1)+1)!} x^{2(n+1)+1}\right| = \left|\frac{f^{(2n+3)}(\xi)}{(2n+3)!} x^{2n+3}\right|$

$\leq \frac{|x|^{2n+3}}{(2n+3)!}$

Bei der Folge $\left(\frac{x^n}{n!}\right)$ handelt es sich um eine Nullfolge. Die Taylorpolynome für die Sinusfunktion nähern sich mit zunehmendem n also beliebig genau an die Sinusfunktion selbst an.

Tatsächlich gilt $\sin x = \sum_{k=0}^{\infty} \frac{(-1)^k}{(2k+1)!} x^{2k+1} \;\forall\, x \in \mathbb{R}$

Die Kleinwinkelnäherung vom Einstiegsbeispiel des Fadenpendels kann man also als Maclaurin-Reihe betrachten, die nach dem ersten Glied (k = 0) abgebrochen wird.

Die Restgliedabschätzung ergibt als den in Kauf zu nehmenden Fehler $R_1 \leq \frac{|x|^3}{3!}$.

Als Faustregel gilt in der Physik die Kleinwinkelnäherung für Winkel $\varphi < 10°$.

Aufgabe: Bestimmen Sie die Taylorreihe für $f(x) = \cos x$, $x_0 = 0$ und einen Term für die Restgliedabschätzung! Begründen Sie, dass die Taylorreihe für alle $x \in \mathbb{R}$ gegen $f(x) = \cos x$ konvergiert!

Lösung: $f(0) = 1$

$f'(x) = -\sin x$, $f''(x) = -\cos x$, $f'''(x) = \sin x$, $f^{(4)}(x) = \cos x$, $f^{(5)}(x) = -\sin x, \ldots$

$f'(0) = 0$, $f''(0) = -1$, $f'''(0) = 0$, $f^{(4)}(0) = 1$, $f^{(5)}(x) = -0, \ldots$

$T\cos(x) = \sum_{k=0}^{\infty} \frac{(-1)^k}{(2k)!} x^{2k}$

Da die Kosinusfunktion gerade ist, sind nun nur geradzahlige Potenzen von x vertreten.

Die Restgliedabschätzung ergibt für alle $x \in \mathbb{R}$:

$|R_{n+1}(x)| = \left| \cos x - \sum_{k=0}^{n} \frac{(-1)^k}{(2k)!} x^{2k} \right| = \left| \frac{f^{(2n+2)}(\xi)}{(2n+2)!} x^{2n+2} \right| \leq \frac{|x|^{2n+2}}{(2n+2)!} \to 0$ für $n \to \infty$

Somit ist $\cos x = \sum_{k=0}^{\infty} \frac{(-1)^k}{(2k)!} x^{2k} \ \forall \, x \in \mathbb{R}$

Aufgabe: Bestimmen Sie die Taylorreihe für $f(x) = e^x$, $x_0 = 0$ und einen Term für die Restgliedabschätzung! Begründen Sie, dass die Taylorreihe für alle $x \in \mathbb{R}$ gegen $f(x) = e^x$ konvergiert!

Lösung: $f(x) = e^x$, $x_0 = 0$

$f^{(n)}(x) = e^x \ \forall \, n \in \mathbb{N}$, also $f^{(n)}(0) = 1 \ \forall \, n \in \mathbb{N}$

$\Rightarrow T\exp(x) = \sum_{n=0}^{\infty} \frac{x^n}{n!}$

Die Restgliedabschätzung führt zu

$|R_{n+1}(x)| = \left| e^x - \sum_{k=0}^{n} \frac{x^k}{k!} \right| = \left| \frac{e^\xi}{(n+1)!} x^{n+1} \right| = \left| \frac{x^{n+1}}{(n+1)!} e^\xi \right| \to 0$ für $n \to \infty$

Also ist $e^x = \sum_{k=0}^{\infty} \frac{x^k}{n!} \ \forall \, x \in \mathbb{R}$

Beispiel: $f(x) = \frac{1}{\sqrt{1-x}}$, $x_0 = 0$

$f(0) = 1$, $f'(0) = \frac{1}{2}$, $f''(0) = \frac{3}{2^2}$, $f'''(0) = \frac{5 \cdot 3}{2^3}$, $f^{(4)}(x) = \frac{7 \cdot 5 \cdot 3}{2^4}$, etc.

$\Rightarrow T\left(\frac{1}{\sqrt{1-x}} \right) = 1 + \frac{1}{2} x + \frac{1 \cdot 3}{2 \cdot 4} x^2 + \frac{1 \cdot 3 \cdot 5}{2 \cdot 4 \cdot 6} x^3 + \ldots$

Da es sich bei Taylorreihen immer um Potenzreihen handelt, kann man den Konvergenzradius nach dem Quotientenkriterium berechnen:

$R = \lim_{n \to \infty} \left| \frac{a_n}{a_{n+1}} \right| = \lim_{n \to \infty} \frac{\frac{1 \cdot 3 \cdot 5 \cdot \ldots \cdot (2n-1)}{2 \cdot 4 \cdot 6 \cdot \ldots \cdot 2n}}{\frac{1 \cdot 3 \cdot 5 \cdot \ldots \cdot (2(n+1)-1)}{2 \cdot 4 \cdot 6 \cdot \ldots \cdot 2(n+1)}} = \lim_{n \to \infty} \frac{\frac{1 \cdot 3 \cdot 5 \cdot \ldots \cdot (2n-1)}{2 \cdot 4 \cdot 6 \cdot \ldots \cdot 2n}}{\frac{1 \cdot 3 \cdot 5 \cdot \ldots \cdot (2n+1)}{2 \cdot 4 \cdot 6 \cdot \ldots \cdot (2n+2)}}$

$= \lim_{n \to \infty} \frac{1}{\frac{(2n+1)}{(2n+2)}} = \lim_{n \to \infty} \frac{2n+2}{2n+1} = 1.$

Ohne Beweis: $\frac{1}{\sqrt{1-x}} = 1 + \frac{1}{2} x + \frac{1 \cdot 3}{2 \cdot 4} x^2 + \frac{1 \cdot 3 \cdot 5}{2 \cdot 4 \cdot 6} x^3 + \ldots$ für alle $|x| < 1$.

Diese Näherung ist in der speziellen Relativitätstheorie bedeutsam, in der sich die kinetische Energie als Differenz der relativistischen Gesamtenergie mc^2 und der Ruheenergie $m_0 c^2$ berechnet.

Für einen Körper mit der Ruhemasse m_0 und der Geschwindigkeit v ist die relativistische Masse $m = \frac{m_0}{\sqrt{1-(\frac{v}{c})^2}}$, wobei c die Lichtgeschwindigkeit ist. Für die kinetische Energie ergibt sich:

$$E_{kin} = \frac{m_0 c^2}{\sqrt{1-(\frac{v}{c})^2}} - m_0 c^2 = m_0 c^2 \left(\frac{1}{\sqrt{1-(\frac{v}{c})^2}} - 1 \right)$$

$$\approx m_0 c^2 (1 + \tfrac{1}{2}(\tfrac{v}{c})^2 + \tfrac{3}{8}(\tfrac{v}{c})^4 - 1) = m_0 c^2 \left(\tfrac{1}{2}(\tfrac{v}{c})^2 + \tfrac{3}{8}(\tfrac{v}{c})^4 \right)$$

Für Geschwindigkeiten, die viel kleiner als die Lichtgeschwindigkeit sind, kann man die vierte Potenz von $\frac{v}{c}$ vernachlässigen, und es ergibt sich:

$E_{kin} \approx m_0 c^2 \cdot \tfrac{1}{2}(\tfrac{v}{c})^2 = \tfrac{1}{2} m_0 v^2$, die aus der klassischen Physik bekannte Formel zur Berechnung der kinetischen Energie eines Körpers.

So kann man mit Hilfe der Taylorentwicklung des Terms $\frac{1}{\sqrt{1-x}}$ zeigen, dass sich für ausreichend kleine Geschwindigkeiten (zumindestens in diesem Beispiel) die klassische Mechanik als Grenzfall der speziellen Relativitätstheorie ergibt.

Beispiel: $f(x) = \ln x$

Hier ergibt sich das Problem, dass $f(x) = \ln x$ an der Stelle $x_0 = 0$ nicht definiert ist. Deshalb verwendet man die Entwicklungsstelle $x_0 = 1$.

$f(1) = \ln 1 = 0$. Der erste Term der Taylorreihe fällt damit weg.

$f'(x) = \frac{1}{x}, f''(x) = -\frac{1}{x^2}, f'''(x) = 2\frac{1}{x^3}, f^{(4)}(x) = -3 \cdot 2\frac{1}{x^4},$

allgemein: $f^{(n)}(x) = (-1)^{n-1}(n-1)!\frac{1}{x^n}$ und damit $f^{(n)}(1) = (-1)^{n-1}(n-1)!$

$\Rightarrow T\ln(x) = \sum_{n=1}^{\infty} \frac{f^{(n)}(1)}{n!}(x-1)^n = \sum_{n=1}^{\infty} \frac{(-1)^{n-1}(n-1)!}{n!}(x-1)^n = \sum_{n=1}^{\infty} \frac{(-1)^{n-1}}{n}(x-1)^n$

oder $T\ln(x+1) = \sum_{n=1}^{\infty} \frac{(-1)^{n-1}}{n}x^n$

$R = \lim_{n \to \infty} \left| \frac{a_n}{a_{n+1}} \right| = \lim_{n \to \infty} \frac{\frac{1}{n}}{\frac{1}{n+1}} = \lim_{n \to \infty} \frac{n+1}{n} = 1$

Für $x = -1$ handelt es sich bei der Potenzreihe um das Negative der harmonischen Reihe, sie konvergiert nicht. ($\lim_{x \downarrow 0} \ln x = -\infty$).

Für $x = 1$ ergibt sich die alternierende harmonische Reihe, deren Konvergenz schon mit dem Leibniz-Kriterium bewiesen wurde. Es ist $\sum_{n=1}^{\infty} \frac{(-1)^{n+1}}{n} = \ln 2$.

Ohne Beweis: Es ist $\ln(x+1) = \sum_{n=1}^{\infty} \frac{(-1)^{n-1}}{n}x^n$ für $-1 < x \leq 1$

Bemerkung: Taschenrechner und Computer nutzen die Taylorentwicklung von Funktionen zur Berechnung von Funktionswerten.

19.4   Totales Differential

In Abb. 19.7 ist der Graph einer Funktion $f(x, y) = 1 + \frac{1}{1+x^2+y^2}$ dargestellt, die von zwei Variablen x und y abhängt.

Für $x = \frac{1}{2}$ und $y = -1$ ergibt sich: $f(\frac{1}{2}, -1) = 1 + \frac{1}{1+(\frac{1}{2})^2+(-1)^2} = \frac{13}{9}$

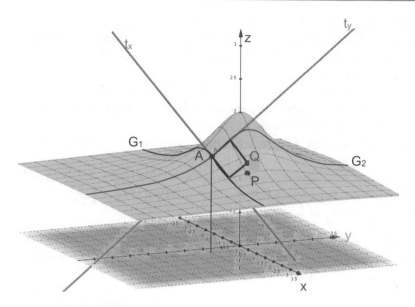

Abb. 19.7 Totales Differential

Über dem Gitterpunkt $(x_A = \frac{1}{2} | y_A = -1)$ unten in der x-y-Ebene ist also der Punkt $A(\frac{1}{2}|-1|\frac{13}{9})$ eingezeichnet.

Bei festem $y = -1$ ist der Graph G_1 (in Abb. 19.7 blau eingezeichnet) der Funktion $f(x, -1)$ als Funktion von x dargestellt und bei festem $x = \frac{1}{2}$ ist der Graph G_2 (in Abb. 19.7 lila dargestellt) der Funktion $f(-\frac{1}{2}, y)$ als Funktion von y dargestellt.

In beiden Richtungen sind die Tangenten t_x und t_y im Punkt A zu sehen.

Um die Steigung der Tangente t_x zu berechnen, hält man die y-Koordinate konstant und berechnet die Ableitung der Funktion $f(x, -1)$ nach x mit Hilfe der sogenannten *partiellen Ableitung*.

$\frac{\partial}{\partial x} f(x, y) = \frac{\partial}{\partial x} \left(1 + \frac{1}{1+x^2+y^2}\right) = \frac{-2x}{(1+x^2+y^2)^2}$. Die Variable y behandelt man dabei wie eine Konstante.

Für $x = \frac{1}{2}$ und $y = -1$ erhält man: $\frac{\partial f}{\partial x}(\frac{1}{2}, -1) = \frac{-2 \cdot \frac{1}{2}}{(1+(\frac{1}{2})^2+(-1)^2)^2} = -\frac{16}{81}$

Zur Berechnung der Steigung der Tangente t_y verwendet man analog die partielle Ableitung nach y:

$\frac{\partial}{\partial y} f(x, y) = \frac{\partial}{\partial y} \left(1 + \frac{1}{1+x^2+y^2}\right) = \frac{-2y}{(1+x^2+y^2)^2}$, dieses Mal wurde die Variable x wie eine Konstante behandelt.

$\frac{\partial f}{\partial y}(\frac{1}{2}, -1) = \frac{-2 \cdot (-1)}{(1+(\frac{1}{2})^2+(-1)^2)^2} = +\frac{32}{81}$

Möchte man von A ausgehend den Funktionswert $f(x_Q|y_Q)$ in linearer Näherung berechnen, so benutzt man diese partiellen Ableitungen.

Vorher betrachten wir nochmals die Tangentengleichung für eine Funktion $f(x)$:

$t: y = f'(x_0)(x - x_0) + f(x_0) = f(x_0) + f'(x_0)\Delta x$ mit $\Delta x = x - x_0$. Der erhaltene Wert y ist ein Näherungswert für $f(x)$ in erster Ordnung. $f(x) \approx f(x_0) + f'(x_0)\Delta x$

Für die Funktion $f(x, y)$ ergibt sich analog:

$f(x, y) \approx f(\frac{1}{2}, -1) + \frac{\partial f}{\partial x}(\frac{1}{2}, -1) \cdot \Delta x + \frac{\partial f}{\partial y}(\frac{1}{2}, -1) \cdot \Delta y = f(\frac{1}{2}, -1) + \Delta f$

Tatsächlich nähert man den Graphen der Funktion durch eine Ebene an, die den Punkt A und die beiden Tangenten t_x und t_y enthält.

So ergibt sich für den Punkt $Q(\frac{3}{2}| - \frac{1}{2}|z_Q)$, der durch diese lineare Näherung bestimmt wird:

$\Delta x = x_Q - x_A = 1$ und $\Delta y = y_Q - y_A = \frac{1}{2}$ und somit $z_Q = \frac{13}{9} + (-\frac{16}{81}) \cdot 1 + \frac{32}{81} \cdot \frac{1}{2} = \frac{13}{9}$.

Für den auf dem hellgrün dargestellten Graphen liegenden Punkt $P(\frac{3}{2}| - \frac{1}{2}|f(\frac{3}{2}, -\frac{1}{2}))$ ist

$f(\frac{3}{2}, -\frac{1}{2}) = 1 + \frac{1}{1+(\frac{3}{2})^2+(-\frac{1}{2})^2} = \frac{9}{7}$.

Man erkennt, dass $z_Q \neq f(\frac{3}{2}, -\frac{1}{2})$, aber die Werte für Δx und Δy sind hier auch sehr groß gewählt, für ausreichend kleine Werte für Δx und Δy ergeben sich entsprechend gute Näherungswerte für den Funktionswert.

Sind Δx und Δy infinitesimal klein, so erhält man allgemein das totale Differential an der Stelle (x_0, y_0)

$df(x_0, y_0) = \frac{\partial f}{\partial x}(x_0, y_0) \cdot dx + \frac{\partial f}{\partial y}(x_0, y_0) \cdot dy$, oder kurz: $df = \frac{\partial f}{\partial x} \cdot dx + \frac{\partial f}{\partial y} \cdot dy$

Das totale Differential ist wichtig für die Behandlung der Fehlerfortpflanzung in den Naturwissenschaften:

Es seien zwei Größen x und y mit ihren absoluten Maximalfehlern Δx und Δy (beide positiv definiert) in einem Experiment gemessen worden.

Aus den beiden Größen x und y lässt sich eine dritte Größe $z = f(x, y)$ errechnen, die auch mit einem Fehler behaftet ist, weil x und y nicht exakt bestimmt worden sind. Um wieviel nun die Größe z aufgrund der Fehler von x und y von der errechneten Größe abweichen kann, bestmmt man mit dem totalen Differential:

$|\Delta z| = |\frac{\partial f}{\partial x}| \cdot \Delta x + |\frac{\partial f}{\partial y}| \cdot \Delta y$

Da bei einem zufälligen Fehler die Messwerte vom eigentlichen Wert gleichermaßen nach oben wie nach unten abweichen können, die Richtung der Abweichung aber für die konkrete Messung nicht bekannt ist, und berücksichtigt werden muss, dass ungünstigerweise sich beide Fehler verstärken können, müssen hier die Beträge verwendet werden.

Für den häufigen Fall, dass sich z proportional zum Produkt von Potenzen der Größen x und y ist, d. h. $z = cx^\alpha y^\beta$, ergibt sich:

$|\frac{\Delta z}{z}| = |\alpha \frac{\Delta x}{x}| + |\beta \frac{\Delta y}{y}|$, wobei $\frac{\Delta x}{x}$, $\frac{\Delta y}{y}$ und $\frac{\Delta z}{z}$ die relativen Fehler von x, y und z sind.

Der absolute Fehler für z errechnet sich daraus als $\Delta z = |\frac{\Delta z}{z} \cdot z|$

Beispiel: Für $E_{kin} = \frac{1}{2}mv^2$ ist $\frac{\Delta E_{kin}}{E_{kin}} = \frac{\Delta m}{m} + 2\frac{\Delta v}{v}$

Für $|\alpha| = |\beta| = 1$ folgt die Regel, dass sich bei Produkten und Quotienten die relativen Fehler (betragsmäßig) addieren.

Beispiel: Für $W = UIt$ ist $\frac{\Delta W}{W} = \frac{\Delta U}{U} + \frac{\Delta I}{I} + \frac{\Delta t}{t}$

19.5 Lineare Regression

Jede Messung in den Naturwissenschaften ist mit Fehlern verbunden. Ob man falsch abgelesen hat, die Anordnung erschüttert worden ist oder Ähnliches, nie lässt sich eine Messung absolut exakt reproduzieren. Wie soll man mit diesen zufälligen Messfehlern umgehen?

Zunächst soll ein Experiment betrachtet werden, bei der die gleiche Messung n-mal wiederholt wird. Z. B. könnte man aus der Höhe 1,00 m eine Kugel n Mal fallen lassen, und immer wieder messen, wie groß die Fallzeit ist. Die Messwerte seien $x_1, x_2, x_3, \ldots, x_n$.
Das arithmetische Mittel ist $\bar{x} = \frac{1}{n}\sum_{i=1}^{n} x_i$.
Jeder einzelne Messwert x_i weicht um $x_i - \bar{x}$ von diesem Mittelwert ab.
Das arithmetische Mittel genügt der Methode der kleinsten Quadrate, d. h. es gilt der folgende Satz:

Satz: Für n Werte $x_1, x_2, \ldots, x_n \in \mathbb{R}$, $n > 1$, ist die Summe der quadratischen Abweichungen
$s(a) = \sum_{i=1}^{n}(x_i - a)^2$ minimal für $a = \bar{x} = \frac{1}{n}\sum_{i=1}^{n} x_i$.
Beweis: $\frac{\partial}{\partial a}[\sum_{i=1}^{n}(x_i - a)^2] = -2\sum_{i=1}^{n}(x_i - a) = -2[\sum_{i=1}^{n} x_i - \sum_{i=1}^{n} a] \stackrel{!}{=} 0$
$\Rightarrow a = \bar{x} = \frac{1}{n}\sum_{i=1}^{n} x_i$
$\frac{\partial^2}{\partial a^2}[\sum_{i=1}^{n}(x_i - a)^2] = -2 \cdot n \cdot (-1) > 0$.
Also nimmt die Funktion $s(a)$ für $a = \bar{x} = \frac{1}{n}\sum_{i=1}^{n} x_i$ ein Minimum an. $\square$

Nun soll der Fall betrachtet werden, dass eine Größe y in Abhängigkeit von verschiedenen Werten x_i, mit $i = 1, 2, \ldots, n$ gemessen wird. Es ergeben sich n Paare $(x_i|y_i)$, $i = 1, 2, \ldots, n$.
Vermutet man einen linearen Zusammenhang $y = mx + t$ zwischen den Messgrößen x und y, so möchte man die Parameter m und t so bestimmen, dass die Summe der quadratischen Abweichungen minimal wird (Abb. 19.8).

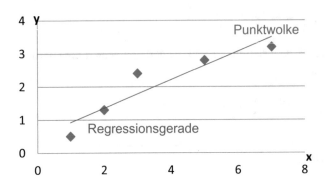

Abb. 19.8 Regressionsgerade für eine Punktwolke

Satz: Für n Zahlenpaare $(x_i|y_i) \in \mathbb{R}^2$, mit $i = 1, 2, \ldots, n$ und nicht alle x_i gleich, gibt es $m, t \in \mathbb{R}$, sodass die Summe der quadratischen Abweichungen $\sum_{i=1}^{n}(mx_i + t - y_i)^2$ minimal ist.

Dafür gilt: $m = \dfrac{\sum_{i=1}^{n}[(x_i - \overline{x})(y_i - \overline{y})]}{\sum_{i=1}^{n}(x_i - \overline{x})^2} = \dfrac{\sum_{i=1}^{n} x_i y_i - n\overline{x}\overline{y}}{\sum_{i=1}^{n} x_i^2 - n\overline{x}^2}$ und $t = \overline{y} - m\overline{x}$

Beweis:

$$\frac{\partial}{\partial t}\left[\sum_{i=1}^{n}(mx_i + t - y_i)^2\right] = 2\sum_{i=1}^{n}(mx_i + t - y_i) = 2\left[m\sum_{i=1}^{n} x_i + \sum_{i=1}^{n} t - \sum_{i=1}^{n} y_i\right]$$

$$= 2(mn\overline{x} + nt - n\overline{y}) \overset{!}{=} 0 \Rightarrow t = \overline{y} - m\overline{x} \checkmark$$

$$\frac{\partial}{\partial m}\left[\sum_{i=1}^{n}(mx_i + t - y_i)^2\right] = \frac{\partial}{\partial m}\left[\sum_{i=1}^{n}(mx_i + \overline{y} - m\overline{x} - y_i)^2\right]$$

$$= \frac{\partial}{\partial m}\sum_{i=1}^{n}[m(x_i - \overline{x}) - (y_i - \overline{y})]^2 = 2\sum_{i=1}^{n}\{[m(x_i - \overline{x}) - (y_i - \overline{y})](x_i - \overline{x})\}$$

$$= 2\sum_{i=1}^{n}[m(x_i - \overline{x})^2 - (y_i - \overline{y})(x_i - \overline{x})]$$

$$= 2\sum_{i=1}^{n} m(x_i - \overline{x})^2 - 2\sum_{i=1}^{n}[(y_i - \overline{y})(x_i - \overline{x})] \overset{!}{=} 0$$

$$\Rightarrow m = \frac{\sum_{i=1}^{n}[(x_i - \overline{x})(y_i - \overline{y})]}{\sum_{i=1}^{n}(x_i - \overline{x})^2} = \frac{\sum_{i=1}^{n} x_i y_i - \sum_{i=1}^{n} y_i\overline{x} - \sum_{i=1}^{n} \overline{y}x_i + \sum_{i=1}^{n} \overline{x}\overline{y}}{\sum_{i=1}^{n} x_i^2 - 2\sum_{i=1}^{n} x_i\overline{x} + \sum_{i=1}^{n} \overline{x}^2}$$

$$= \frac{\sum_{i=1}^{n} x_i y_i - \overline{x}\sum_{i=1}^{n} y_i - \overline{y}\sum_{i=1}^{n} x_i + n\overline{x}\overline{y}}{\sum_{i=1}^{n} x_i^2 - 2\overline{x}\sum_{i=1}^{n} x_i + \sum_{i=1}^{n} \overline{x}^2} = \frac{\sum_{i=1}^{n} x_i y_i - \overline{x}n\overline{y} - \overline{y}n\overline{x} + n\overline{x}\overline{y}}{\sum_{i=1}^{n} x_i^2 - 2\overline{x}n\overline{x} + n\overline{x}^2}$$

$$= \frac{\sum_{i=1}^{n} x_i y_i - n\overline{x}\overline{y}}{\sum_{i=1}^{n} x_i^2 - n\overline{x}^2} \checkmark$$

Definition: Die Gerade g: $y = mx + t$ heißt dann *Regressionsgerade* oder *Ausgleichsgerade*.

Bemerkung: Dieser Satz sagt nicht nur, dass es m und t gibt, sodass die Summe der quadratischen Abweichungen minimal ist, sondern dass es genau eine Lösung des Problems gibt, und er gibt zudem noch an, wie diese Lösung berechnet werden kann.

Bemerkung: Bei den gängigen Tabellenkalkulationsprogrammen kann die Ausgleichsgerade automatisch berechnet und in den Graphen eingezeichnet werden.

Bemerkung: Das Prinzip der Minimierung der quadratischen Abweichungen kann man auch für andere als lineare Zusammenhänge anwenden.

Integralrechnung

20

Die Umkehrung der Differentiation ist die Integration: Stammfunktionen der Grundfunktionen werden gefunden und die Methoden der partiellen Integration und der Integration durch Substitution vorgeführt.

Der Hauptsatz der Differential- und Integralrechnung wird hergeleitet und bestimmte Integrale zur Berechnung von Flächen genutzt. Mit der Grenzwertrechnung lassen sich dann auch uneigentliche Integrale bestimmen.

Der Mittelwertsatz der Integralrechnung wird bewiesen, Rauminhalte von rotationssymmetrischen Körpern bestimmt und gezeigt, wie Mittelwerte von Funktionen bestimmt werden können. Mit Hilfe der Fassregel von Kepler und der Simpson-Regel können Integrale näherungsweise berechnet werden.

Die Partialbruchzerlegung wird an einem einfachen Fall dargestellt.

20.1 Historisches Beispiel

Schon Archimedes hat sich die Frage gestellt, ob man die Fläche A zwischen der x-Achse, der Gerade mit der Gleichung $x = 1$ und der Parabel $y = x^2$ berechnen kann.

Diese Fläche ist in Abb. 20.1 farbig hinterlegt.

Die Überlegungen, die wir an diesem Beispiel durchführen werden, führen in aller Allgemeinheit zum Begriff des *Riemannschen Integrals* und sind Grundpfeiler der Integrationsrechnung.

Da eine begrenzende Linie dieser Fläche eine Kurve ist, die sich noch nicht mal auf eine Kreislinie zurückführen lässt, kann man sich dem Problem nur annähern.

Dazu setzt man diese Fläche näherungsweise aus Rechtecken der Breite $\Delta x = \frac{b}{n}$ zusammen, deren linke obere Ecke jeweils auf der Parabel liegt. Hier ist bereits verallgemeinert, dass die obere Grenze nicht bei $x = 1$ sondern allgemein bei $x = b$ liegt.

B. Hugues, *Mathematik-Vorbereitung für das Studium eines MINT-Fachs*,
https://doi.org/10.1007/978-3-662-66937-2_20

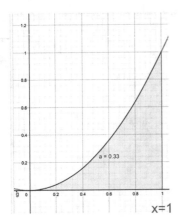

$x=1$

Abb. 20.1 Fläche zwischen der Kurve $y = x^2$, der x-Achse und der Geraden $x = 1$

In Abb. 20.2a ist das für $n = 5$ und $b = 1$ dargestellt.

Je größer n gewählt wird, desto geringer ist dann die Abweichung der Summe aller Rechteckflächen von der gesuchten Fläche unter der Parabel.

Man nennt diese Summe *Untersumme*, hier mit A_{US} bezeichnet, da die durch die Rechtecke entstehende Treppenfunktion unterhalb der Parabel liegt. Für $A_{US,n}$ ergibt sich dann:

$A_{US,n} = 0 + \Delta x f(\Delta x) + \Delta x f(2\Delta x) + \Delta x f(3\Delta x) + \ldots + \Delta x f((n-1)\Delta x)$

$= 0 + \Delta x(\Delta x)^2 + \Delta x(2\Delta x)^2 + \Delta x(3\Delta x)^2 + \ldots + \Delta x((n-1)\Delta x)^2$

$= (\Delta x)^3 \sum_{k=0}^{n-1} k^2 = (\Delta x)^3 \frac{(n-1)n(2n-1)}{6}$, wie schon im Abschn. 15.2 bewiesen worden war.

Mit $\Delta x = \frac{b}{n}$ folgt dann:

$A_{US,n} = \frac{b^3}{n^3} \frac{(n-1)n(2n-1)}{6} = \frac{b^3}{6} \frac{n-1}{n} \frac{n}{n} \frac{2n-1}{n} = \frac{b^3}{6}\left(1 - \frac{1}{n}\right)\left(2 - \frac{1}{n}\right) \rightarrow \frac{b^3}{3}$ für $n \rightarrow \infty$

Prinzipiell könnte es sein, dass der sich ergebende Grenzwert echt kleiner als die gesuchte Fläche A unter der Parabel ist.

a   **b**

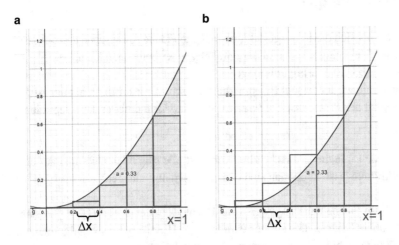

Abb. 20.2 Annäherung der Fläche von Abb. 20.1 durch **a** Untersumme, **b** Obersumme

Um das zu überprüfen, nimmt man nun Rechtecke, deren jetzt rechte obere Ecke jeweils auf der Parabel liegt. In Abb. 20.2b ist das für n = 5 und b = 1 dargestellt.

Die sich ergebende Stufenfunktion liegt nun oberhalb der Parabel und man spricht bei der Summe aller Rechtecksflächen von der Obersumme, hier mit A_{OS} bezeichnet.

$$A_{OS,n} = \Delta x f(\Delta x) + \Delta x f(2\Delta x) + \Delta x f(3\Delta x) + \ldots + \Delta x f(n\Delta x)$$
$$= x(\Delta x)^2 + \Delta x(2\Delta x)^2 + \Delta x(3\Delta x)^2 + \ldots + \Delta x(n\Delta x)^2 = (\Delta x)^3 \sum_{k=1}^{n} k^2$$
$$= (\Delta x)^3 \frac{n(n+1)(2n+1)}{6} = \frac{b^3}{6} \frac{n}{n} \frac{n+1}{n} \frac{2n+1}{n} = \frac{b^3}{6}\left(1 + \frac{1}{n}\right)\left(2 + \frac{1}{n}\right) \to \frac{b^3}{3} \text{ für } n \to \infty$$

Für jedes n gilt $A_{US,n} < A < A_{OS,n}$, und da die Grenzwerte für $A_{US,n}$ und $A_{OS,n}$ gleich sind, gilt also für die gesuchte Fläche $A = \frac{b^3}{3}$

Eine Verallgemeinerung für die Fläche zwischen der Parabel, der x-Achse und den Geraden x = a und x = b ist einfach möglich. Dafür muss die Fläche von 0 bis a subtrahiert werden:

$$A_{a,b} = \frac{b^3}{3} - \frac{a^3}{3}$$

Aus der Idee des Riemann-Integrals als Summe von Produkten Δx und $f(\Delta x)$ geht die Integralschreibweise hervor:

$\sum f(x)\Delta x$ wird dann zu $\int_a^b f(x)dx$, das „*Integral von* a *bis* b *über* f(x) dx“, f(x) heißt *Integrand* (m).

Dabei ist $x = n\Delta x$ der Wert der *Integrationsvariable* (im Moment noch für einen bestimmten Wert von n, letztlich wird aber der Grenzübergang $n \to \infty$ durchgeführt), die die Werte von a bis b (beim Grenzübergang $n \to \infty$ kontinuierlich) durchläuft.

Die *Integrationsgrenzen* a und b befinden sich unten und oben am *Integralzeichen*, das als langgezogenes S daran erinnert, dass es sich um eine Summe aus unendlich vielen Summanden handelt, aus der sich das Integral zusammensetzt.

20.2 Stammfunktion und unbestimmtes Integral

Beispiel: In der Physik sind die Gleichungen für eine Bewegung mit konstanter Beschleunigung

$x(t) = \frac{1}{2}at^2 + v_0 t + x_0$,

$v(t) = at + v_0$ und

a = const.,

wobei a die Beschleunigung, v_0 die Anfangsgeschwindigkeit und x_0 der Ort zur Zeit t = 0 sind.

v(t) entsteht durch Differentiation aus x(t), a(t) durch Differentiation aus v(t).

Den umgekehrten Vorgang nennt man Integration, d. h., v(t) entsteht aus a(t) durch Integration genauso wie x(t) aus v(t) durch Integration hervorgeht.

Definition: Eine Funktion F: $x \mapsto F(x)$ heißt *Stammfunktion* zur Funktion f: $x \mapsto f(x)$ mit $x \in D_f$, wenn $D_F = D_f$ und für die Ableitung $F'(x)$ von $F(x)$ gilt: $F'(x) = f(x) \; \forall \, x \in D_f$ (in Randstellen von D_f handelt es sich um die einseitige Ableitung.)

Satz: Mit F(x) ist jede Funktion $F(x) + C$ (mit $C \in \mathbb{R}$ const) Stammfunktion von f.
Beweis: $(F(x) + C)' = F'(x) = f(x) \; \forall \, x \in D_f$

Definition: Die Menge aller Stammfunktionen zu f heißt das unbestimmte Integral von f, kurz:
$\int f(x)dx = F(x) + C$, falls F eine Stammfunktion zu f ist.

Liste der Stammfunktionen aller Grundfunktionen:

Grundfunktion f(x)	Stammfunktion F(x)
a	ax
$x^n \; (n \neq -1)$	$\frac{x^{n+1}}{n+1}$
insbesondere: $\frac{1}{x^2} = x^{-2}$	$-x^{-1} = -\frac{1}{x}$
$\sqrt{x} = x^{\frac{1}{2}}$	$\frac{x^{\frac{3}{2}}}{\frac{3}{2}} = \frac{2}{3}x\sqrt{x}$
$\frac{1}{x} = x^{-1}$	$\ln|x|$
e^x	e^x
$\sin x$	$-\cos x$
$\cos x$	$\sin x$
$\frac{1}{\cos^2 x}$	$\tan x$
$\frac{1}{\sin^2 x}$	$-\cot x$
$\frac{1}{\sqrt{1-x^2}}$	$\arcsin x$
$\frac{1}{1+x^2}$	$\arctan x$

Es gelten die folgenden Regeln für die Integration, wie jeweils durch Differentiation einfach bewiesen werden kann:
$\int af(x)dx = a \int f(x)dx \qquad \int f(x) \pm g(x)dx = \int f(x)dx \pm \int g(x)dx$
$\int f(ax + b)dx = \frac{1}{a}F(ax + b) + C$, wenn F(x) Stammfunktion zu f(x) ist.
$\int \frac{f'(x)}{f(x)}dx = \ln|f(x)| + C$
$\int f'(x)e^{f(x)}dx = e^{f(x)} + C$
Stellvertretend soll der Beweis für die Regel $\int af(x)dx = a \int f(x)dx$ geführt werden:
$[a \int f(x)dx]' = a[\int f(x)dx]' = aF'(x) = af(x) = [\int af(x)dx]'$, wenn F(x) Stammfunktion zu f(x) ist.

Nun werden noch zwei weitere Integrationsverfahren gezeigt, die partielle Integration und die Integration durch Variablentransformation (durch Substitution)

20.3 Partielle Integration

Zur Herleitung dieses Integrationsverfahrens geht man von der Produktregel für die Differentiation aus: $(fg)' = f'g + fg'$
Bedingung ist, dass f und g stetig differenzierbar sind, d. h. dass sie differenzierbar sein müssen und die Ableitung stetig ist.

Die Integration dieser Gleichung führt dann zu: $\int (fg)'dx = fg = \int f'g\,dx + \int fg'\,dx$

Umstellen der Gleichung ergibt: $\int fg'\,dx = fg - \int f'g\,dx$

Das folgende Beispiel erklärt, wie die partielle Integration angewendet werden kann:

Beispiel: $\int xe^x dx \overset{(*)}{=} xe^x - \int 1e^x dx = xe^x - e^x + C$
$(*)\ u(x) = x,\, u'(x) = 1$
$v'(x) = e^x,\, v(x) = e^x$

Innerhalb des Produkts, aus dem der Integrand besteht, sucht man eine Funktion, die durch Ableiten einfacher wird, sodass ihr Produkt mit der Stammfunktion der anderen Funktion integrierbar wird.

Beispiel: $\int x^2 e^{-x} dx \overset{(*)}{=} -x^2 e^{-x} - \int 2x(-e^{-x})dx = -x^2 e^{-x} + 2\int xe^{-x}dx$
$\overset{(**)}{=} -x^2 e^{-x} + 2[-xe^{-x} - \int 1(-e^{-x})dx] = -x^2 e^{-x} - 2xe^{-x} - 2e^{-x} + C$
$(*)\ u(x) = x^2,\, u'(x) = 2x$
$v'(x) = e^{-x},\, v(x) = -e^{-x}$
$(**)\ u(x) = x,\, u'(x) = 1$
$v'(x) = e^{-x},\, v(x) = -e^{-x}$

An diesem Beispiel sieht man, dass auch mehrfaches Anwenden der partiellen Integration zum Ziel führen kann.

Aufgabe: Bestimmen Sie $\int \ln x\,dx$!
Lösung: $\int \ln x\,dx = \int 1\ln x\,dx \overset{(*)}{=} x\ln x - \int \frac{1}{x}x\,dx = x\ln x - x + C$
$(*)\ u(x) = \ln x,\, u'(x) = \frac{1}{x}$
$v'(x) = 1,\, v(x) = x$

Aufgabe: Bestimmen Sie $\int \sin^2 x\,dx$!
Lösung: $\int \sin^2 x\,dx \overset{(*)}{=} -\sin x \cos x - \int (-\cos^2 x)dx = -\sin x \cos x + \int (1 - \sin^2 x)dx$
$(*)\ u(x) = \sin x,\, u'(x) = \cos x$
$v'(x) = \sin x,\, v(x) = -\cos x$
$\Rightarrow 2\int \sin^2 x\,dx = -\sin x \cos x + x + C^*$
$\Rightarrow \int \sin^2 x\,dx = \frac{x}{2} - \frac{1}{2}\sin x \cos x + C$

20.4   Integration durch Variablentransformation, Integration durch Substitution

Zur Herleitung dieses Integrationsverfahrens geht man von der Kettenregel für die Differentiation aus: $[F(g(x))]' = F'(g(x))g'(x)$.

Die Integration dieser Gleichung führt dann zu $F(g(x)) = \int F'(g(x))g'(x)dx$

Mit $F'(x) = f(x)$ und $g(x) = z$ ergibt sich: $\int f(g(x))g'(x)dx = \int f(z)dz$.

Man identifiziert: $g'(x)dx = dz$, worin man $\frac{dz}{dx} = g'(x)$ wiedererkennt.

Bedingung für die Integration durch Variablentransformation ist, dass f stetig und g stetig differenzierbar ist.

Die folgenden Beispiele zeigen Ihnen, wie man die Substitution in der Praxis durchführt. Bitte beachten Sie, dass die Rücksubstitution später nicht mehr nötig ist, wenn man die Grenzen mittransformiert (siehe Abschn. 20.5).

Beispiel: $\int \sin^2 x \cos x dx \overset{(*)}{=} \int z^2 dz = \frac{1}{3}z^3 + C \overset{(**)}{=} \frac{1}{3}(\sin x)^3 + C$

$(*)$ Subst. $z(x) = \sin x$, $\frac{dz}{dx} = \cos x \Rightarrow dz = \cos x dx$

$(**)$ Rücksubstitution

(Durch Ableiten des Ergebnisses können Sie überprüfen, ob Sie tatsächlich die Stammfunktion gefunden haben – oder sich eventuell verrechnet haben.)

Beispiel: $\int \sqrt{a^2 - x^2} x dx \overset{(*)}{=} \int \sqrt{z}\left(-\frac{1}{2}dz\right) = -\frac{1}{2}\frac{z^{\frac{3}{2}}}{\frac{3}{2}} + C = -\frac{1}{3}\sqrt{z}^3 + C$

$\overset{(**)}{=} -\frac{1}{3}\sqrt{a^2 - x^2}^3 + C$

$(*)$ Subst. $z(x) = a^2 - x^2$, $\frac{dz}{dx} = -2x \Rightarrow dz = -2x dx$

$(**)$ Rücksubstitution

Aufgabe: Bestimmen Sie $\int 3x^2 \cos(1 + x^3)dx$

Lösung: $\int 3x^2 \cos(1 + x^3)dx \overset{(*)}{=} \int \cos z dz = \sin z + C \overset{(**)}{=} \sin(1 + x^3) + C$

$(*)$ Subst. $z(x) = 1 + x^3$, $\frac{dz}{dx} = 3x^2 \Rightarrow dz = 3x^2 dx$

$(**)$ Rücksubstitution

Aufgabe: Bestimmen Sie $\int \frac{x}{\sqrt{2x-3}}dx$!

Lösung: $\int \frac{x}{\sqrt{2x-3}}dx \overset{(*)}{=} \int \frac{z^2+3}{2z}zdz = \frac{1}{2}\int (z^2 + 3)dz = \frac{1}{2}(\frac{1}{3}z^3 + 3z) + C$

$\overset{(**)}{=} \sqrt{2x - 3}[\frac{1}{6}(2x - 3) + \frac{3}{2}] + C = \sqrt{2x - 3}(\frac{1}{3}x + 1) + C$

$(*)$ Subst. $z(x) = \sqrt{2x - 3} \Rightarrow 2x - 3 = z^2 \Rightarrow x = \frac{1}{2}(z^2 + 3)$, $\frac{dz}{dx} = \frac{1}{2}\frac{1}{\sqrt{2x-3}} \cdot 2 = \frac{1}{z}$

$\Rightarrow dx = zdz$

$(**)$ Rücksubstitution

Aufgabe: Bestimmen Sie $\int \frac{x^2}{\sqrt{1-x^6}}dx$!

Lösung: $\int \frac{x^2}{\sqrt{1-x^6}}dx \overset{(*)}{=} \int \frac{z^{\frac{2}{3}}}{\sqrt{1-z^2}}\frac{dz}{3z^{\frac{2}{3}}} = \frac{1}{3}\int \frac{1}{\sqrt{1-z^2}}dz = \frac{1}{3}\arcsin z + C \overset{(**)}{=} \frac{1}{3}\arcsin x^3 + C$

$(*)$ Subst. $z(x) = x^3 \Rightarrow x = z^{\frac{1}{3}}, \frac{dz}{dx} = 3x^2 = 3z^{\frac{2}{3}} \Rightarrow dx = \frac{dz}{3z^{\frac{2}{3}}}$

$(**)$ Rücksubstitution

20.5 Integralfunktion und bestimmtes Integral

Wir kehren nun zum Problem der Flächenberechnung zurück, die wir am historischen Beispiel der Fläche unter der Parabel schon angerissen haben.

Zunächst betrachten wir nur den Fall, dass $f(x) \geq 0$ im gesamten betrachteten Bereich $[a; b]$.

Ziel ist es die Fläche $A_a(x_0)$ unter dem Graphen G_f in den Grenzen von a bis x_0 zu bestimmen, d. h. die Fläche zwischen G_f, der x-Achse und den Geraden mit den Gleichungen $x = a$ und $x = x_0$, wobei x_0 im Inneren von $[a; b]$ liegt (Abb. 20.3).

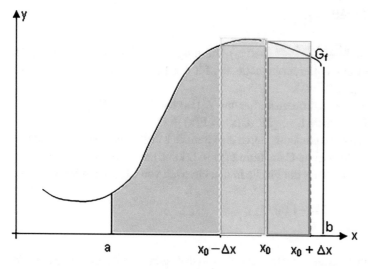

Abb. 20.3 $A_a(x_0) - A_a(x_0 - \Delta x)$ und $A_a(x_0 + \Delta x) - A_a(x_0)$ durch Rechtecke angenähert

Dazu vergleicht man die Fläche $A_a(x_0)$ mit der Fläche $A_a(x_0 + \Delta x)$ bzw. $A_a(x_0 - \Delta x)$, wobei nun die obere Grenze der Fläche $x_0 + \Delta x$ bzw. $x_0 - \Delta x$ ist.

Ist f auf $[a; b]$ stetig, so besitzt es in den Intervallen $[x_0; x_0 + \Delta x]$ und $[x_0 - \Delta x; x_0]$ jeweils ein Maximum und ein Minimum.

Dann gilt für die Differenz der Flächen $A_a(x_0 + \Delta x)$ und $A_a(x_0)$

$\min_{[x_0; x_0 + \Delta x]} f(x) \cdot \Delta x \leq A_a(x_0 + \Delta x) - A_a(x_0) \leq \max_{[x_0; x_0 + \Delta x]} f(x) \cdot \Delta x,$

wobei es sich bei $\min_{[x_0; x_0 + \Delta x]} f(x) \cdot \Delta x$ um die in Abb. 20.3 violett gezeichnete Rechtecksfläche, bei $\max_{[x_0; x_0 + \Delta x]} f(x) \cdot \Delta x$ um die rot gezeichnete Rechtecksfläche handelt.

$\Rightarrow \min_{[x_0; x_0 + \Delta x]} f(x) \leq \frac{A_a(x_0 + \Delta x) - A_a(x_0)}{\Delta x} \leq \max_{[x_0; x_0 + \Delta x]} f(x)$

$\Rightarrow \lim_{\Delta x \to 0} \min_{[x_0; x_0 + \Delta x]} f(x) \leq \lim_{\Delta x \to 0} \frac{A_a(x_0 + \Delta x) - A_a(x_0)}{\Delta x} \leq \lim_{\Delta x \to 0} \max_{[x_0; x_0 + \Delta x]} f(x)$

$\Rightarrow f(x_0) \leq \lim_{\Delta x \to 0} \frac{A_a(x_0 + \Delta x) - A_a(x_0)}{\Delta x} \leq f(x_0),$

da für $\Delta x \to 0$ die Minima und Maxima der Funktion f im Intervall $[x_0; x_0 + \Delta x]$ gegen $f(x_0)$ gehen.

$\Rightarrow \lim_{\Delta x \to 0} \frac{A_a(x_0 + \Delta x) - A_a(x_0)}{\Delta x} = f(x_0).$

Analog gilt für die Differenz der Flächen $A_a(x_0)$ und $A_a(x_0 - \Delta x)$

$\min_{[x_0 - \Delta x; x_0]} f(x) \cdot \Delta x \leq A_a(x_0) - A_a(x_0 - \Delta x) \leq \max_{[x_0 - \Delta x; x_0]} f(x) \cdot \Delta x,$

wobei $\min_{[x_0 - \Delta x; x_0]} f(x) \cdot \Delta x$ in Abb. 20.3 die blau dargestellte Rechtecksfläche und $\max_{[x_0 - \Delta x; x_0]} f(x) \cdot \Delta x$ die gelb dargestellte Rechtecksfläche ist.

$\Rightarrow \min_{[x_0 - \Delta x; x_0]} f(x) \leq \frac{A_a(x_0) - A_a(x_0 - \Delta x)}{\Delta x} \leq \max_{[x_0 - \Delta x; x_0]} f(x)$

$\Rightarrow \lim_{\Delta x \to 0} \min_{[x_0 - \Delta x; x_0]} f(x) \leq \lim_{\Delta x \to 0} \frac{A_a(x_0) - A_a(x_0 - \Delta x)}{\Delta x} \leq \lim_{\Delta x \to 0} \max_{[x_0 - \Delta x; x_0]} f(x)$

$\Rightarrow f(x_0) \leq \lim_{\Delta x \to 0} \frac{A_a(x_0) - A_a(x_0 - \Delta x)}{\Delta x} \leq f(x_0),$

da für $\Delta x \to 0$ die Minima und Maxima der Funktion f im Intervall $[x_0 - \Delta x; x_0]$ gegen $f(x_0)$ gehen.

$\Rightarrow \lim_{\Delta x \to 0} \frac{A_a(x_0) - A_a(x_0 - \Delta x)}{\Delta x} = f(x_0).$

Somit ist mit $\lim_{\Delta x \to 0} \frac{A_a(x_0 + \Delta x) - A_a(x_0)}{\Delta x} = f(x_0)$ und $\lim_{\Delta x \to 0} \frac{A_a(x_0) - A_a(x_0 - \Delta x)}{\Delta x} = f(x_0)$ der beidseitige Grenzwert des Differenzenquotienten für die Flächenfunktion $A_a(x)$ an der Stelle x_0 definiert und gleich $f(x_0)$.

$A_a(x)$ ist also an der Stelle x_0 differenzierbar und $A_a'(x_0)$ hat den Wert $f(x_0)$.

$\Rightarrow$ Ist F eine Stammfunktion zu f, so gilt: $A_a(x) = F(x) + C$

Der Wert der Fläche $A_a(x)$ ist eindeutig durch die Grenzen a und x und durch die Funktion $f(x)$ festgelegt, und die Konstante C im Term $F(x) + C$ kann daraus bestimmt werden. Dazu dient die Überlegung, dass die Fläche in den Grenzen von a bis a den Wert 0 haben muss:

$A_a(a) = 0 = F(a) + C \Rightarrow C = -F(a)$

$\Rightarrow A_a(x) = F(x) - F(a)$

Betrachtet man die obere Grenze nicht mehr als variabel, gibt man ihr oft den Namen b. Mit der Nomenklatur des Integrals (Abschn. 20.1) ergibt sich:

$\int_a^b f(x) dx = [F(x)]_a^b = F(b) - F(a)$

Dabei gibt man den Term der Stammfunktion in den eckigen Klammern an, an deren rechter Seite die Grenzen a und b notiert werden, sodass man nicht in einem Schritt die Stammfunktion finden und bereits die Grenzen einsetzen muss. Man spricht für $[F(x)]_a^b$: „F(x) in den Grenzen von a bis b".

Die gewonnenen Erkenntnisse werden in einigen Definitionen und Sätzen zusammengefasst, wie im Folgenden gezeigt wird.

Definition: Die Funktion f: $t \mapsto f(t)$ sei in einem Intervall I stetig und $a \in I$. Dann heißt die Funktion J_a mit $J_a(x) = \int_a^x f(t)dt$ für $x \in I$ *Integralfunktion* von f zur unteren Grenze a.

Definition: $\int_a^b f(x)dx$ heißt dann *bestimmtes Integral* von f in den Grenzen von a und b.

Satz: Die Funktion f: $t \mapsto f(t)$ sei in einem Intervall I stetig und $a \in I$. Dann ist die *Integralfunktion* J_a mit $J_a(x) = \int_a^x f(t)dt$ differenzierbar, und es gilt: $J_a'(x) = f(x)$ für $x \in I$ und $J_a(a) = \int_a^a f(t)dt = 0$, d.h. die Integralfunktion $J_a(x)$ ist die Stammfunktion zu f, die an der Stelle a eine Nullstelle besitzt.

Hauptsatz der Differential- und Integralrechnung:
Sei f auf einem Intervall I stetig und F eine beliebige Stammfunktion zu f in I. Dann gilt $\forall\, a, b \in I$:
$\int_a^b f(x)dx = [F(x)]_a^b = F(b) - F(a)$

Der Hauptsatz der Differential- und Integralrechnung erlaubt es jetzt, das historische Beispiel der Fläche unter der Parabel in den Grenzen von a bis b nochmals und dieses Mal einfacher zu bestimmen:
$\int_a^b x^2 dx = \left[\frac{1}{3}x^3\right]_a^b = \frac{b^3}{3} - \frac{a^3}{3}$

Abschließend kehren wir zum physikalischen Beispiel der Bewegungsgleichungen mit konstanter Beschleunigung a, Anfangsgeschwindigkeit v_0 und Anfangsort x_0 zurück und bestimmen Geschwindigkeit und Ort zur Zeit t durch Integration:
$a(t) = a = \text{const.}$
$(\Delta v)(t) = v(t) - v_0 = \int_0^t a(\tau)d\tau = a \int_0^t 1 d\tau = a[\tau]_0^t = at$
$\Rightarrow v(t) = at + v_0$
$(\Delta x)(t) = x(t) - x_0 = \int_0^t v(\tau)d\tau = \int_0^t (a\tau + v_0)d\tau = \left[\frac{1}{2}a\tau^2 + v_0\tau\right]_0^t = \frac{1}{2}at^2 + v_0 t$
$\Rightarrow x(t) = \frac{1}{2}at^2 + v_0 t + x_0$

20.6 Eigenschaften von bestimmten Integralen

Linearität des bestimmten Integrals (oben bereits zur Herleitung der Bewegungsgleichungen angewendet):
$\int_a^b kf(x)dx = k \int_a^b f(x)dx$ und
$\int_a^b (f(x) \pm g(x))dx = \int_a^b f(x)dx \pm \int_a^b g(x)dx$

Intervalladditivität des bestimmten Integrals:

$\int_a^b f(x)dx + \int_b^c f(x)dx = \int_a^c f(x)dx$

Inbesondere: $\int_b^a f(x)dx = -\int_a^b f(x)dx$

Monotonie des Integrals:

Satz: Sind zwei Funktionen f und g auf dem Intervall [a; b] stetig, und ist $f(x) \le g(x)$ $\forall x \in [a; b]$, so gilt:

$\int_a^b f(x)dx \le \int_a^b g(x)dx$

Insbesondere: Ist $m < f(x) < M \ \forall x \in [a; b]$, so gilt: $m(b-a) < \int_a^b f(x)dx < M(b-a)$.

20.7   Gerichtete Flächen und Flächen zwischen Graphen

Nach dem Fall $f(x) \ge 0$ im gesamten Inegrationsintervall [a; b] werden nun Integranden betrachtet, die auch negativ werden können.

Bei der Herleitung des Hauptsatzes der Differential- und Integralrechnung floss das Vorzeichen von f(x) im Integrationsintervall nicht ein. Er ist unabhängig vom Vorzeichen von f(x) gültig. Es geht also darum, zu interpretieren, welche Bedeutung das Integral bei negativem Integranden besitzt.

Die Ausgangsungleichung war:

$\min_{[x_0; x_0 + \Delta x]} f(x) \cdot \Delta x \le A_a(x_0 + \Delta x) - A_a(x_0) \le \max_{[x_0; x_0 + \Delta x]} f(x) \cdot \Delta x$

Ist darin $f(x) < 0$, so ist die Flächenbilanz $A_a(x_0 + \Delta x) - A_a(x_0)$ negativ.

Das Integral $\int_a^b f(x)dx$ gibt also eine gerichtete Fläche an. Für Integrationsbereiche, in denen $f(x) < 0$ ist, ergibt sich ein negativer Wert, dessen Betrag der Fläche entspricht.

Ist die Integrandenfunktion im ganzen Integrationsintervall negativ, so ergibt sich für das bestimmte Integral ein negativer Wert, ist sie im ganzen Integrationsintervall positiv, so ist auch das Integral positiv.

Wechselt die Funktion im Integrationsintervall [a; b] genau an der Stelle c das Vorzeichen, so lässt sich das Integral in zwei Bereiche zerlegen,

$\int_a^b f(x)dx = \int_a^c f(x)dx + \int_c^b f(x)dx$

Das Integral gibt also eine Flächenbilanz an, in der Bereiche, in denen der Graph von f unterhalb der x-Achse verläuft, negativ beitragen, und positiv in den Bereichen, in denen der Graph von f oberhalb der x-Achse verläuft.

Beispiel: $f(x) = x^2 - 4$.

Im Intervall $[-2; 2]$ ist $f(x) < 0$, der Graph verläuft unterhalb der x-Achse.

$\int_{-2}^2 (x^2 - 4)dx = \left[\frac{x^3}{3} - 4x\right]_{-2}^2 = \left(\frac{8}{3} - 8\right) - \left(-\frac{8}{3} + 8\right) = -16 + \frac{16}{3} = -\frac{32}{3} < 0$ (Abb. 20.4)

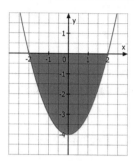

Abb. 20.4 Fläche zwischen x-Achse und Graph der Funktion $f(x) = x^2 - 4$

Im Vergleich dazu verläuft der Graph der Funktion $g(x) = -x^2 + 4$ im Intervall $[-2; 2]$ oberhalb der x-Achse; das Integral nimmt für sie den Wert $+\frac{32}{3} > 0$ an.

Beispiel: $f(x) = (x - 1)(x + 2)(x - 3) = x^3 - 2x^2 - 5x + 6$
Diese Funktion wechselt an den Stellen -2, 1 und 3 jeweils das Vorzeichen.
$\int_{-2}^{3} f(x)dx = \left[\frac{1}{4}x^4 - \frac{2}{3}x^3 - \frac{5}{2}x^2 + 6x\right]_{-2}^{3} = \frac{125}{12}$
Integriert man stückweise, so ergibt sich:
$\int_{-2}^{3} f(x)dx = \int_{-2}^{1} f(x)dx + \int_{1}^{3} f(x)dx$
$= \left[\frac{1}{4}x^4 - \frac{2}{3}x^3 - \frac{5}{2}x^2 + 6x\right]_{-2}^{1} + \left[\frac{1}{4}x^4 - \frac{2}{3}x^3 - \frac{5}{2}x^2 + 6x\right]_{1}^{3} = \frac{63}{4} + \left(-\frac{16}{3}\right) = \frac{125}{12},$
wobei der Bereich der oberhalb der x-Achse verlaufenden Funktion positiv zur Flächenbilanz beiträgt und der Bereich der unterhalb der x-Achse verlaufenden Funktion negativ (Abb. 20.5).

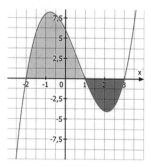

Abb. 20.5 Flächenbilanz

Wird die Fläche A im eigentlichen Sinn, bei dem negative Werte nicht möglich sind, gesucht, so muss von Nullstelle (mit Vorzeichenwechsel) zu Nullstelle (mit Vorzeichenwechsel) stückweise integriert werden und die Beträge der Integrale addiert werden:
$A = \left|\int_{-2}^{1} f(x)dx\right| + \left|\int_{1}^{3} f(x)dx\right| = \frac{63}{4} + \left|-\frac{16}{3}\right| = \frac{253}{12}$

Beispiel: In Abb. 20.6 sind die Graphen der Funktionen
$f(x) = -x^2 + 2x$ und $g(x) = x^2 - 4x$ dargestellt.
Sie schließen die grau hinterlegte Fläche ein.
Auch hier lässt sich eine Näherung der Fläche mit Rechtecken durchführen, deren Breite
Δx und deren Höhe $|f(x) - g(x)|$ ist. Die Integrationsvariable läuft dann von der ersten
Schnittstelle $x_1 = 0$ bis zur zweiten Schnittstelle $x_2 = 3$.
Da $f(x) \geq g(x)$ in $[0; 3]$, ergibt sich die Fläche somit zu
$A = \int_0^3 (f(x) - g(x))dx = \int_0^3 (-2x^2 + 6x)dx = \left[-\frac{2}{3}x^3 + 3x^2\right]_0^3 = -\frac{2}{3} \cdot 27 + 27 = 9$

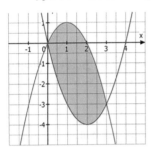

Abb. 20.6 Fläche zwischen den Graphen der Funktionen $f(x) = -x^2 + 2x$ und $g(x) = x^2 - 4x$

20.8   Integration symmetrischer Funktionen über symmetrische Intervalle

Integrieren kann mühsam sein, deshalb ist es nützlich, Symmetrieeigenschaften von Funktion und Integrationsintervall zu betrachten:
$\int_{-a}^{a} f(x)dx = 2\int_0^a f(x)dx$, falls der Graph von f achsensymmetrisch zur y-Achse ist (Abb. 20.7a).
$\int_{-a}^{a} f(x)dx = 0$, falls der Graph von f punktsymmetrisch zum Ursprung ist (Abb. 20.7b).

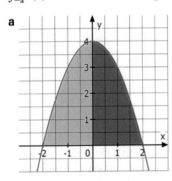
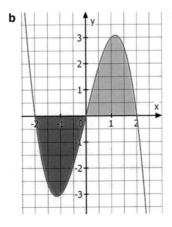

Abb. 20.7 Integration symmetrischer Funktionen über zum Ursprung symmetrische Intervalle **a** zur y-Achse symmetrischer Graph, **b** zum Ursprung symmetrischer Graph

20.9 Uneigentliche Integrale

Uneigentliche Integrale 1. Art

Beispiel: In Abb. 20.8 ist der Graph der Funktion $f(x) = 2(x^2 - 1)e^x$ dargestellt.

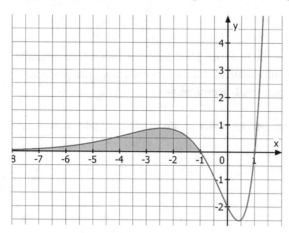

Abb. 20.8 Uneigentliches Integral 1. Art

Die einzigen Nullstellen dieser Funktion liegen bei $x_{N1,2} = \pm 1$

Für $x \to -\infty$ nähert sich der Graph asymptotisch der x-Achse.

Die grau hinterlegte Fläche ist also nicht wirklich begrenzt, sie ist im zweiten Quadranten bis ins Unendliche ausgedehnt.

Für jede untere Grenze $u < -1$ lässt sich das Integral $\int_u^{-1} f(x)dx$ bestimmen.

Existiert der Grenzwert für $u \to -\infty$, so spricht man von einem uneigentlichen Integral 1. Art und schreibt:

$\int_{-\infty}^{-1} f(x)dx = \lim_{u \to -\infty} \int_u^{-1} f(x)dx = 2\lim_{u \to -\infty} \int_u^{-1} (x^2 - 1)e^x dx$
$= \lim_{u \to -\infty} [(x - 1)^2 e^x]_u^{-1} = \frac{4}{e} - \lim_{u \to -\infty} (u - 1)^2 e^u = \frac{4}{e}$

wie mit partieller Integration und der Regel von l'Hospital hergeleitet werden kann.

Allgemein ist bei uneigentlichen Integralen 1. Art mindestens eine Grenze des Integrals im Unendlichen.

$\int_a^{\infty} f(x)dx = \lim_{u \to \infty} \int_a^u f(x)dx$

$\int_{-\infty}^b f(x)dx = \lim_{u \to -\infty} \int_u^b f(x)dx$

In der Physik kann man mit einem uneigentlichen Integral 1. Art berechnen, welche kinetische Energie man einer Masse m mitgeben muss, wenn sie von der Erdoberfläche radial weggeschossen wird, damit sie dem Schwerefeld der Erde entkommt und nicht wieder zurück auf die Erde fällt:

$\int_R^{\infty} F_G(r)dr = \int_R^{\infty} G\frac{mM}{r^2}dr = \lim_{u \to \infty} \int_R^u G\frac{mM}{r^2}dr = \lim_{u \to \infty} \left[-G\frac{mM}{r}\right]_R^u$
$= \lim_{u \to \infty} \left(-G\frac{mM}{u}\right) + G\frac{mM}{R} = G\frac{mM}{R}$

Gibt man der Masse m die nötige kinetische Energie mit, so gilt:

$\frac{1}{2}mv^2 = G\frac{mM}{R}$, also $v = \sqrt{\frac{2GM}{R}}$

Mit $R = 6370\,km$, $M = 5{,}972 \cdot 10^{24}\,kg$, $G = 6{,}67 \cdot 10^{-11}\,N\,m/kg^2$ ergibt sich für die Fluchtgeschwindigkeit von der Erde $v = 11{,}18\,km/s$.

Uneigentliche Integrale 2. Art

Bei uneigentlichen Integralen 2. Art ist die Funktion f auf dem Integrationsintervall unbeschränkt, sie besitzt eine Polstelle an mindestens einer der beiden Integrationsgrenzen. Die Fläche dehnt sich jetzt in y-Richtung ins Unendliche aus.

Beispiel: Die Funktion $f(x) = \frac{1}{\sqrt{x}}$ ist auf $\mathbb{R}^+$ definiert, sie hat an der Stelle $x_0 = 0$ eine Polstelle (Abb. 20.9).

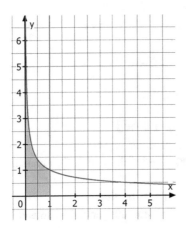

Abb. 20.9 Uneigentliches Integral 2. Art

Trotzdem soll sie in den Grenzen von 0 bis 1 integriert werden.

$\int_0^1 \frac{1}{\sqrt{x}}dx = \lim_{u\downarrow 0}\int_u^1 \frac{1}{\sqrt{x}}dx = \lim_{u\downarrow 0}\left[\frac{1}{\frac{1}{2}}x^{\frac{1}{2}}\right]_u^1 = \lim_{u\downarrow 0}\left[2\sqrt{x}\right]_u^1 = 2\sqrt{1} - \lim_{u\downarrow 0}2\sqrt{u} = 2.$

Nun sind die Aufgaben 9.–12. der Aufgabe zur Kurvendiskussion in Abschn. 18.11 lösbar:

9.   Zeigen Sie durch Integration, dass eine Stammfunktion von f_p ist: $F_p(x) = -\frac{1}{2p}e^{-px^2}$

10. Berechnen Sie die sich ins Unendliche ausdehnende Fläche A_p zwischen dem Graphen von f_p und der x-Achse im 1. Quadranten!

11. Sei h_p die Gerade zwischen dem Ursprung und einem der von $(0|0)$ verschiedenen Wendepunkte. Und sei B_p die sich in Unendliche ausdehnende Fläche im 1. Quadranten, die h_p, G_p und die x-Achse miteinander einschließen. Berechnen Sie B_p!

12. Zeigen Sie, dass das Verhältnis $\frac{B_p}{A_p}$ unabhängig von p ist und berechnen Sie es!

Lösung:

9. $\int xe^{-px^2}dx = -\frac{1}{2p}\int(-2pxe^{-px^2})dx = -\frac{1}{2p}e^{-px^2} + C$

10. $A_p = \int_0^\infty xe^{-px^2}dx = \lim_{u\to\infty}[-\frac{1}{2p}e^{-px^2}]_0^u = 0 + \frac{1}{2p} = \frac{1}{2p}$

11. $B_p = \frac{1}{2}x_{w,2}y_{w,1} + \int_{x_{w,2}}^\infty xe^{-px^2}dx$

$$= \frac{1}{2}\sqrt{\frac{3}{2p}}\sqrt{\frac{3}{2pe^3}} + \lim_{u\to\infty}[-\frac{1}{2p}e^{-px^2}]_{\sqrt{\frac{3}{2p}}}^u$$

$$= \frac{3}{4pe\sqrt{e}} + 0 + \frac{1}{2p}e^{-\frac{3}{2}} = \frac{5}{4pe\sqrt{e}}$$

12. $\frac{B_p}{A_p} = \frac{\frac{5}{4pe\sqrt{e}}}{\frac{1}{2p}} = \frac{5}{2e\sqrt{e}}$ ist unabhängig von p (Abb. 20.10).

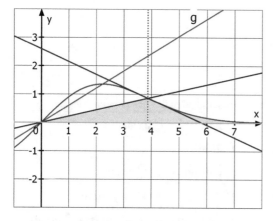

Abb. 20.10 Graph der Funktion $f(x) = xe^{-px^2}$

Überblick über die Integralrechnung:

Die Stammfunktion

Ist $F'(x) = f(x)$ in ganz D, so heißt $F(x)$ Stammfunktion von $f(x)$

Mit $F(x)$ ist auch $F(x) + C$ eine Stammfunktion von f.

Die Integration:

$\int_a^b f(x)dx = \lim_{n\to\infty}\left[\frac{b-a}{n}\sum_{i=0}^{n-1}f\left(a + i \cdot \frac{b-a}{n}\right)\right]$

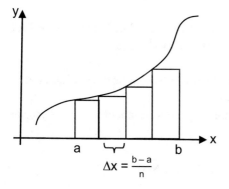

$\int_a^b f(x)dx$ ist die gerichtete Fläche unter der Kurve $y = f(x)$
(neg. Vorzeichen für Flächenanteile unterhalb der x-Achse)
$A_a(x + \Delta x) \approx A_a(x) + f(x) \cdot \Delta x$
$\Rightarrow A_a(b) = \int_a^b f(x)dx = [F(x)]_a^b = F(b) - F(a)$

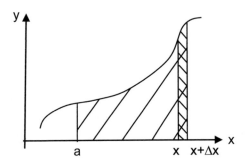

Stammfunktionen der Grundfunktionen	
f(x)	F(x)
$x^n \quad n \neq -1$	$\frac{1}{n+1}x^{n+1}$
$\sin x$	$-\cos x$
$\cos x$	$\sin x$
$\frac{1}{x}$	$\ln|x|$
e^x	e^x
$\frac{f'(x)}{f(x)}$	$\ln|f(x)|$
$f'(x)e^{f(x)}$	$e^{f(x)}$

Eigenschaften des bestimmten Integrals

$\int_a^b f(x)dx = -\int_b^a f(x)dx$

$\int_a^a f(x)dx = 0$

$\int_a^b c \cdot f(x)dx = c \cdot \int_a^b f(x)dx$

$\int_a^b f(x)dx = \int_a^c f(x)dx + \int_c^b f(x)dx$

$\int_a^b (f(x) \pm g(x))dx = \int_a^b f(x)dx \pm \int_a^b g(x)dx$

Partielle Integration: $\int fg'dx = fg - \int f'gdx$
Integration durch Substitution: $\int f(g(x))g'(x)dx = \int f(z)dz$

20.10   Mittelwertsatz der Integralrechnung

Satz: Sei f: $[a;b] \to \mathbb{R}$ stetig und g: $[a;b] \to \mathbb{R}$ integrierbar und ohne Vorzeichenwechsel
auf $[a;b]$, so existiert ein $\xi \in [a;b]$ mit $\int_a^b f(x)g(x)dx = f(\xi)\int_a^b g(x)dx$
Beweis: Es sei $g(x) \geq 0 \; \forall \, x \in [a;b]$.
Wegen der Stetigkeit von f besitzt es nach dem Extremwertsatz in $[a;b]$ ein Minimum m
und ein Maximum M: $m \leq f(x) \leq M \; \forall \, x \in [a;b]$.
Multiplizieren dieser Ungleichung mit $g(x)$ ergibt wegen des nichtnegativen Vorzeichens
von g:
$mg(x) \leq f(x)g(x) \leq Mg(x) \; \forall \, x \in [a;b]$.
Integration führt zu $m \int_a^b g(x)dx \leq \int_a^b f(x)g(x)dx \leq M \int_a^b g(x)dx$

Es existiert also ein $m^* \in [m; M]$ mit $\int_a^b f(x)g(x)dx = m^* \int_a^b g(x)dx$

Da f stetig ist und $m \leq f(x) \leq M \; \forall x \in [a; b]$, gibt es nach dem Zwischenwertsatz ein $\xi \in [a; b]$ mit $\int_a^b f(x)g(x)dx = f(\xi) \int_a^b g(x)dx$

Der Fall $g(x) \leq 0$ lässt sich durch Verwenden der Funktion $g^*(x) = -g(x)$ auf den oben behandelten Fall zurückführen.   □

Folgerung: Für $g(x) = 1$ ergibt sich die Existenz von $\xi \in [a; b]$ mit
$\int_a^b f(x)g(x)dx = f(\xi)(b - a)$
$\int_a^b f(x)g(x)dx$ ist in der folgenden Zeichnung gelb dargestellt, die Rechtecksfläche $f(\xi)(b - a)$ in hellblau (Abb. 20.11).

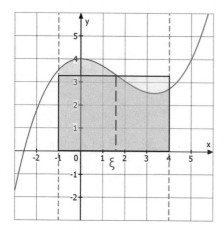

Abb. 20.11 Mittelwertsatz der Integralrechnung für $g(x) = 1$

20.11 Anwendungen der Integralrechnung

20.11.1 Berechnung der Rauminhalte von Rotationskörpern

In Abb. 20.12 ist ein Körper gezeigt, der aus der Parabel $z = x^2$ durch Rotation um die z-Achse entsteht.

Er schließt bis zur Höhe h ein Volumen ein, das bestimmt werden soll.

Dazu zerlegt man den Rotationskörper in lauter kleine kreisförmige Scheiben der Höhe Δz. Eine ist in Abb. 20.12 in gelb dargestellt. Summation über die Volumina all dieser Kreisscheiben liefert im Fall des Grenzübergangs $\Delta z \to 0$ das Volumen des Rotationskörpers.

Die Kreisscheibe mit Radius r befindet sich in der Höhe $z = r^2$

Die Fläche dieser Kreisscheibe ist $A(z) = \pi r^2 = \pi z$

Das Volumen des Rotationskörpers ergibt sich zu
$V = \int_0^h \pi z dz = \left[\frac{\pi}{2}z^2\right]_0^h = \frac{\pi}{2}h^2$

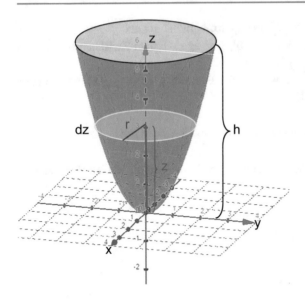

Abb. 20.12 Um die z-Achse rotierende Parabel

Auf die gleiche Weise lässt sich auch das Volumen einer Kugel mit Radius r berechnen (Abb. 20.13).

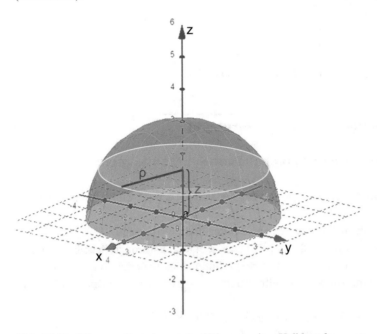

Abb. 20.13 Skizze zur Berechnung des Volumens einer Halbkugel

Eine Kreisscheibe in der Höhe z hat dann den Radius ρ mit $\rho^2 = r^2 - z^2$.

Diese Kreisscheibe hat die Fläche

$A(z) = \pi \rho^2 = \pi(r^2 - z^2)$

Für das Volumen V_H der Halbkugel gilt:

$V_H = \int_0^r \pi(r^2 - z^2)dz = \pi[r^2 z - \frac{1}{3}z^3]_0^r = \pi(r^3 - \frac{1}{3}r^3) = \frac{2}{3}\pi r^3$

Für die ganze Kugel folgt dann $V = \frac{4}{3}\pi r^3$

Interessanter ist es, das Volumen eines Kugelabschnitts zu bestimmen (Abb. 20.14):

$V = \int_{r-a}^r \pi(r^2 - z^2)dz = \pi[r^2 z - \frac{1}{3}z^3]_{r-a}^r = \pi[(r^3 - \frac{1}{3}r^3) - (r^2(r-a) - \frac{1}{3}(r-a)^3)]$

$= \pi[\frac{2}{3}r^3 - r^3 + r^2 a + \frac{1}{3}(r^3 - 3r^2 a + 3ra^2 - a^3)] = \frac{\pi}{3}a^2(3r - a)$

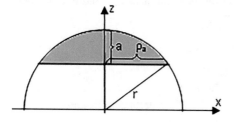

Abb. 20.14 Skizze zur Berechnung des Volumens eines Kugelabschnitts

Beispiel: Der Architekt Gerhard Weber entwarf die Hülle des ersten deutschen, 1957 in Betrieb genommenen Atomreaktors, der auf dem Gelände der TUM in Garching steht. Diese Hülle erscheint in Form eines halben Rotationsellipsoids mit der Höhe $h = 30\,\text{m}$ und dem Radius $r = 15\,\text{m}$ (Abb. 20.15a).

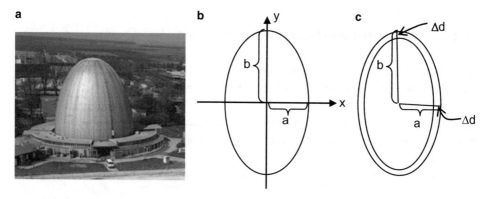

Abb. 20.15 a Photo des im Volksmund Atomei genannten Reaktors der TUM (copyright FRM II/TUM), **b** Rotationsellipsoid mit den Halbachsen a und b, **c** Volumen zwischen zwei ineinander-gesetzten Rotationsellipsoiden

Sie besteht aus einer $\Delta d = 10$ cm dicken Betonschale, die nach außen hin durch eine direkt aufliegende Haut aus Aluminiumblech vernachlässigbarer Dicke abgeschlossen ist. (Wärmedämmung o. ä. soll hier nicht betrachtet werden.)

Lässt man eine Ellipse mit der Gleichung $\frac{x^2}{a^2} + \frac{y^2}{b^2} = 1$ um die y-Achse rotieren, so entsteht ein Rotationsellipsoid mit den Halbachsen a und b (Abb. 20.15b).

Für das Volumen V dieses Rotationsellipsoids gilt:

$$V = \int_{-b}^{b} \pi(x(y))^2 dy = \int_{-b}^{b} \pi a^2 (1 - \frac{y^2}{b^2}) dy = 2\pi a^2 [y - \frac{1}{3}\frac{y^3}{b^2}]_0^b = \frac{4\pi}{3} a^2 b$$

Für das sogenannte umbaute Volumen des Reaktors ergibt sich damit

$$V = \frac{1}{2}\frac{4\pi}{3} 15^2 \cdot 30 \, m^3 \approx 1,4 \cdot 10^4 \, m^3$$

Um das Volumen der Betonschale näherungsweise zu berechnen, betrachten wir zwei ineinandergesetzte Rotationsellipsoide, das äußere mit den Halbachsen a und b, das innere mit den Halbachsen $a - \Delta d$ und $b - \Delta d$ (Abb. 20.15c).

Das Volumen der Betonhülle ist

$$\Delta V = V_{\text{außen}} - V_{\text{innen}} = \frac{4\pi}{3}a^2 b - \frac{4\pi}{3}(a - \Delta d)^2 (b - \Delta d)$$
$$= \ldots = \frac{4\pi}{3}[(a^2 + 2ab)\Delta d - (2a + b)(\Delta d)^2 + (\Delta d)^3].$$

Mit $\Delta d \ll a$ und $\Delta d \ll b$ folgt: $\Delta V \approx \frac{4\pi}{3}(a^2 + 2ab)\Delta d$

Für den Reaktor ergibt sich als das Volumen des in der Hülle verbauten Betons:

$$\Delta V' \approx \frac{1}{2} \cdot \frac{4\pi}{3} 15 \, m \cdot 0,1 \, m \cdot (15 \, m + 2 \cdot 30 \, m) \approx 236 \, m^3$$

Zur Abschätzung der Oberfläche des Rotationsellipsoids mit den Halbachsen a und b berechnet man $S' \approx \lim_{\Delta d \to 0} \frac{\Delta V}{\Delta d} \approx \frac{2\pi}{3}(a^2 + 2ab) \approx 2,36 \cdot 10^3 \, m^2$

In mathematischen Formelsammlungen findet man zur Berechnung der Oberfläche eines Ellipsoids

$S = 2\pi a(a + \frac{b^2}{\sqrt{b^2 - a^2}} \arcsin(\frac{\sqrt{b^2 - a^2}}{b}))$. Die oben durchgeführte Näherung weicht um 2,5 % vom exakten Wert ab.

20.11.2 Mittelwertberechnung von Funktionen

In den Naturwissenschaften hat man es oft mit Mittelwerten von Messgrößen zu tun.

Bei einer diskreten Ermittlung von n Messwerten z_i ergibt sich als arithmetisches Mittel $\bar{z} = \frac{1}{n}\sum_{i=1}^{n} z_i$

Ein einfaches Beispiel (nicht aus den Naturwissenschaften) ist die Mittelwertbildung von n Noten, die alle gleich gewichtet in die Gesamtnote eingehen.

In Abb. 20.16 sind die zehn Noten 4, 5, 2, 6, 3, 4, 4, 1, 5, 3 mit ihrem „Notendurchschnitt" $(4 + 5 + 2 + 6 + 3 + 4 + 4 + 1 + 5 + 3)/10 = 3,7$ dargestellt.

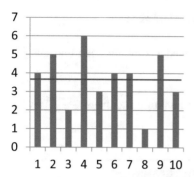

Abb. 20.16 Mittelwert von 10 diskreten Werten

Ein anderes Beispiel: für einen Wetterdienst wird die Temperatur zu jeder vollen Stunde an einem Thermometer abgelesen.

Können einzelne Messwerte z_i mehrfach auftreten, der Messwert z_i also k_i-mal, und treten dabei m verschiedene Messwerte auf, so kann man das arithmetische Mittel folgendermaßen schreiben,

$$\bar{z} = \frac{1}{\sum_{i=1}^{m} k_i} \sum_{j=1}^{m} k_i z_i$$

Betrachten wir nun eine Messgröße z, die in Abhängigkeit von einer sich kontinuierlich ändernden weiteren Größe x aus einem Intervall [a; b] aufgenommen wird, wie zum Beispiel die Temperatur, die in einem Zeitintervall kontinuierlich von einem Messgerät aufgezeichnet wird. Die Funktion z(x) gibt dabei die Temperatur z in Abhängigkeit von der Zeit x an, besser: $\vartheta(t)$ die Temperatur ϑ in Abhängigkeit von der Zeit t.

Dann erzeugen wir zunächst künstlich die Situation von einer diskreten Anzahl von Messwerten, indem wir das Intervall [a; b] in n Teilintervalle der Länge $\frac{b-a}{n} =: h$ zerlegen und die Mitte des i-ten Intervalls x_i nennen. (In Abb. 20.17 ist das für n = 4 dargestellt.)

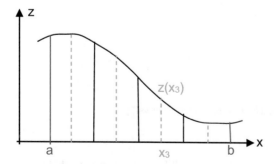

Abb. 20.17 Mittelwertbildung für eine Funktion z(x) im Intervall [a; b]

Dann ergibt sich eine Näherung für den Mittelwert aller Messwerte:

$\bar{z} = \frac{1}{n} \sum_{i=1}^{n} z(x_i) = \frac{1}{b-a} \sum_{i=1}^{n} z(x_i) \cdot h$

Mit dem Grenzübergang $n \to \infty$ wird die Größe x wieder kontinuierlich und aus der Summe wird ein Integral.

Definition: Für eine auf einem Intervall [a; b] stetige Funktion f(x) heißt $\frac{1}{b-a} \int_a^b f(x)dx$ der *Mittelwert der Funktion* f auf dem Intervall [a; b].

20.12   Näherungsweise Berechnung von Integralen

Im Gegensatz zum Differenzieren, bei dem man für jede Funktion, die aus Grundfunktionen mit bekannter Ableitung zusammengesetzt sind, mit den Differentiationsregeln die Ableitungsfunktion bestimmen lässt, ist Integrieren eine Kunst. Es lässt sich noch nicht mal zu jeder derartigen Funktion eine Stammfunktion finden. Z. B. existiert keine geschlossene Form einer Stammfunktion zu $f(x) = e^{x^2}$.

Um so wichtiger ist es, Integrale näherungsweise berechnen zu können. Man spricht dann von *numerischer Berechnung von Integralen* oder *Numerischer Quadratur*.

In erster Näherung lässt sich eine Funktion f(x) im Intervall [a; b] durch die Gerade zwischen den Punkten A(a|f(a)) und B(b|f(b)) ersetzen. Anstelle, das Integral $\int_a^b f(x)dx$ zu berechnen, wird die Trapezfläche $I = \frac{f(a)+f(b)}{2}(b-a)$ als Näherung angegeben (Abb. 20.18).

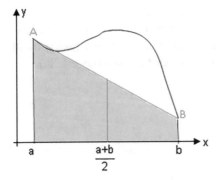

Abb. 20.18 Lineare Näherung zur Integration einer Funktion im Intervall [a; b]

Fassregel von Kepler
In zweiter Näherung ersetzt man die Funktion im Intervall [a; b] durch die Parabel durch die Punkte A(a|f(a)), B(b|f(b)) und $M(\frac{a+b}{2}|f(\frac{a+b}{2}))$ (Abb. 20.19).

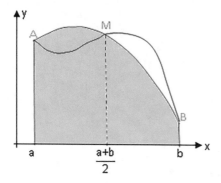

Abb. 20.19 Annäherung der Integrandenfunktion durch eine Parabel

Diese Parabel $p(x) = rx^2 + sx + t$ muss folgende Eigenschaften erfüllen:

$p(a) = ra^2 + sa + t = f(a)$,

$p(b) = rb^2 + sb + t = f(b)$ und

$p(\frac{a+b}{2}) = r(\frac{a+b}{2})^2 + s\frac{a+b}{2} + t = f(\frac{a+b}{2})$.

Für das Integral ergibt sich:

$\int_a^b p(x)dx = [r\frac{x^3}{3} + s\frac{x^2}{2} + tx]_a^b = r\frac{b^3}{3} + s\frac{b^2}{2} + tb - r\frac{a^3}{3} - s\frac{a^2}{2} - ta$

$= \frac{r}{3}(b^3 - a^3) + \frac{s}{2}(b^2 - a^2) + t(b - a) = \frac{1}{6}(b - a)[2r(a^2 + ab + b^2) + 3s(b + a) + 6t]$

$= \frac{1}{6}(b - a)[(ra^2 + sa + t) + (rb^2 + sb + t) + r(a^2 + 2ab + b^2) + 2s(a + b) + 4t]$

$= \frac{1}{6}(b - a)[f(a) + f(b) + 4r(\frac{a+b}{2})^2 + 4s\frac{a+b}{2} + 4t] = \frac{1}{6}(b - a)[f(a) + f(b) + 4f(\frac{a+b}{2})]$

Für die Fläche unter der Parabel ergibt sich ein Term, der nur aus den Grenzen a und b, und den Funktionswerten an den Stellen a, b und $\frac{a+b}{2}$ berechnet werden kann. Eine explizite Modellierung der Parabel ist nicht nötig!

Das wird in der Fassregel von Kepler zusammengefasst:

Ist f eine auf $[a; b]$ stetige Funktion, so gilt: $\int_a^b f(x)dx \approx \frac{b-a}{6}[f(a) + f(b) + 4f(\frac{a+b}{2})]$

Regel von Simpson

Man kann die Fassregel von Kepler nutzen, um das Integral $\int_a^b f(x)dx$ noch genauer numerisch zu bestimmen. Dazu unterteilt man das Intervall $[a; b]$ in n (n gerade) Teilintervalle der Länge $h := \frac{b-a}{n}$ und wendet für jeweils zwei aufeinanderfolgende Teilintervalle die Fassregel von Kepler an (Abb. 20.20).

Dabei ist $x_0 = a$, $x_n = b$ und $x_k = a + kh$.

Man kürzt ab: $f(x_k) = y_k$

Mit der Fassregel von Kepler erhält man:

$\int_a^b f(x)dx \approx \frac{1}{6}2h[(y_0 + 4y_1 + y_2) + (y_2 + 4y_3 + y_4) + \ldots + (y_{n-2} + 4y_{n-1} + y_n)]$

$= \frac{1}{3}h[y_0 + 4y_1 + 2y_2 + 4y_3 + 2y_4 + \ldots + 4y_{n-1} + y_n]$

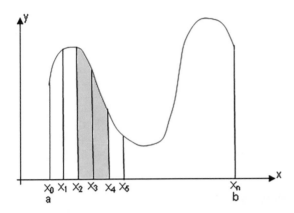

Abb. 20.20 Skizze zur Herleitung der Regel von Simpson

Das fasst die *Regel von Simpson* zusammen:

Ist f eine auf $[a; b]$ stetige Funktion und $n > 2$ gerade, $h = \frac{b-a}{n}$, $x_k = a + kh$ und $y_k = f(x_k)$, so gilt:

$$\int_a^b f(x)dx \approx \tfrac{1}{3}h[y_0 + y_n + 4(y_1 + y_3 + y_5 + \ldots + y_{n-1}) + 2(y_2 + y_4 + y_6 + \ldots + y_n)]$$

20.13 Partialbruchzerlegung

Ein großes Problem könnten beim Integrieren Bruchterme sein, denn es gibt keine Umkehrung der Quotientenregel für die Integration.

Hier soll der einfache Fall einer Funktion

$f(x) = \frac{ax+b}{(x-x_1)(x-x_2)}$ mit $x_1 \neq x_2$

auf einem Intervall $I \subset \mathbb{R} \setminus \{x_1, x_2\}$ behandelt werden.

Satz: Sei $f: \mathbb{R} \setminus \{x_1, x_2\} \to \mathbb{R}$, $x \mapsto y = f(x) = \frac{ax+b}{(x-x_1)(x-x_2)}$ mit $x_1 \neq x_2$. Dann existieren $A, B \in \mathbb{R}$ mit

$f(x) = \frac{ax+b}{(x-x_1)(x-x_2)} = \frac{A}{x-x_1} + \frac{B}{x-x_2}$.

Beweis: $A, B \in \mathbb{R}$ mit $\frac{ax+b}{(x-x_1)(x-x_2)} = \frac{A}{x-x_1} + \frac{B}{x-x_2}$ existieren genau dann, wenn diese Gleichung in x die Lösungsmenge $\mathbb{R} \setminus \{x_1, x_2\}$ besitzt.

$\Leftrightarrow ax + b = A(x - x_2) + B(x - x_1) \ \forall x \in \mathbb{R} \setminus \{x_1, x_2\}$

$\Leftrightarrow ax + b = (A + B)x + (-Ax_2 - Bx_1) \ \forall x \in \mathbb{R} \setminus \{x_1, x_2\}$

Koeffizientenvergleich liefert die zwei Gleichungen

(I) $a = A + B \Leftrightarrow B = a - A$

(II) $b = (-Ax_2 - Bx_1) \Leftrightarrow b = -Ax_2 - (a - A)x_1 = A(x_1 - x_2) - ax_1$

$\Leftrightarrow A = \frac{b+ax_1}{x_1-x_2}$ und $B = a - A = a - \frac{b+ax_1}{x_1-x_2} = \frac{ax_2+b}{x_2-x_1}$ $\square$

Damit ist nicht nur der Nachweis erbracht, dass es solche Zahlen A und B gibt, sondern sie sind sogar bestimmt.

Die Funktion f(x) lässt sich jetzt einfach integrieren:

$$\int \frac{ax+b}{(x-x_1)(x-x_2)}dx = \int \frac{A}{x-x_1}dx + \int \frac{B}{x-x_2}dx = A\ln|x-x_1| + B\ln|x-x_2| + C$$

Definition: Die Zerlegung einer gebrochen rationalen Funktion f mit den Polstellen x_i in eine Summe aus einer ganzrationalen Funktion und Bruchtermen der Form $\frac{a}{(x-x_i)^j}$ heißt *Partialbruchzerlegung*.

Mit Hilfe der Partialbruchzerlegung lassen sich gebrochen rationale Funktionen integrieren.

IV

Komplexe Zahlen

Es werden in diesem Kapitel die Zahlenbereichserweiterung von den reellen Zahlen zu den komplexen Zahlen vollzogen, die imaginäre Einheit definiert, und komplexe Zahlen in der komplexen Zahlenebene dargestellt. Für die Menge der komplexen Zahlen $\mathbb{C}$ werden die Körpereigenschaften gezeigt und bewiesen, dass es sich um einen Körper ohne Anordnungseigenschaft handelt.

Die Regeln für das Rechnen mit komplexen Zahlen werden sowohl in kartesischen als auch in Polarkoordinaten hergeleitet. Dann werden Sinus, Kosinus und natürlicher Logarithmus für komplexe Argumente behandelt. Zum Schluss werden die n-ten Einheitswurzeln als Lösungen der Gleichung $z^n = 1$ ermittelt und quadratische Gleichungen im Komplexen behandelt.

Komplexe Zahlen

21

21.1 Bereichserweiterung

Bisher wurden die Zahlenmengen $\mathbb{N}$, $\mathbb{Z}$, $\mathbb{Q}$ und $\mathbb{R}$ behandelt.

Dabei ergibt sich jede neue Menge als Erweiterung der alten, um damit Probleme lösen zu können, die in der alten Menge nicht gelöst werden konnten:

$a + x = b$ kann in der Menge $\mathbb{N}$ nur gelöst werden, wenn $b > a$, in der Menge $\mathbb{N}_0$ nur für $b \geq a$. Die Erweiterung zur Menge $\mathbb{Z}$ löst dieses Problem.

$a \cdot x = b$ lässt sich in $\mathbb{Z}$ nur lösen, falls b ein ganzzahlig Vielfaches von a ist. In der Menge $\mathbb{Q}$ gibt es dieses Problem nicht mehr.

$x^2 = a$ für $a > 0$ lässt sich in $\mathbb{Q}$ nur lösen, falls a das Quadrat einer rationalen Zahl ist. Für die Zahl $a = 2$ wurde bewiesen, dass das nicht der Fall ist. In $\mathbb{Q}$ hat diese Gleichung also keine Lösung, aber in $\mathbb{R}$.

Es bleibt die Einschränkung $a \geq 0$, damit die Gleichung $x^2 = a$ in $\mathbb{R}$ gelöst werden kann. Das ist unbefriedigend und erfordert die Erweiterung der Zahlenmenge zur Menge $\mathbb{C}$ der komplexen Zahlen, die im Folgenden dargestellt wird. Darüber hinaus ist das Rechnen mit komplexen Zahlen unabdingbar, um Probleme in den Naturwissenschaften behandeln zu können. Einfache Differentialgleichungen, die schon in der klassischen Mechanik ihre Anwendung finden, lassen sich deutlich einfacher in $\mathbb{C}$ als in $\mathbb{R}$ lösen. Die Schrödinger-gleichung, Grundlage für die Quantenmechanik, ist bereits ihrerseits nur in $\mathbb{C}$ formuliert.

Also möchte man insbesondere die Gleichung $x^2 = -1$ lösen.

Aus den Anordnungseigenschaften des Körpers $\mathbb{R}$ folgt, dass für jede reelle Zahl x gilt: $x^2 \geq 0$. Man muss demnach eine ganz neue Zahl definieren, die die geforderte Eigenschaft hat, sie heißt i *„imaginäre Einheit"*. Damit ist
$i^2 = -1$

© Der/die Autor(en), exklusiv lizenziert an Springer-Verlag GmbH, DE, ein Teil von Springer Nature 2023
B. Hugues, *Mathematik-Vorbereitung für das Studium eines MINT-Fachs*,
https://doi.org/10.1007/978-3-662-66937-2_21

Wie bei den anderen Bereichserweiterungen auch, sollen nach dem Permanenzprinzip die bekannten Rechengesetze so weit wie möglich weitergelten, i wird wie eine Variable behandelt.

$5i + 3i = (5 + 3)i = 8i$

$7i + (-4)i = (7 + (-4))i = 3i$

$0i = 0$

$1i = i$

$-1i = -i$

$i^3 = i^2 \cdot i = -i$

$5i \cdot (-7i) = -35i^2 = 35$

Zahlen der Form $a \cdot i$ mit $a \in \mathbb{R}$ heißen *imaginäre Zahlen*.

21.2 Definition der komplexen Zahlen

Nun wird die folgende Gleichung betrachtet:

$x^2 + 2x - 1 = -4$, sie wird mit quadratischer Ergänzung umgeformt:

$x^2 + 2x + 1 = -2$

$(x + 1)^2 = -2$

$x + 1 = \pm\sqrt{2}i$

Also $x_{1/2} = -1 \pm \sqrt{2}i$

Definition: Zahlen der Form $a + b \cdot i$ mit $a, b \in \mathbb{R}$ heißen *komplexe Zahlen*. Die *Menge der komplexen Zahlen* wird mit $\mathbb{C}$ bezeichnet.

Da $a + 0 \cdot i = a \in \mathbb{R}$, gehören alle reellen Zahlen zu $\mathbb{C}$, d. h. $\mathbb{R} \subset \mathbb{C}$.

Definition: Für $z = a + ib$ heißt $\text{Re}(z) = a$ der *Realteil von* z und $\text{Im}(z) = b$ der *Imaginärteil von* z.

Es gilt: $\text{Re}(z_1 + z_2) = \text{Re}(z_1) + \text{Re}(z_2)$ und $\text{Im}(z_1 + z_2) = \text{Im}(z_1) + \text{Im}(z_2)$
(einfaches Nachrechnen genügt, um das zu zeigen)

21.3 Rechnen mit komplexen Zahlen

Addition: $(a + ib) + (c + id) = (a + c) + (b + d)i$,

denn nach dem Permanenzprinzip sollen Kommutativität, Assoziativität und Distributivität auch beim Rechnen in $\mathbb{C}$ gelten.

Die Summe zweier komplexer Zahlen ist also wieder eine komplexe Zahl.

Das neutrale Element der Addition ist: $0 = 0 + 0i$,

das inverse Element der Addition zu $z = a + ib$ ist: $-z = -a - bi$.

Subtraktion: $(a + ib) - (c + id) = (a - c) + (b - d)i$

Multiplikation: $(a + ib) \cdot (c + id) = ac + adi + bci + ib \cdot id = ac + adi + bci - bd = (ac - bd) + (ad + bc)i$

Das Produkt zweier komplexer Zahlen ist also wieder eine komplexe Zahl.

Das neutrale Element der Multiplikation ist: $1 = 1 + 0i$

Das inverse Element der Multiplikation zu $z = a + ib \neq 0$ ergibt sich durch folgende Rechnung:

$$z^{-1} = (a + ib)^{-1} = \frac{1}{a+ib} = \frac{(a-ib)}{(a+ib)(a-ib)} = \frac{(a-ib)}{a^2-(ib)^2} = \frac{(a-ib)}{a^2+b^2} \overset{(*)}{=} \frac{z^*}{zz^*} \; (*) \text{ mit der folgenden}$$

Definition: Zu $z = a + ib$ heißt $z^* = a - ib$ das *konjugiert Komplexe* zu z.

Bemerkung: In manchen Quellen wird das konjugiert Komplexe zu z mit einem Querstrich gekennzeichnet: $\bar{z}$

Bemerkung: zz^* ist eine reelle Zahl, sodass $\frac{(a-ib)}{a^2+b^2} = \frac{a}{a^2+b^2} - \frac{b}{a^2+b^2}i$ die Form einer komplexen Zahl hat.

Division: für $c, d \neq 0$ ist $\frac{a+ib}{c+id} = \frac{(c+id)^*(a+ib)}{(c+id)(c+id)^*} = \frac{ac+bd+(cb-ad)i}{c^2+d^2}$

Für konjugiert Komplexe gelten die folgenden Regeln, wie einfach nachzuweisen ist:
$(z^*)^* = z \qquad (z_1 \pm z_2)^* = z_1^* \pm z_2^* \qquad (z_1 \cdot z_2)^* = z_1^* \cdot z_2^* \qquad (z_1 : z_2)^* = z_1^* : z_2^*$
$(z^n)^* = (z^*)^n \qquad z + z^* = 2\text{Re}(z) \qquad z - z^* = 2\text{Im}(z)$
$z^* = z \Rightarrow z$ ist reell $\quad z^* = -z \Rightarrow z$ ist imaginär

21.4 Körper $\mathbb{C}$

Damit eine Menge K zusammen mit zwei Verknüpfungen „+" und „$\cdot$" einen Körper bildet, müssen $(K, +)$ und $(K \setminus \{0\}, \cdot)$ abelsche Gruppen sein und die Distributivität gelten:
$(a + b) \cdot c = a \cdot c + b \cdot c$
Abgeschlossenheit von K bezüglich Addition und Multiplikation sind oben bereits gezeigt worden, die neutralen und inversen Elemente der Addition und Multiplikation (für $z \neq 0$) wurden bereits gefunden. Leicht zu überprüfen sind Kommutativität und Assoziativität für die beiden Verknüpfungen und die Distributivität. Also handelt es sich bei $\mathbb{C}$ zusammen mit der Addition und Multiplikation, wie sie oben definiert wurden, um einen Körper.

21.5   Anordnungseigenschaft in $\mathbb{C}$?

Es bleibt zu überprüfen, ob die Menge $\mathbb{C}$ ein angeordneter Körper ist.

Satz: Der Körper der komplexen Zahlen ist nicht angeordnet.
Beweis durch Widerspruch:
Annahme: $\mathbb{C}$ ist angeordnet.
Dann gilt für jedes $a \in \mathbb{C}$ genau eine der drei Aussagen: $a > 0$, $a < 0$ oder $a = 0$
Da $i \neq 0$ folgt, dass $i > 0$ oder $i < 0$.
Annahme: $i > 0$, dann kann die Ungleichung mit i multipliziert werden, ohne dass sich das Ungleichheitszeichen umdreht:
$i^2 > 0 \cdot i = 0$. Das ist im Widerspruch zu $i^2 = -1$.
Annahme: $i < 0$, dann dreht sich beim Multiplizieren der Ungleichung mit i das Ungleichheitszeichen um:
$i^2 > 0 \cdot i = 0$, was wieder im Widerspruch zu $i^2 = -1$ ist.
$\Rightarrow$ Es ist $i \neq 0$, $i \not> 0$ und $i \not< 0$.
$\Rightarrow \mathbb{C}$ ist nicht angeordnet.

21.6   Komplexe Zahlenebene

Nachdem die Menge $\mathbb{C}$ nicht angeordnet ist, lassen sich ihre Elemente nicht wie die der reellen Zahlen auf einer Zahlengeraden anordnen.
Es bietet sich die Darstellung in einem kartesischen Koordinatensystem an, bei der der Realteil einer Zahl z nach rechts und ihr Imaginärteil nach oben aufgetragen wird. Die Zahl z wird dann durch einen Pfeil vom Ursprung zum Punkt $(\mathrm{Re}(z)|\mathrm{Im}(z))$ dargestellt (Abb. 21.1)

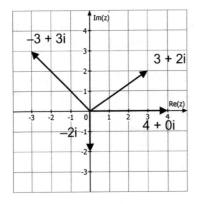

Abb. 21.1 Zahlen in der komplexen Zahlenebene

Die Motivation dafür, eine komplexe Zahl $z = \text{Re}(z) + i \cdot \text{Im}(z)$ als Vektor $\binom{\text{Re}(z)}{\text{Im}(z)}$ zu veranschaulichen, besteht darin, dass komplexe Zahlen wie Vektoren addiert und mit einem Skalar multipliziert werden:

$z_1 + z_2 = (x_1 + iy_1) + (x_2 + iy_2) = (x_1 + x_2) + (y_1 + y_2)i, \; z_1 + z_2 = \binom{x_1}{y_1} + \binom{x_2}{y_2} = \binom{x_1 + x_2}{y_1 + y_2}$ ✓
$kz = k(x + iy) = kx + iky, \; kz = k\binom{x}{y} = \binom{kx}{ky}$ ✓

Bemerkung: Das Produkt zweier komplexer Zahlen stimmt aber weder mit dem Skalarprodukt noch mit dem Vektorprodukt der entsprechenden Vektoren überein.

21.6.1 Betrag einer komplexen Zahl

Die Interpretation einer komplexen Zahl als Vektor in der komplexen Zahlenebene legt die Definition des Betrags einer komplexen Zahl nahe:
$|z| = |x + iy| := \sqrt{x^2 + y^2}$ (Satz des Pythagoras)

Für die Beträge komplexer Zahlen gelten die folgenden Regeln:
$\quad |\lambda z| = |\lambda| \, |z| \quad |z_1 \cdot z_2| = |z_1| \, |z_2| \qquad |z_1 : z_2| = |z_1| : |z_2| \quad |z^n| = |z|^n$
$z \cdot z^* = |z|^2 \qquad\qquad |z| = |-z| = |z^*|$

Bemerkung: Die Beweise ergeben sich durch Nachrechnen oder vollständige Induktion. Aber sie werden deutlich einfacher bei Nutzung der Polarkoordinaten von komplexen Zahlen, die im Abschn. 21.6.2 behandelt werden.

Für den Abstand $|z_1 - z_2|$ zwischen zwei komplexen Zahlen z_1 und z_2 ergibt sich:
$|z_1 - z_2| = |(x_1 + iy_1) - (x_2 + iy_2)| = |(x_1 - x_2) + i(y_1 - y_2)| = \sqrt{(x_1 - x_2)^2 + (y_1 - y_2)^2}$
(Abb. 21.2)

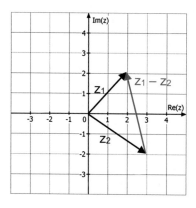

Abb. 21.2 Differenz zweier komplexer Zahlen in der komplexen Zahlenebene

Mit Hilfe der Taylorreihe für $f(x) = e^x$ soll im Folgenden die *Eulersche Gleichung* $e^{ix} = \cos x + i \sin x$ „hergeleitet" werden. Dass die Taylorreihe auch für imaginäre x gilt, kann hier nicht bewiesen werden. Insofern kann in diesem Rahmen die Eulersche Gleichung nur plausibel gemacht werden.

Es wird in die Taylorreihe $e^x = \sum_{n=0}^{\infty} \frac{x^n}{n!}$ die imaginäre Zahl ix eingesetzt. Dann ergibt sich:

$$e^{ix} = \sum_{n=0}^{\infty} \frac{(ix)^n}{n!} = \sum_{n=0}^{\infty} \frac{x^{4n}}{(4n)!} + i \sum_{n=0}^{\infty} \frac{x^{4n+1}}{(4n+1)!} + i^2 \sum_{n=0}^{\infty} \frac{x^{4n+2}}{(4n+2)!} + i^3 \sum_{n=0}^{\infty} \frac{x^{4n+3}}{(4n+3)!}$$

$$= \sum_{n=0}^{\infty} \frac{x^{4n}}{(4n)!} - \sum_{n=0}^{\infty} \frac{x^{4n+2}}{(4n+2)!} + i \left(\sum_{n=0}^{\infty} \frac{x^{4n+1}}{(4n+1)!} - \sum_{n=0}^{\infty} \frac{x^{4n+3}}{(4n+3)!} \right)$$

$$= 1 - \frac{1}{2!}x^2 + \frac{1}{4!}x^4 - \frac{1}{6!}x^6 + \ldots + i(x - \frac{1}{3!}x^3 + \frac{1}{5!}x^5 - \frac{1}{7!}x^7 + \ldots)$$

$$= \sum_{n=0}^{\infty} \frac{(-1)^n x^{2n}}{(2n)!} + i \sum_{n=0}^{\infty} \frac{(-1)^n x^{2n+1}}{(2n+1)!}$$

$$= \cos x + i \sin x \ \forall \, x \in \mathbb{R} \ \checkmark$$

Damit ist $e^{-ix} = \cos x - i \sin x$

$\Rightarrow e^{ix} + e^{-ix} = 2 \cos x$ und deshalb $\cos x = \frac{e^{ix} + e^{-ix}}{2} \ \forall \, x \in \mathbb{R}$

$\Rightarrow e^{ix} - e^{-ix} = 2i \sin x$ und deshalb $\sin x = \frac{e^{ix} - e^{-ix}}{2i} \ \forall \, x \in \mathbb{R}$

Mit $|e^{ix}| = |\cos x + i \sin x| = \sqrt{\cos^2 x + \sin^2 x}$ ist $|e^{ix}| = 1 \ \forall \, x \in \mathbb{R}$ und analog $|e^{-ix}| = 1$ $\forall \, x \in \mathbb{R}$

Wegen der 2π-Periodizität von Sinus und Kosinus ist $e^{i(x+2k\pi)} = e^{ix} \ \forall \, x \in \mathbb{R}, k \in \mathbb{Z}$

$e^{i0} = \cos 0 + i \sin 0 = 1 + 0i = 1 = e^{i2k\pi} \ \forall \, x \in \mathbb{R}, k \in \mathbb{Z}$

Mit $e^{ix} \cdot e^{iy} = (\cos x + i \sin x)(\cos y + i \sin y)$
$= \cos x \cos y - \sin x \sin y + i(\cos y \sin x + \sin y \cos x) = \cos(x+y) + i \sin(x+y)$
(Additionstheoreme)
folgt:
$e^{ix} \cdot e^{iy} = e^{i(x+y)} \ \forall \, x, y \in \mathbb{R}$
Und damit $(e^{ix})^n = e^{i(nx)} \ \forall \, x \in \mathbb{R}$

21.6.2   Komplexe Zahlen in Polarkoordinaten

In Abb. 21.3 erkennt man, dass $z = x + iy = |z|(\cos \varphi + i \sin \varphi)$

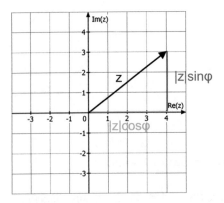

Abb. 21.3 Zusammenhang zwischen algebraischer Form und Polarkoordinaten

Um eine komplexe Zahl eindeutig darzustellen, reicht es, entweder Realteil und Imaginärteil anzugeben, oder aber den Betrag von z und den Winkel φ des Vektors z gegen die x-Achse.

Gibt man z so an, d. h. z = ($|z|$; φ), so spricht man von *Polarkoordinaten*. $|z|$ ist der Betrag der Zahl z, φ heißt das *Argument von z*, kurz arg(z).
Im Gegensatz dazu heißt die Form z = x + iy *algebraische Form, kartesische Form* oder *Normalform*.

Damit gilt für z: $z = |z|e^{i\varphi}$

Ist z in Normaldarstellung (x + iy) gegeben, so ist $|z| = \sqrt{x^2 + y^2}$ und für φ gilt
$\varphi = \arg(z) = \tan^{-1}(\frac{y}{x}) + k\pi$, falls $x \neq 0$; Die Vorzeichen von x und y entscheiden (und damit der Quadrant, in dem sich der Vektor z befindet), welches k zu wählen ist.
Für x = 0 und y > 0 ist $\varphi = \frac{\pi}{2}$, für x = 0 und y < 0 ist $\varphi = -\frac{\pi}{2}$.
Für z = 0 ist der Winkel φ nicht eindeutig bestimmt, häufig legt man dann $\varphi = 0$ fest.

Ist z in Polarkoordinaten $|z|e^{i\varphi}$ gegeben, so ist $x = |z| \cos \varphi$ und $y = |z| \sin \varphi$.

21.6.3 Produkt und Quotient komplexer Zahlen in Polarform

Sind Addition und Subtraktion komplexer Zahlen in Normalform leichter durchzuführen, so vereinfachen sich Multiplikation, Division und Potenz-Rechnung deutlich, wenn man in Polarkoordinaten wechselt:

$z_1 \cdot z_2 = |z_1|e^{i\varphi_1} \cdot |z_2|e^{i\varphi_2} = |z_1| \cdot |z_2|e^{i(\varphi_1 + \varphi_2)}$
Multipliziert man zwei komplexe Zahlen in Polarform, so multiplizieren sich ihre Beträge und addieren sich ihre Winkel (Abb. 21.4).

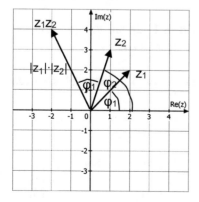

Abb. 21.4 Multiplikation zweier komplexer Zahlen in Polarform

$z_1 : z_2 = |z_1|e^{i\varphi_1} : |z_2|e^{i\varphi_2} = |z_1| : |z_2| \cdot e^{i(\varphi_1-\varphi_2)}$

Bei der Division zweier komplexer Zahlen in Polarform, dividiert man ihre Beträge und subtrahiert ihre Winkel.

Insbesondere ist

$z^{-1} = \frac{1}{|z|}e^{-i\varphi}$ und $z^n = \left(|z|e^{i\varphi}\right)^n = |z|^n e^{i(n\varphi)}$

Potenzieren einer komplexen Zahl bedeutet Potenzieren ihres Betrags und ver-n-fachen des Winkels.

Mit Hilfe der Polardarstellung komplexer Zahlen lässt sich einfach zeigen, dass sich $x(t) = a_1 \cos \omega t + a_2 \sin \omega t$ auch in der Form $a \cos(\omega t - \alpha)$ darstellen lässt.

Beweis: $x(t) = a_1 \cos \omega t + a_2 \sin \omega t = \mathrm{Re}(a_1 e^{i\omega t}) + \mathrm{Im}(a_2 e^{i\omega t})$

$= \mathrm{Re}\left(a_1 e^{i\omega t}\right) + \mathrm{Re}(a_2 e^{i\left(\omega t-\frac{\pi}{2}\right)}) = \mathrm{Re}(a_1 e^{i\omega t} + a_2 e^{i\left(\omega t-\frac{\pi}{2}\right)})$ (Abb. 21.5)

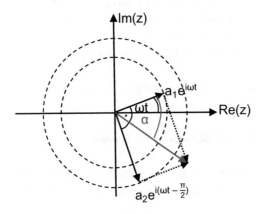

Abb. 21.5 $a_1 \cos \omega t + a_2 \sin \omega t$ als Realteil der komplexen Zahl $ae^{i(\omega t-\alpha)}$

Dabei ist $a_2 e^{i\left(\omega t-\frac{\pi}{2}\right)}$ ein um 90° gegen $a_1 e^{i\omega t}$ gedrehter Vektor.

Der Betrag der Zahl $a_1 e^{i\omega t} + a_2 e^{i\left(\omega t-\frac{\pi}{2}\right)}$ ist somit $a = \sqrt{a_1{}^2 + a_2{}^2}$ und für den Winkel α gilt $\tan \alpha = \frac{a_2}{a_1}$.

$a \cos(\omega t - \alpha)$ ist die senkrechte Projektion eines auf dem Kreis mit Radius a mit der sogenannten Kreisfrequenz ω umlaufenden Punktes auf die Realteilachse.

Bemerkung: Diese Darstellung wird später beim Lösen von Differentialgleichungen benötigt.

21.7   Funktionen komplexer Zahlen

In der Elektrotechnik benötigt man Funktionen komplexwertiger Argumente. Im Folgenden werden Sinus-, Kosinus- und Logarithmusfunktion von komplexen Argumenten betrachtet.

$$\sin(x + iy) = \tfrac{1}{2i}\left(e^{i(x+iy)} - e^{-i(x+iy)}\right)$$
$$= \tfrac{1}{2i}\left(e^{-y}e^{ix} - e^{y}e^{-ix}\right) = \tfrac{1}{2i}[e^{-y}(\cos x + i\sin x) - e^{y}(\cos x - i\sin x)]$$
$$= -\tfrac{1}{2}i[(e^{-y} - e^{y})\cos x] + \tfrac{1}{2}[(e^{-y} + e^{y})\sin x] = i\tfrac{e^{y}-e^{-y}}{2}\cos x + \tfrac{e^{y}+e^{-y}}{2}\sin x$$

Definition: Die Funktion $\cosh x := \frac{e^{x}+e^{-x}}{2} = \cos(ix)$ heißt *Kosinus hyperbolicus*. Die Funktion $\sinh x := \frac{e^{x}-e^{-x}}{2} = -i\sin(ix)$ heißt *Sinus hyperbolicus*.

$$\Rightarrow \sin(x + iy) = \sin x \cosh y + i \cos x \sinh y$$

Analog kann hergeleitet werden:
$$\cos(x + iy) = \cos x \cosh y - i \sin x \sinh y$$

Nun wird der ln einer komplexen Zahl z betrachtet. Für sie wird definiert:
$$e^{w} = z \Leftrightarrow : w = \ln z$$
mit $z = |z|e^{i\varphi}$ folgt
$$w = \ln(|z|e^{i\varphi}) = \ln(|z|) + \ln e^{i\varphi} = \ln(|z|) + \ln e^{i(\varphi + 2k\pi)} = \ln(|z|) + i(\varphi + 2k\pi) \text{ mit } k \in \mathbb{Z}$$
Für $k = 0$ spricht man vom *Hauptzweig*.

21.8   Algebraische Abgeschlossenheit von $\mathbb{C}$

Nachdem nun zwei Darstellungen komplexer Zahlen und das Rechnen mit ihnen bekannt sind, wird die Frage zu Beginn dieses Kapitels wieder aufgegriffen und verallgemeinert: Wie kann man algebraische Gleichungen im Komplexen lösen?
Die Gleichung $x^2 = -1$ hat die Lösungen $\pm i$, das ist leicht nachvollziehbar, wie sieht es aber mit allgemeinen algebraischen Gleichungen $a_n x^n + a_{n-1} x^{n-1} + \ldots + a_1 x + a_0 = 0$ aus?
Im Kapitel über ganzrationale Funktionen hat sich bereits gezeigt: Sind die Koeffizienten $a_0, a_1, a_2, \ldots, a_n \in \mathbb{R}$, so gibt es höchstens n reelle Lösungen der Gleichung. Wie ist das im Komplexen?

21.8.1   Existenz von Lösungen

Der Fundamentalsatz der Algebra, der hier nicht bewiesen werden kann, sagt insbesondere aus, dass jedes Polynom $P(z) = a_n z^n + a_{n-1} z^{n-1} + \ldots + a_1 z + a_0$ vom Grad $n \geq 1$ mit $a_k \in \mathbb{C}$ für $k = 1, 2, \ldots, n$ genau n komplexe Nullstellen z_i mit $P(z_i) = 0$ besitzt, wenn ihre Vielfachheiten mitgerechnet werden.

21.8.2 n-te Einheitswurzeln

Zunächst werden die *komplexen Einheitswurzeln* betrachtet, d. h. die Lösungen der Gleichung

$z^n - 1 = 0$

Diese Gleichung ist leicht zu lösen, wenn man z in Polarkoordinaten angibt: $z = |z|e^{i\varphi}$.
Dann folgt aus $|z|^n = 1$, dass $|z| = 1$.
Und $n\varphi_k = 2k\pi$ mit $k \in \mathbb{Z}$. $\varphi_0 = 0$, $\varphi_1 = \frac{2\pi}{n}$, $\varphi_2 = \frac{4\pi}{n}$, ..., $\varphi_{n-1} = \frac{(n-1)2\pi}{n}$ sind die n
verschiedenen Winkel der Zahlen z_k in Polarkoordinaten.
Für n = 2 ist $|z| = 1$, $\varphi_0 = 0$ und $\varphi_1 = \frac{2\pi}{2} = \pi$ und damit $z_1 = 1$ und $z_2 = -1$. ✓

Bemerkung: Die n-ten Einheitswurzeln zusammen mit der Multiplikation bilden eine
Gruppe.

Analog ergeben sich für die Gleichung $z^n = ae^{i\alpha}$ mit $a \in \mathbb{R}_0^+$ und $\alpha \in \mathbb{R}$ die Lösungen
$|z| = \sqrt[n]{a}$ und $\varphi_k = \frac{\alpha + 2k\pi}{n}$ mit $k = 0, 1, \ldots, n-1$.

21.8.3 Komplexe Lösungen quadratischer Gleichungen

Beispiel: $z^2 = 15 + 20i$
Lösen dieser Gleichung in kartesischen Koordinaten:
$z = x + iy \Rightarrow z^2 = x^2 - y^2 + 2xyi$
Vergleich von Realteil und Imaginärteil ergibt die folgenden Gleichungen:
(1) $x^2 - y^2 = 15$
(2) $2xy = 20$, d. h. $x = \frac{10}{y}$
Einsetzen von (2) in (1) führt auf die biquadratische Gleichung $y^4 + 15y^2 - 100 = 0$ mit
den Lösungen $y_{1/2} = \pm\sqrt{5}$ und damit $x_{1/2} = \pm 2\sqrt{5}$
$\Rightarrow z_{1/2} = \pm 2\sqrt{5} \pm \sqrt{5}i$
In Polarkoordinaten lässt sich die Gleichung einfacher lösen:
$15 + 20i = ae^{i\alpha}$ mit $a = \sqrt{15^2 + 20^2} = 25$ und $\tan\alpha = \frac{20}{15} = \frac{4}{3}$, d. h. $\alpha = \tan^{-1}\frac{4}{3}$
$\Rightarrow z_{1/2} = 5e^{i\frac{\alpha + k2\pi}{2}}$ mit $k = 0, 1$

Beispiel: $z^2 + (4 + 2i)z - (3 + 4i) = 0$
Mit quadratischer Ergänzung folgt: $z^2 + (4 + 2i)z + (2 + i)^2 - (2 + i)^2 - (3 + 4i) = 0$
und damit $(z + (2 + i))^2 = 6 + 8i$.
Wie im oberen Beispiel ergibt sich: $(z + (2 + i))_{1/2} = \pm 2\sqrt{2} \pm \sqrt{2}i$
Also: $z_{1/2} = (\pm 2\sqrt{2} - 2) + (-1 \pm \sqrt{2})i$

V

Differentialgleichungen

In diesem Kapitel werden Differentialgleichungen eingeführt. Einfache Differentialglei-chungen wie separable und homogene lineare Differentialgleichungen mit konstanten Ko-effizienten werden gelöst und in Beispielen aus der Physik angewendet.

Lineares, exponentielles, beschränktes und logistisches Wachstum werden beschrieben.

Und zum Schluss wird noch aufgrund des aktuellen Bezuges das SIR-Modell zur Be-schreibung einer Epidemie vorgestellt, das auf drei Differentialgleichungen beruht.

Differentialgleichungen

22.1 Begriffe und einfache Beispiele

In den Naturwissenschaften tritt der Fall auf, dass die räumliche oder zeitliche Änderung einer Größe von der Größe selbst abhängt.

Zum Beispiel kühlt eine heiße Flüssigkeit umso schneller ab, je größer die Temperaturdifferenz zur Umgebung ist, deren Temperatur als unveränderlich angenommen wird: $\dot{\vartheta}(t) \sim \left(\vartheta(t) - \vartheta_{\text{Umg}}\right)$.
Ein anderes einfaches Beispiel ist das einer Masse, die an einer dem Hookeschen Gesetz $F = Dx$ genügenden Feder horizontal und reibungsfrei schwingt (x ist dabei die Auslenkung aus der Ruhelage, D die Federhärte der Feder). Die Kraft ist nach dem zweiten Newtonschen Gesetz proportional zur Beschleunigung $\ddot{x}(t)$. Dann ergibt sich eine Beziehung der Form $\ddot{x}(t) \sim x(t)$.

Die Änderung der Größe hängt vom aktuellen Wert der Größe ab, aber auch umgekehrt natürlich der aktuelle Wert der Größe davon, wie stark sie sich von einem gegebenen Anfangszustand aus verändert hat.
Solche Zusammenhänge werden in Differentialgleichungen erfasst.

Definition: Eine Gleichung, in der Ableitungen einer gesuchten Funktion miteinander verknüpft sind, heißt Differentialgleichung.
Hängt die Größe nur von einer Variablen ab, so spricht man von einer *gewöhnlichen Differentialgleichung*, andernfalls von einer *partiellen Differentialgleichung*.

Bemerkung: Hier sollen ausschließlich gewöhnliche Differentialgleichungen behandelt. Wichtige Differentialgleichungen in der Physik sind allerdings solche, die eine Abhängigkeit vom Ort und von der Zeit beinhalten, wie z. B. die Maxwellschen Gleichungen, die

B. Hugues, *Mathematik-Vorbereitung für das Studium eines MINT-Fachs*, https://doi.org/10.1007/978-3-662-66937-2_22

Grundlage der klassischen Elektrodynamik sind, oder die Schrödinger-Gleichung, auf der die Quantenmechanik aufbaut.

Definition: Die höchste in einer Differentialgleichung vorkommende Ableitung $f^{(n)}$ gibt die *Ordnung der Differentialgleichung* vor.
Eine Differentialgleichung n-ter Ordnung lässt sich also in der Form
$F(x, f(x), f'(x), f''(x), \ldots, f^{(n)}(x)) = 0$ darstellen und heißt so *implizit*.
In der Form $f^{(n)}(x) = G(x, f(x), f'(x), \ldots, f^{(n-1)}(x))$ heißt sie *explizit*.

Definition: Eine Differentialgleichung der Form $f^{(n)}(x) = \sum_{i=0}^{n-1} a_i(x)f^{(i)}(x) + g(x)$ heißt *lineare gewöhnliche Differentialgleichung n-ter Ordnung*.

Im Beispiel der sich abkühlenden Flüssigkeit handelt es sich bei der Gleichung $\dot{\vartheta}(t) = -c(\vartheta(t) - \vartheta_{Umg})$ um eine explizite Differentialgleichung, insbesondere um eine lineare gewöhnliche Differentialgleichung erster Ordnung. Da die Temperatur der Flüssigkeit immer mindestens so hoch sein wird wie die der Umgebung, zeigt das Minuszeichen vor der Klammer an, dass die Temperatur geringer wird, also $\Delta\vartheta < 0$ ist.

Die Differentialgleichung der an einer Feder schwingenden Masse ist zweiter Ordnung:
$m\ddot{x}(t) = -Dx(t)$,
wobei $\ddot{x}(t)$ die momentane Beschleunigung der Masse ist und $m \cdot \ddot{x}(t)$ nach dem zweiten Newtonschen Gesetz die auf die Masse einwirkende Kraft darstellt. Das Minuszeichen trägt der Tatsache Rechnung, dass die Kraft rücktreibend ist, also in entgegengesetzter Richtung wirkt wie die aktuelle Auslenkung $x(t)$.

Bei der sogenannten harmonischen Schwingung, die sich dabei ergibt, lässt sich die Differentialgleichung durch einen der Anschauung entnommenen Ansatz lösen. Die Masse wird nach dem Loslassen eine sinus- oder cosinusförmige Schwingung durchlaufen, d. h. einer Funktion
$x(t) = a\cos(\omega t - \varphi)$ genügen.
Zweimaliges Ableiten von $x(t)$ nach der Zeit ergibt: $\ddot{x}(t) = -\omega^2 a\cos(\omega t - \varphi)$
Einsetzen in die Differentialgleichung selbst führt zu:
$-m\omega^2 a\cos(\omega t - \varphi) = -Da\cos(\omega t - \varphi)$,
und weil die Gleichung für alle Zeiten t gelten muss, folgt daraus, dass $m\omega^2 = D$, d. h. dass
$\omega = \frac{2\pi}{T} = \sqrt{\frac{D}{m}}$.
Das entspricht der Erfahrung, dass die Schwingungsdauer T umso kürzer ist, je härter die Feder und kleiner die schwingende Masse ist.
In der Funktion $x(t) = a\cos(\omega t - \varphi)$ sind aber noch zwei Parameter, a und φ, unbestimmt, die sich erst aus den Anfangsbedingungen ergeben, nämlich wo sich die Masse zum Zeitpunkt $t = 0$ befindet, und welche Geschwindigkeit sie zu diesem Moment besitzt.

Ist $x(t = 0) = x_0$ und $\dot{x}(t = 0) = v_0$, so lassen sich a und φ aus den Gleichungen $x_0 = a\cos(\varphi)$ und $v_0 = -\omega a \sin(-\varphi)$ bestimmen.

Zwei einfache Fälle erklären sich von selbst:

Für den Sonderfall $x(t = 0) = x_0$ und $v(t = 0) = 0$ ist dann $x(t) = x_0 \cos(\omega t)$. x_0 ist bereits die Amplitude der Schwingung, es gibt keine Phasenverschiebung φ. Die Masse wird um x_0 ausgelenkt und zum Zeitnullpunkt losgelassen und beginnt sofort in Richtung auf die Gleichgewichtslage zuzuschwingen (Abb. 22.1a).

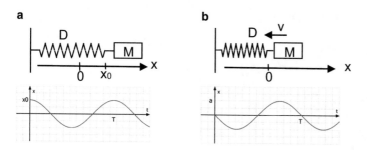

Abb. 22.1 Eine an einer Feder schwingende Masse. **a** Aus der Gleichgewichtslage um x_0 ausgelenkte Masse wird ohne Anfangsgeschwindigkeit losgelassen. **b** In der Gleichgewichtslage angestoßene Masse

Im Fall $x(t = 0) = 0$ und $v(t = 0) = v_0$ wird die Masse zum Zeitnullpunkt in der Gleichgewichtslage so angestoßen, dass sie die Geschwindigkeit v_0 besitzt.
$x_0 = a\cos(\varphi) = 0$ führt zu $\varphi = \frac{\pi}{2}$ und damit ergibt sich aus der Gleichung
$v_0 = -\omega a \sin(-\frac{\pi}{2})$ für die Amplitude $a = \frac{v_0}{\omega}$ (Abb. 22.1b).
Nicht immer lassen sich Differentialgleichungen intuitiv mit einem geeigneten Ansatz lösen. Deshalb werden im Folgenden mögliche Lösungsverfahren skizziert.

22.2 Separierung der Variablen

Definition: Eine Differentialgleichung heißt *separabel*, wenn sie sich in der Form $y' = f(x)g(y)$ schreiben lässt.

In der Praxis formt man die Gleichung $\frac{dy}{dx} = f(x)g(y)$ so um, dass die Variablen separiert voneinander auf den verschiedenen Seiten der Gleichung stehen: $\frac{dy}{g(y)} = f(x)dx$
Integrieren der Gleichung und Berücksichtigen der Randbedingungen führt dann zu einer Gleichung für $y(x)$.

Beispiel: Abkühlen der heißen Flüssigkeit entsprechend der Differentialgleichung $\dot{\vartheta}(t) = -c\big(\vartheta(t) - \vartheta_{Umg}\big)$.

Die Anfangstemperatur der Flüssigkeit betrage ϑ_0.

$\frac{d\vartheta}{dt} = -c\big(\vartheta(t) - \vartheta_{Umg}\big)$, also $\frac{d\vartheta}{\vartheta(t) - \vartheta_{Umg}} = -cdt$

$\int_{\vartheta_0}^{\vartheta} \frac{d\theta}{\theta(t) - \theta_{Umg}} = -\int_0^t cd\tau$

$\ln|\vartheta - \vartheta_{Umg}| - \ln|\vartheta_0 - \vartheta_{Umg}| = -ct$

$\ln \frac{\vartheta - \vartheta_{Umg}}{\vartheta_0 - \vartheta_{Umg}} = -ct$

$\vartheta - \vartheta_{Umg} = (\vartheta_0 - \vartheta_{Umg})e^{-ct}$

$\vartheta(t) = \vartheta_{Umg} + (\vartheta_0 - \vartheta_{Umg})e^{-ct}$ (Abb. 22.2)

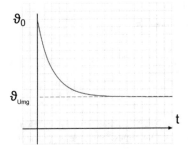

Abb. 22.2 Abkühlen einer Flüssigkeit in einer Umgebung konstanter Temperatur ϑ_{Umg}

Aufgabe: Ein zylinderförmiger Tank mit horizontalem Boden wird durch einen Ausfluss entleert (Abb. 22.3a). Der Vorgang genügt der folgenden Differentialgleichung:

$\dot{h}(t) = -k\sqrt{h(t)}$

Lösen Sie diese Differentialgleichung!

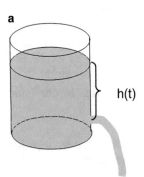

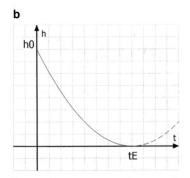

Abb. 22.3 **a** Entleeren eines zylinderförmigen Tanks mit **b** Diagramm der Höhe der Flüssigkeitssäule in Abhängigkeit von der Zeit

Lösung: $\frac{dh}{dt} = -k\sqrt{h(t)}$

$\int_{h_0}^{h} \frac{d\xi}{\sqrt{\xi}} = -k\int_0^t d\tau$

$2\sqrt{h(t)} - 2\sqrt{h_0} = -kt$

$h(t) = (\sqrt{h_0} - \frac{k}{2}t)^2$

Für $t = 0$ gilt $h(0) = h_0$. ✓ Und der Tank ist zur Zeit $t_E = \frac{2}{k}\sqrt{h_0}$ leer.
Physikalisch ist es nicht sinnvoll, größere Zeiten einzusetzen (Abb. 22.3b).

22.3 Gewöhnliche lineare Differentialgleichungen mit konstanten Koeffizienten

Definition: Eine Differentialgleichung der Form $y^{(n)} + a_{n-1}y^{(n-1)} + \ldots + a_1y' + a_0y = q(x)$ heißt *lineare gewöhnliche Differentialgleichung* n-*ter Ordnung mit konstanten Koeffizienten* $a_i \in \mathbb{C}$.

Ist $q(x) = 0$ heißt die Differentialgleichung *homogen*, andernfalls *inhomogen*.
Eine Lösung der Differentialgleichung ist eine n-mal differenzierbare Funktion $y : I \rightarrow \mathbb{C}$, $x \mapsto y(x)$, die die Differentialgleichung erfüllt.

Zu einer inhomogenen linearen Differentialgleichung (L) lässt sich immer die zugehörige homogene lineare Differentialgleichung (H) aufstellen:

(L) $y^{(n)} + a_{n-1}y^{(n-1)} + \ldots + a_1y' + a_0y = q(x)$

(H) $y^{(n)} + a_{n-1}y^{(n-1)} + \ldots + a_1y' + a_0y = 0$.

Satz: Jede Linearkombination $c_1y_1 + c_2y_2 + \ldots + c_ny_n$ mit $c_i \in \mathbb{Q}$ von Lösungen $y_1, y_2, \ldots, y_n$ von (H) ist selbst wieder eine Lösung von (H).
Beweis: Einsetzen von y_i in (H), multiplizieren der Gleichung mit c_i und addieren der Gleichungen.

Satz: Sind $y_1(x)$ und $y_2(x)$ Lösungen der inhomogenen Differentialgleichung (L), so ist ihre Differenz eine Lösung der homogenen Differentialgleichung (H).
Beweis: Einsetzen der Lösungen y_1 und y_2 in (L), subtrahieren der beiden Gleichungen führt dazu, dass $y_1 - y_2$ eine Lösung von (H) ist.

Folgerung: Um alle Lösungen von (L) zu finden, muss man
- alle Lösungen y_H von (H) bestimmen, das sogenannte *Fundamentalsystem*,
- eine sogenannte *partikuläre Lösung* y_P von (L) bestimmen.

Für jede Lösung y von (L) gilt dann $y = y_H + y_P$.

22.3.1 Lösungen der homogenen linearen Differentialgleichung mit konstanten Koeffizienten

Um eine homogene lineare Differentialgleichung mit konstanten Koeffizienten zu lösen, macht man den Ansatz $y(x) = e^{\lambda x}$

Einsetzen dieses Lösungsansatzes in (H) führt zur sogenannten charakteristischen Gleichung

$\lambda^n + a_{n-1}\lambda^{n-1} + \ldots + a_1\lambda + a_0 = 0$

$P(\lambda) = \lambda^n + a_{n-1}\lambda^{n-1} + \ldots + a_1\lambda + a_0$ heißt charakteristisches Polynom.

Nach dem Fundamentalsatz der Algebra besitzt $P(\lambda)$ n Nullstellen.

1. Fall: alle Nullstellen $\lambda_1, \lambda_2, \ldots, \lambda_n$ sind paarweise verschieden.

Dann sind die Funktionen $e^{\lambda_i x}$ die n linear unabhängigen Lösungen der homogenen Differentialgleichung (H).

2. Fall: λ sei eine k-fache Nullstelle des charakteristischen Polynoms P.

Dann sind (ohne Beweis) für diese Nullstelle die Funktionen $e^{\lambda x}, xe^{\lambda x}, x^2 e^{\lambda x}, \ldots, x^{k-1}e^{\lambda x}$ die k linear unabhängigen Lösungen der homogenen Differentialgleichung, die zusammen mit denen der anderen Nullstellen zu nehmen sind.

Eine Lösung der homogenen Differentialgleichung (H) ist dann eine Linearkombination der so gewonnenen n linear unabhängigen Funktionen.

22.3.2 Partikuläre Lösung der inhomogenen Differentialgleichung

Hat man alle möglichen Lösungen von (H) bestimmt, so muss nun noch eine partikuläre Lösung gefunden werden.

Hier wird nur der Fall betrachtet, dass die Inhomogenität von der Form $q(x) = be^{\mu x}$ ist und μ keine Nullstelle des charakteristischen Polynoms ist.

Dann ist eine partikuläre Lösung (ohne Beweis): $y(x) = \frac{b}{P(\mu)}e^{\mu x}$

22.4 Schwingungsprobleme

22.4.1 Freier ungedämpfter harmonischer Oszillator

Zunächst wird das Verfahren auf das bekannte Problem des *harmonischen Oszillators* angewandt.

Die Differentialgleichung lautet $m\ddot{x}(t) = -Dx(t)$, d. h. $m\ddot{x}(t) + Dx(t) = 0$

Das charakteristische Polynom $P(\lambda) = m\lambda^2 + D$ hat die Nullstellen $\lambda_{1/2} = \pm i\sqrt{\frac{D}{m}} = \pm i\omega_0$

mit $\omega_0 = \sqrt{\frac{D}{m}}$, der sogenannten *Eigenkreisfrequenz* des Oszillators, und damit lauten die zwei Lösungen der homogenen Differentialgleichung $x_{1/2}(t) = e^{\pm i\omega_0 t}$:

Die allgemeine Lösung der homogenen Differentialgleichung ist eine Linearkombination der beiden Lösungen: $c_1 e^{+i\omega_0 t} + c_2 e^{-i\omega_0 t}$

Die Funktion gibt den Ort des Oszillators zur Zeit t an, sie muss also reellwertig sein.

$\Rightarrow x(t) = c_1 e^{+i\omega_0 t} + c_1^* e^{-i\omega_0 t}$.

Mit $e^{i\varphi} = \cos\varphi + i\sin\varphi$ lässt sich $x(t)$ darstellen als

$x(t) = a\cos(\omega_0 t) + b\sin(\omega_0 t) = a\cos(\omega_0 t - \alpha)$

Mit den Anfangsbedingungen lassen sich dann die Parameter a_1 und a_2 bzw. a und α bestimmen.

22.4.2 Freier gedämpfter harmonischer Oszillator

Ergänzt man die Differentialgleichung des freien ungedämpften harmonischen Oszillators durch eine geschwindigkeitsabhängige Dämpfung, so ergibt sich:

$m\ddot{x}(t) = -Dx(t) - k\dot{x}(t)$

Mit $k > 0$ beschreibt der Term $k\dot{x}(t)$ eine zur Geschwindigkeit proportionale und entgegengesetzte Kraft.

Diese Differentialgleichung lässt sich auf die Form $\ddot{x}(t) + 2\gamma\dot{x}(t) + \omega_0^2 x(t) = 0$ bringen mit der Eigenkreisfrequenz $\omega_0 = \sqrt{\frac{D}{m}}$ und $\gamma = \frac{1}{2}\frac{k}{m} > 0$

Das charakteristische Polynom $P(\lambda) = \lambda^2 + 2\gamma\lambda + \omega_0^2$ hat die Nullstellen

$\lambda_{1/2} = -\gamma \pm \sqrt{\gamma^2 - \omega_0^2} < 0$

Ist $\gamma^2 > \omega_0^2$, so spricht man vom *aperiodischen Fall*.

Die Funktionen $e^{(-\gamma \pm \sqrt{\gamma^2 - \omega_0^2})t}$ sind bereits reell und für jede Linearkombination

$x(t) = c_1 e^{(-\gamma + \sqrt{\gamma^2 - \omega_0^2})t} + c_2 e^{(-\gamma - \sqrt{\gamma^2 - \omega_0^2})t}$

ist $\lim_{t\to\infty} x(t) = 0$.

Die Funktion $x(t)$ hat höchstens eine Nullstelle und höchstens ein Extremum, wie sich leicht überprüfen lässt.

Damit ergeben sich je nach Anfangsbedingungen Graphen, wie sie in Abb. 22.4 gezeigt sind.

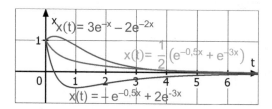

Abb. 22.4 Aperiodischer Fall des freien gekämpften harmonischen Oszillators

Für $\gamma = \omega_0$ handelt es sich um den *aperiodischen Grenzfall*, $\lambda_{1/2} = -\gamma$ ist doppelte Nullstelle und die Lösungen der Differentialgleichung sind von der Form $c_1 e^{-\gamma t} + c_2 t e^{-\gamma t}$.

Ein typischer Graph ist in Abb. 22.5 gezeigt.

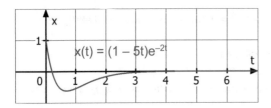

Abb. 22.5 Aperiodischer Grenzfall des freien gedämpften harmonischen Oszillators

Nun zuletzt der Fall, dass $\gamma < \omega_0$ dann spricht man vom *periodischen Fall.*
Dann ist $\gamma^2 - \omega_0^2 < 0$ und die Nullstellen des charakteristischen Polynoms sind
$\lambda_{1/2} = -\gamma \pm i\omega$ mit $\omega = \sqrt{\omega_0^2 - \gamma^2}$.
Das reelle Fundamentalsystem besteht also aus den Funktionen $x_1(t) = e^{-\gamma t}\cos\omega t$ und
$x_2(t) = e^{-\gamma t}\sin\omega t$. Die Anfangsbedingungen legen wieder fest, wie diese beiden Funktionen linearkombiniert werden. Wie im Kap. 21 über komplexe Zahlen gezeigt, lässt
sich diese Linearkombination $x(t) = c_1 e^{-\gamma t}\cos\omega t + c_2 e^{-\gamma t}\sin\omega t$ dann schreiben als
$ce^{-\gamma t}\cos(\omega t - \varphi)$.
$c_1 e^{-\gamma t}\cos\omega t + c_2 e^{-\gamma t}\sin\omega t = ce^{-\gamma t}\cos(\omega t - \varphi) \to 0$ für $t \to \infty$
$\cos(\omega t + \varphi)$ ist periodisch, die Nullstellen der Funktion $x(t)$ folgen im Abstand $\Delta t = \frac{\pi}{\omega}$,
analog auch die Extremalstellen, denn für die Nullstellen der ersten Ableitung von $x(t)$
gilt: $\tan(\omega t - \varphi) = \frac{\gamma}{\omega}$.
Der Graph einer freien gedämpften harmonischen Schwingung ist für den periodischen
Fall in Abb. 22.6 dargestellt.

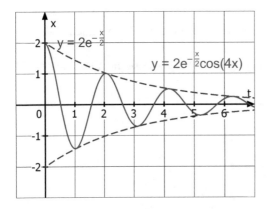

Abb. 22.6 Periodischer Fall der Schwingung eines freien gedämpften harmonischen Oszillators

22.4.3 Erzwungene gedämpfte Schwingung mit harmonischer Anregung

Bisher wurde ein schwingendes System betrachtet, das man zu einem gegebenen Zeitpunkt an einem Ort mit einer Geschwindigkeit versehen hatte, und es danach sich selbst überließ.

Nun soll an der Masse zusätzlich eine äußere Kraft der Form $F = k \cos \omega t$ angreifen. Man spricht dann von einer erzwungenen Schwingung.

Die Differentialgleichung lautet: $\ddot{x}(t) + 2\gamma \dot{x}(t) + \omega_0^2 x(t) = k \cos \omega t$

Im Komplexen ergibt sich: $\ddot{z}(t) + 2\gamma \dot{z}(t) + \omega_0^2 z(t) = k e^{i\omega t}$

Dabei sind $k, \gamma > 0$ und ω_0 die Eigenkreisfrequenz des Oszillators.

Die Lösungen der homogenen Differentialgleichung sind schon gefunden, ihnen muss nun eine partikuläre Lösung überlagert werden.

Für $\gamma \neq 0$ und $\omega \neq \omega_0$ ist $i\omega$ keine Nullstelle des charakteristischen Polynoms $P(\lambda) = \lambda^2 + 2\gamma\lambda + \omega_0^2$.

Damit ist eine partikuläre Lösung $z_P(t) = \frac{k}{P(i\omega)} e^{i\omega t}$.

$P(i\omega) = -\omega^2 + 2\gamma\omega i + \omega_0^2$ und $|P(i\omega)| = \sqrt{(\omega_0^2 - \omega^2)^2 + 4\gamma^2\omega^2}$.

In Polardarstellung ist $\frac{k}{P(i\omega)} = \frac{k}{\sqrt{(\omega_0^2-\omega^2)^2+4\gamma^2\omega^2}} e^{-i\varphi}$ mit $\tan\varphi = \frac{2\gamma\omega}{\omega_0^2-\omega^2}$.

$\Rightarrow z_P(t) = \frac{k}{\sqrt{(\omega_0^2-\omega^2)^2+4\gamma^2\omega^2}} \cdot e^{i(\omega t-\varphi)}$

Und $x_P(t) = \mathrm{Re}(z_P(t)) = \frac{k}{\sqrt{(\omega_0^2-\omega^2)^2+4\gamma^2\omega^2}} \cos(\omega t - \varphi)$

Die erzwungene Schwingung hat immer dieselbe Kreisfrequenz wie die Anregung.

Die Amplitude $A(\omega)$ dieser Schwingung ist für verschiedene Dämpfungen γ in Abb. 22.7a dargestellt.

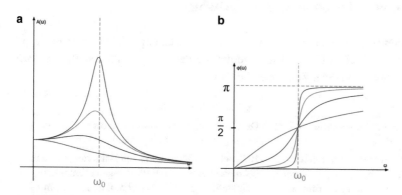

Abb. 22.7 Erzwungene Schwingung. **a** Amplitude in Abhänigkeit von der Anregungsfrequenz, **b** Phasenverschiebung $\varphi(\omega)$

Die Dämpfungen wurden von der untersten roten Kurve ausgehend schrittweise durch vier geteilt. Man erkennt, dass die Amplitude um so größer ist, um so näher die Erregerfrequenz ω der Eigenfrequenz ω_0 des Oszillators kommt. Diesen Effekt nennt man Resonanz.

Wird die Amplitude zu groß, kann es zur Zerstörung des schwingenden Systems kommen (z. B. bei resonanter Anregung einer Brücke kann diese zusammenbrechen), was man als Resonanzkatastrophe bezeichnet.

Die Phasenverschiebung φ der Schwingung gegenüber der Anregung ist in Abb. 22.7b für verschiedene Dämpfungen aufgezeichnet. Auch hier werden die Dämpfungen von der roten Kurve ausgehend sukzessive durch 4 geteilt.

Da sich jede Lösung der inhomogenen Differentialgleichung für die erzwungene harmonische Schwingung aus Lösungen der homogenen Differentialgleichung (und damit der Lösungen für die freie harmonische Schwingung) und der partikulären Lösung überlagern lässt, und für $\gamma > 0$ für alle Lösungen $x_H(t)$ der homogenen Differentialgleichung gilt $\lim_{t\to\infty} x_H(t) = 0$, nähern sich die Schwingungsvorgänge der erzwungenen harmonischen Schwingung nach einer gewissen Zeit der partikulären Lösung an, das System „schwingt sich in diese stationäre Lösung ein".

Der Fall $\gamma = 0$ und $\omega = \omega_0$ spielt in der Realität keine Rolle und wird hier deshalb nicht entwickelt.

22.5   Arten von Wachstum

22.5.1   Lineares und exponentielles Wachstum

Essentielle Rollen spielen lineares und exponentielles Wachstum. Oft beschreiben sie die zeitliche Abhängigkeit einer Größe. Dann werden sie dadurch charakterisiert, wie stark sich die Funktionswerte in einer Zeiteinheit ändern.

Lineares Wachstum	Exponentielles Wachstum
Die Änderung der Funktionswerte pro Zeiteinheit ist konstant.	Die Änderung des Funktionswerts pro Zeiteinheit ist proportional zum aktuellen Funktionswert.
Beispiel: einfache Verträge für Telefon, bei denen ein Grundbetrag für den Service geleistet werden muss, und jede Einheit, die man telefoniert hat, zusätzlich bezahlt werden muss.	**Beispiel:** eine Population von Bakterien, die sich bei gleichbleibenden Bedingungen (Temperatur, Nährstofflösung ...) vermehren, und zwar um so mehr, je mehr Bakterien vorhanden sind, da jede Bakterie gleichermaßen zum Wachstum beiträgt.

$f(t) = at + b$
wobei $b = f(0)$
und $a = \dot{f}(t) = $ const. unabhängig von t.

$\lim_{\Delta t \to 0} \frac{\Delta y(t)}{\Delta t} \sim y(t) \Rightarrow \dot{y}(t) = \lambda y(t) \ \forall\, t \in \mathbb{R}$
mit $y(0) = y_0$
Ansatz: $y(t) = ae^{bt} \Rightarrow \dot{y}(t) = bae^{bt}$
Einsetzen des Ansatzes in die Differential-
gleichung: $bae^{bt} = \lambda ae^{bt} \ \forall\, t \in \mathbb{R}$
$\Rightarrow b = \lambda$, d.h. $y(t) = ae^{\lambda t}$
Die Anfangsbedingung $y(0) = y_0$ führt zur Bestimmung von a:
$y(0) = y_0 = ae^0 \Rightarrow a = y_0$
$\Rightarrow y(t) = y_0 e^{\lambda t}$

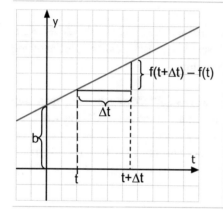

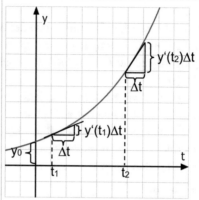

Es kann auch negatives Wachstum geben, ein Beispiel dafür ist der radioaktive Zerfall.
Dabei ist die Anzahl der in einer (sehr kleinen) Zeiteinheit zerfallenden Kerne $\dot{N}(t)$ proportional zur Anzahl der vorhandenen Kerne $N(t)$.
Die Differentialgleichung lautet dann:
$\dot{N}(t) = -\lambda N(t)$, deren Lösung $N(t) = N_0 e^{-\lambda t}$ ist, wobei N_0 die Anzahl der Kerne zum Zeitpunkt $t = 0$ ist.

22.5.2 Beschränktes Wachstum

Bei vielen Wachstumsprozessen ist es nicht möglich, dass die Funktionswerte ins Unendliche wachsen.
Ein Beispiel ist der Ladevorgang eines Kondensators (Abb. 22.8a):
Mit Hilfe einer Spannungsquelle der Spannung U_0 soll ein Kondensator der Kapazität C über einen Widerstand R aufgeladen werden.

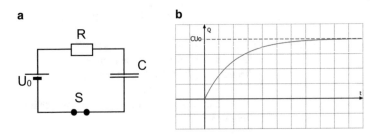

Abb. 22.8 Aufladevorgang eines Kondensators. **a** Schaltskizze, **b** der Graph von $Q(t)$

Zu Beginn ist der Schalter S geöffnet und der Kondensator ungeladen, d. h. die am Kondensator anliegende Spannung $U_C(0) = 0$, denn die am Kondensator anliegende Spannung $U_C(t)$ ist proportional zur Ladung $Q(t)$ des Kondensators:
$U_C(t) = \frac{1}{C}Q(t)$.
Ohne Genaueres zu wissen, steht fest, dass am Ende des Aufladevorgangs die Spannung am Kondensator U_0 sein muss, d. h. die Ladung muss für $t \to \infty$ gegen CU_0 gehen.
Die genaue zeitliche Abhängigkeit soll nun bestimmt werden:
Nach dem Öffnen des Schalters fließt entsprechend der Spannung $U_R(t) = U_0 - U_C(t) = U_0 - \frac{1}{C}Q(t)$ Strom durch den Widerstand R, wobei $\dot{Q}(t) = I(t) = \frac{1}{R}U_R(t) = \frac{1}{R}(U_0 - \frac{1}{C}Q(t))$.

(H) $\dot{Q}(t) + \frac{1}{RC}Q(t) = 0$

(L) $\dot{Q}(t) + \frac{1}{RC}Q(t) = \frac{1}{R}U_0 = \frac{1}{R}U_0 e^{0 \cdot t}$

Das charakteristische Polynom lautet: $P(\lambda) = \lambda + \frac{1}{RC} = 0$ und hat die Nullstelle $\lambda = -\frac{1}{RC}$
Die Inhomogenität ist konstant, $\mu = 0$ keine Nullstelle von $P(\lambda)$. Also ist eine partikuläre Lösung: $c_0 e^0 = c_0$.
Jede Lösung der Differentialgleichung ist eine Linearkombination von $e^{-\frac{t}{RC}}$ und der partikulären Lösung: $Q(t) = c_1 e^{-\frac{t}{RC}} + c_0$, d. h. $\dot{Q}(t) = -\frac{c_1}{RC}e^{-\frac{t}{RC}}$
Die Anfangsbedingungen lauten:
$Q(0) = 0$ und $\dot{Q}(0) = \frac{1}{R}(U_0 - \frac{1}{C}Q(0))$, d. h. $-\frac{c_1}{RC} = \frac{1}{R}U_0$
Also $c_0 = -c_1$ und $c_1 = -CU_0$
Die Lösung $Q(t) = -CU_0 e^{-\frac{t}{RC}} + CU_0 = CU_0(1 - e^{-\frac{t}{RC}})$
Die Ladung CU_0 bezeichnet man als Sättigungsladung (Abb. 22.8b).

Tatsächlich sollte hier nochmals vorgeführt werden, wie man im Allgemeinen eine homogene lineare Differentialgleichung löst. Hier hätte aber der aus der Anschauung entlehnte Ansatz $Q(t) = a(1 - e^{-bt})$ schneller zum Ziel geführt.

Das Wesentliche bei beschränktem Wachstum ist, dass die Änderungsrate der beschriebenen Größe proportional zum „Sättigungsmanko" ist, d. h. zum Abstand des aktuellen Werts zum Sättigungswert S.
$\dot{f}(t) = \lambda(S - f(t))$
Mit dem Anfangswert $f(0) = y_0$ löst die Funktion $f(t) = (S - y_0)e^{-\lambda t}$ die Differentialgleichung.

22.5.3 Logistisches Wachstum

Logistisches Wachstum fasst exponentielles Wachstum für kleine Zeiten und beschränktes Wachstum für große Zeiten zusammen.

Die Differentialgleichung lautet: $\dot{f}(t) = kf(t)(S - f(t))$

Solange $f(t) \ll S$, ist $\dot{f}(t)$ nahezu proportional zu $f(t)$. Wenn $f(t)$ sich der Sättigung annähert und fast konstant ist, ist $\dot{f}(t)$ etwa proportional zu $S - f(t)$.

Die Differentialgleichung kann man separieren.

Hier wird aber statt dessen der Ansatz $f(t) = \frac{a}{1 + be^{-ct}}$ gemacht.

Dann ist $\dot{f}(t) = \frac{a}{1 + be^{-ct}} \cdot \frac{bce^{-ct}}{1 + be^{-ct}} = f(t) \cdot \frac{bce^{-ct}}{1 + be^{-ct}}$

Einsetzen in die Differentialgleichung ergibt: $f(t) \cdot \frac{bce^{-ct}}{1 + be^{-ct}} = kf(t)\left(S - \frac{a}{1 + be^{-ct}}\right)$

$\Rightarrow \frac{bce^{-ct}}{1 + be^{-ct}} = kS - k\frac{a}{1 + be^{-ct}} \Rightarrow bce^{-ct} = kS(1 + be^{-ct}) - ka \Rightarrow bce^{-ct} = k(S - a) + kSbe^{-ct}$

Da diese Gleichung für alle $t \in \mathbb{R}$ gelten muss, ist $S = a$ und $c = kS$.

Mit der Anfangsbedingung $f(0) = \frac{a}{1 + b} = y_0$ ergibt sich $b = \frac{a - y_0}{y_0}$.

$\Rightarrow f(t) = \frac{S}{1 + \frac{a - y_0}{y_0}e^{-kSt}}$ (Abb. 22.9)

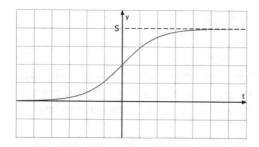

Abb. 22.9 Graph für logistisches Wachstum mit der Sättigung S

Einfache Modelle gehen zur Zeit davon aus, dass die Erde etwa 14 Mrd Menschen ernähren kann. Mit dieser Annahme kann das Wachstum der Erdbevölkerung als logistisches Wachstum modelliert werden.

22.6 SIR-Modell zur mathematischen Behandlung von Epidemien[1]

Im Folgenden soll die Modellierung einer Epidemie nach dem SIR-Modell vorgestellt werden (Abb. 22.10).

Beim SIR-Modell wird die betrachtete Bevölkerung in drei Gruppen aufgeteilt, zu denen jedes Individuum eindeutig zugeordnet werden kann:

In S sind die bisher noch nicht Infizierten, von englisch susceptible, in I die im Moment Infizierten und in R (von removed oder recovered) die nicht mehr Ansteckenden, d. h. die

---

[1] Bei der Behandlung dieses Kapitels orientiere ich mich am Video von Prof. Dr. Edmund Weitz von der HAW Hamburg. https://www.youtube.com/watch?v=YGeX2Q7D5BU (4.11.2022)

an der Epidemie Verstorbenen oder von ihr Gesundeten und damit Immunisierten. Der Vorgang, dass eine Person von der Gruppe S zur Gruppe I wechselt, bedeutet, dass sie sich infiziert. Der Übergang von I zu R entspricht dem Gesunden oder Versterben. Vereinfachend werden diese Übergänge im SIR-Modell als plötzlich betrachtet, ihnen wird keine Zeitdauer zugeordnet.

In einer weiteren Vereinfachung wird in diesem Modell angenommen, dass man sich nicht erneut infizieren kann, d. h. dass es keinen Übergang von R zu S gibt.

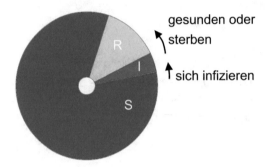

Abb. 22.10 Die drei Gruppen S, I und R beim SIR-Modell

Mathematisch werden folgende Voraussetzungen getroffen:

$\dot{R}(t) \sim I(t)$: Eine Änderung der Anzahl an Genesenen oder Verstorbenen pro Zeiteinheit kann sich nur dadurch ergeben, dass Infizierte gesunden oder sterben; Diese Änderungsrate soll proportional zur Anzahl der akut Infizierten sein, der Proportionalitätsfaktor soll β heißen.

Zur Abschätzung der Größe β geht man von einer Anzahl n von Tagen aus, die ein Patient infektiös bleibt, und hat man sonst keine Informationen über den Verlauf der Pandemie, so liegt die Abschätzung nahe, dass an einem Tag der n-te Teil der akut Infizierten gesundet oder stirbt. Die folgende vereinfachende Überlegung begründet diese Abschätzung: an diesem betrachteten Tag ist der n-te Teil der Infizierten an diesem Tag infiziert worden, für den n-ten Teil dauert die Infektion schon den zweiten Tag, etc. und eben der n-te Teil erlebt gerade den letzten Tag der Infektion und gesundet dann. Vereinfachend wird hier die Dynamik der Epidemie vernachlässigt, die zu einer anderen als einer Gleichverteilung der n Teile führen würde.

$\dot{S}(t) \sim -S(t)I(t)$: Die Änderungsrate derer, die sich noch infizieren können, ist einerseits proportional zur Zahl S(t) selbst, denn je mehr Individuen sich in der Gruppe S befinden, desto mehr werden sich auch anstecken, andererseits proportional zur Zahl der akut Infizierten, je größer diese Zahl ist, desto größer wird die Zahl der an einem Tag stattfindenden Ansteckungen sein.

Der Proportionalitätsfaktor heiße α. Wie er näherungsweise bestimmt werden kann, wird später erläutert. Das Minuszeichen ist nötig, weil $\dot{S}(t)$ negativ und S(t) und I(t) jeweils positiv sind.

Damit ergibt sich ein System aus drei Differentialgleichungen:

$\dot{R}(t) = \beta I(t)$

$\dot{S}(t) = -\alpha S(t)I(t)$

$\dot{I}(t) = \alpha S(t)I(t) - \beta I(t),$

wobei in der letzten der drei Differentialgleichungen $\alpha S(t)I(t)$ der Zugang an Infizierten ist, $\beta I(t)$ der Abgang.

Denn eine weitere Vereinfachung des SIR-Modells besteht darin, die Population als unveränderlich anzunehmen, es kommt niemand durch Geburt oder Zuzug hinzu, noch gehen Menschen durch Wegzug oder Tod (anderweitig verursacht als durch die beobachtete Infektion) ab. Die Anzahl N_0 der Individuen der betrachteten Population ist konstant. Mit $S(t) + I(t) + R(t) = \text{const.} =: N_0$ ist $\dot{S}(t) + \dot{I}(t) + \dot{R}(t) = 0$.

Selbstverständlich handelt es sich bei den Werten von $R(t)$, $S(t)$ und $I(t)$ um natürliche Zahlen, um Anzahlen von Individuen. Sind sie aber groß genug, so lässt sich dieses Problem dennoch näherungsweise mit den kontinuierlichen Methoden der Differentialrechnung behandeln.

Im Folgenden werden zwei Grenzfälle gezeigt, für die eine analytische Lösung der Differentialgleichungen möglich ist:

In einer ersten Überlegung betrachtet man den Beginn einer Epidemie, also kleine Zeiten t. Dann ist $R(t) \approx 0$, denn es gab noch nicht die Zeit, dass Individuen schon von der Krankheit genesen sind, außerdem ist $S(t) \gg I(t)$, da die Epidemie ja erst im Entstehen ist. Deshalb ist $S(t) \approx \text{const.}$ und für $\alpha S(t)I(t)$ somit gilt:

$\alpha S(t)I(t) \approx \alpha S(0)I(t)$.

Damit lässt sich die Differentialgleichung $\dot{I}(t) = \alpha S(t)I(t) - \beta I(t)$ mit $\gamma := \alpha S(0) - \beta$ näherungsweise schreiben als:

$\dot{I}(t) \approx \gamma I(t)$.

Das ist die Differentialgleichung von exponentiellem Wachstum und $I(t) \approx I(0)e^{\gamma t}$.

Diese Phase der Epidemie kann nun genutzt werden, um näherungsweise α zu bestimmen: Aus dem exponentiellen Wachstum lässt sich γ bestimmen, und dann ist $\alpha \approx \frac{\beta + \gamma}{S(0)}$

Jedoch ist α sehr stark vom Kontaktverhalten der Individuen abhängig. Wieviele Individuen sich in einer gewissen Zeit anstecken hängt nicht nur S und I ab, sondern auch davon, mit wievielen anderen Individuen sich die Menschen treffen. Die Kontaktbeschränkungsmaßnahmen werden seit Beginn der Corona-Epidemie immer vorgenommen, um α zu reduzieren.

Tatsächlich kann zu Beginn jeder Corona-Infektionswelle die Entwicklung durch exponentielles Wachstum abgeschätzt werden, und mit Hilfe der Verdopplungszeit leicht ermittelt werden, wie hoch die Infektionszahlen in der näheren Zukunft sein werden, vorausgesetzt das Kontaktverhalten in der Bevölkerung ändert sich nicht und keine neue Variante des beobachteten Virus kommt ins Spiel.

Eine weitere Situation, in der eine näherungsweise analytische Lösung des Problems möglich ist, ist gegeben, wenn $R(t) \approx 0$ ist. Dann handelt es sich um eine Infektion, bei der keine Genesung möglich ist oder keine Immunität eintritt, d. h. die Menschen trotz durchlaufener Infektion ansteckend bleiben. Dann ist auch $\beta \approx 0$ und somit ergibt sich für die Änderungsrate der Infizierten: $\dot{I}(t) \approx \alpha(N_0 - I(t))I(t)$, denn mit $R \approx 0$ ist $S(t) + I(t) \approx N_0$
Dabei handelt es sich um die Differentialgleichung für logistisches Wachstum, die Zahl der Infizierten steigt kontinuierlich, bis sie eine Sättigung erreicht.

Ist das System der Differentialgleichungen allerdings nicht näherungsweise analytisch lösbar, so muss man auf numerische Verfahren zurückgreifen. Dazu kann man das Euler-Verfahren (in der Physik auch Methode der kleinen Schritte genannt) anwenden.
Da $S(t) + I(t) + R(t) = N_0$ die Gesamtzahl der Individuen in der betrachteten Bevölkerungsgruppe ist, ist $R(t)$ keine unabhängige Größe sondern kann zu jedem Zeitpunkt als $R(t) = N_0 - S(t) - I(t)$ bestimmt werden.
Dann lassen sich aus den aktuellen Zahlen $S(t)$, $I(t)$ und $R(t)$ die Werte nach einer ausreichend kurzen Zeit Δt näherungsweise bestimmen, um so besser, um so kleiner Δt gewählt wird.
$S(t + \Delta t) \approx S(t) - \alpha S(t)I(t)\Delta t = S(t)[1 - \alpha I(t)\Delta t]$ und
$I(t + \Delta t) \approx I(t) + [\alpha S(t)I(t) - \beta I(t)]\Delta t = I(t)[1 + (\alpha S(t) - \beta)\Delta t]$
Die neuen Werte von S, I und R können dann als Startwerte für den nächsten Schritt genutzt werden.
Mit Hilfe eines Tabellenkalkulationsprogramms lässt sich das einfach realisieren.

Dafür werden die Corona-Daten zur 7-Tage-Inzidenz pro 100.000 Einwohner vom 30.5.2022 (170) und 15 Tage später vom 14.6.2022 (448) herangezogen.
Diese zwei Werte sollen hier genügen, es soll nur prinzipiell gezeigt werden, wie man die Entwicklung der Epidemie modelliert. Genauere Werte erhält man selbstverständlich, wenn man über einen gewissen Zeitraum zu Beginn der Epidemie (oder einer Welle) hinweg für die Inzidenzwerte eine nichtlineare Regression durchführt. Die gängigen Tabellenkalkulationsprogramme bieten eine Funktion dazu an.
Dann ist $\gamma = \frac{\ln \frac{448}{170}}{15\,\mathrm{d}} = 0,065\,\frac{1}{\mathrm{d}}$.
Aus der 7-Tage Inzidenz am 30.5. lässt sich $I(0)$ abschätzen:
$I(0) \approx \frac{170}{100.000 \cdot 7\,\mathrm{d}} \cdot 80.000.000 \cdot 10\,\mathrm{d} \approx 200.000$, wobei angenommen wurde, dass Deutschland $N_0 = 80.000.000$ Einwohner hat und die Dauer der Infektiosität $n = 10$ Tage beträgt.
Daraus kann man $S(0)$ bestimmen: $S(0) = N_0 - I(0) \approx 79.800.000$, wobei vereinfachend $R(0) = 0$ gesetzt wurde.
Damit sind $\beta = \frac{1}{n} = 0,1$ und $\alpha = \frac{\beta + \gamma}{S(0)} = \frac{0,1 + 0,065}{79.800.000} = 2,1 \cdot 10^{-9}$
Mit diesen Zahlen ergibt sich das Diagramm in Abb. 22.11a

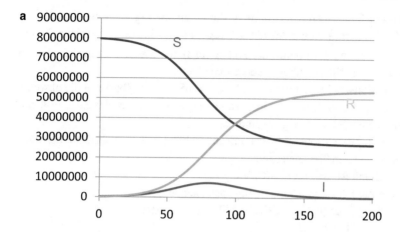

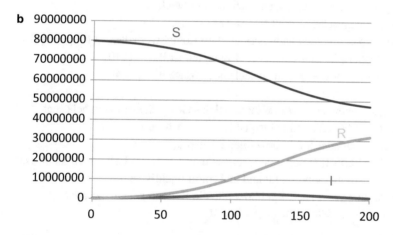

Abb. 22.11 Entwicklung der Infektionszahlen nach dem SIR-Modell bei unverändertem Kontakt-verhalten. **a** mit den Parametern $\alpha = 2{,}1 \cdot 10^{-9}$ und $\beta = 0{,}1$. **b** bei eingeschränktem Kontaktverhalten

Erreicht man z. B. durch Kontakteinschränkung eine Verringerung von α um 20 %, so steigt die Zahl an gleichzeitig Infizierten langsamer an und weist ein geringeres Maximum auf (Abb. 22.11b).

Nun sollen noch zwei Begriffe erklärt werden, die im Lauf der Corona-Epidemie immer wieder eine Rolle spielten, der der Basis-Reproduktionszahl und der der Herdenimmunität.

In manchen Wellen war davon die Rede, dass das Gesundheitssystem nicht überlastet werden darf. Dazu sollte die Maximalzahl an gleichzeitig Infizierten ausreichend gering bleiben. Um diese Zahl modellieren zu können, muss zunächst der Begriff der Basis-Reproduktionszahl eingeführt werden:

Dazu definiert man $\rho = \frac{\alpha}{\beta}$.

α gibt den Anteil der Individuen der Gruppe S, die an einem Tag von einem Infizierten angesteckt werden können. $\frac{1}{\beta}$ ist die Anzahl der Tage, die ein Infizierter infektiös bleibt. ρ als das Produkt aus α und $\frac{1}{\beta}$ ist damit der Anteil der Individuen der Gruppe S, die ein Infizierter während seiner Erkrankungszeit anstecken kann.

Die Basis-Reproduktionszahl R_0 ist definiert als $R_0 := \rho S(0)$ und gibt damit die absolute Zahl an Individuen an, die ein Infizierter insgesamt während seiner Infektiosität ansteckt, solange die Epidemie noch im Anfangsstadium ist.

Mit Hilfe der Basis-Reproduktionszahl wird nun abgeschätzt, wie groß die Zahl der Individuen ist, die sich an einem Tag anstecken:

Da S(t) monoton fallend ist, ist $S(t) \leq S(0) \; \forall \, t \geq 0$.

Deshalb gilt für die Zahl der sich an einem Tag ansteckenden:

$\dot{I}(t) = \alpha S(t)I(t) - \beta I(t) \leq \alpha S(0)I(t) - \beta I(t) = \rho \beta I(t)S(0) - \beta I(t)$
$= \beta I(t)(\rho S(0) - 1) = \beta I(t)(R_0 - 1)$.

Für $R_0 < 1$ ist $\dot{I}(t) \leq 0$, die Epidemie kann sich nicht entwickeln.

Je größer R_0, desto dynamischer verhält sich die Epidemie.

Im oberen Zahlenbeispiel mit noch nicht verändertem Kontaktverhalten ist $R_0 = \frac{\alpha}{\beta}S(0) = 1{,}65$, beim Vergleichsbeispiel mit reduzierten Kontakten ist $R_0 = \frac{\alpha}{\beta}S(0) = 1{,}32$.

Im Vergleich dazu ist R_0 für die extrem ansteckenden Masern etwa 14.

Nun zurück zur Frage, wieviele Infizierte maximal das Gesundheitssystem belasten:

Die Bedingung dafür, dass I(t) maximal ist, ist $\dot{I}(t) = 0$, d. h. $\alpha S(t) - \beta = 0$.

Zum Zeitpunkt t_{max} maximaler Infektionszahlen ist also $S(t_{max}) = \frac{1}{\rho}$.

Nun muss man einen Term I(S) aufstellen, sodass man $I(S(t_{max}))$ bestimmen kann. Das ist möglich, weil S(t) streng monoton fallend und somit injektiv ist.

Dazu wird die Ableitung von I nach S gebildet und die Kettenregel angewendet:

$\dot{I}(t) = \frac{dI}{dS} \cdot \frac{dS}{dt}$ also ist $\frac{dI}{dS} = \frac{\dot{I}(t)}{\dot{S}(t)} = \frac{\alpha SI - \beta I}{-\alpha SI} = -1 + \frac{\beta}{\alpha S}$

Integration führt zu $I(t) = -S + \frac{1}{\rho}\ln S + C$

Einsetzen der Anfangsbedingung $I(0) = I(S(0))$ ergibt:

$I(t) = -S + \frac{1}{\rho}\ln S + I(S(0)) + S(0) - \frac{1}{\rho}\ln S(0)$

I(t) ist extremal für $S = \frac{1}{\rho}$.

$\Rightarrow I_{max} = -\frac{1}{\rho} + \frac{1}{\rho}\ln\frac{1}{\rho} + I(0) + S(0) - \frac{1}{\rho}\ln S(0) = I(0) + S(0) - \frac{1}{\rho}(1 + \ln(\rho \cdot S(0)))$
$= N_0 - R(0) - \frac{1}{\rho}(1 + \ln(R_0))$

Mit $R(0) = 0$ folgt also $I_{max} = N_0 - \frac{1}{\rho}(1 + \ln(R_0))$

Im ersten Beispiel ergibt sich $I_{max} = 80.000.000 - \frac{0{,}1}{2{,}1 \cdot 10^{-9}}(1 + \ln(1{,}65)) = 8.534.510$ und im zweiten Beispiel mit kleinerem α erhält man $I_{max} = 3.950.492$, die Zahl ist also bei Kontaktreduzierung deutlich geringer, wie man auch an den Diagrammen erkennen kann.

Zuletzt soll noch die Frage der Herdenimmunität angesprochen werden. Herdenimmunität tritt dann ein, wenn der Anteil der Immunisierten in der Bevölkerung so groß ist, dass die Epidemie sich nicht ausbreiten kann.

Dann muss $R_0 < 1$ sein, d. h. $\rho S(0) < 1$

Mit $S(0) = N_0 - I(0) - R(0)$ folgt: $N_0 - I(0) - R(0) < \frac{1}{\rho}$, d. h. $R(0) > N_0 - I(0) - \frac{1}{\rho}$

$R(0)$, die Anzahl der zu Beginn Immunisierten, muss also möglichst groß sein, das kann durch Impfen erreicht werden.

Im ersten Beispiel ergibt sich $\frac{R(0)}{N_0} = \frac{80.000.000 - 200.000 - \frac{0,1}{2,1 \cdot 10^{-9}}}{80.000.000} \approx 40{,}2\,\%$, im zweiten Beispiel $\frac{R(0)}{N_0} \approx 25{,}3\,\%$

Da im Gegensatz zu den Voraussetzungen des SIR-Modells sich Reinfektionen bei Corona nicht verhindern lassen, sind diese Prozentsätze deutlich geringer als in der Realität.

Stichwortverzeichnis

© Der/die Autor(en), exklusiv lizenziert an Springer-Verlag GmbH, DE, ein Teil von
Springer Nature 2023
B. Hugues, *Mathematik-Vorbereitung für das Studium eines MINT-Fachs*,
https://doi.org/10.1007/978-3-662-66937-2

Printed in the United States
by Baker & Taylor Publisher Services